KB017377

당신에게 노벨상을 수여합니다

노벨 화학상

당신에게 노벨상을 수여합니다

이 책은 스웨덴 노벨 재단Nobel Foundation의 동의를 얻어 1901년부터 2023년까지 노벨 물리학상, 노벨 화학상, 노벨 생리의학상 시상 연설문을 엮은 책입니다. 인류에 공헌한 사람에게 상을 수여하라는 노벨의 유언에 따라 인류가 쌓아 온 지적 유산인 노벨상 시상 연설을 공유하는 데 동의한 노벨 재단에 깊은 감사를 드립니다. 본문에 실린 시상 연설의 원문은 노벨 재단 홈페이지(www.nobelprize.org)에서 모두 확인하실 수 있습니다.

당신에게 노벨상을 수여합니다

노벨 재단 엮음 우경자·이연희 옮김

노벨 화학상

1901~2023

The Nobel Prize

Chemistry

바다출판사

추천사

과학 분야 노벨상의 시상 연설을 모은 이 책에는 20세기에 모든 영역에서 이루어진 과학의 역사가 짜임새 있고 충실하게 정리되어 있습니다. 매년 12월 10일, 스톡홀름 콘서트홀에서는 노벨상 시상식이 거행되는데, 노벨상 위원회는 스웨덴 국왕의 시상에 앞서 수상자의 연구가 왜 노벨상을 받게 되는지를 설명하는 그리 길지 않은 연설을 합니다. 그 연설은 왕실과 귀빈뿐만 아니라 전 세계 일반 대중들도 그해 수상자의 업적을 이해할 수 있도록 쉽게 쓰여 있습니다. 그해 노벨상의 과학적 의미를 쉽고 간결하게 설명하는 셈이지요. 언론 매체뿐 아니라 일반 대중에게도 이 시상 연설은 큰 흥밋거리이며, 과학자들에게는 자신의 연구를 되돌아보고 앞으로 탐구할 것을 생각하는 계기가 됩니다. 그리고 시상 연설들을 모으면 그대로 지난 110년 동안의 과학 발전사를 모은 훌륭한 과학책이 됩니다.

인류 역사에 20세기처럼 역동적인 시대가 또 있었을까요? 약육강식의 식민지 시대의 끄트머리에서 시작한 20세기에, 인류는 두 차례에 걸친 세계대전과 첨예한 이데올로기의 냉전을 경험했습니다. 20세기 중반 이후 많은 민족이 자주 국가로 독립하였고, 민중이 권력을 쥐는 민주화가 전반적으로 확대되어 왔습니다. 이 결과 인류는 역사상 유래없는 반세기의 평화시대를 구가하고 있습니다.

농업혁명으로 대부분의 인류가 기아와 전염병의 위협으로부터 해방되었고, 인간의 평균 수명 또한 20년 정도 늘었습니다. 교통과 통신 기술이 급속도로 발달하여, 이제 전 지구가 1일생활권으로 축소되었습니다. 국가 간에 상품, 지식 및 사람의 교류가 과거 어느 때보다 많고 활발하여 국경이라는 개념도 모호해지고 있습니다. 한 세기 만에 인류 역사는 산업사회를 지나 지식기반 사회로 접어들었습니다. 이처럼 그 예를 찾아볼 수 없을 정도로 빠르고 광범위한 변화의 배경에는 인류의 과학과 기술이 있습니다.

이런 변화를 예상이라도 한 듯, 19세기 말 알프레드 노벨은 물리, 화학 그리고 생리 · 의학 분야의 발전에 커다란 공헌을 한 사람들에게 자신의 이름을 딴 상을 수여하라는 유언을 남겼습니다. 수상자의 국적을 가리지 말라는 유지에 따라 노벨상은 세계 최고의 국제적 성격을 가진 상이 되었습니다. 1901년에 첫 수상자를 낸 후, 20세기 내내 각 분야의 발전을 이끌어 온 위대한 과학자들이 거의 모두 노벨상을 수상하였습니다. 이제 노벨상은 수상자는 물론이고 수상자를 배출한 가족, 마을, 학교, 그리고 국가에게까지 커다란 영광으로 인식되고 있습니다. 즉 과학 분야의 노벨상은 과학기술의 눈부신 발전과 함께해 왔으며, 지구상에서 가장 권위 있는 상으로 자리매김 하였습니다.

세계 10위권 경제대국에 걸맞게 이제 우리나라도 과학 분야의 노벨상을 타야 한다는 열망이 전 국민에 퍼져 있습니다. 한국과학기술연구원(KIST)의 연구원들이 시간을 쪼개서 노벨상 시상 연설을 번역한 이 책을 출간하는 지금, 이제는 노벨상에 대한 무조건적인 열망보다는 노벨상을 냉정하고 진솔하게 바라보았으면 합니다. 황우석 교수의 줄기세포 연구에 대다수의 국민이 열광했던 예를 보면, 우리는 노벨상을 희구하는 일종의 집단 콤플렉스를 가지고 있는 듯합니다. 우리 땅에서 과학에 대한 연구와 기술 개발이 본격적으로 추진된 것은 최근 20년~30년에 지나지 않습니다. 선진국에 비해서 과학에 대한 연구 개발과 투자의 역사가 일천한 셈입니다.

과학은 자연을 체계적으로 이해하겠다는 인류의 의지로부터 발원했습니다. 인류가 어떻게 지식을 넓혀 왔는가에 주목하고 또 그것이 어떻게 가능했는지를 진솔하게 보아야 할 것입니다. 역대 노벨상 수상자들처럼 자연과 주변의 현상에 근본적인 호기심을 갖고, 그 답을 얻기 위해 정진하는 자세를 가다듬어야 할 것입니다.

마지막으로 1965년 노벨 물리학상을 수상한 리처드 파인먼 교수가 노벨상 시상식 만찬에서 행한 연설을 통해 노벨상이란 우수한 연구 성과에 주어지는 결과일 뿐, 결코 그 자체로 연구의 목적이 되어서는 안 된다는 점을 되새기고자 합니다.

"저는 이미 제가 해온 일에 대한 적절한 보상과 인정을 받았다고 생각합니다. 더 높은 수준의 이해를 위해 상상의 날개를 펼치다가 돌연 자연의 아름답고 숭고한 형상이 펼쳐진 새로운 공간에 홀로 서 있는 저를 발견했습니다. 저는 그것으로 충분합니다. 그리고 새로운 수준에 더 쉽게 도달할 수 있는 도구를 만들자 다른 사람들이 그 도구로 더 큰 자연의 수수께끼에 도전하는 모습을 보게 되었습니다. 이것으로써 나는 충분히 인정을 받았습니다."

제20대 한국과학기술연구원(KIST) 원장 금동화

출간을 축하하며

매년 12월이면 스웨덴 스톡홀름에서는 한바탕 축제가 벌어집니다. 바로 노벨상 시상식이 열리기 달이기 때문입니다. 노벨상 시상식의 하이라이트는 무엇보다 스웨덴 국왕이 노벨상을 수여하는 시상 순간이겠죠. 하지만 우리 과학자들은 바로 그 시상식 직전에 이루어지는 시상 연설에 더 주목합니다. 노벨상 시상 연설은 쉽게 말하면, 그해 노벨상 수상자들의 업적을 소개하는 간결하지만 인상 깊은 연설입니다.

이 책은 첫 노벨상 수상이 이루어진 1901년부터 최근에 이르기까지의 노벨상 시상 연설들을 빠짐없이 모은 책입니다. 그러다 보니 지난 100년 이상 인류가 이룩한 과학 발전사를 한 눈에 볼 수 있는 흥미로운 책이 되었습니다.

흔히들 과학은 이해하기 어렵다고 합니다만, 이 책은 세계 최고의 과학자들이 이룬 업적을 쉽고 재미있게 설명하고 있습니다. 적절한 비유와 예시를 사용하여 물리, 화학, 생리 · 의학 분야에서 이룩한 과학적 성과의 발견 과정과 내용, 인류에 미친 영향을 알기 쉽게 소개하고 있습니다.

이 책을 통해 우리의 청소년들이 과학에 대한 흥미와 호기심을 키우고, 일반 국민들은 과학 분야의 전문적인 성과를 이해하는 소중한 기회를 얻을 수 있을 것이라 생각합니다. 아울러 지난 20세기 과학이 걸어온 발자취를 되돌아보고, 현재의 과학이 서 있는 지점, 그리고 앞으로 나아가야 할 길을 가늠해 보는 자료로 활용될 수 있을 것입니다.

동서고금을 막론하고 과학기술은 국민에게 희망을 주고 삶의 질을 향상시키며 나라를 부강하게 하는 힘이 되어 왔습니다. 새로운 아이디어와 발견의 작은 물방울들이 만나 기술이라는 큰 물방울이 되고, 다시 제품이라는 빗줄기로 쏟아져 내려 땅을 촉촉이 적심으로써 우리의 삶을 풍요롭게 하기 때문입니다.

우리 주위에는 백신, 의약품, 항공기, 반도체와 같이 과학이 이루어낸 첨단 제품들이 헤아릴 수 없을 만큼 많습니다. 이러한 발명의 뒤꼍에는 과학자들의 창의력과 열정, 인내가 배여 있습니다. 노벨 과학상이 인류 발전에 커다란 공헌을 한 사람에게 수여되고, 지구상에서 가장 권위 있는 상으로 자리 잡은 것은 이 같은 이유에서가 아닌가 생각됩니다.

우리나라의 국력이 빠르게 신장하면서 과학 분야의 노벨상 수상에 대한 기대와 열망 또한 높아지고 있습니다. 이와 같은 열망 속에서 한국과학기술연구원(KIST)의 과학자들이 연구의 바쁜 틈을 내어 이 책을 출간하게 되었습니다. 2년 전에 1901년부터 2006년까지의 노벨상 시상연설을 발간하였지만, 이번에 2009년 시상 연설까지 포함하는 개정 증보판을 새로이 내놓았습니다.

대개 많은 책들이 유행을 타면서 명멸明滅하는데, 이 책은 2008년 교육과학기술부와 한국창의재단으로부터 '우수과학도서'로 선정되어 청소년과 일반 국민 사이에서 꾸준히 읽히고 있습니다. 아마 20세기의 과학사를 이토록 쉽고 충실하게 보여 주는 책이 드물기 때문이 아닌가 생각됩니다. 인류의 과학이 멈추지 않는 한 계속 새로운 내용이 추가되면서 10년 후, 20년 후에 읽어도 흥미롭고 유익한 책이 될 것입니다.

우리나라에서도 세계적인 연구 성과가 속속 나오고, 뛰어난 과학자들이 배출되고 있어 과학의 미래가 밝고 희망차 보입니다. 우리나라 R&D 투자의 대부분이 1990년대 이후에 이루어진 점을 감안하면, 앞으로 연구 성과가 쌓여 갈수록 노벨상 수상의 영광을 안게 될 날도 머지않아 다가오리라 생각됩니다.

아무쪼록, 이 책이 과학에 대한 국민의 이해와 관심을 높이고, 호기심과 열정으로 가득 찬 청소년들이 과학에 도전하는 계기를 만드는 밑거름이 되길 바랍니다. 이를 통해 과학기술이 국위 선양은 물론 부강하고 풍요로운 나라를 만드는 데 이바지하기를 기대합니다.

제21대 한국과학기술연구원(KIST) 원장 한홍택

인류에 공헌한 과학을 위하여

"…… 이에 당신에게 노벨상을 수여합니다."

지난 2013년 12월 10일, 스웨덴의 스톡홀름에서는 2013년도 노벨상 시상식이 전 세계 56개국에 생중계되는 가운데에 거행되었습니다. 스웨덴 국왕 내외를 포함한 1,250명의 참석자는 준비된 성대한 만찬과 함께 작은 오페라 공연을 즐기며, 수상자들을 축하하고 그들의 업적을 기렸습니다. 한 사람의 사회적 공헌이 110년을 넘어 인류 역사에 의미 있는 발자취를 만들어가는 자리에 또 한 해가 보태어졌습니다.

이 상이 가지는 의미는 여러분이 '노벨상' 이라는 단어를 들었을 때 머릿속에 떠오른 그대로일 것입니다. 세계에서 가장 위대한 학문적 업적을 이룬 이들에게 주어지는 상. 하지만, 매년 수백 수천의 연구가 이루어지고 논문이 발표되는 가운데 과연 어떤 연구와 업적이 '세계에서 가장 위대하다' 는 평가를 받을 수 있을지 새삼 궁금해지기도 합니다.

노벨상을 제정한 알프레드 노벨의 유언장에서 "지난해 인류에 가장 큰 공헌을 한 사람들" 을 선정한다고 밝힌 바 있습니다. 여기서 우리는 노벨이 자신의 이름을 딴 상을 통해 격려하고자 한 것이 바로 '인류' 에 대한 공헌이라는 점을 알 수 있습니다. 노벨은 물리학, 화학, 생리학, 문학, 평화라는 다섯 가지 분야를 명시하였고, 스웨덴은행이 별도의 기금으로 경제학 분야를 추가하여 1969년부터 여섯 개 분야에 대한 수상이 이루어지고 있습니다. 1901년부터 2013년까지 112년간 110회에 걸쳐 876명(중복 수상 포함)이 수상하였습니다.

먼저 이 책에 관심을 갖고 선택한 여러분께 격려의 말을 전하고 싶습니다. 이 책은 지난 110여 년 동안 노벨상 수상자들이 상을 받는 그 순간 시상식 현장에서 낭독되었던 시상 연설을 모아 놓은 책입니다. 전문적인 용어와 생소한 표현이 있지만 기본적으로는 과학에 전문적인 지식이 없는 사람들을 위해 최대한 이해하기 쉽게 풀어낸 연설문입니다. 따라서 이 책을 읽다보면, 마치 내가 노벨상 시상식에 참석해 있다는 느낌, 나아가 노벨상을 받고 있다는 느낌이 들기도 합니다.

이 책은 스웨덴 노벨 재단의 동의를 얻어 한국과학기술연구원(KIST)의 과학자들이 노벨상 시상연설을 번역해 출간한 책입니다. 2007년 처음으로 출간한 이후, 2010년에 한 차례, 그리고 지금 2013년까지의 시상연설을 추가해 새로 개정판을 내놓습니다. 바쁜 연구 일정 속에서도 이러한 일들을 해올 수 있었던 것은 과학에 대한 열망과 인류 진보에 대한 갈망 때문일 겁니다. 이 책을 통하여 한국의 많은 청년과 연구자가 과학 연구의 역사를 알고, 세계 흐름을 읽고, 인류의 삶에 기여할 수 있는 길을 걸어갈 수 있다면 더 바랄 게 없을 것입니다. 이 책은 단지 노벨상 수상이라는 목표가 아니라 자신의 삶을 무엇을 위해 바칠 것인가를 고민하는 젊은이들에게 길잡이가 될 것입니다.

이 책에 실린 연설문의 주인공들은 결코 돈과 명예를 좇아 살지 않았습니다. 꾸준한 노력을 통해 평생을 바쳐 인류의 미래에 공헌한 사람들입니다. 역대 노벨상 수상자들의 평균 나이는 59세 정도라고 합니다. 이들 중 대부분은 자신들의 주된 연구 이후 수십 년이 지나서야 상을 받았으며, 10년 이내에 수상한 이들은 손에 꼽을 정도라고 합니다. 또한 그들의 연구가 당시에는 학계의 주류에서 벗어나 있었거나, 관심을 받지 못하는 내용인 경우가 상당히 많았습니다. 바로 얼마 전, 2013년도 물리학상을 수상한 피터 힉스는 50년 전의 연구로 노벨상을 수상할 것이라고는 상상도 못했다고 소회를 밝혔습니다. 그렇다면 이들이 노벨상을 받지 못했다고 연구를 포기했을까요? 아닙니다. 그들은 상을 받는 순간에도 자신들의 평생을 바쳐 묵묵히 연구해 온 그 분야의 석학들이었습니다.

이런 사정 때문에 노벨상 수상자들의 서구 강대국 편중과 유난히 큰 성비, 학문적 업적에 대한 비교 우위를 둘러싼 여러 논란에도 불구하고, 그 권위를 잃지 않는 것입니다. 이러한 비판에 앞서, 많은 노벨상 수상자들을 배출하는 나라의 연구 환경과 연구자들의 삶을 들여다보고 우리나라의 과학 연구의 현실과 어떠한 차이점이 있으며, 또 우리의 가능성은 무엇인지를 고민해보는 것이 필요하다고 생각합니다.

이 책은 교양서로서도 충분한 가치가 있는 책입니다. 흔히들 과학은 인문학의 반대 개념인 것처럼 말하곤 합니다. 고등학교에서 '이과'와 '문과'로 나뉘는 구조가 이러한 생각을 더욱 강화했다고 봅니다. '과학적'이라는 말은 '이성적'이라는 의미와 함께 '덜 인간적'이라는 의미로까지 쓰이는 듯합니다. 과학은 '까다로운' 것이고, '어려운' 것이며, 실생활에 별 의미가 없는 것처럼 인식되었습니다. 게다가 기초 과학이 학교 교과과정에서 밀려나고, 취업을 준비하는 젊은이들에게 인기가 없어졌다는 뉴스를 들을 때면 씁쓸한 마음을 감출 수가 없습니다.

그러나 과학은 인간, 자연, 우주라는 대상을 우리 인간을 중심으로 연구하는, 가장 '인간적인' 학문이 아닐 수 없습니다. 그런 의미에서 과학과 인문학은 공존해야 하는 것이지, 분리되어 따로 존재할 수 있는 것이 아닙니다. 특히나 요즈음과 같은 융합의 시대에 과학과 인문학의 융합은 새로운 변화를 이끌어내는 창조적 영역으로 떠오르고 있습니다. 바로 이 책에 담겨 있는 '노벨상 시상 연설문'이 그 가장 좋은 예가 아닐까 싶습니다. 수십, 수백 페이지에 달하는 논문의 내용을 일반인도 이해할 수 있는 쉬운 말로 바꾸고, 수십 년에 걸친 연구의 업적을 5분 정도에 읽을 수 있도록 요약하는 것은 매우 뛰어난 인문학적 역량이 필요한 일이기 때문입니다.

우리가 노벨상으로부터 배워야할 점은 또 있습니다. 바로 '사소취대捨小取大', 즉, '작은 것을 버리고 큰 것을 얻는다'는 말입니다. 처음 노벨의 유언이 공개되었을 당시, 가족들의 반대는 물론이고 스웨덴 전체가 논란에 휩싸였다고 합니다. 성별은 물론이고 국적에도 무관하게 수상자를 선정하라는 노벨의 유언에 대해 외국인이 받을 경우 국부가 해외에 유출될 것이라는 우려 때문이었습니다. 그럼에도 불구하고, 스웨덴 정부는 1900년에 노벨 재단을 승인하였고, 110여 년이 흐른 지금 노벨상은 세계의 존경을 받는 최고의 명예로운 상이 되었습니다. 만일 그때 노벨의 유언이 관철되지 않았다면, 스웨덴 국왕 부부가 참석하고 스웨덴 국가가 울려 퍼지는 시상식 장면이 전 세계로 생중계되는 일은 없었을 것입니다. 또한 스웨덴의 국가 이미지를 긍정적으로 만들어주고, 전 세계 과학 분야에 대한 기여를 경제적으로 환산해볼 때 막대한 가치를 창출한 결과가 되었습니다.

아시는 바와 같이 노벨상은 알프레드 노벨이 고뇌와 결단을 통해 거의 모든 재산을 사회에 환원했기에 제정될 수 있었습니다. 사실 세계 평화를 염원하는 마음과는 달리, 그의 연구 성과는 개발과 전쟁 등에 무분별하게 활용되고 말았습니다. 어쩌면 이처럼 과학적 성과는 사용하는 사람의 의도에 따라 이로움과 해로움이 결정되는 '칼날'과도 같을 수 있습니다. 연구자로서 자신의 분야에서 의미있는 연구 결과를 얻는 것은 최고의 행복이겠지만, 그 파급력이 목적대로만 이루어지지는 않을 수도 있습니다. 따라서 연구의 목적과 지향과 방향을 올바르게 취하려면 인류 문화와 역사에 대한 통찰력이 필요합니다. 그런 점에서 노벨이 정한 '인류에 가장 큰 공헌'에 대한 정의, 그리고 그러한 길을 선택한 연구자들의 성찰은, 오늘날 과학 연구에 있어 하나의 지침이 될 수 있겠다고 생각합니다. 그러므로 우리가 지향해야 할 지점은 단순히 '노벨상을 받는 것'이 아니라, 과학을 통해 인류의 행복과 발전에 공헌하고자 하는 부단한 도전과 노력이 아닐까 합니다.

제23대 한국과학기술연구원(KIST) 원장 이병권

차례

옮긴이 서문

노벨 화학상은 백 년 이상의 역사를 자랑하며 화학 분야로는 지구상에서 가장 권위 있는 상으로 자기매김해 왔다. 그러므로 노벨 화학상의 역사를 통하여 현대 화학의 흐름을 되짚어 보는 것은 앞으로의 노벨 화학상을 전망하는 데도 귀중한 자료가 될 것이다.

뉴턴이 활동하던 18세기 초까지만 해도 화학은 아리스토텔레스 시대 이후로 이어져 온 고전적인 연금술의 굴레를 벗어나지 못하고 있었다. 뉴턴조차도 수은을 금으로 바꾸려는 헛된 노력에 많은 시간을 소비했다. 19세기에 이르러서야 베르셀리우스와 멘델레예프, 기브스, 아보가드로 등 많은 화학자들의 연구 활동을 통해 화학열역학의 분위기가 조성되기 시작했고, 미완성이나마 주기율표가 제안되었으며, 유기물질의 조성과 구조에 관한 지식이 확산되기 시작했다.

:: 화학 연구의 태동

화학은 20세기 물리학의 발전과 함께 발전을 거듭했고, 더불어 새로운 원소들이 속속 발견되며 주기율표의 빈칸 채우기를 완성했다. 처음 10년간 노벨 화학상 수상자를 살펴보면 화학동력학 법칙과 삼투압, 전기

해리 이론, 화학 평형, 반응 속도와 같이 기본적인 연구에 힘써 물리화학의 기초를 세운 야코뷔스 반트 호프(1901년), 스반테 아레니우스(1903년), 빌헬름 오스트발트(1909년)가 눈에 띈다. 또한 유기화학 분야의 선구적인 역할을 한 세 명에게 노벨 화학상이 수여되었다. 히드로방향족 화합물을 연구한 아돌프 폰 바이어(1905년), 플루오르 화합물을 연구한 앙리 무아상(1906년), 지방족 화합물을 연구한 오토 발라흐(1910년)가 그들이며, 이런 유기화학의 발전은 자연스럽게 복잡한 구조를 갖는 생화학 분야 개척에 초석이 되어, 에밀 피셔(1902년)의 당과 푸린 합성에 관한 연구 및 에두아르트 부흐너(1907년)의 비세포적 발효에 관한 연구로 이어졌다. 이들 모두 노벨 화학상을 수상했다. 새로운 원소의 발견과 관련해 영국의 윌리엄 램지(1904년)가 여러 개의 비활성 기체 원소를 발견한 공로로, 프랑스의 앙리 무아상(1906년)이 플루오르를 발견한 공로로 노벨 화학상을 받았다. 그밖에 어니스트 러더퍼드(1908년)는 방사성 물질화학에 관한 연구로 노벨 화학상을 수상했다.

:: 화학의 세분화와 물리화학

1911년 이후부터 현재까지 수여된 노벨 화학상을 살펴보면 화학의 전반적인 분야에서 발전이 두드러지게 나타난다. 사실 각 화학 분야의 경계가 뚜렷하지 않아 1911년 이후의 노벨 화학상을 분야별로 명확하게 분류할 수는 없지만, 대체적인 경향을 살펴보기 위해 고전적인 화학 분야인 물리화학, 유기화학, 생화학, 그리고 분석화학을 포함한 응용화학 분야로 나누어 보기로 한다. 오늘날에는 물리화학과 무기화학의 경계가 어느 정도 선명해 보이지만, 20세기 전반부에는 그 구분이 명확하지 않아서 무기화학이 물리화학에 포함되기도 했으며, 마찬가지로 고분자화학은 유기화학에 포함되었다.

먼저 화학열역학, 화학 반응 속도, 화학 결합 등이 포함된 물리화학 분야를 살펴보면, 시어도어 리처즈(1914년)가 화학 원소의 원자량을 정확하게 측정한 공로로 노벨상을 수상하였고, 어빙 랭뮤어(1932년)는 표면화학에 관한 연구를 통해 산업 분야에서 활동한 과학자로는 처음으로 노벨 화학상을 받았다. 분광학적 방법을 화학 연구에 적용한 화학자로는 게르하르트 헤르츠베르크(1971년)와 리하르트 에른스트(1991년)가, 화학열역학 분야에서는 발터 네른스트(1920년), 윌리엄 지오크(1949년), 라르스 온사거(1968년), 일리야 프리고지네(1977년)가 수상하였다. 시릴 힌셜우드와 니콜라이 세묘노프(1956년), 마프레트 아이겐과 로널드 노리시 그리고 조지 포터(1967년), 헨리 타우비(1983년), 더들리 허시박과 리위안저 그리고 존 폴라니(1986년), 아메드 즈웨일(1999년)이 화학 반응 및 반응 속도에 관련된 연구로 수상하였다.

:: 현대의 화학 결합과 분자구조의 등장

이론화학을 포함한 화학 결합 분야 수상자로는 알프레트 베르너(1913년), 라이너스 폴링(1954년), 로버트 멀리컨(1966년), 후쿠이 겐이치와 로알드 호프먼(1981년), 루돌프 마커스(1992년), 월터 콘과 존 포플(1998년)이 있다. 여기서 특별히 주목해야 할 인물은 양자역학의 개념을 화학 결합 설명에 도입한 라이너스 폴링이다. 현대 화학자들이 사용하는 분자구조 설명은 라이너스 폴링이 정립한 원자 간 화학 결합 개념을 따르고 있으며, 그의 연구는 가히 화학을 현대화한 혁명이라고 할 수 있다.

분자구조에 관한 연구에서는 페트루스 드비예(1936년). 프레더릭 생어(1958년), 막스 퍼루츠와 존 켄드루(1962년), 도로시 호지킨(1964년),

게르하르트 헤르츠베르크(1971년), 윌리엄 립스콤(1976년), 아론 클루그(1982년), 허버트 하우프트먼과 제롬 칼(1985년), 요한 다이젠호퍼와 로베르트 후버 그리고 하르트무트 미헬(1988년), 폴 보이어와 존 워커(1997년)가 수상하였다.

방사성 물질화학을 포함한 화학 분야 연구로 노벨 화학상을 수상한 과학자로는 마리 퀴리(1911년), 프레더릭 소디(1921년), 해럴드 유리(1934년), 장 졸리오퀴리와 이렌 졸리오퀴리(1935년), 조르주 드 헤베시(1943년), 오토 한(1944년), 에드윈 맥밀런과 글렌 시보그(1951년), 윌러드 리비(1960년)가 있다.

:: 유기화학

유기화학 분야에서는 다른 어떤 화학 분야보다 많은 수상자가 나왔다. 수상자로는 특정 유기화합물의 삼차원 형태를 밝힌 드렉 바턴과 오드 하셀(1969년), 입체화학 연구의 선구자가 된 존 콘퍼스와 블라디미르 프렐로그(1975년), 유기금속 화합물을 연구한 에른스트 피셔와 제프리 윌킨슨(1973년), 도널드 크램과 찰스 페더슨과 장마리 렌(1987년), 게오르크 올라(1994년), 그리고 새로운 탄소화합물을 합성한 로버트 컬과 해럴드 크로토 그리고 리처드 스몰리(1996년)가 있다.

유기합성 분야의 최초 수상자는 빅토르 그리냐르와 폴 사바티에(1912년)이며, 그 뒤에 로버트 우드워드(1965년), 허버트 브라운과 게오르크 비티히(1979년), 브루스 메리필드(1984년), 일라이어스 제임스 코리(1990년), 이브 쇼뱅과 로버트 그럽스 그리고 리처드 슈록(2005년)이 있다. 천연화합물 분야에는 리하르트 빌슈테터(1915년), 하인리히 빌란트(1927년), 아돌프 빈다우스(1928년), 비타민 연구에 대한 기여로 월터 호어스와 파울 카러(1937년), 리하르트 쿤(1938년), 아돌프 부테난트와 레오폴트 루지치카(1939년), 로버트 로빈슨(1947년), 빈센트 뒤 비뇨(1955년) 그리고 알렉산더 토드(1957년) 가 있다. 고분자 연구 분야에는 헤르만 슈타우딩거(1953년), 카를 치글러와 줄리오 나타(1963년), 폴 플로리(1974년), 앨런 히거와 앨런 맥더미드 그리고 시라카와 히데키(2000년) 등이 있다.

:: 생화학, 분석화학, 응용화학

생화학 분야의 수상자로는 아서 하든과 한스 오일러켈핀(1929년), 제임스 섬너와 존 노스럽 그리고 웬델 스탠리(1946년), 멜빈 캘빈(1961년), 루이 를루아르(1970년), 크리스천 앤핀슨과 스탠퍼드 무어와 윌리엄 스테인(1972년), 피터 미첼(1978년), 폴 버그와 월터 길버트 그리고 프레더릭 생어(1980년), 시드니 올트먼과 토머스 체크(1989년), 캐리 멀리스와 마이클 스미스(1993년), 폴 보이어와 존 워커 그리고 옌스 스코우(1997년), 피터 에이그리와 로더릭 매키넌(2003년), 아론 시에차노버와 아브람 헤르슈코 그리고 어윈 로즈(2004년), 로저 콘버그(2006년)가 있으며, 최근 들어 이 분야의 수상 빈도가 더욱 높아지고 있다.

새로운 측정 방법 개발을 포함한 분석화학이나 분리화학 분야에서는 그 특성상 물리 · 무기화학, 유기화학, 생화학에 비해 많은 수상자가 나오지 않았다. 프랜시스 애스턴(1922년)이 질량분석사진기를 이용한 연구로 노벨 화학상을 수상하였고, 프리츠 프레글(1923년)은 유기미량분석법을 개발한 공로로, 리하르트 지그몬디(1925년)와 테오도르 스베드베리(1926년)는 콜로이드 용액의 불균일성과 분산계에 관한 연구로, 아르네 티셀리우스(1948년)는 전기영동 및 흡착분석법으로, 아처 마틴과 리처드 싱(1952년)은 분배 크로마토그래피법으로, 야로슬라프 헤이로프스키(1959년)는 폴라로그래피 분석법 개발로, 그리고 존 펜, 다나카 고이치, 쿠르트 뷔트리히(2002년)는 거대분자의 질량 측정 및 삼차원구조 규명으로 상을 받았다. 최근에는 단일 세포 관찰이 가능한 초고해상도 광학현미경 개발(2014년), 삼차원 생체 분자구조 분석이 가능한 극저온 전자현미경 개발(2017년) 등 생화학 분야 장비 개발의 공로로 노벨상을 수상하기도 했다.

응용화학 분야의 수상자를 살펴보면, 화학적 고압방법을 발명한 카를 보슈와 프리드리히 베르기우스(1931년), 사료보존법을 개발한 아르투리 비르타넨(1945년)이 있고, 파울 크뤼첸과 마리오 몰리나 그리고 프랭크 롤런드(1995년)가 대기화학과 환경화학 분야에 기여하여 노벨 화학상을 받았다.

정리해 보면, 20세기 전반기엔 유기화학과 물리화학 분야에서의 수상이 많았고, 후반기에는 DNA 구조 분석과 연계되어 생화학 분야에서의 수상이 늘었다. 20세기 전반기에 물리학 연구 성과와 연계된 물리화학 분야에서의 수상이 주류를 이루다 20세기 후반기에는 생리의학과 연계된 생화학 분야로 수상 주제가 변화했다. 생화학 반응 및 구조와 관련된 연구는 2001년 이후 총 12회에 걸쳐 노벨 화학상을 수상했다. DNA 회복 메커니즘 연구(2015년), 효소의 유도 진화(2018년), 유전자 편집 방법론(2020년) 등 생리의학상 수상 주제와 중복되는 내용으로도 수상 부문이 확대되었으며, 이것은 화학 분야에서 생화학 연구의 비중이 지속적으로 커지는 것을 반영하고 있다. 2020년대 이전까지 인슐린의 아미노산 배열 순서를 규명한 공로(1958년)와, 핵산 염기 서열을 규정한 공로(1980년)로 노벨 화학상을 수상한 프레드릭 생어만이 중복 수상 기록을 가지고 있었으나, 2022년 배리 샤플리스가 클릭화학과 생물직교화학의 개척으로 두 번째 노벨 화학상을 수상함으로써 2001년 키랄성 촉매 산화반응에 관한 연구에 이어 두 번째 수상의 영예를 얻게 되었다.

:: 노벨 화학상 국가별 분포

노벨 화학상은 1950년을 기점으로 수상자 수가 급격히 증가하는 추이를 보이는데, 이는 1950년대 이후 과학기술의 진보 및 거대화, 학제간 융합화에 따라 공동 연구 비중이 늘어나 공동 수상이 일반화되었기 때문이다. 2023년 현재까지 총 115회의 수상 횟수(두 차례의 세계 대전 중에는 수상자가 없었다)에서 194명의 수상자가 배출되었으며, 단독 수상은 63회, 2인 공동 수상은 25회, 3인 공동 수상은 27회를 기록하고 있다.

국가별로 수상자를 살펴보면, 2차 세계 대전 이전에는 독일이 가장 많은 16명의 수상자를 배출했고 그 후 현재까지 31명에 이르며, 2차 세계 대전 이후에는 강력한 국력을 바탕으로 미국이 노벨 화학상을 휩쓸며 현재 76명의 수상자를 배출했다. 영국은 모두 31명이 수상하였는데 주로 20세기 후반에 수상자가 나왔으며, 프랑스가 11명, 일본이 8명, 스위스가 7명, 스웨덴 5명, 네덜란드, 이스라엘이 각각 4명, 캐나다 3명, 덴마크와 러시아(소련 포함)는 각각 2명, 노르웨이, 벨기에, 아르헨티나, 오스트리아, 이탈리아, 체코, 타이완, 터키, 핀란드, 헝가리에서 각각 1명의 수상자를 배출했다. 2차 세계 대전 이전에는 영국, 독일, 프랑스 등의 유럽 국가 중심으로 수상자가 많이 배출되었으나 2차 세계 대전 이후 미국이 독일과 유태인 출신 과학기술자를 흡수하기 시작하며 독주 체제를 보이고 있다. 여성 과학자는 총 8명이 수상하였으며, 미국은 2018년에 이르러서야 여성 과학자가 처음 노벨 화학상을 수상하게 되었다. 수상자를 많이 보유한 국가일수록 과학기술이 일찍 꽃피기 시작하여 기초과학이 견실하고 그 토대 위에서 과학의 역사를 바꾸는 새로운 발견들이 이루어졌음을 알 수 있다.

:: 노벨 화학상 한국인 수상자를 기다리며

노벨상 시상 연설문 끝에 단골로 나오는 "이제 앞으로 나오셔서 전하께서 수여해 주실 노벨상을 받으시기 바랍니다"라는 문구를 볼 때마다 매번 깊은 감동과 흥분을 느낀다. 그러나 역대 노벨 화학상 수상자를 살펴보면서 대부분 북유럽과 미국에 편재되어 있고, 이러한 가운데 일본이 수상자를 8명이나 배출한 것에 한국 과학자의 한 사람으로서 심한 좌절감을 느끼기도 한다.

현대 사회에서 노벨상 수상자의 수는 그 나라의 문화 수준과 번영을 나타내는 척도가 된다. 우리는 이제부터라도 범국가적인 지원과 온 국민의 관심으로 수상자를 배출해 낼 수 있는 분위기를 조성해야 한다. 가장 기본이 되는 대학이나 연구 기관의 수준 높은 연구, 적극적인 지원, 연구자 대우 향상 등이 수상자를 키우는 기본 토대가 되겠지만, 무엇보다도 기초과학에 대한 꾸준한 투자와 연구를 통해 전체적인 과학 수준을 한 단계 올려놓는 것이 필요하다. 또 노벨상 전형 과정에 대한 심도 있는 연구와 앞으로 가능성 있는 분야를 집중적으로 지원하는 것도 중요하다.

노벨상은 특정 분야를 먼저 선정하여 수상자를 결정한다고 한다. 우선 그해의 시상 분야를 결정하고 그 분야에서 가장 큰 공헌을 한 사람들 중 세 명을 추리는 전형 과정도 모른 채 막연히 수상 후보자를 추천한다고 해서 노벨상에 다가갈 수는 없는 일이다.

이제는 기초 연구와 산업기술의 융합이 더욱 활발해질 것이며, 뇌 연구를 포함한 바이오 관련 첨단 연구, 나노 테크놀로지, 차세대 대체 에너지 분야가 많은 가능성을 보이고 있다. 시상 연설문에 나타나 있듯이 과학자들이 좌절하지 않고 이어가는 탐구심, 열정적인 실험 연구, 독창적인 발견 등이 노벨 화학상에 다가서는 필수조건이라 할 수 있다. 세계의 많은 국가 중에서 대한민국은 20세기 후반에 이르러 국력과 산업 기반이 눈부시게 발전하였다. 효율적이면서 과감한 연구 투자가 가능해졌기에, 이를 바탕으로 과학에 대한 지칠 줄 모르는 끈기와 독창성을 높이 발휘한다면 우리도 과학 분야에서 노벨상 수상자를 배출할 수 있을 것이다.

2023년 12월 우경자, 이연희

알프레드 노벨의 유언 중에서

돈으로 바꿀 수 있는 나머지 모든 유산은 다음과 같은 방법으로 처리해야 한다. 유언 집행자는 그것을 안전한 곳에 투자해 기금을 조성하고, 거기서 나오는 이자는 지난해 인류에 가장 큰 공헌을 한 사람들을 선정해 상금의 형태로 매년 지급하도록 한다. 그리고 그 이자는 5개 부분에 공헌한 사람들에게 골고루 분배한다.

첫째, 물리학 분야에서 가장 중요한 발견이나 발명을 한 사람.
둘째, 가장 중요한 화학적 발견이나 개선을 이룬 사람.
셋째, 생리학이나 의학 분야에서 가장 중요한 발견을 한 사람.
넷째, 문학 분야에서 가장 뛰어난 이상적 경향의 작품을 쓴 사람.
다섯째, 국가 간의 우호를 증진시키거나 군대의 폐지나 감축에 기여한 사람. 또는 평화회의를 개최하거나 추진하는 데 가장 큰 공헌을 한 사람.

수상자를 선정하는 데 후보자의 국적을 고려해서는 안 되며, 스칸디나비아 사람이든 아니든 가장 적합한 인물이 상을 받아야 한다.

- 노벨 경제학상은 스웨덴 중앙은행의 기부금으로 1968년에 조성되었으며, 노벨의 유언에는 언급되지 않았다.

화학동역학 법칙 및 삼투압 발견

1901

야코뷔스 반트 호프 | 네덜란드

:: 야코뷔스 헨드리쿠스 반트 호프 Jacobus Hendricus van't Hoff (1852~1911)

최초의 노벨 화학상 수상자인 네덜란드의 물리화학자. 네덜란드에서 학위를 받고 순수 과학자로서의 길을 걷기로 결심한 뒤, 1872년부터 1873년까지 본 대학교에서 아우구스트 케쿨레의 지도 아래 연구 활동을 했고, 1873년부터 1874년까지 샤를 아돌프 뷔르츠의 연구실에서 일했다. 18년 동안 암스테르담 대학교에서 화학, 광물학, 지질학 교수를 역임했으며, 1896년에는 베를린 프로이센 과학아카데미의 교수가 되었다. 1884년에 출판한 『화학동역학 연구』로 반응속도론의 원리들 및 반응차수를 결정하는 새로운 방법을 제시하였다.

전하, 그리고 신사 숙녀 여러분.

왕립과학원은 베를린 대학교 야코뷔스 반트 호프 교수에게 화학동역학과 용액의 삼투압에 관한 그의 선구적 연구 업적에 대해 노벨 화학상을 수여했습니다.

그의 연구 결과는 돌턴 이후 원자론과 분자론 분야의 이론화학에서 가장 중요한 발견입니다.

원자론 분야에서 반트 호프 교수는 파스퇴르에 의해 진전된 아이디어를 따라 구성 원자가 공간에서 기하학적으로 배열된 접점을 갖는다는 가설을 세웠습니다. 이 가설에서 탄소화합물과 관계된 탄소원자의 비대칭 이론과 입체화학이 창시되었습니다.

분자론 분야에서 반트 호프 교수의 발견은 훨씬 더 혁신적입니다. 그는, 이탈리아 사람인 아보가드로의 이름을 딴 아보가드로의 법칙(같은 압력과 온도에서 주어진 부피 안에 있는 기체분자의 수는 모든 기체에 대해 같다—옮긴이)이 삼투압이라고 알려진 물질들의 압력을 기체 압력과 같은 방식으로 고려한다면, 기체 상태의 물질뿐만 아니라 용액 속의 물질에도 적용된다는 것을 밝혔습니다. 반트 호프 교수는 기체의 압력과 삼투압이 동일한 것이며 따라서 기체 상태에 있는 분자와 용액 상태에 있는 분자 그 자체도 동일하다는 것을 증명했습니다. 그 결과 화학에서 분자의 개념이 명확해지고 현재까지 상상할 수 없을 만큼 유용해졌습니다. 그는 또한 반응에서 화학평형 상태를 표현하는 방법과 반응을 진행하는 기전력을 표현하는 방법을 개발했습니다. 반트 호프 교수는 원소의 여러 가지 변화 사이에서, 그리고 수분 함량이 다른 수화물들 사이에서 어떻게 전이가 일어나는지, 또 어떻게 복염이 만들어지는지 등을 설명했습니다.

역학과 열역학에서 기원한 단순한 원리들을 빌려 적용함으로써 반트 호프 교수는 화학동역학의 창시자 가운데 한 사람이 되었습니다. 그의 연구는 물리화학의 진보에 매우 중요한 요소가 되었습니다. 반트 호프 교수의 물리화학 연구는 전기화학과 화학반응론에서 스웨덴을 비롯한 여러 나라의 연구자들이 이룩해 온 위대한 업적에 필적합니다. 그만큼 과학 연구에 큰 가능성을 열었을 뿐만 아니라, 용액에서 물질의 상태에 관한 연구에 가장 위대한 실질적 결과를 가져왔으며 앞으로도 지속될 것입니다. 화학반응이 대부분 용액 속에서 일어나고 살아 있는 유기체의 생명 작용이 용액 속에서 일어나는 물질대사 과정에 의해 유지된다는 것을 생각해 보면 이 연구 결과가 인류에 공헌하는 바는 막대할 것입니다.

전 국립기록보관소 소장, 스웨덴 왕립과학원 원장 C. T. 오드너

당과 푸린 합성에 관한 연구

1902

에밀 피셔 | 독일

:: 에밀 헤르만 피셔Emil Hermann Fischer (1852~1919)

독일의 화학자. 본 대학교에서 화학을 전공하고 케쿨레, 아우구스트 쿤트 등의 지도 아래 공부했다. 물리학에 대한 미련을 버리지 못했던 그는 1905년 노벨 화학상 수상자이기도 한 아돌프 폰 바이어를 만나 화학에 평생을 바치기로 한다. 1892년부터 1919년 영면할 때까지 베를린 대학교 화학과 교수로 있었다. 1881년부터 푸린을 연구하기 시작해 요산 · 크산틴 · 카페인 · 테오브로민 및 다른 질소화합물과 단일 물질인 푸린의 관계를 설명했다. 1883년에 시작한 당류 연구에서는 하이드라진 유도체의 발견을 기초로 자연 포도당과 과당을 포함한 삼십여 개의 당류를 합성하는 데 성공하여 유기화학 발전에 크게 기여했다.

전하, 그리고 신사 숙녀 여러분.

왕립과학원은 당과 푸린 합성에 관한 연구에 크게 공헌한 베를린 대학교 교수이며 게하임라트(고문) 에밀 피셔 박사에게 1902년 노벨 화학상을 수여하기로 결정했습니다.

유기화학의 주된 임무 중 하나는 생물학적 현상과 관련된 개념의 기초를 확고히하기 위해 동물이나 식물 같은 생명체에서 일어나는 과정들을 연구하고 인위적으로 재현하는 것입니다. 생물체에 단백질을 제외하고 탄수화물보다 더 중요한 탄소화합물은 없습니다. 이런 이유 때문에 탄수화물, 특히 당류는 유기화학이 생긴 이래 수많은 연구의 대상이었습니다. 그러나 이 물질의 특성 때문에 관련 연구는 매우 어려웠으며 몇 년 전만 해도 불가능한 일처럼 보였습니다.

그러나 피셔 교수는 하이드라진 유도체를 발견하면서 이 문제에 대한 답을 찾는 데 성공하였습니다. 피셔 교수는 놀라울 정도로 예리한 판단과 훌륭한 식별력으로 효율적인 수단을 선택하여 자연 포도당과 과당뿐만 아니라 30개의 다른 당, 그리고 이와 관계되는 많은 화합물을 합성하였습니다. 5~6개의 탄소원자로 이루어진 단순한 당은 자연적으로 생기지만 피셔 교수는 2개에서 9개까지의 탄소원자를 포함하는 시리즈를 합성하였습니다. 그는 식물생리학에 특히 중요한 글루코시드를 만드는 정확한 방법을 발견하여 유기합성 분야에 업적을 보탰습니다.

특히 이 연구들은 반트 호프와 르 벨이 고안한 원자의 공간배열 이론에 중요합니다. 피셔 교수는 논란 중인 화합물에 대해 원자들이 원자복합체, 즉 분자 안에 결합되어 있는 방식뿐만 아니라 서로에 대한 원자의 상대적 위치, 다른 말로 표현하면 분자의 입체적 구조를 완전하게 결정하였습니다. 상당히 복잡하지만 이론을 아주 세밀하게 확인할 수 있기 때문에 이와 같은 연구를 통해 원자의 성질에 대한 개념, 특히 앞으로 상당히 바뀔 원자가 개념이 꾸준히 사용될 거라 확신합니다.

이러한 연구들은 생리학에서 매우 중요합니다.

자연에서 일어나는 가장 특별한 과정 중 하나는 식물의 녹색 부분에서 발생하는 탄수화물의 생성입니다. 사실 이 과정은 모든 유기물질의 중요한 근원이며, 결국 이것을 밝히는 것이 과학의 주요한 임무 중 하나입니다. 1870년 폰 베이어는 이산화탄소와 물이 엽록소를 포함하는 세포에서 포름알데히드(포르말린)로 바뀌고 이것이 즉시 축합하여 당을 형성한다는 가설을 세웠습니다. 피셔 교수가 식물에서 보편적으로 생기는 포름알데히드로부터 다른 탄수화물의 전구물질을 구성하는 포도당과 과당을 만드는 데 성공하여 문제의 가설에 대해 명백한 실험적 증거를 보였습니다. 당의 합성은 탄소, 수소, 산소가 결합하여 포름알데히드를 거쳐 이루어집니다.

이 연구 결과로 생명 과정의 난해한 효소 활동을 완전히 새로운 관점에서 설명할 수 있게 되었습니다. 3개나 9개의 탄소로 합성된 당은 6개 탄소로 구성된 포도당처럼 효모에 의해 쉽게 알코올과 이산화탄소로 바뀌는데 분자의 입체구조를 약간 변형하면 같은 효소에 대해서는 영향을 받지 않는 것이 밝혀졌습니다. 이를 통해 생명기능이 성분보다 영양을 공급하는 물질분자의 기하학적 구조에 더욱 밀접하게 관련된다는 중요한 발견을 했습니다. 피셔 교수는 다른 효소와 글루코시드도 비대칭구조에 대해 유사한 민감도를 가지는 것을 발견했고 이 관찰을 통해 분자의 비대칭이 얼마나 중요한지를 보여 주었습니다. 식물체의 중요한 산물, 즉 탄수화물, 단백질, 엽록소 알갱이, 그리고 원형질과 효소는 모두 광학적 활성물질이거나 그것으로 구성되어 있고 유기체 내 모든 필수적인 화학변형은 비대칭에 기인하는 것으로 밝혀졌습니다. 그래서 자연과 생명기능을 지배하는 조건에 관련된 지식을 상당히 얻었습니다. 당의 합성을 통해 효소 활동을 자세하게 그리고 정확하게 입증할 수 있었던 것입니다. 이 연구는 생리학의 새로운 분야를 열었으며 실험은 이미 시작되었지만 그 영향은 아직 완전히 예측할 수 없습니다.

피셔 교수는 이처럼 매우 중요한 결과를 얻은 후에도 유기화학에서 가장 훌륭한 발견 중 하나이자 가장 많은 결과를 낸 또 다른 연구를 완성하였습니다.

유기체에서 발생하는 질소화합물은 동물의 생명에 가장 중요합니다. 동물의 몸은 단백질과 별도로 상당한 양의 질소물질로 구성되어 있습니다. 이것들은 단백질에 의한 산물이거나 프로티드Proteides라고 부르는 유기체의 가장 복잡한 화합물 성분에 속하기 때문에 이 연구는 생리화학에 매우 가치가 있습니다.

1776년 셸레가 소변결석에서 요산을 발견한 후 그것과 관련된 크산틴, 아데닌, 구아닌과 같은 여러 물질들이 동물의 분비물에서 검출되었습니다. 그리고 식물에서 추출하여 주요 음료로 사용하는 코코아, 커피, 차 속의 자극제 성분인 테오브로민, 테오필린, 카페인 또한 같은 그룹에 포함됩니다. 피셔 교수는 훌륭한 과학자의 예리한 지각과 대가다운 기술로 이 분야에 기여하였습니다. 그는 이 모든 물질들이 같은 전구체, 즉 그가 발견한 푸린유도체임을 입증하였습니다. 합성된 사슬을 탄소, 수소, 산소로 분해하는 방식으로 다른 물질이나 더 단순한 물질로부터 그것들을 합성하는 데 성공하였고, 그 외에도 새로운 물질들을 만들어 피셔 교수가 연구한 푸린유도체는 무려 150개에 달하였습니다. 그리고 각각의 고유한 조성이 모두 결정되었습니다.

요산과 크산틴이 같은 전구물질에서 기인한다는 실험적 증거는 생리학에서 매우 중요한데, 그의 연구가 세포핵의 핵단백질과 거기 포함된 푸린으로부터 요산이 생성된다는 현대 이론을 강하게 뒷받침했기 때문입니다.

카페인과 테오브로민 같은 물질은 음료로 마시는 것뿐만 아니라 의학적으로 사용할 수 있기 때문에 조만간 여러 가지 새로운 푸린유도체가 의학적 가치를 갖는 것으로 입증될 것입니다. 화학 산업에서는 일상생활에서 중히 여기는 이 물질을 피셔방법으로 합성하려고 시도하고 있습니다.

지난 세기 마지막 10년 동안 유기화학을 특징 짓는 연구는 당과 푸린에 관한 피셔 교수의 연구가 그 절정인데 이는 실험적 관점에서 볼 때 유례가 없는 탁월한 것입니다.

스웨덴 왕립과학원 원장 Hj.틸

전기해리이론

1903

스반테 아레니우스 | 스웨덴

:: **스반테 아우구스트 아레니우스 Svante August Arrhenius (1859~1927)**

스웨덴의 물리화학자. 1876년에 웁살라 대학교에서 수학 · 화학 · 물리학을 공부한 후 스톡홀름 대학교에서 E. 에드룬드의 지도 아래 전기분해에 대한 연구를 했다. 전기적 현상과 화학적 현상 사이에 인과관계가 있다는 스웨덴 과학자 베르셀리우스의 이론을 받아들여 화학적 현상의 원인은 반응물질의 구성 요소에 들어있는 전기적 전하 때문이라는 이론을 발표했다. 화학과 물리학의 중간 영역에 있던 그의 연구는 화학을 크게 진보시켰고, 스웨덴인으로서는 처음으로 노벨상을 수상하여 말년에는 스톡홀름에 있는 노벨 물리화학연구소에서 연구와 저술에 전념했다.

전하, 그리고 신사 숙녀 여러분.

19세기 첫 해 동안 볼타는 최초의 전지를 만들었습니다. 그렇게 얻은 전류의 화학적 작용을 연구함으로써 영국의 데이비 및 스웨덴의 베르셀리우스와 히싱거는 전기적 현상과 화학적 현상 사이에 인과 관계가 있다는 결론에 도달했습니다. 이 아이디어에 기초해서 베르셀리우스는 그의 유명한 전기화학 이론을 확립했는데 이 이론은 19세기 중반까지 최고의 자리를 지켰습니다. 그러나 새로운 발견은 이 이론이 조사 결과와 맞지 않는다는 것을 증명했고, 화학적 현상은 더 이상 전기화학 이론으로 설명할 수 없었습니다. 비록 친화도의 기원은 전혀 알려지지 않았지만, 물질의 화학적 변화는 어떤 친화도 때문인 것으로 일반적으로 받아들여졌습니다. 그리고 열화학의 전성기가 왔습니다. 이때는 화학반응 도중 화학에너지의 변환이 화학과정 중에 일어나는 열 현상 속에 있다고 믿었습니다.

1880년경 스반테 아레니우스 교수는 과학 분야에서 박사학위 연구를 하고 있었는데, 용액 속 전류의 이동에 관한 연구 결과, 화학적 현상의 원인에 관한 새로운 해석에 도달했습니다. 아레니우스 교수는 화학적 현상의 원인을 반응물질의 구성 요소에 들어 있는 전하 때문이라고 설명했습니다. 그러므로 전기는 그의 화학 이론 속에서 결정적 인자로 소개되었습니다. 달리 말해서, 비록 많이 수정된 형태이긴 하지만 베르셀리우스 이론의 기본 개념이 부활한 것입니다.

베르셀리우스 시대에는 이 개념이 단지 정성적 기초 위에 있었던 반면 아레니우스의 이론은 그것을 정량적으로 결정해서 수학적으로 처리할 수 있게 한 것입니다. 20년 전 박사학위 논문에서 아레니우스 교수는 이 원리로부터 화학적 변화를 지배하는 모든 알려진 법칙들을 추론했습니다. 그러나 그럼에도 이 새로운 이론은 대부분 학자에게 받아들여지지 않았습니다. 논박을 하기에는 현존하던 아이디어와 크게 충돌했기 때문입니다. 이 이론에 따르면, 예를 들어, 공통염인 염화나트륨의 경우 물에 용해되었을 때 다양한 정도로 해리합니다. 즉 그것은 정반대의 전기로 하전된 구성 요소인 염화이온과 나트륨이온들이 공통염 용액에서 오로지 화학적으로 유효한 물질로 해리됩니다. 아레니우스 이론은 또한 산과 염기가 서로 반응할 때 물이 주 생성물이고 염은 부산물이라고 주장했는데, 그 시대에는 일반적으로 그 반대라고 믿었습니다. 때문에 그 시대의 흐름과 반대되는 아이디어가 즉각적으로 받아들여질 수 없었던 것입니다. 10년 이상의 험난한 과정과 엄청난 실험을 하고 나서야 비로소 이 이론은 모든 사람들에게 받아들여졌습니다. 아레니우스의 해리 이론에 대해 이렇게 길고 어려운 과정이 진행되는 동안 화학 분야는 엄청난 진보가 이루어졌고, 화학과 물리학 사이에는 유례없는 학문적 연결고리가 확립되어 두 과학 분야에 대단한 기여를 하였습니다.

아레니우스 이론의 가장 중요한 결과 중 하나는 최초의 노벨 화학상을 받은 반트 호프 교수의 이론을 위대하게 일반화하고 완성한 것입니다. 아레니우스 이론의 지지가 없었다면, 반트 호프 교수의 이론은 결코 일반적인 지지를 얻지 못했을 것입니다. 아레니우스와 반트 호프의 이름은 과학사에 큰 자취를 남기며 화학의 역사에 길이 남을 것입니다. 이것이 바로 해리이론의 실험적 기초가 물리학에 속한다는 사실에도 불구하고 과학원이 주저없이 아레니우스 교수에게 노벨 화학상을 수여하게 된 이유입니다.

과학원은 베르셀리우스 이론의 근본 개념을 복원시킨 아레니우스 교수에게 금년의 노벨 화학상을 수여할 수 있게 되어 매우 행운이라 생각합니다. 이 선택이 우리 시대의 가장 탁월한 과학적 권위에 의해 지지를 받는다는 사실 때문에 이 임무는 더욱 즐겁기까지 합니다.

아레니우스 교수님.

과학계는 이미 교수님 이론의 중요성과 가치를 인정하고 있습니다. 그리고 자신과 다른 사람들이 교수님의 이론을 사용해서 화학이라는 과학을 발전시킴에 따라 그 이론의 광휘는 앞으로 계속 확대될 것입니다. 물리학 연구가 교수님의 발견에 기여했다는 사실은 생명의 신비를 풀려는 공통의 목적을 가진 다른 자연과학 사이에 있어 서로 증명하기보다는 공감하는 관계로 나아가야 한다는 새로운 빛을 시사했습니다.

성공은 우리의 노력에 박차를 가합니다. 이것은 고결한 마이케나스(고대 로마의 정치가, 문화·예술의 보호자—옮긴이)가 깨달은 사실로 그의 이름은 이제 교수님의 이름과 결부됩니다. 앞으로 박사님의 연구가 유례없는 풍성한 결실을 거두고, 기백에 찬 후학들이 교수님이 닦아 놓은 길을 따라서 전진할 때, 교수님의 이름이 자랑스러운 단어로 기억되길 기원합니다.

스웨덴 왕립과학원 원장 H. R. 퇴르네블라드

공기 중 비활성 기체원소의 발견과 주기율표 내 위치 결정

윌리엄 램지 | 영국

1904

:: 윌리엄 램지 William Ramsay (1852~1916)

영국의 화학자. 1880년부터 1887년까지 잉글랜드의 브리스틀 대학교 화학과 교수를 역임했고, 1887년부터 1913년 은퇴할 때까지 런던 대학교 무기화학과 교수를 지냈다. 초기에는 유기화학 분야에서 알칼로이드의 생리작용을 연구하여 피리딘과의 관계를 밝혔다. 1890년에 질소산화물에 대해 연구하던 중 아르곤, 헬륨, 네온, 크립톤, 크세논 등의 원소를 발견했고, 영국의 물리학자 레일리 경과 함께 대기에 이들 미지의 기체가 존재함을 실험으로 입증했다. 1910년 라듐의 방사능 방출시 생기는 마지막 비활성기체인 나이톤(지금의 라돈)을 발견하여 영족 기체를 모두 발견했고, 주기율표에서 한 족의 모든 원소를 발견했다는 명예를 얻게 되었다.

전하, 그리고 신사 숙녀 여러분.

오늘날 자연과학 연구의 가장 두드러진 특징 중 하나는 물리와 화학이 갖는 보완적인 역할인데, 한 분야의 중요한 발견이 항상 나머지 다른 분야에 영향을 끼치게 됩니다. 그래서 지금 막 노벨 물리학상을 받은 특정 기체의 물리적 특성을 고려한 레일리 경의 연구가 순수 화학 분야에서도 신기하고 중요한 발견들을 이끌어 냈습니다.

대기 속의 질소와 화학적으로 만든 질소 사이에 존재하는 현저한 밀도 차이를 레일리 경이 증명하자 화학자로 이미 잘 알려진 영국 과학자가 이 물질의 특수한 상태를 규명할 목적으로 공동 연구에 참여하였습니다. 이 공동 연구의 결과로 질소 밀도의 1.5배이며 이전에는 알려지지 않은 기체 성분이 공기에 포함되어 있어 대기질소가 더 큰 비중을 갖는다는 것을 설명할 수 있었습니다.(1894년 발표) 램지 경은 새로운 기체의 특성을 신중히 연구하여 새로운 원소의 발견을 확실하게 입증함으로써 다른 원소와 함께 화학원소표에 포함시켰으며 이것을 무반응성 때문에 아르곤(비활성 원소)이라고 불렀습니다.

레일리 경의 화학 분야 공동 연구자는 지구 대기권에 있는 아르곤을 증명한 것에 만족하지 않고 그 이후로도 지각에서 아르곤의 존재를 찾는데 열중하였습니다. 그 결과 그는 새로운 발견을 하였는데 그것은 이전 것만큼 놀라운 것이었습니다. 그는 특정 우라늄 광물로부터 기체를 분리하였는데, 이것은 아르곤과 일치하지 않으며 지금까지 지구에서 발견되지 않아 오랫동안 찾아왔던 태양원소 헬륨과 일치한다고 분광기를 사용하여 밝혔습니다. 헬륨의 존재는 1868년 인도에서 일식을 관찰하던 프랑스의 천문학자 장센이 태양채층을 분광기로 조사하면서 처음 증명하였습니다. 뒤이어 헬륨이 광천수나 특정 운석에 존재하며 아르곤처럼 아주 적은 양이 지구의 대기성분에 있다는 것이 밝혀졌습니다.

새로운 두 기체의 원자량이 헬륨은 4, 아르곤은 40인 것으로 결정되자마자 이 활발한 과학자는 이론적인 이유 때문에 두 기체 사이에 원자량이 20 정도인 또 다른 기체 원소를 찾기 시작했습니다. 그리고 다양한 방법으로 수많은 시도를 한 끝에 대량으로 액체공기를 만드는 문제가 실질적으로 해결되면서 마침내 어떤 물질을 얻었습니다. 액체공기의 기화가 일어나기 시작하는 낮은 온도를 이용하여(-200도 이하의 온도) 큰 어려움 없이 액체아르곤의 상당량을 얻을 수 있었고, 분별증류와 액체공기의 직접적인 분별법으로 자유롭게 휘발하는 분율에서 네온(새로운 원소)이라고 부르기 시작한 원소를 확인하는 데 성공하였습니다. 이것이 전부가 아닙니다. 자유롭게 확산하지 못하는 공기의 분율에서 정상온도에서는 기체상태이고 아르곤보다 더 큰 밀도를 가지는 2개의 새로운 원소를 거의 동시에 발견하여 크립톤(숨겨진 원소)과 크세논(이상한 원소)으로 명명하였습니다.

이 기체들은 공기 중에 존재하지만 양이 아주 적어서 아르곤은 공기 부피의 100분의 1 정도이고, 네온은 10만분의 1이나 2, 헬륨은 100만분의 1이나 2, 크립톤은 100만분의 1, 그리고 크세논은 2000만분의 1 정도입니다. 이 사실로부터 관련 연구들이 얼마나 어려울지는 전문가가 아니더라도 쉽게 예상할 수 있습니다. 그러나 수많은 난관에도 불구하고 그는 새로운 원소를 분리하고 그것들의 특성을 정확하게 연구하여 주기율표 내에서 그 위치를 결정할 수 있었습니다. 5개의 새로운 기체, 즉 '영족기체' 는 전기적 극성이 없어 이전에 알려진 모든 원소와 완전히 구별되는 원소 그룹을 이루었습니다. 이것으로 주기율표에서 가장 음성을 띠는 할로겐과 가장 양성을 띠는 알칼리 금속 사이에 있는 공간이 채워졌습니다.

하나의 원소조차도 확실하게 알지 못했던 상태에서 새로운 족의 모든 원소를 발견한 것은 화학 역사에서 아주 특별한 것이며 본질적으로 과학의 진보에 크게 이바지했습니다. 이 모든 원소들은 지구대기의 성분이어서 과학 연구를 위해 쉽게 접근할 수 있는 것이었는데도 셸레, 프리스틀리, 그리고 라부아지에 시대부터 현재까지 공기의 화학적·물리적 특성을 측정하였던 저명한 과학자들까지 오랜 시간 좌절했던 것을 생각해 보면 이 진보는 매우 놀라운 것입니다. 이 발견은 이미 알려진 70개 원소에 새로 5개를 단순히 보탠 것 이상의 큰 의미가 있습니다. 새로운 기체의 비활성 특성 때문에 연구가 매우 힘들었지만 그 덕분에 모든 원소 중에서도 아주 특징적인 위치에 놓이게 되었습니다. 하지만 반복적이고 끈기있는 노력에도 불구하고 자기들 간의 결합이나 다른 알려진 원소와 화학적 결합을 유발하는 것은 불가능하였습니다. 이전에는 원소의 완전한 비활성이 알려지지 않았기 때문에 일반적으로 화학반응에 들어가는 힘이 크든 작든 모든 원소의 특징을 나타내는 기본적인 속성은 모두 같다고 믿었습니다. 영족기체의 발견은 원소 성질에 관한 매우 협소한 시야를 넓혀 주고 우리 지식 앞에 있는 장애물을 제거하여 이론적인 관점에서 특히 흥미를 주었습니다.

최근 불가사의한 원소인 라듐의 방사선 붕괴에서 헬륨의 스펙트럼선이 관찰되어 더욱 흥미로워졌는데 지금은 예측이 불가능하지만 이 관찰을 통해 앞으로 과학 분야에 많은 결실이 있을 것입니다.

엄청난 노력없이는 얻지 못했을 영족기체의 발견으로 이루어진 과학의 승리는 단지 운이 좋았기 때문이 아니라 잘 계획하고 끈기있게 연구했기에 가능했습니다. 따라서 새로운 자연계를 과학에 연결한 공로로 스웨덴 왕립과학원은 올해 노벨 화학상을 런던 대학교 교수인 윌리엄 램지 경에게 수여하기로 결정하였습니다.

스웨덴 왕립과학원 원장 J. E. 세더블롬

유기염료와 히드로방향족 화합물 연구

1905

아돌프 폰 바이어 | 독일

:: J. F. W. 아돌프 폰 바이어Johann Friedrich Wilhelm Adolf von Baeyer (1835~1917)

독일의 유기화학자. 독일 하이델베르크 대학교의 분석화학자인 로베르트 분젠, 아우구스트 케쿨레 등의 지도 아래 공부했다. 슈트라스부르크 대학교 교수를 거쳐 1873년에는 유스투스 폰 리비히의 뒤를 이어 뮌헨 대학교 화학과 교수가 되었다. 1865년부터 푸른색 염료인 인디고를 화학적으로 합성하는 연구에 매진하여 1880년에 인디고를 합성하는 데 성공하고, 1883년에 그 구조를 공식화했다. 그의 스승 케쿨레가 미리 가설을 세우고 자연을 연구했다면, 바이어는 항상 이론보다 실험을 중시했다. "나는 내 가설이 옳음을 입증하기 위해서가 아니라, 물질이 어떻게 반응하는지를 보기 위해 실험을 한다"는 말을 남겼다.

화학의 특성은 이론과 실제 사이, 순수과학과 기술 사이의 긴밀한 관계입니다. 그런 긴밀한 관계가 화학산업에서는 더욱 중요합니다. 이러한 특성은 19세기의 마지막 10년 동안 특히 돋보였습니다. 한때 많은 연구원이 시험관 안에서 적은 양의 물질을 가지고 반응을 수행해서 화학산업에 체계적으로 적용하고 변혁을 이루어 왔습니다. 그러한 방식으로 하나의 산업에서 다른 곳으로 중심이 옮겨가거나 완전히 새로운 분야의 산업이 창조되기도 하였습니다.

한 예로 50년 전에는 꿈도 꾸지 못했지만 이제는 수천 명에게 일자리를 제공하고 전 세계에 생산품을 공급하는 새로운 분야가 있습니다. 바로 콜타르로부터 유기염료를 만들어 내는 분야입니다.

타르염료 산업의 독특한 발전에 직간접적으로 기여한 살아 있는 연구자들 가운데서 영광의 자리는 트리페닐메탄 염료뿐만 아니라 인디고의 성분에 관한 연구로 알려진 뮌헨 대학교의 아돌프 폰 바이어 교수에게 돌아갑니다.

인디고 식물의 화려한 색소인 인디고는 그 아름다움과 색의 견고함 덕분에 모든 유기염료 중에서 가장 중요한 것으로 여겨졌습니다. 서방세계가 이것 때문에 매년 인도에 지불하는 공물은 상당한 금액에 달합니다. 그러므로 합성법으로 색소를 재생산하고 그것을 더 쉽게 얻을 수 있도록 하는 연구는 화학 연구에도 환영 받는 임무였습니다.

그러나 인디고의 복잡하고 특이한 조성 탓에 이러한 연구는 쉽지 않았습니다. 이쯤되면 우연한 발견이었느냐는 질문이 나올 법합니다. 포기를 모르는 낙천적 사고에 의한 우연한 발견이 일의 절반을 이룬 예는 얼마든지 찾아볼 수 있으니까요. 인디고 연구도 그와 다르지 않습니다. 폰 베이어 교수의 통찰력과 실험적 기술로도 색소의 화학적 조성을 간파하고 더 단순한 구성 물질로부터 그것을 합성할 수 있게 되기까지는 수년의 연구가 필요했습니다. 그리고 순수하게 과학적인 면에서 완성된 뒤에도 연구에서 얻은 결과를 기술에 적용하기까지는 수 년이 걸렸습니다.

폰 바이어 교수는 세 가지 방식으로 합성법으로 인디고를 생산하는데 성공했습니다. 즉 오르토- 니트로페닐아세트산, 오르토-니트로신나

믹산, 그리고 오르토-니트로벤즈알데히드와 아세톤으로부터입니다. 콜타르에서 별 어려움 없이 얻을 수 있는 원재료로부터 인디고를 재생산하는 길이 열린 것입니다. 그리고 이제 경제적 관점뿐만 아니라 기술적 관점에서도 산업적으로 인디고를 생산하는 문제가 해결된다면, 이것은 온전히 폰 바이어 교수의 기초 연구 덕분입니다.

연구 결과의 효과는 바로 나타났습니다. 이미 인디고 가격이 이전 가격의 3분의 1로 떨어졌고 1904년 독일의 합성 인디고 수출은 2500만 마르크로 평가되었습니다. 이것은 합성 생산물이 천연 생산물과 경쟁해서 크게 성공할 수 있다는 것을 보여 줍니다. 뮌헨 대학교의 실험실에서 만들어진 이 발견의 효과는 이미 저 멀리 갠지스 지방에서도 확인할 수 있습니다. 이제 지금까지는 인디고 식물재배에 사용되어 왔던 그 거대한 들판이 인도의 굶주린 수백만 인구를 위한 곡류와 식량을 생산하게 될 날이 그리 멀지 않았습니다.

인디고류의 분석, 더욱이 유기화학 발전에 오랫동안 영향을 미치는 분석과 새로운 방식의 연구 등과 동시에, 폰 바이어 교수는 유기염료화학의 다른 쪽 방면에서도 똑같이 활동적이었습니다. 그가 발견한 프탈레인이라고 불리는 아름다운 색을 가진 화합물 종류가 그를 고무시켰기에 가능했던 이 연구 중에서 산업에 매우 중요한 에오신 색소, 그로부터 유도된 로다민 염료를 여기서 특별히 언급하고자 합니다. 일련의 명인다운 실험을 통해 폰 바이어 교수는 몇 년 전에 프탈레인의 화학적 성질을 밝혀냈고, 이미 알려진 로즈아닐린 염료와 같이 프탈레인도 탄화수소인 트리페닐메탄의 유도체류로 분리될 수 있다는 것을 밝혔습니다. 최근에 보다 정확하게 1900년부터 계속 폰 바이어 교수는 트리페닐메탄에 관한 연구를 다시 시작했고 이로부터 색소의 화학적 조성에 관한 새로운 개념, 그리고 일반적으로 유기물질의 광학적 성질과 내부 원자구조 사이의 관계에 새로운 개념을 수준 높게 만들었습니다.

폰 바이어 교수에 의해 연구된 염료류는 보통 방향족 화합물이라는 이름으로 분류되는 유기물질의 주 부류에 속합니다. 방향족 화합물은 지방족 또는 지방산이라 불리는 다른 유기물질들과는 그 성질 및 반응 양상이 결정적으로 다릅니다. 사실 이 차이는 너무 크다고 여겨져서 유기화학 전체를 둘로 분할하게 하는 이유가 되었습니다. 즉 지방족, 그리고 방향족 물질의 화학으로 말입니다. 그럼에도 과학적 연구의 주 임무 중 하나는 다른 과학을 또는 같은 과학의 다른 분야를 나누고 있는 심해에 다리를 놓는 것입니다. 이러한 면에서 폰 바이어 교수는 히드로방향족 화합물에 관해 이론적 관점에서뿐만 아니라 실험적 관점에서도 대단히 괄목할 만한 연구를 수행했습니다. 이 화합물을 가지고 그는 방금 언급한 두 개의 주류 사이에서 전이형태를 발견했습니다. 그리고 자연에서 발견되며 기술적으로도 중요한 터펜과 캠퍼에 새로운 개념과 방법을 적용함으로써 전에는 만들 수 없었던 합성연구 분야를 활짝 열었습니다.

발견을 향한 연구자의 길은 그 목표에 따라 다릅니다. 짧은 기간의 시행착오 후에 그의 앞에 펼쳐진 분명한 전망을 볼 수도 있습니다. 혹은 긴 과정에서 고집스러운 일관성으로 목표를 방해하는 어떤 유혹도 차단해야만 합니다.

여기서 폰 바이어 교수의 연구는 후자에 해당되는 것이었습니다. 그의 연구는 오랫동안 이루어졌고 오늘날까지 계속되고 있습니다. 그러나 최근에서야 그 예외적인 중요성을 충분히 인정받고 개관하게 되었습니다. 그러므로 스웨덴 왕립과학원은 유기염료와 히드로방향족 화합물에 관한 그의 연구를 통해 유기화학과 화학산업 발전에 끼친 그의 공로를 인정하여 뮌헨 대학교 아돌프 폰 베이어 교수에게 올해의 노벨 화학상을 수여하는 것이 노벨 헌장과 온전히 일치한다고 생각합니다.

다만 수상자가 건강이 좋지 않아 오늘 이 자리에 참석하지 못했으므로 독일 대사께서 대신 수상하시겠습니다.

스웨덴 왕립과학원 원장 A. 린드스테트

플루오린의 분리와 무아상 전기로 연구

1906

앙리 무아상 | 프랑스

:: **앙리 페르디낭 프레데리크 무아상Henri Ferdinand Frédéric Moissan(1852~1907)**

프랑스의 화학자. 프랑스 국립자연사박물관과 파리 약학대학에서 공부하고, 1886년에는 파리 약학대학의 독물학 교수, 1889년에는 무기화학 교수를 거쳐 1900년에 소르본 대학교 무기화학과 교수가 되었다. 처음에는 식물의 광합성 작용에서 일어나는 산소와 이산화탄소의 교환을 연구하였으나, 곧 화학으로 관심을 돌려 플루오르화수소산에서 플루오린을 분리해 내는 데 성공하였고, 1892년에는 자신의 이름을 딴 전기로를 개발하여 그때까지 얻기 어려웠던 금속들을 제조해 냈다. 1893년에는 탄소에서 다이아몬드를 합성하여 자연에서 다이아몬드가 생성되는 원리를 밝혔다.

전하, 그리고 신사 숙녀 여러분.

과학원은 화학원소인 플루오린을 분리하고 전기로를 개발하여 과학적 연구와 산업활동에 새로운 분야를 개척한 공로로 파리 대학교의 앙리 무아상 교수에게 올해의 노벨 화학상을 수여하고자 합니다.

라부아지에가 반플로지스틱antiphlogistic 체계를 발표하였을 때 이 체계는 원리적으로 완벽하여 알칼리와 알칼리토금속 같은 잘 알려진 물질들의 원소들이 아니라 알려지지 않은 금속의 산화물이라는 것을 밝혔습니다. 곧바로 데이비는 전기분해를 이용하여 이 이론이 옳다는 것을 증명하였습니다. 그러나 라부아지에 체계가 모든 면에서 완전한 것은 아니었습니다. 모든 염의 기본 형태인 '공통염'은 존재하지 않았고 그것의 구성 요소 중 하나이자 음의 성분인 염소를 완전히 이해하고 염소와 유사한 물질인 아이오딘이 밝혀지자 원소의 새로운 그룹인 할로겐이 확실히 발견되었습니다. 이것으로 셸레가 처음 발견하고 베르셀리우스에 의해 깊이 연구된 플루오르화수소산은 음의 원소인 플루오린을 포함하는 것이 확실해졌는데, 플루오린은 다른 할로겐과 거의 유사하며 산소 바로 옆, 할로겐 중 가장 위에 놓이게 되었습니다.

그동안 이 원소를 분리하려는 노력은 모두 실패했지만 1886년 무아상 교수가 이 문제의 근본적인 해결책을 찾았습니다. 분리의 어려움 중 하나는 물을 분해할 정도의 이 원소가 가진 엄청난 에너지 때문이고, 또 한 가지는 가수분해로 플루오린을 만들 수 있을 것 같은 물질인 무수플루오르화수소산에 전기가 흐르지 않기 때문이었습니다. 그러나 무아상 교수는 독창적인 장치를 이용한 지속적인 연구로 여러 시간 기체의 연속적인 흐름 속에서 이 원소를 얻을 수 있을 정도로 모든 난관을 극복하는 데 성공하였습니다. 그 결과 무아상 교수는 방법론적인 연구를 완벽하게 수행하였습니다. 마치 강화된 산소처럼 시스템에서의 위치 때문에 기대하였던 플루오린의 모든 특성을 실제로 갖고 있음을 증명한 것이 이 연구의 가장 중요한 성과입니다. 플루오린은 정상 온도에서 기체를 발생하면서 탄소나 규소와 결합하며 약 −230도의 온도에서 수소와 결합하는데, 수소가 이 원소와 결합할 때는 수소가 산소와 결합할 때보다 더 많은 열을 방출합니다. 그 화합물 중에 황화합물은 원소의 원자가를 결정하는 데 아주 중요합니다.

그러나 무아상 교수가 플루오린을 연구하면서 세운 궁극적인 목표는 가장 훌륭하고 값진 광물인 다이아몬드를 인공적으로 제조하여, 그의 여러 동료들에게 위대한 명성을 가져다 주었던 무기물합성 시리즈를 완성하는 것이었습니다. 이것은 지금까지 거의 사용되지 않았던 방법을 시도하는 것이었습니다. 가열수단으로 전기아크를 사용하는 것은 이미 널리 알려져 있었지만 무아상 교수는 모든 부정적인 효과들을 없애면서 열을 발생하기 위해 간단하면서도 멋진 아이디어를 가지고 있었습니다. 그는 석회나 산화마그네슘 같은 물질을 자신의 유명한 전기로에서 액화시키는 데 성공하였습니다. 이 방법으로 탄화칼슘과 여러 종류의 탄화물을 순수한 결정 형태로 얻었는데, 이 탄화물이 모든 화합물 중에서 가장 열에 강하다는 것을 발견했습니다. 탄화물의 분해로 지금까지 분말 형태로만 가능했던 텅스텐, 몰리브데넘, 티타늄 같은 금속을 순수한 덩어리(주괴)로 얻을 수 있었습니다.

그는 노爐를 이용하여 용해된 무쇠를 아주 높은 온도에서 갑자기 식혀 미세한 구조의 다이아몬드로 만들었는데 이 실험은 아주 유익했습니다. 즉 이 실험은 탄소로 케이프스트라타 다이아몬드에서 발견되는 미세한 구조와 상당히 유사한 투명한 방울 모양의 다이아몬드를 만드는데, 이로 인해 다이아몬드가 자연에서 어떻게 형성되는지를 제대로 설명할 수 있게 되었습니다. 무아상 교수는 흑연에 대해 방법론적 연구를 하였는데, 케이프스트라타 다이아몬드와 그린란드 오비팍에서 노르덴셸드가 발견한 철을 포함한 몇 종류의 자연철들이, 부푼 형태의 흑연을 포함하고 있는 것처럼 전기로에서 만든 금속용액으로부터 추출했을 때 흑연이 '부푼' 상태가 되는 아주 흥미로운 사실을 보였습니다.

전기로를 이용하여 무아상 교수가 이룬 업적은 과학기술계에 오랫동안 지속될 것이며 이 발명이 주는 파급 효과가 얼마나 크고 중요한지를 평가하는 것은 아직 불가능합니다.

무아상 교수님.

교수님의 위대한 실험기술로 원소 중에 잘 알려지지 않았던 플루오린을 분리하고 연구한 것은 전 세계가 감탄할 일입니다. 교수님은 전기로를 이용하여 자연에서 어떻게 다이아몬드가 생성되는지를 밝혀냈으며, 기술 분야에 강력한 파장을 불러일으켰는데 아직 그 파장의 크기가 최고조에 달하지도 않았습니다. 앞서 언급한 업적들에 대해 스웨덴 왕립과학원은 교수님께 노벨상을 수여합니다. 그리고 과학원을 대신하여 오랫동안 가치가 있을 교수님의 업적에 축하를 드립니다.

스웨덴 왕립과학원 페르 클라손

비세포적 발효 발견과 연구

1907

에두아르트 부흐너 | 독일

:: 에두아르트 부흐너 Eduard Buchner (1860~1917)

독일의 생화학자. 아돌프 폰 바이어와 함께 화학을 공부했으며, 그의 지원을 받아 발효를 주제로 강연과 실험을 하는 작은 연구실을 열었다. 1897년에 발효에 관한 최초의 논문 「효모세포 없이 일어나는 알코올 발효에 관하여」를 발표했으며, 1898년에 베를린 대학교 농학 교수가 되었다. 발효가 효모세포 자체 때문이 아니라 효모에 포함된 여러 효소의 작용 때문에 일어남을 증명하여 발효는 효모 세포에 의한 생명의 직접 발현에 의해서만 나타난다는 기존의 견해를 뒤집었다.

올해의 노벨 화학상은 발효에 관한 연구에 업적을 남긴 에두아르트 부흐너 교수에게 수여되었습니다.

아주 오랫동안 화학자와 생물학자는 살아 있는 유기체에서 일어나는 화학 과정으로 새로운 분야를 열 수 있을 때 그것을 화학적 연구에 특별히 중요한 업적으로 여겨 왔습니다. 이러한 방향의 각 단계를 통해 생명 과정의 수수께끼 같은 면이 감소되는 한편, 화학적 법칙은 더 넓은 응용성을 갖게 되었습니다. 즉 이러한 방향으로 연구 분야가 더 확장될수록 인간에게 남겨진 한계 영역은 더 줄어들게 되는 것입니다. 항상 얘기하듯이, 이러한 영역에서의 현상은 우리가 아직 모르는 특별한 법칙에 지배되고, 이른바 '생명의 힘' 이라 불리는 특별한 종류의 힘으로 조절되고 있습니다.

하지만 오랫동안 화학 분야에서 선견지명이 있는 연구원들은 생명체의 화학 과정이 그렇게 예외적인 위치를 차지한다는 생각에 반대해 왔고, 따라서 그들의 견해에 직접적인 지지를 보내는 그러한 연구는 충분히 인정해 주었습니다.

이러한 면에서 스웨덴에 있는 우리는 베르셀리우스의 말에 관심을 갖지 않을 수 없습니다. 일반 화학에서 그는 창의적인 연구를 했을뿐 아니라 동물과 식물체의 화학과정에 적극적인 관심을 가졌습니다. 그는 생명체와 무관하게 일어나는 화학반응보다 이러한 반응들이 더 복잡하고 어렵다고 생각했습니다. 그렇지만 자연은 다르며 전혀 다른 법칙을 따라야 한다는 그 시대의 일반적인 견해에 그 자신을 결코 조화시킬 수 없었습니다.

베르셀리우스는 시간이 있을 때마다 이 분야의 화학 연구에 몰두했습니다. 그는 다른 사람들의 적절한 성취를 중히 여겼습니다. 그 예로 뵐러가 시작했던 일을 완성하지 않아서 거의 발견할 뻔 했던 바나듐 원소의 발견을 놓친 것에 대해 좌절하고 있었을 때, 이에 대한 베르셀리우스의 반응이 기억납니다. 베르셀리우스는 우정어린 말로 그를 위로했습니다. 그리고 그때 막 시작된 유기물질 생성을 설명한 뵐러의 우수함을 지적했습니다. 베르셀리우스는 시안산과 요소尿素에 관해 막 발표된 뵐러와 리비히의 논문을 언급하면서 그러한 성과를 낼 수 있는 사람이라면 원소를 발견하는 일쯤은 쉽게 그만둘 수 있다고 말했습니다. 10개의 새로운 원소를 발견하는 것은 방금 언급한 일만큼 많은 천재성을 필요로 하지 않았을 것이라고 말한 것입니다.

1813년 이래 베르셀리우스의 연구가 발표되었을 때 이 분야는 다방면으로 엄청나게 팽창했습니다. 지금까지 유기생명체의 현상을 가리고 있던 베일이 벗겨질 수 있을 것이라 생각했습니다. 그리하여 그 당시에는 살아 있는 유기체에 의해서만 생성될 수 있다고 추정되던 많은 수의 물질들이 이제는 합성으로 만들어질 수 있게 되었습니다. 그러나 살아 있는 생명체에서 이러한 물질들이 합성되고 전환되는 과정은 내부에서 진행되는 일이어서 우리의 지식이 완성되려면 아직 멀다는 것을 인정해야만 합니다.

확실히 이제는 더 이상 살아 있는 생명체가 특별한 '생명의 힘'에 의해 지배된다고 말하는 사람은 없습니다. 그러나 표현은 조금 다르지만 오늘날에도 그러한 인식을 가진 사람들이 있습니다. 그 말의 실제 의미는 처음과 별반 다르지 않습니다. 즉 요즘에는 이 과정이 특정 세포에서의 생명현상 또는 생명의 발현으로 다루어져야 한다고 흔히들 말합니다. 그러나 유감스럽게도 우리는 이러한 의견이 상당한 정도의 통찰력이 아니라 하나의 단어만을 단순히 제공하고 있다는 것을 깨달아야 합니다. 화학 연구에 있어서 복잡하고 신비스러운 생명현상 속으로 침투하려고 애쓰는 미개척 분야가 1813년 상황보다 여러 면에서 훨씬 진보했다는 것은 확실합니다. 한편, 이 분야에서 실험화학 연구를 한 단계 더 확고하게 진행한 업적에 대해서는 무조건 감사해야 할 것입니다.

이것이 오늘의 노벨상 수상 주제인 바로 그 업적에 해당합니다.

이제 그 업적에 대해 여러분께 간단히 설명 드리겠습니다.

오랫동안 화학자들은 이른바 발효라고 하는 현상에 대단한 관심을 가져 왔습니다. 이 이름 속에 우리는 살아 있는 생명체에서 일어나는 매우 중요하고 많은 화학 과정을 포함시켰습니다. 보통 발효라고 하면 효소라고 불리는 물질의 영향으로 화합물이 쪼개지는 분해반응을 말합니다. 이러한 효소들은 대부분 단순히 존재함으로써 활동합니다. 자신은 변하지 않고 다른 물질에 어떤 뚜렷한 변화를 야기하며, 각 효소의 효과는 어떤 특정 물질 또는 특정 그룹의 물질에 한정됩니다. 살아 있는 생명체와 같은 환경에서는 강력한 활성을 나타내고, 다른 환경에서는 자주, 그리고 쉽게 활성이 없어진다는 것이 효소의 중요한 성질입니다. 반면 다른 화학물질의 도움으로 효소의 작용과 비슷해 보이는 화학 과정이 야기될 수도 있는데 이러한 목적으로 그 성질이 살아 있는 생명체에 매우 낯설고 가끔은 친화적이지 못한 화학물질이 필요한 경우도 있습니다.

특히 최근의 지식 발전은 고도로 발효적인 반응을 가능하게 했는데 이러한 반응이 살아 있는 생명체에서 물질의 전환을 일으키고 생명체의 조건을 조절합니다. 지난 세기 우리는 화학 분야에서 유기물질의 조성과 구조에 관한 폭넓은 지식을 얻었습니다. 이제 발효과학이 생명체 내에서 물질의 생성과 분해의 법칙을 지배하는 위치를 갖기 위해서는 효소의 성질과 작용에 관한 완전한 지식이 필수적입니다.

지금까지는 효소가 생산해 내는 효과로만 효소를 이해했을 뿐 이 물질 자체의 성질과 조성에 대해서는 아직 알려지지 않았습니다. 그러나 이 수수께끼에 대한 해답이 장래 노벨상의 주제가 되기를 희망합니다.

지금까지 많은 수의 발효가 쉽게 관찰되었습니다. 예를 들면 소화계로 분비되고 거기서 엄청난 효과를 나타내는 분비액에서 용해된 상태로 있는 효소들에 관련해서도 많은 관찰이 이루어졌습니다. 그 결과 이러한 발효에 관하여 상당한 실험적 경험을 얻는 것이 가능해졌습니다.

그러나 어떤 종류의 발효는 살아 있는 세포의 존재 하에서만 일어나는 것으로 알려졌습니다. 일반 이스트의 작용으로 설탕이 알코올과 이산화탄소로 분해되는 것이 이러한 종류입니다. 이 발효와 살아 있는 이스트 세포의 존재 관계를 분리할 수 없었으므로 이 발효 과정은 세포에 의한 '생명의 발현'으로 여겨졌습니다. 그래서 이 과정은 더 자세한 연구로도 접근할 수 없었습니다.

이 견해는 파스퇴르를 통해서 받아들여졌고 과학자 사회에서 일반적으로 채택되었습니다.

파스퇴르가 이룬 잊을 수 없는 업적은 부패와 발효의 개시자인 살아 있는 생명체가 있다는 것과 아주 중요한 많은 발효 과정이 있다는 것을 보여 준 것입니다. 아이디어의 천재성뿐만 아니라 실험가의 재능으로 탁월했던 파스퇴르는 일반 알코올의 발효과정과 관련하여 근본적인 내부 관계를 조사하려고 노력했습니다. 특히 그는 알코올발효가 주로 이스트 세포에서 만들어 내는 효소에 의한 것인지를 알아내려고 노력했습니다. 이 경우 이 효소는 살아 있는 이스트 세포에서 분리되어 그들의 존재와 독립적으로 작용할 수 있어야만 했습니다. 그러나 용해 가능한 효소의 존재에 관한 다른 사람들의 실험과 마찬가지로 그의 실험도 부정적인 결과를 얻었습니다. 이에 따라 파스퇴르의 견해는 증명된 것으로 여겨졌습니다. 즉 알코올 발효라는 화학 과정은 이스트 세포에 의한 생명의 표현으로 그들의 생명과 뗄 수 없는 관계로 여겨졌습니다. 이 견해는 몇십 년 동안 유지되었습니다.

파스퇴르는 이러한 과정의 궁극적인 이유로, 살아 있는 생명체의 의미를 화려하게 해석하여 불멸의 명성을 얻는 동시에, 발효의 실제과정에 생명 개념을 도입함으로써 이 분야의 발전에 제동을 걸었습니다. 발효가 생명의 발현으로 그래서 생명으로부터 분리될 수 없는 현상으로 여겨지는 한, 그 과정에 관한 의문 속으로 깊이 파고들어갈 희망은 없어 보였습니다. 알코올 발효뿐만 아니라 많은 종류의 중요한 과정과 관련해서 이런 의식이 더욱 중요했습니다.

이러한 분위기 속에서 부흐너 교수가 수년의 연구 끝에 살아 있는 세포가 없는 이스트 세포가 분비한 액으로부터 알코올 발효가 된다는 것을 증명하여 대단한 센세이션을 일으켰습니다. 그는 이 발효가 이스트 세포가 만든 효소에 의한 현상이며 이스트 세포로부터 효소가 선택적으로 분리될 수 있다는 것을 명백히 보여 주었습니다. 발효는 이스트 세포에 의한 생명의 직접 발현이 아닙니다. 세포가 죽거나 파괴되더라도 효소는 남아 있습니다.

이제 부흐너 교수의 연구로 앞에서 언급한 발효 및 그와 비슷한 여러 과정들이 연구자들을 가두고 연구의 발전을 방해했던 굴레에서 해방되었습니다. 이제 이스트 세포나 다른 세포에서 살아 있는 세포가 없어도 강력한 활성을 가진 세포물질을 충분히 얻어내는 데 아무런 어려움이 없습니다. 성질에 관한 많은 분석조사가 일부는 부흐너 교수 자신에 의해서, 일부는 다른 사람들에 의해서 이루어졌습니다. 지금까지 접근이 불가능했던 분야가 이제 화학연구 분야가 되었으며 새로운 많은 전망들이 화학이라는 과학을 향해 활짝 열리게 되었습니다.

스웨덴 왕립과학원 원장 A. H. 뫼르너

원소의 분열과 방사능 물질의 화학에 대한 연구

1908

어니스트 러더퍼드 | 영국

:: 어니스트 러더퍼드 Ernest Rutherford (1871~1937)

뉴질랜드 태생 영국의 물리학자. 1895년에 장학금을 받고 영국 케임브리지 대학교에 유학하여 캐번디시 연구소 소장인 J. J. 톰슨의 지도 아래 전자기파 검출에 관한 연구를 하게 된다. 뢴트겐이 엑스선을 발견한 이후 우라늄의 방사선에서 알파선과 베타선이라는 두 종류의 방사선을 발견하였고, 방사능이라는 물리학의 새로운 영역을 개척했다. 19세기 화학자들은 원자와 원소가 더 이상 나눌 수 없는 궁극적 한계라고 생각했으나 러더퍼드가 원자의 내부구조를 밝힘으로써 화학 분야에도 새로운 연구의 지평이 열렸다. 방사성물질의 붕괴와 변환, 라듐으로부터 나오는 입자들, 원자구조에 관한 이론, 인위적 원소 붕괴 등에 관한 연구로 흔히 "핵물리학의 아버지"라 불린다.

전하, 그리고 신사 숙녀 여러분.

올해의 노벨 화학상은 원소의 분열과 방사능 물질의 화학에 관한 연구 공로가 인정되어 영국 맨체스터 빅토리아 대학교 물리학과 어니스트 러더퍼드 교수에게 수여됩니다.

그의 연구들은 이미 노벨상의 수상으로 왕립과학원에서 그 중요성을 인정한 바 있는 톰슨 경의 기체 내에서 전기 통과에 관한 이론 및 실험적 연구, 베크렐의 방사성 발견 및 우라늄선을 방출하는 원소들에 관한 퀴리 부부의 연구와 밀접하게 관련되어 있으며, 가치 있는 후속 연구의 형태를 띠고 있습니다.

베크렐의 발견 이후 지금까지 이러한 방사선은 우라늄뿐 아니라 80년 전에 베르셀리우스가 발견한 토륨, 퀴리 부인이 발견한 라듐과 폴로늄 등 다른 원소들에서도 일어나고 있다는 것이 알려졌습니다. 러더퍼드 교수는 이들 방사선의 강도를 정밀하게 측정할 수 있는 방법을 개발하고, 알파선과 베타선으로 명명된 명백히 다른 종류의 방사선이 존재함을 증명했습니다. 또한 이 두 가지 방사선의 중요한 특성을 규명하고 더 나아가 이들 방사선, 특히 알파선의 물질적 특성을 나무랄 데 없이 증명하는 등 매우 면밀한 연구를 수행하였습니다.

토륨에서 일어나는 방사성 현상의 연구를 통해 러더퍼드 교수는 그 원소가 기체 물질을 방출하는 중요한 발견을 했으며, 그 이후 이른바 토륨방출이라고 불리는 이 현상이 원소의 고유 특성이며 액체 형태로 액화될 수도 있음을 증명하였습니다.

계속하여 그는 이런 방출이 토륨에서 직접 일어나는 것이 아니라 토륨-X라고 불리는 토륨으로부터 계속 생성되는 중간생성물로부터 방출되며, 그 중간생성물 자체는 기체 방출이 진행되는 동안 계속 분열한다는 것을 명확히 밝혔습니다. 또한 방출물 자체도 불안정한 상태라서 방출 직후 다른 방사성원소로 곧 전환되는데, 방출 기체가 어떤 고체표면에 접하게 되면 그 위에서 매우 정교한 표피의 형태로 석출되는 활성석출이 일어난다는 것을 보여 주었습니다.

현재는 토륨에서 일어나는 이러한 현상들이 라듐, 우라늄, 악티늄, 폴로늄 등 다시 말해 모든 방사성원소에서 일어나는 것으로 밝혀졌으며, 특히 라듐과 악티늄에서는 토륨에서와 동일한 방법으로 기체 방출이 일어난다는 것을 증명할 수 있게 되었습니다.

방사선 현상에서 관찰되는 이런 모든 변화는 보통의 화학반응에서 일어나는 변화와는 완전히 차원이 다른 것이라서, 저울이나 분광기로는 전혀 구별할 수 없습니다. 이 현상은 확실하고 높은 정밀도를 가진 매우 민감한 전자기기로 추적하고 측정할 수 있을 뿐입니다.

지금부터 설명하겠지만 러더퍼드 교수의 발견은 지금까지의 모든 이론과 달리 한 원소가 다른 원소로 전환될 수 있다는 매우 놀라운 결론에 도달하게 합니다. 따라서 어떤 면에서 이런 연구의 진전은 우리를 고대의 연금술사들이 매료되었던 원소의 변성론으로 되돌려 놓았다고 할 수도 있을 것입니다.

이 중요한 현상을 설명하기 위해 러더퍼드 교수는 그의 공동 연구자 중 한 명인 소디 박사와 함께 1902년 원자분열이론을 내놓았는데, 이 이론은 물질의 성질에 관해 톰슨과 다른 물리학자들이 이미 발표했던 견해들과 여러 가지 면에서 밀접한 연관성이 있습니다.

이 이론에 따르면 방사능의 발생과 소멸은 분자들의 변화 때문이 아니라 원자 자체의 변화에 기인하는 것입니다. 방사능 물질은 그 원자가 하나 이상의 방사선을 방출하면서 동시에 물리화학적 특성이 전혀 다른 새로운 원자로 변환되는 이른바 분열과정을 겪습니다. 그 새로운 원소 역시 비슷한 방법으로 분열하는 과정을 계속 거치면서 더 안정되고 활동성이 적은 원소로 바뀌게 되는 것입니다. 방사능 물질의 변성은 항상 점진적으로 일어나며 다소 불안정안 전이상태(메타볼스)를 거치게 됩니다.

한 예로 라듐의 경우 최소한 일곱 가지의 전이상태가 관찰됩니다. 이들은 매우 불안정한 원소들로 그것이 변성되는 속도로 구분하거나 자주 표현되는 바와 같이 방사능 물질을 특징짓는 매우 중요한 상수인 평균 존재시간의 변화로 구별하게 됩니다. 측정 결과에 따르면 평균 존재시간은 물질에 따라 수 초에서 수십억 년까지 달라집니다.

이 원자분열 이론이 세상에 발표되자마자 윌리엄 램지 경과 소디 박사는 매우 신빙성 있는 방법을 통해 헬륨이 라듐으로부터 생성되는 과정을 성공적으로 밝혔으며, 이로써 이 이론이 극적으로 확인되었습니다. 이 발견은, 러더퍼드 교수와 소디 박사가 헬륨이 방사능 물질의 분열 과정에서 생성될 것이라고 추측한 것만큼이나 흥미롭고 중요한 것입니다. 결국 원자분열 이론은 모든 화학자가 받아들였던 원소의 안정성에 관한 기존의 설을 뒤집는 대담한 것임에도 불구하고 대단히 빨리 인정되어 널리 인지되었습니다. 이것은 아마도 이 이론으로 방사선학이 명료해졌으며 조직적으로 잘 정돈된 체계를 갖추게 되었기 때문일 것입니다.

러더퍼드 교수의 연구는 물리적인 방법으로 물리학자가 이룬 연구이긴 합니다만 화학 분야에서 그 중요성이 매우 지대하고 반론의 여지가 없기 때문에 왕립과학원에서는 조금의 주저함도 없이 화학 분야의 독창적 연구를 기리는 노벨 화학상을 수여하기로 결정하였습니다. 이 수상은 현대 자연과학의 여러 분야가 밀접하게 상호 관련되어 있음을 보여 주는 또 하나의 증거입니다.

지금까지 말씀드린 원자분열 이론과 이에 바탕을 둔 실험적 결과들은 화학에서 가장 근본적인 이해를 증진시킬 수 있는 새로운 연구 분야의 시작을 의미합니다. 19세기의 화학자들에게 원자와 원소는 더 이상 자를 수 없는 궁극적 한계로 인식되었으며, 더 이상은 실험적 연구가 불가능한 것이었습니다. 설혹 원자 이상의 것을 탐구하더라도 모호하고 가치 없는 연구 결과를 얻을 뿐이라고 생각되었습니다. 도저히 넘어설 수 없을 것 같던 이런 경계가 이제 사라져 버렸습니다. 정밀한 측정 결과들 덕분에 이제는 원자의 내부구조와 그 구조를 결정하는 자연법칙들에 관한 탐구가 충분히 실현 가능해졌으며 과학적인 접근이 허용되었습니다. 지금까지 얻어진 결과들은 그 자체로도 매우 중요한 의미가 있지만 10여 년 전만 해도 전혀 불가능해 보였던 이 분야의 과학적 탐구 가능성을 열어놓았다는 점에서 더 큰 중요성이 있습니다.

스웨덴 왕립과학원 원장 K. B. 하셀베리

촉매, 화학평형과 반응속도에 관한 선구적 연구

1909

빌헬름 오스트발트 | 독일

:: 프리드리히 빌헬름 오스트발트 Friedrich Wilhelm Ostwald (1853~1932)

러시아 태생 독일의 화학자. 외팅겐과 카를 슈미트 등에게서 배웠으며, 이 둘을 평생의 스승으로 생각했다. 1878년에 도르파트 대학교에서 박사학위를 받고 리가에서 학생들을 가르쳤다. 1887년부터 1906년까지 라이프치히 대학교에서 물리화학을 가르쳤는데, 그때의 제자로 아레니우스와 반트 호프가 있었다. 1894년에 촉매를 처음 현대적으로 정의하면서 모든 분야의 화학에서 촉매 과정의 중요한 역할을 밝혔다.

전하, 그리고 신사 숙녀 여러분.

왕립과학원은 빌헬름 오스트발트 라이프치히 대학교 전 교수이며 게하임라트(고문)에게 촉매에 관한 연구 및 화학평형과 반응속도에 관한 기초연구 업적을 인정하여 1909년 노벨 화학상을 수여하기로 결정하였습니다.

지난 세기 전반부에, 특정한 반응에서 반응 자체에 참여하지 않는 듯 보이는, 즉 어떠한 경우에도 전혀 변하지 않는 물질에 의해 화학반응이 촉진된다는 것이 발견되었습니다. 이것 때문에 베르셀리우스는 1835년에 화학의 진보에 관한 그 유명한 연차보고서를 발표하게 되었습니다. 그는 이 보고서에서 다양한 관찰 결과들을 공통되는 기준에 따라 분류하고 새로운 개념을 도입함으로써 매우 명쾌한 결론에 도달했음을 밝혔습니다. 그는 이 현상을 촉매작용이라고 명명했습니다. 그러나 촉매작용이라는 개념은 얼마 지나지 않아 다른 면에서 뛰어난 일부의 과학자들로부터 헛된 주장이라는 혹평에 직면하게 되었습니다.

약 50년 후에 빌헬름 오스트발트 교수는 산과 염기의 상대적인 세기를 결정하기 위해 여러 연구에 몰두했습니다. 그는 재현성 있는 결과를 주는 여러 방법으로 화학에서 예외적으로 중요한 이 문제를 해결하려고 노력했습니다. 그의 여러 업적 중 한 가지는, 서로 다른 반응들이 산과 염기의 작용에서 일어나는 속도가 산과 염기의 상대적인 세기를 결정하는 데 사용될 수 있다는 것을 발견한 것입니다. 그는 이러한 요지에 따라 광범위한 측정을 수행해서 그 조사 내용을 근본적이고 전형적인 경우의 반응속도를 연구하는 전 과정의 초석으로 삼았습니다. 그때부터 계속해서 반응속도론은 이론화학에 점점 더 중요해졌습니다. 그러나 이 테스트는 또한 촉매과정의 특성에 관한 새로운 점을 시사하기도 하였습니다.

아레니우스가 수용액에서 산과 염기는 이온으로 분리되고 그 세기는 그들의 전기전도도에 따라, 좀 더 정확하게 말하자면 해리 정도에 따라 결정된다는 그의 유명한 이론을 공식화한 후에, 오스트발트 교수는 전도도, 즉 그가 이전 실험에서 사용한 산과 염기의 수소이온 및 수산화이온의 농도를 측정함으로써 이 견해가 옳다는 것을 확인했습니다. 그는 그가 연구한 모든 종류의 반응에서 아레니우스의 이론이 확실하다는 것을 발견했습니다. 어떤 방법을 사용해도 산과 염기의 세기에 관해 같은 값을 재현성 있게 얻은 그는 모든 경우에 산의 수소이온과 염기의 수산화이온이 촉매작용을 했으며 산과 염기의 상대적 세기는 그들의 이온 농도에 의해서만 결정된다고 설명했습니다.

그리하여 오스트발트 교수는 촉매현상에 관해 처음부터 끝까지 좀 더 철저한 연구를 수행하게 되었고, 다른 촉매에까지 그 범위를 확대했습니다. 일관되고 지속적인 연구 끝에 그는 촉매의 성질을 기술하는 원리를 성공적으로 완성했는데, 이 원리에 의하면 촉매작용이란 반응기질인 촉매에 의한 화학반응 속도의 변형이며, 이 기질이 없으면 최종 생성물의 일부분이 만들어진다는 현재의 지식 상태를 만족시키고 있습니다. 그 변형은 반응속도의 증가일 수도 있으나 감소일 수도 있습니다. 촉매가 없다면 느린 속도로 진행하는, 예를 들어 평형에 도달하기까지 몇 년이 걸리는 반응도 촉매를 사용하면 비교적 짧은 시간 내에, 즉 어떤 경우에는 단 1~2분 내에, 또는 1분도 안 되는 짧은 시간 안에 완결될 정도로 가속화될 수 있습니다.

반응속도는 측정이 가능한 변수이므로 반응속도에 영향을 주는 모든 변수 또한 측정이 가능합니다. 촉매는 전에는 숨겨진 비밀처럼 보였지만 이제는 반응속도의 문제로 인지되고 있으며 정확한 과학적 연구로까지 접근할 수 있게 되었습니다.

오스트발트 교수의 연구는 풍부하게 활용되어 왔습니다. 오스트발트 교수 외에도 최근에는 뛰어난 많은 과학자들이 그의 연구 분야를 선택해서 연구가 점점 더 활발하게 발전하고 있습니다. 그 결과는 정말로 감탄할 만합니다.

이 새로운 개념의 중요성은 모든 화학 분야에서 촉매과정(오스트발트가 최초로 지적한)의 극히 중요한 역할에 의해 가장 잘 나타납니다. 촉매과정은 흔하게 일어나는데 특히 유기합성에서 그렇습니다. 실질적으로 전체 화학산업의 기초인 황산합성과 같은 산업의 핵심 부분과 지난 10년간 그리도 번성했던 인디고합성은 촉매작용이 핵심입니다. 그러나 더욱 큰 비중을 갖는 요소는, 살아 있는 유기체의 화학과정에 극히 중요한 효소라는 것이 촉매로서 작용하며, 그래서 동식물의 신진대사 이론이 근본적으로 촉매화학 분야가 된다는 것을 점점 더 깨닫게 되는 것입니다. 한 예로 소화에 관계되는 화학과정이 촉매과정이며 순수하게 무기촉매를 이용해서 단계별로 모의실험이 가능합니다. 더군다나 각 기관의 특수 목적에 적합하게 혈액으로부터 영양분을 전달받는 여러 기관의 능력은 그 목적에 맞게 촉매작용을 할 수 있는 기관 내에 여러 효소가 있다는 사실로 확실하게 설명할 수 있습니다.

그와는 별도로 시안산, 염화수은, 황화수소, 그리고 유기체에 극히 강력한 독으로 작용할 수 있는 다른 물질들은 미세하게 분산된 백금과 같이 순수한 무기촉매를 중화하거나 활성을 없앤다는 것 또한 발견되었습니다. 이렇게 간단한 참고사항만 봐도 오스트발트 교수의 촉매이론은 생리과정의 어려운 문제에 관한 새로운 접근을 가능하게 해주었다는 것을 알 수 있습니다. 왜냐하면 이러한 문제들은 살아 있는 유기체 내에서의 효소작용과 관련이 있기 때문입니다. 이제 새로운 연구 분야는 지금까지 충분히 측정할 수 없지만 인류에게 중요하게 다가올 것입니다.

촉매에 관한 업적을 인정하고 보답하기 위해 오스트발트 교수에게 노벨 화학상을 수여하지만, 그는 화학 세계가 또 다른 방식으로 빚을 지고 있는 인물입니다. 말로, 때로는 글로 그는 아마도 어느 누구보다도 현대 이론을 빠르게 확립했고 몇십 년간 일반화학 분야에서 지도적 역할을 했습니다. 또한 그는 실험과 이론 면에서 많은 발견과 정련을 하는 등 다양한 활동을 통해 화학을 진보시켰습니다.

스웨덴 왕립과학원 원장, 전 국립고대유물박물관 관장 H. 힐데브란드

지방족 고리화합물의 선구적 연구

1910

오토 발라흐 | 독일

:: **오토 발라흐 Otto Wallach(1847~1931)**

독일의 화학자. 괴팅겐 대학교에서 프리드리히 뵐러의 지도 아래 공부한 후 1869년에 박사학위를 받았다. 1870년에 아우구스트 케쿨레의 초청으로 본에 머물렀으며, 1876년에는 본 대학교의 교수가 되었다. 본에 있는 동안 케쿨레의 제안으로 정유(방향유)의 성분에 관심을 가지게 되었고, 증류를 반복하는 실험을 통해 이 복잡한 혼합물의 성분들을 각각 분리할 수 있었다. 그의 선구적인 업적으로 유기화학의 지방족고리화합물 연구는 물론 정유를 취급하는 화학 산업에도 커다란 발전이 있었다.

전하, 그리고 신사 숙녀 여러분.

스웨덴 왕립과학원은 지방족고리화합물 분야의 선구적인 연구로 유기화학과 화학산업의 발전에 공헌한 괴팅겐 대학의 게하임라트(고문) 오토 발라흐 교수에게 올해 노벨 화학상을 수여하기로 11월 12일 회의에서 결정하였습니다.

이미 잘 알려져 있듯이 식물에는 그들의 일상적인 기능, 특히 수정작용에 중요한 역할을 하도록 강하게 향을 내는 성분이 있습니다. 고대부터 이 성분들은 휘발성 때문에 '정유(방향유)'라는 이름으로 통틀어 불렸습니다. 일반적인 테레빈유가 이 혼합물의 일부이기 때문에 터펜이라고 부르는 특정 탄화수소가 아주 일찍이 정유로부터 분리되었습니다. 다른 것과 비교할 때 이 탄화수소는 화학적인 관점에서 아주 특별합니다. 향이나 광학특성, 그리고 화학반응에서는 확실한 차이를 보였지만, 모두 같은 양의 성분을 포함하고 대부분이 같은 분자량을 가지며 끓는점도 거의 비슷해 각각을 확인할 수는 없었습니다. 그 사이에 거의 100여 개의 터펜이 화학 문헌에 실렸고 보통은 그것들을 추출한 식물의 이름을 따서 명명하였습니다. 특히 터펜은 불용성 때문에 취급하기 어려웠고 아주 많은 이성질체 때문에 화학이론을 적용할 수 없어 이 분야의 완벽한 연구가 실제적으로는 불가능해 보였습니다.

이런 상황에서 이전까지 불가사의했던 분야가 이론적·실험적으로 확실하게 밝혀진 것은 위대한 승리임에 틀림없고, 화학계에서 지난 몇 년 동안 그 사실을 축하해 왔습니다. 그리고 이제 그 영예는 시작부터 이 연구에 선구자였으며 계속해서 상당한 수준으로 이끌어 올린 오토 발라흐 교수에게 돌아갑니다.

발라흐 교수는 1884년부터 이 분야의 연구를 시작하였고 6년 후에 편찬물 형태로 그 당시 얻은 결과를 발표하였습니다. 그는 여러 터펜을 정확하게 분석하는 방법을 찾는 데 성공하여 혼합물 속에서 터펜을 확인하고 분리해 낼 수 있었습니다. 이 방법으로 그때까지 알려진 터펜 수가, 후에 새롭게 발견된 것이 첨가되어도 놀랍게도 미미한 수인 8로 감소하였습니다. 터펜 화합물은 대부분 평범한 시약과 반응하고 쉽게 다른 형태로 변형되기 때문에 터펜화학의 연구는 더욱 어렵고 복잡하였습니다.

그는 가능한 많은 화합물을 조사하여 이성질체를 배제하는 실험 조건을 확립하는 데 성공하였고 터펜화학 연구를 위한 일반적인 기술을 개발하였습니다.

이 선구적인 업적을 통해 발라흐 교수는 성공의 희망을 가지고 연구할 수 있는 새로운 분야를 열었고, 여러 나라에 있는 수많은 과학자들이 이 분야에 즉시 합류하기 시작하였습니다. 지난 10년 동안 유기화학에서 지방족 고리화합물 연구가 주요 과제였는데, 그중에 터펜 및 그 유도체와 비슷한 장뇌가 가장 중요한 물질입니다. 발라흐 교수는 많은 어려움을 훌륭하게 극복하면서 스스로 개척한 분야에서 지속적인 발전을 이룩하였습니다. 무수히 많은 화합물을 만들었으며 그 구조들을 밝혔는데, 터펜 외에도 이전에 알려졌거나 새롭게 발견된 다양한 천연물, 즉 터펜계에 속하고 생물학적인 면과 기술적인 면에서 아주 중요한 알코올, 케톤, 세스퀴테르펜, 그리고 폴리터펜을 조사하고 연구하였습니다.

이런 이유 때문에 1880년대 중반 이후로 지방족 고리화합물은 크기와 중요성 면에서 유기화학 내 다른 3개의 주된 화합물과 같이 취급되었고 발라흐 교수가 이 부분에 가장 많은 공헌을 하였습니다.

발라흐 교수의 연구 활동은 이론화학에 결정적으로 영향을 끼쳤을 뿐만 아니라 정유를 취급하는 산업 분야에서도 이루어졌습니다. 최근 발표된 통계에 따르면 1885년 독일에서만 연간 생산액이 1200만 마르크에서 4500만 내지 5000만 마르크로 증가하였습니다. 발라흐 교수의 과학적 업적은 터펜과 유도체를 분석적으로 확인하여 간접적으로, 그리고 직접적으로 정유산업 분야에 공헌하여 제조 방법에 새로운 기술을 제공하였고, 이전에 자주 발생하던 원재료의 오염을 방지하였습니다. 그리고 한편으로는 수많은 그의 학생들이 산업체에 들어가 그의 제조 방법과 정확한 연구 결과를 적용하여 공헌하였습니다. 발라흐 교수는 절대로 자신이 발견한 내용을 특허로 내지 않아 항상 산업체에서 그의 연구 결과를 무료로 자유롭게 사용하도록 하였습니다.

스웨덴 왕립과학원은 처음부터 신중하게 계획하고 훌륭한 기술과 엄청난 노력으로 실행하였으며, 마침내 완전하게 이해함으로써 새로운 분야를 정복하였고, 선구적인 연구로 산업발달을 이룩한 업적으로 오토 발라흐 교수에게 1910년 노벨 화학상을 수여합니다.

발라흐 교수님.

스웨덴 왕립과학원은 지방족 고리화합물 분야에서 교수님의 선구적인 연구가 유기화학과 화학 산업의 발전에 기여한 중대한 업적을 인정하여 노벨 화학상을 수여하기로 했습니다.

처음에는 과학적인 연구로 얻은 결과가 단지 이론적으로만 흥미로웠으나 결국 매우 실용적인 중요성을 갖는 것이 증명되었습니다.

사실상 이전에는 알려지지 않은 유기화학의 새롭고 중요한 분야를 소개하였기 때문에 교수님께 우리 과학원이 수여할 수 있는 가장 높은 상인 노벨 화학상을 수여하게 되었습니다.

스웨덴 왕립과학원 O. 몬텔리우스

라듐 및 폴로늄 발견, 라듐 분리, 라듐의 성질과 라듐화합물 연구

1911

마리 퀴리 | 프랑스

:: 마리 퀴리 Marie Curie (1967~1934)

폴란드 태생 프랑스의 물리학자. 폴란드 바르샤바 태생으로, 수학 · 물리학 교사였던 아버지에게서 어릴 때부터 과학 교육을 받았다. 1891년에 파리 소르본 대학교에서 공부를 시작했으며, 고등물리화학연구소에서 실험을 지도하던 피에르 퀴리와 결혼한다. 1903년에 방사능에 관한 연구로 베크렐 및 남편 피에르 퀴리와 함께 노벨 물리학상을 받았으며, 1911년에는 단독으로 노벨 화학상을 받았다. 1896년 베크렐이 우라늄에서 방사능을 발견하자 우라늄과 토륨 화합물의 방사능을 연구하던 퀴리 부부는 폴로늄과 라듐이라는 매우 방사능이 강한 원소들을 추출하는 데 성공한다. 남편의 갑작스러운 죽음에도 연구를 멈추지 않은 그녀는 1911년 순수 라듐을 분리해 낸 공로로 노벨 화학상을 받았다.

전하, 그리고 신사 숙녀 여러분.

왕립과학원은 올해 11월 7일 화학 분과에서 1911년 노벨 화학상을 파리과학대학의 교수인 마리 스클로도프스카 퀴리 부인에게 수여하기로 결정하였습니다. 퀴리 부인의 공로는 화학 원소인 라듐과 폴로늄을 발견하고, 라듐의 성질을 결정하고 라듐을 순수한 금속상태로 분리했으며, 이렇게 놀라운 원소들의 화합물에 관한 뛰어난 연구 결과를 통해 화학 발전에 기여한 것입니다.

1896년 베크렐은 우라늄원소의 화합물들이 사진판에 작용하며 공기를 통해 전기가 통하는 성질을 갖는 광선을 발사한다는 것을 발견했습니다. 이 현상을 방사능이라고 하며, 이 현상을 유발하는 물질은 방사능이 있다고 말합니다.

얼마 후 또 다른 원소인 토륨의 화합물이, 비슷한 성질이 있다는 것이 알려졌는데 이것은 이미 베르셀리우스에 의해 발견된 것입니다.

유라닉 또는 베크렐선이라고 불리는 이 광선의 발견과 조사 업적에 대해 왕립과학원은 1903년 노벨 물리학상을 앙리 베크렐, 그리고 피에르와 마리 퀴리 부부에게 공동으로 수여하였습니다.

수많은 우라늄과 토륨화합물의 방사능을 연구하는 동안 퀴리 부인은 방사능의 세기가 화합물 속에 있는 이 원소의 비율과 직접 관계가 있다는 것을 알게 되었습니다. 그러나 특정한 자연발생적 광물이 이 법칙에서 벗어나는 예외성을 보였는데, 예를 들면 역청 우라늄광은 그 방사능이 우라늄 함량으로부터 계산된 값보다 확실히 강하며 실제로 우라늄 원소 자체의 방사능보다도 더 강합니다.

퀴리 부부는 논리적으로 생각해서 이러한 광물들이 지금까지 알려지지 않은 원소를 포함하고 있어야만 하며, 그 원소는 극히 방사능이 강해야만 한다는 결론을 얻었습니다. 그리고 사실 길고 힘든 과정을 감내하며 몇 톤의 역청 우라늄광을 필요로 하는 화학 공정을 체계적으로 사용해서 마리와 피에르 퀴리는 마침내 매우 방사능이 강한 두 가지 원소들을 아주 미량으로 추출해 내는 데 성공했습니다. 이 원소들을 그들은 폴로늄과 라듐이라고 명명했습니다.

지금까지 순수한 상태로 분리가 가능했던 이 두 가지 원소들 중 하나인 라듐은 그 화학적 성질이 금속 바륨을 닮았으며 아주 특징적인 스펙트럼에 의해 구별됩니다. 그 원자량은 퀴리 부인에 의해 226.45로 결정되었습니다. 반대되는 여러 가설에도 불구하고 퀴리 부인이 동료 연구원의 도움을 받아 라듐을 순수한 상태인 금속으로 분리하는 데 성공해서 그 존재를 확인하고 또 결국 원소로서 위치를 확립한 것이 바로 작년(1910)입니다.

라듐은 은백색의 빛나는 금속입니다. 라듐은 물을 격렬하게 분해하고 종이와 같은 접촉하는 유기물질을 숯으로 만듭니다. 라듐은 섭씨 700도에서 녹으며 바륨보다 휘발성이 강합니다.

화학자의 관점에서 라듐과 그 유도체들의 가장 놀라운 성질은 주변 조건에 영향을 받지 않고 계속해서 에마네이션을 내놓는다는 것, 즉 저온에서 액체로 응축되는 방사성 기체물질을 내놓는다는 것입니다. 이 에마네이션에 나이톤niton(라돈의 옛 명칭)이라는 이름이 제안되었는데, 원소의 특성을 갖는 것으로 보이며 화학적으로는 이른바 비활성기체와 같으며 이미 그 발견으로 노벨 화학상을 수상했습니다. 그뿐이 아닙니다. 이 방사는 차례로 자발적으로 붕괴하는데, 노벨상 수상자인 윌리엄 램지 경과 그를 따르는 과학자들은 그 붕괴 생성물 중에서 기체원소 헬륨의 존재를 발견했습니다. 이것은 이미 태양 스펙트럼에서 발견되었으며 지구상에서조차 적은 양이 발견되었습니다.

하나의 원소가 정말로 다른 원소로 변화될 수 있다는 이 사실은 화학의 역사에서 최초로 발견된 것입니다. 이것은 라듐의 발견에 화학의 혁신과 신기원을 이룩했다고 중요성을 부여하는 것 이상의 의미가 있습니다.

화학원소의 절대적인 변화 불가론은 이제 더 이상 유효하지 않고, 이제는 과학이 지금까지 원소의 진화를 가로막고 있던 신비 속으로 침투하는 데 성공했습니다.

연금술사에게 소중한 변화론은 예기치 않게, 이번에는 어떤 신비적 요소도 없는 확실한 형태로 생명을 되찾았습니다. 그리고 그러한 변화를 야기하는 성질을 가진 현자의 돌the philosopher's stone(보통의 금속을 금으로 만드는 힘이 있다고 믿어 옛날 연금술사가 애써 찾던 것—옮긴이)은 이제 더 이상 신비롭거나 정체를 알 수 없는 연금약액이 아니라 현대 과학이 에너지라고 부르는 것이 되었습니다. 입자들로 이루어진 시스템은 라듐원자로 구성되어 있다고 가정해야 하는데 가장 엄청난 양의 에너지로 충전되어 있습니다. 원자가 붕괴할 때 이것들은 라듐의 특성인 빛과 열을 저절로 방출합니다.

우리는 여기서 더 이상 유일하거나 예외적인 현상을 다루지는 않을 것입니다. 라듐과 이보다 더 방사능이 강한 원소인 폴로늄의 발견은 더 길거나 짧은 생명을 갖는 대단히 많은 다른 방사성원소들을 연이어 발견하게 하였습니다. 그로 인해 화학의 지식 범위와 물질의 성질에 관한 이해가 대단히 넓어졌습니다.

실제로 라듐 연구는 최근 몇 년 동안 새로운 과학 분야인 방사선학을 탄생시켰으며, 방사선학은 이미 많은 국가에서 단독으로 학회와 논문을 주도하고 있습니다.

본질적으로 중요한 이 과학은 물리학, 기상학, 지질학, 생리학과 같은 많은 다른 과학과의 여러 접촉점 덕택에 더욱 중요성을 인정받게 되었습니다. 라듐은 그 생리학적 효과 때문에 의약에서 유용성을 찾아냈고 많은 실험 결과 방사선 치료는 특히 암과 낭창(결핵성 피부병)의 치료에 가장 유망한 결과를 시사하고 있습니다.

라듐의 발견이 화학에, 그리고 인간의 지식과 활동의 많은 다른 분야에 최초로 가져온 커다란 중요성의 관점에서 왕립과학원은 이를 발견한 두 분의 과학자 중 홀로 남은 마리 스클로도프스카 퀴리 부인에게 노벨 화학상을 수여하는 것이 매우 타당하다고 결정하였습니다.

퀴리 부인.

1903년 스웨덴 왕립과학원은 영광스럽게도 부인과 돌아가신 남편이 함께 자발적 방사능이라는 중대한 발견에 기여한 공로에 대해 노벨 물리학상을 수여한 바 있습니다.

올해 왕립과학원은 부인에게 노벨 화학상을 수여하기로 결정하였습니다. 라듐과 폴로늄을 발견했으며, 라듐의 특성을 조사하여 금속 상태로 분리하고, 또 이 놀라운 원소의 화합물들에 관한 연구로 과학에 끼친 부인의 뛰어난 업적을 인정했기 때문입니다.

노벨상이 수여된 지난 11년 동안 이전 수상자에게 영예가 다시 주어진 것은 이번이 처음입니다. 부인, 귀하가 이룩한 가장 최근의 발견에 대해 과학원이 얼마나 큰 중요성을 부여하는지 오늘 이곳의 분위기가 증명하고 있습니다. 자비롭게도 국왕 전하께서 직접 시상하시기로 하셨습니다. 이제 국왕 전하로부터 노벨상을 받으십시오.

스웨덴 왕립과학원 원장 E. W. 달그렌

그리냐르 시약의 발견 | 그리냐르
유기화합물의 수소화 방법 발견 | 사바티에

1912

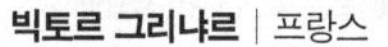

빅토르 그리냐르 | 프랑스　　**폴 사바티에** | 프랑스

:: 프랑수아 오귀스트 빅토르 그리냐르 François Auguste Victor Grignard(1871~1935)

프랑스의 화학자. 1898년에 리옹에서 필리프 바르비에의 제자로 있으면서 공동으로 논문을 발표했고, 1910년에 낭시 대학교, 1919년에 리옹 대학교의 화학과 교수가 되었다. 마그네슘 유기화합물의 반응을 이용해 다양한 유기합성에 응용하는 그리냐르 시약으로 유기합성 분야에 새 장을 열었다.

:: 폴 사바티에 Paul Sabatier(1854-1941)

프랑스의 유기화학자. 1880년에 콜레주 드 프랑스에서 베르텔로의 조수로 일하며 박사학위를 받았다. 보르도 대학교에서 1년간 있다가 1882년부터 1930년 은퇴할 때까지 툴루즈 대학교에서 교수와 학장을 지냈다. 유기화학에서 니켈, 코발트, 구리, 철 등의 미세한 금속 분말을 촉매로 유기화합물을 환원하는 방법으로 마가린의 주성분, 기름의 수소화반응, 메탄올 합성 산업 및 많은 시험적 합성의 토대를 마련했다.

전하, 그리고 신사 숙녀 여러분.

과학자의 목표는 인간 지식의 한계를 넓히는 데 있습니다. 과학자는 자기 앞에 펼쳐진 많은 길 중에 자신이 선택한 분야에서 여러 방법으로 연구합니다. 그래서 여러 이론과 가설을 개발하여 인간의 사고를 이끄는 선구자가 될 수 있는데, 이것은 알려지지 않은 사실을 발견하여 우리의 지식을 풍부하게 하는 것이거나 새로운 기술의 장치와 방법을 발명하여 과학의 창고에 새 보물을 채워 넣는 것들입니다. 이중에 후자의 길이 매우 중요합니다.

셸레는 그 시대의 열악한 환경에서 세계를 깜짝 놀라게 하고 불후의 영광을 누리게 하는 연구 결과를 얻었습니다. 그러나 이제 과학사의 한 부분이 되었고 사라진 지 오래입니다. 그런 일은 다시 일어날 수 없다면서 사람들은 유년기를 떠 올리듯 그때를 회상합니다.

자연과학은 빠르게 진보하여 우리는 항상 새롭고 훨씬 복잡한 문제에 직면하게 되는데, 이로써 오래된 기술들은 더 이상 쓸모가 없어지고 과학의 진보는 늘 새로운 발명을 필요로 합니다.

왕립과학원이 1912년 노벨 화학상을 각자의 분야에서 새로운 방법을 발명한 두 연구자에게 수여하기로 결정한 것은 앞에서 설명한 배경과는 상반되는 것입니다. 상의 절반은 그의 이름을 딴 시약의 발명으로 낭시 대학교의 빅토르 그리냐르 교수에게 수여되고, 반은 미세한 금속 존재하에 유기화합물을 수소화시키는 방법을 발견한 툴루즈 대학의 폴 사바티에 교수에게 수여됩니다.

상을 받는 두 방법은 모두 유기합성 분야에 속하고 그 목적은 유기화합물 합성 방법입니다. 즉 이것은 동물계나 식물계에서 정확한 형태가 발견된 유도체거나 혹은 그렇지 않든 간에 기본 원소인 탄소를 가진 유도체를 의미합니다. 화학의 이 분야는 그리 오래되지 않았는데 1828년 베르셀리우스의 제자인 프리드리히 뵐러가 유기합성을 발견한 때부터 시작됩니다. 하잘것없어 보이는 관찰로부터 시작된 유기합성이 지난 반세기 동안 화학 자체뿐만 아니라 일상생활에 응용되는 등 매우 중요하게 개발되었습니다. 유기화학의 합성을 기초로 하는 산업 분야가 수백만 명의 사람들에게 생계수단을 제공하였고 수십억 파운드 가치의 부를 창조했다고 말하는 것은 조금도 과장이 아닙니다.

이러한 이유 때문에 지구상에서 새로운 개발을 이끌어 내는 발견들은 넓은 의미로 받아들이든 제한된 의미로 받아들이든 상관없이 '인류에게 주는 위대한 혜택'이라고 부를 수 있습니다.

그리냐르 교수가 고안한 방법은 뛰어난 기술을 사용하여 이 연구들 가운데 최고에 이르렀는데, 이것은 에터 존재 하에 마그네슘이 염소, 브로민, 혹은 아이오딘 유기유도체와 반응하여 에터에 녹는 마그네슘 유기화합물을 만드는 것이었습니다. 마그네슘 유기화합물은 여러 가지 다른 유기물질과 아주 쉽게 반응해서 실제적인 유기합성을 이끄는 탄소와 탄소가 결합하도록 하였습니다.

유기화학에서 그리냐르 방법이 중요한 것은 그것이 포함하고 있는 여러 장점 때문인데, 즉 과정의 단순함과 그로 인한 시간 절감, 사용하는 물질의 낮은 비용, 만족스러운 효율, 그리고 무엇보다 중요한 것은 다양한 활용 때문입니다. 마지막으로 지적한 장점을 살펴보면 그리냐르 방법보다 더 우수한 유기합성 방법은 알려져 있지 않으며, 그리냐르 방법의 범위를 넘어가는 유기화학 영역도 거의 없습니다.

이 방법이 과학에서 이룬 업적은 위대하지만 미래에 기대되는 영향은 더욱 클 것입니다. 예를 들면 의학에서 중요하지만 만들기가 아주 힘들어 값이 비싼 알칼로이드나 식물 유기염기를 어떻게 합성할 수 있을까요? 우리가 그것을 합성하게 된다면 그것은 의심할 여지없이 그리냐르 시약의 도움으로 가능할 것입니다.

그리냐르 교수님.

최근 유기화학을 연구한 모든 사람들은 교수님이 이 분야의 발전에 얼마나 크게 공헌했는지 잘 알고 있습니다. 교수님이 발명하고 자신의 이름을 딴 시약으로 이룬 훌륭하고 중요한 연구들의 숫자가 이미 상당하며 매일 계속해서 증가하고 있습니다. 교수님의 방법이 지식의 선구자들을 뒤따르게 하며 과학 분야에서 새로운 정복의 가능성을 열어 주고 있습니다.

스웨덴 왕립과학원은 과학계와 뜻을 같이하여 교수님에게 올해 노벨화학상을 수여하는 것에 흡족해 하며, 자애롭게 이에 동의하신 전하로부터 이제 상을 받으시기 바랍니다.

발명자인 사바티에 교수의 이름을 딴 새로운 환원 방법은 미세한 금속분말, 즉 니켈, 코발트, 구리, 철 혹은 백금 존재 하에 유기화합물을 환원시킵니다. 이 방법을 설명하자면 다음과 같습니다. 위 금속 가운데 하나의 산화물을 수소기체가 흐르는 중에 300도로 가열합니다. 금속을 이 방법으로 환원하고 나면 발열은 약해지고 환원된 유기물질의 증기는 수소기체와 섞이게 됩니다. 이 방법은 아주 간단하고 편리하며 효율이 높습니다. 게다가 그때까지 널리 사용하였던 화학반응은 자주 폭발하고 어떤 것은 아주 위험하였는데 이 방법은 그에 비해 매우 안전한 방법입니다.

발명자 자신과 그의 학생들이 사바티에 환원 방법을 널리 사용하였고 이것이 과학의 새로운 분야를 열었습니다. 여러 나라의 많은 과학자들이 도움을 받았으며 이전의 방법으로는 불가능했던 중요한 결과를 얻을 수 있었습니다. 또한 여러 화학자들이 다른 목적으로 여러 가지 보완된 방법을 소개하였고 이것이 사바티에 환원 방법의 사용 영역을 크게 넓혔습니다.

사바티에 방법으로 얻은 가장 흥미로운 결과 중에 사바티에 교수가 여러 실험 조건에서 그의 시약을 탄화수소인 아세틸렌에 적용한 것으로 미국, 러시아, 혹은 갈리시아 등 다른 지역의 천연석유에 포함된 것과 동일한 탄화수소 동족체의 생산에 성공한 것을 상기시키고 싶습니다. 이것은 다른 광유의 기원을 설명하는 일반적인 이론에 기초를 둔 것이었습니다.

사바티에 교수님.

교수님은 "물리적인 세계의 현상을 연구하는 데에는 그 현상이 무엇이든 간에 기초가 되는 것은 정확하고 엄격하며 모든 편견으로부터 자유로운 관찰이어야 한다"라고 말했습니다. 이것은 기억해야 할 말씀이지만 많은 사람들에게 흔히 무시되곤 합니다. 그러나 두말할 나위 없는 자명한 이치임이 분명합니다. 교수님은 저서에서 단지 이 원칙을 공언했을 뿐만 아니라 평생의 과학적 경력에 걸쳐 적용하였습니다. 이러한 원칙의 지속적인 적용으로 말미암아 교수님은 영원히 남을 만한 가치있는 결과를 성취하였다고 감히 말할 수 있습니다.

스웨덴 왕립과학원을 대신하여 교수님의 눈부신 과학적 업적에 축하를 드립니다. 특히 환원된 금속과 촉매의 존재 아래 유기화합물을 수소화시키는 일반적인 방법은 지난 몇 년 동안 유기화학 분야에 많은 진보를 가져왔으며 과학의 새로운 분야를 열었습니다.

과학원은 이 훌륭한 방법을 발견한 교수님에게 가장 위대한 상을 수여하게 되어 기쁩니다.

스웨덴 왕립과학원 H. G. 쇠더바움

분자 내에서의 원자의 결합 연구로 무기화학의 새로운 분야 개척

1913

알프레트 베르너 | 스위스

:: 알프레트 베르너 Alfred Werner (1866~1919)

스위스의 화학자. 1890년에 취리히 대학교에서 질소 분자를 구성하는 질소 원자의 공간적 배열을 주제로 아르투르 한츠슈의 지도 아래 박사학위를 받았다. 이후 콜레주 드 프랑스에서 베르텔로와 같은 주제를 연구하다 1892년에 취리히로 돌아와 제자 양성에 힘썼다. 1차 원자가와 2차 원자가를 나누는 배위이론을 발표해 각 원자가 고유한 원자가를 갖고 있다는 케쿨레의 원자가 개념을 반박했다. 복잡한 무기화합물들을 간단히 분류할 수 있도록 했으며, 이성질異性質 개념을 확장시켰다. 무기물 입체화학의 창시자로 일컬어진다.

전하, 그리고 신사 숙녀 여러분.

왕립과학원은 취리히 대학교 알프레트 베르너 교수에게 분자 내에서의 원자의 결합 연구에 관한 공로를 인정하여 올해의 노벨 화학상을 수여하였습니다. 이 연구로 베르너 교수는 초창기 원자의 결합 연구에 새로운 빛을 시사했으며 특히 무기화학의 새로운 연구 분야를 열었습니다.

모든 현대 화학 이론이 기초하고 있는 원자가 개념으로는 이른바 착물 또는 분자화합물이라 불리는 크고 중요한 그룹의 주요 무기화합물들을 다룰 수 없다는 것이 밝혀졌습니다. 이들의 내부구조를 만족할 만하게 설명할 수 없기 때문입니다. 베르너 교수는 이전의 원자가 개념을 심도있게 확장하고 변형해서 관계 분야에 불을 밝히고 새로운 연구 경로를 열었습니다.

전통적인 견해와는 대조적으로, 베르너 교수는 원자의 결합력을 수와 방향으로 결정되는 일종의 친화도 단위로 나눌 수 있는 것으로 여기지 않습니다. 그는 오히려 친화도를 모든 방향으로 균일하게 작용하는 원자의 중심으로부터 시작되는 힘이며, 따라서 그 기하학적 표현은 주어진 수의 안내선이 아니라 구의 표면이라고 생각했습니다. 화학결합 능력이 이온에 상응하는 원자나 원자단은 이전에 이른바 1차 원자가라고 나타낸 방식으로 결합에 참여합니다. 그러나 이것들이 친화도의 합을 나타내지는 않습니다. 남아 있는 잔여 친화도 또는 2차 원자가는 그 에너지 함량이 1차 원자가의 경우보다는 작은 것으로 추정되지만 원론적으로는 그들과 다르지 않으며, 독립적인 이온이 될 수 없는 물, 암모니아, 염화칼륨 등과 같은 원자성 착물과 결합합니다. 그래서 더 높은 차원의 화합물, 즉 첨가화합물과 삽입화합물을 만듭니다.

중심 원자와 1차 배위권 내에서 결합할 수 있는, 즉 중심 원자와 직접 결합하여 착물 라디칼로 배위될 수 있는 원자나 원자단의 수를 베르너 교수는 배위수라고 부릅니다. 배위수는 서로 연결된 원자들의 성질이나 원자가와 관련이 없고 지금까지 대부분의 원소에 대해서 같은 값을 갖는다는 점에서, 친화도 포화를 특징 짓기 위해 고안된 다른 수적 개념들보다 우위에 있는 특별하게 정의된 수적 개념입니다. 지금까지 오로지 두 가지의 배위수가 시현되었는데 어떤 원소들에 대해서는 4이고 다른 원소들에 대해서는 6이었습니다.

베르너 교수는 단지 주 특성만을 언급하는 접근방식으로 복잡한 무기화합물의 구조와 기원을 설명합니다. 자신의 견해를 통합한 원자가 개념을 넓고 깊게 함으로써 베르너 교수는 원자성 화합물과 분자화합물을 공통의 관점 아래 성공적으로 설명하였습니다. 그는 많은 수의 다양한 화합물들을 그의 광범위한 전문적, 정신적 연구 영역으로 가져와서 거대한 그룹의 무기화합물들에 대해 표준 시스템을 구축했습니다. 그의 이러한 접근 방식은 유기화학의 연구에도 중대한 영향을 주었습니다.

베르너 교수의 이론은 대부분 화합물의 구성에 관한 그의 연구와 함께 부분적으로 수행했던 입체화학 연구에 의해 중요하고도 가치 있는 방식으로 지지받아 왔습니다.

비대칭 탄소원자에 관한 그의 이론 덕택에 반트 호프는 유기화합물 입체화학의 진정한 창시자가 되었습니다. 그리고 이러한 접근방식을 무기화학에 도입한 것이 베르너 교수의 공로임은 재론의 여지가 없습니다. 일종의 금속 암모니아에 관한 초창기 연구에서조차도 베르너 교수는 코발트와 백금의 착화합물에서 나타나는 몇 개의 이성질현상이 오로지 입체적 접근에 의해서만 만족스럽게 설명된다는 것을 밝혔습니다. 특정 형태의 착물 라디칼에 대해서는 입체이론인 팔면체 이론을 내놓았는데, 이로써 이 화합물 중 어떤 것들은 두 개의 입체이성질체 형태로 된다는 것을 예측했으며 이는 실험으로 확인되었습니다. 또한 이 분야에 쏟은 지대한 관심은 그가 지난 몇 년 동안 이룩한 발견에 새로운 사실을 추가하고 있습니다. 그것은 착물 라디칼에서 비대칭 금속원자를 갖는 코발트·크롬·철·라듐 화합물들이 거울 이미지처럼 행동하며, 유기물 거울상 이

성질체와 같은 종류의 차이를 보인다는 것, 즉 그 둘은 광학적으로 서로 정반대인 두 가지 형태로 나누어질 수 있다는 사실입니다. 이 발견은 베르너 교수의 이론을 화려하게 뒷받침하고 있으며 최근 화학에서 가장 중요한 발견으로 회자되었습니다. 그리고 이 연구로 인해 그는 무기물 입체화학의 창시자가 되었습니다.

베르너 교수의 이론적이고 실험적인 연구는 무기화학연구의 새로운 경로를 열었으며 긍정적, 혁신적 중요성을 갖는다고 평한 뛰어난 과학자의 발언에 우리는 충분히 동의합니다. 지난 20여 년 동안 무기화학의 발전방향을 확립하고, 19세기의 마지막 사반세기 동안 소홀해질 수도 있었던 이 분야에서 여러 과학자들이 다른 많은 연구에서 결실을 맺도록 새로운 충격을 주고 늘 새롭게 고무시켜 온 것은 본질적으로 베르너 교수의 공로입니다.

스웨덴 왕립과학원 원장 T. 노르스트룀

많은 화학원소의 정확한 원자량 측정

1914

시어도어 리처즈 | 미국

:: 시어도어 윌리엄 리처즈 Theodore William Richards (1868~1928)

미국의 화학자. 1885년에 하버드 대학교에서 과학을 전공하고 하버드 대학교에서 석사학위와 박사학위를 받은 뒤, 화학 전임강사를 거쳐 1901년에 정교수가 되었다. 거의 30년 동안 표준이었던 스타스의 원자량 값들이 정확하지 않음을 밝히고, 비탁계比濁計, 석영장치 등의 기구를 이용해 원자량 측정의 정확도를 높였다.

전하, 그리고 신사 숙녀 여러분.

1915년 스웨덴 왕립과학원은 수많은 화학원소들의 원자량을 정확하게 측정한 업적으로 미국 매사추세츠 케임브리지에 있는 하버드 대학교의 시어도어 윌리엄 리처즈 교수에게 1914년 노벨 화학상을 수여하기로 결정하였습니다.

리처즈 교수가 많은 원소들의 원자량을 결정하면서 이룩한 연구는 완벽한 진리를 추구하는 거대한 작업으로 평가받고 있습니다. 1887년 스무 살이 채 안 된 리처즈 교수가 물에서 수소와 산소의 비율을 재측정하는 일로 조사이어 쿡을 도운 이후 그의 연구는 노벨상을 받는 날까지 결국 사반세기 이상 끊임없이 지속되었습니다.

연구 결과 적어도 30개 원소의 원자량이 정확하게 다시 결정되었고, 이는 이전에 사용되던 방법과 비교해 볼 때 매우 진보한 것이었습니다.

30개 원소 중 21개의 원자량은 리처즈 교수와 그의 지도로 측정되었고, 나머지는 리처즈 교수의 지도를 받은 제자들이 이룩한 것입니다.

이 측정에는 많은 원소들(산소, 은, 염소, 브로민, 아이오딘, 칼륨, 나트륨, 질소와 황)을 포함하고 있는데, 이들의 원자량을 관습적으로 기본이라고 부르는 이유는 다른 모든 원소의 원자량을 계산하고 측정하는 데 기초가 되기 때문입니다.

단순히 정량적인 관점에서도 이 측정에 포함된 연구는 상당히 정확합니다. 원자량 측정 분야에서 위대한 선구자인 베르셀리우스 이외에 실험적인 화학양론의 발전에 양으로나 범위에서 리처즈 교수만큼 공헌한 연구자는 확실히 없습니다. 스타스의 경우를 비교해 보면 더욱 명백해지는데 베르셀리우스의 사망 이후 이 분야에 가장 뛰어난 대가였던 그는 당시 매우 정확하게 12개 원소의 원자량을 측정하였습니다. 지난 30년 동안 스타스의 원자량 측정은 거의 부정할 수 없을 만큼 정확한 것으로 알려졌습니다. 리처즈 교수는 자신도 오랫동안 믿을 만한 것으로 받아들였기에 철저한 재검사 과정이 필요하다고 생각하지 않았습니다. 아무튼 쿡과 협력하여 첫 과학적 연구를 수행하는 데 성공하였던 시기에 측정하기 시작한 원소들은 스타스의 여러 연구에 포함되지 않은 것들이었습니다. 예를 들면 구리, 바륨, 스트론튬, 아연, 마그네슘, 니켈, 코발트, 철, 우라늄, 칼슘, 그리고 세슘입니다. 리처즈 교수는 이 원소들을 통해 이전의 측정 방법에 상당한 오차가 있다는 것을 발견하고 스스로 채택하고 연습

한 방법으로 오차를 피하거나 최소한으로 만들었습니다. 뒤마와 마리그낙 같은 뛰어난 연구자에 의해 원자량이 결정되어 더욱 유명해진 바륨과 같이 정량분석에 매우 중요한 원소가 바로 그런 경우였습니다.

염화물을 사용하여 스트론튬의 원자량을 결정하는 과정에서 리처즈 교수는 1894년 스타스가 분석한 결과와 상당히 다른 값을 얻었다고 생각했지만, 10년을 더 연구한 후인 1904년이 되어서야 스타스 측정의 정확성에 대해 신중하면서도 공공연하게 의문을 제기하는 것이 옳다고 확신을 가졌습니다.

그 당시 스타스의 값들이 보편적으로 옳다고 받아들여졌지만 리처즈 교수는 나트륨의 경우 스타스의 원자량이 너무 크고 반대로 염소는 너무 작다는 것을 논란의 여지없이 신중하고 훌륭하게 증명하였습니다. 리처즈 교수의 보고서는 그 당시에는 상당히 놀라운 것이었지만 잇따른 연구자들의 시험을 통해 확인되었습니다.

그는 스타스에 의해 결정된 대부분의 원자량을 다시 결정하였는데(탄소만 제외) 대부분 더욱 정확한 값으로 바꿀 수 있었습니다. 이와 같은 재조정 중에 과학계에 큰 화제를 불러일으킨 일이 있었습니다. 그때까지 스타스가 결정하여 소수점 이하 셋째 자리까지 정확하다고 생각한 은의 원자량, 107.938이 107.876(±0.004 오차범위)이라는 것을 리처즈 교수가 증명한 것입니다.

리처즈 교수의 원자량 측정은 대부분 아주 정확해서 존재할 수 있는 변이가 1000분의 1로 측정되는데, 이는 전자의 겉보기 부피와 같은 정도의 크기입니다. 측정치의 정확성은 리처즈 교수 자신의 계수실험과 다른 연구자들의 여러 연구로 보완되었는데 모든 경우 매우 만족스럽게 일치하였습니다.

과학계는 1909년부터 공식적인 검증에 동의하였는데, 그해에 국제위원회는 리처즈 교수와 그의 지도 아래 구한 원자량을 완전히 받아들였습니다. 이 위원회는 화학양론 분야의 최근 동향을 정밀하게 검토하고 조사한 결과를 기초로 하여 보편적인 사용을 위한 원자량표를 해마다 만드는 일을 맡고 있습니다. 위원회는 리처즈 교수가 측정한 원자량을 이 표에 바로 수록하였을 뿐만 아니라 초기 원자량을 다시 계산하는 기초로 채택하였습니다.

리처즈 교수가 자신이 얻은 결과의 신뢰도에 강한 확신을 갖게 된 것은 초기 측정의 부정확성을 증명하는 것에 만족하지 않고 미래를 위해 실수의 실제 원인을 자세히 검사하고 제거하는 방법을 밝히는 데 힘을 다했기 때문입니다. 스타스는 그 시대에 원자량 측정에 필요한 기술적 과정과 기계물리적 조작을 완벽한 수준으로 개발하였습니다. 그리고 많은 양의 물질(수백 그램)을 사용하여 거의 0에 가까운 정도로 계산 오차를 줄이는 데 성공하였습니다. 리처즈 교수는 원자량 측정에 의존해야 하는 화학적 작동(화학실험들)이 순수한 기계적인 과정보다 훨씬 많아 조절하기 어려운 오차를 초래하고, 눈금을 읽는 데 포함되는 불확실성 때문에 실수하기 쉬우므로 눈금을 정확히 읽는 것이 중요하다는 것을 증명하였습니다.

그러나 스타스는 아주 많은 양으로 실험했는데 그것이 심각한 오차의 원인이 되었습니다. 즉 매우 진한 용액에서 침전 반응을 시킨 결과 용액에 남아 있는 해리되지 않은 염이 고체형태로 석출된 상 위에 응축되어 실험자들이 그 시대의 보편적인 지식으로 예측했던 것보다 훨씬 더 심하게 석출 고체를 오염시켰습니다. 특히 스타스가 많은 양을 사용했던 은의 할로겐염이 그런 경우였습니다. 용액 내에 존재하는 자유이온 수가 증가함에 따라 문제가 발생하는 이 오차를 간파한 리처즈 교수는 이 같은 실수를 범하지 않고 아주 적은 양(5~20그램)의 실험 물질을 사용하여 묽은 용액 내에서 물질이 잘 해리되도록 하여 성공할 수 있었습니다.

리처즈 교수가 지적한 오차 원인 중에서 연구자들이 생각하는 것보다 훨씬 큰 영향을 주는 것들은 다음과 같습니다.

① 원자량 측정에 사용하는 거의 모든 물질에 존재하는 흡습성 수분
② 불용성 화합물, 특히 침전물이 가지는 무시할 수 없는 용해도와 미세하게 분산된 형태로 유체에 떠 있는 침전에 들러붙은 물질
③ 결정 내 용매 (즉 고정수)의 내포와 함유
④ 금속산화물과 다른 고체 내 기체의 함유
⑤ 여러 실험에 사용하는 기구로부터의 불순물

위에서 말한 ①의 근원을 가능한 한 제거하기 위해 리처즈 교수는 물질의 모든 수분을 배제하고 완전히 건조한 환경에서 물질을 정확하게 재기 위해 특별한 장치(병에 담긴 장치)를 고안해 냈습니다. 유체에 떠다니는 아주 미세한 침전물을 검출하고 측정할 목적으로 리처즈 교수는 널리 알려진 비탁계를 고안해 냈는데, 이것은 반사되는 빛을 이용하여 너무 적어 정량적인 측정이 극도로 어려운 물질을 확실하게 정량적으로 평가할 수 있게 하였습니다. 원자량 측정과 더불어 비탁계는 화학과 물리 분석의 여러 다른 분야에 사용되었습니다. 나중에 재결정 과정을 좀 더 효과적으로 만들기 위해 리처즈 교수는 비탁계를 원심분리기와 결합시켰습니다. 이것을 화학실험에 유용한 보조 수단으로 이용하여 시간과 노력을 상당히 절감했을 뿐만 아니라 화학적으로 순수한 물질의 극치에 상당

히 접근하였습니다. 상 규칙Phase rule의 도움으로 리처즈 교수는 금속산화물 내에 흡수된 기체가 머물거나 사라지는 현상을 결정하는 요인에 대해 상세히 연구했고, 측정 오차를 완벽하게 정복하기 위한 필수조건에 추가했습니다. 마침내 많은 경우 유리용기와 장치(때에 따라서는 백금으로 만들어진 것)를 석영으로 바꾸어 위의 ⑤ 번에서 말한 불순물로 인한 가장 심각한 오차를 피할 수 있었습니다.

리처즈 교수는 대부분의 보고서에서 이전에 사용했던 것보다 눈부시게 발전한 방법과 조작법을 설명하였습니다. 이를 통해 이론적, 기술적 도움과 수단의 유용성을 끊임없이 추구하면서 같은 분야의 다른 연구자들도 사용할 수 있게 하려는 목적에 맞게 원자량 측정의 방법론을 변형하였습니다. 화학적 방법과 실험의 개혁가로서 그가 이룬 연구는 또 다른 업적이라 할 수 있습니다. 리처즈 교수의 연구는 그 자신과 학생들이 이루어 낸 정확한 측정이 의미하는 것 이상으로 훨씬 더 넓은 부분을 포함하고 있고 앞으로의 화학양론 연구에 상당한 영향을 끼치리라 생각됩니다.

스웨덴 왕립과학원 노벨 화학위원회 위원 H. G. 쇠더바움

- 1914년 노벨 화학상은 1915년 11월11일에 발표되었다.

식물 색소, 특히 클로로필에 관한 연구

1915

리하르트 빌슈테터 | 독일

:: **리하르트 마르틴 빌슈테터 Richard Martin Willstätter (1872~1942)**

독일의 화학자. 뮌헨 대학교에서 아돌프 폰 바이어의 지도 아래 화학을 배웠으며, 1894년에 코카인의 구조를 연구해 박사학위를 받았다. 1905년에 취리히 대학교 교수가 되면서 빛에너지를 흡수하는 식물색소인 클로로필의 구조를 분석했다. 또한 자연계에서 생물학적으로 가장 중요한 두 가지 색소인 헤모글로빈과 클로로필에서 발견한 포피린 화합물의 구조가 비슷하다는 사실을 밝혔으며, 그 외에도 카로티노이드, 안토시아닌 등의 식물색소를 연구했다. 1912년부터 베를린 대학교 교수와 카이저빌헬름연구소 소장을 지냈으며, 1916년에는 뮌헨 대학교 교수가 되었으나 정치적인 이유로 1938년에 스위스로 망명했다.

햇빛 아래서 이산화탄소를 동화하여 식물의 녹색 부분에서 유기물질을 합성하는 클로로필은 생물학적으로 매우 중요하며, 자연이라는 경제 세계를 충족시켜야 하는 막중한 임무가 있습니다. 따라서 이 물질의 성질과 작동 방식을 밝히는 것은 과학자에게 가장 중요한 임무입니다. 그러나 이 분야 연구에서 과학자들이 부딪치는 어려움이 너무 커서 아주 최근까지도 클로로필에 대한 연구는 성과가 미미했습니다. 빌슈테터 교수는 최초로, 몇몇 학생들과 함께 새롭고 아주 가치 있는 방법과 명인다운 실험 기술로 행한 광범위한 연구로 이 어려움을 극복하는 데 성공했습니다. 빌슈테터 교수는 연구 결과에서 얻은 새롭고 중요한 발견을 바탕으로 클로로필 핵심부의 화학적 성질에 관한 의구심을 밝힐 수 있었습니다.

클로로필이 다른 미네랄 물질 외에도 마그네슘을 포함한다는 것을 선행 연구자들이 발견한 것은 사실입니다. 그러나 빌슈테터 교수는 마그네슘이 불순물이 아니라 본래 순수한 클로로필의 필수요소라고 밝힘으로써, 생물학적 관점에서 아주 중요한 사실을 완벽한 증거를 가지고 최초로 인식하고 증명하는 업적을 이루었습니다. 그는 철이 헤모글로빈 내에 잡혀 있는 것과 아주 흡사한 방식으로 마그네슘이 클로로필 내에 잡혀 있다는 사실을 밝혔습니다. 이 결합은 매우 견고해서 마그네슘은 강알칼리와의 작용으로도 해리되지 않습니다. 반면 산은 클로로필의 나머지 부분을 손상시키지 않고 제거할 수 있으며, 이렇게 얻어진 마그네슘이 제거된 클로로필은 연구에 적합합니다.

빌슈테터 교수는 이러한 성질을 이용해서 클로로필이 각각 다른 종류의 식물에서 어느 정도까지 같은지 조사했습니다. 지금까지 꽃식물과 크립토가미아 등 200가지 이상의 식물 조사에서 클로로필은 모두 동일하다는 것이 밝혀졌습니다. 그럼에도 클로로필은 화학적으로 균일한 물질이 아닙니다. 클로로필은 약간 다르지만 밀접한 관련이 있는 두 가지 물질의 혼합물로서, 하나는 청록색이고 다른 하나는 연녹색이며 전자가 후자보다 나뭇잎에 더 많이 존재합니다.

일반적으로 클로로필이 두 가지 녹색 색소의 혼합물이라는 사실은

1864년 스토크스가 가능성을 보였고 츠베트와 마르클레프스키가 이 견해를 한층 더 지지하고 발전시켰습니다. 그러나 확실하게 결정적으로 증명한 사람은 빌슈테터 교수입니다.

완벽한 화학적 분석을 할 수 있을 만큼 충분한 양의 클로로필을 변하지 않는 순수한 상태로 확보하는 것이 클로로필 연구의 가장 중요한 과업 중의 하나였습니다. 동시에 그것은 모든 연구 과정에서 가장 어려운 일이었습니다. 이 과업을 성공적으로 해결함으로써 빌슈테터 교수는 두 가지 다른 형태의 클로로필을 순수한 상태로 분리할 수 있었고, 그들의 존재를 정확하게 증명할 수 있었습니다. 동시에 그는 이 두 가지 클로로필로부터 만들어질 수 있는 많은 양의 다른 유도체에 대해 완벽한 조사를 할 수 있었습니다. 그 결과 전에는 매우 복잡하고 혼동되던 클로로필 화학 분야를 명료하고 투명하게 만들었습니다. 또한 그는 순수한 클로로필을 다량으로 확보하는 방법을 공들여 만듦으로써, 미래의 결실있는 연구를 위한 새롭고 풍부한 가능성을 열었습니다.

그럼에도 불구하고 빌슈테터 교수의 연구 중 가장 중요한 부분은 클로로필의 화학적 구조를 찾아낸 것입니다. 그는 클로로필이 에스터이고 알칼리와 사포니피케이션 반응을 하며 '피톨'과 '클로로필린'으로 분리된다는 것을 밝혔습니다. 피톨은 이전에는 알려지지 않았던 일종의 알코올이며, 분자의 3분의 1을 구성합니다. 클로로필린은 마그네슘을 포함하는 색소성분이면서 분자의 나머지 부분을 구성합니다. 그는 두 성분을 좀 더 자세히 연구했으며, 이들의 변형과 분해 산물에 관해서도 연구했습니다. 더 나아가 빌슈테터 교수는 클로로필을 두 가지 성분으로 나누는 것은 나뭇잎에서 일어나는 것과 같은 효소의 활동 결과로도 일어날 수 있다는 것을 발견했습니다. 그는 이 효소를 클로로필라제라고 명명했고 결정화된 클로로필의 성질을 밝혀낼 수 있었습니다. 그는 이것이 몇몇 연구자들이 가정한 대로 나뭇잎에 있는 순수하고 변하지 않는 자연색소가 아니라는 것을 발견했습니다. 결정화된 클로로필은 실험실에서 만들어진 알킬 에스터이고 피톨이 없는 것입니다. 피톨을 포함하고 있는 무정형 클로로필은 식물의 녹색 부분에 있는 변하지 않는 자연색소입니다.

클로로필의 화학적 구조에 관한 빌슈테터 교수의 연구 가운데 아주 중요한 부분은 색소성분인 클로로필린과 다른 필린들, 그리고 이것으로부터 만들어진 유도체들에 관한 것입니다. 특히 이 연구는 적색 색소와 클로로필 사이의 관계에 관한 의문과 연결되어 흥미롭습니다.

보라색이며 철을 포함하지 않는 포피린은 철을 포함한 적혈세포 헤모글로빈으로부터 얻어지는데 그중 가장 잘 알려진 물질이 헤마토포피린입니다. 광학적 성질에 있어서 이것과 매우 밀접하게 관련된 물질이 호페-세일러에 의해 클로로필 유도체로부터 얻어졌습니다. 그는 이 클로로필 색소를 두 물질 사이의 유사성 때문에 필로포피린이라고 불렀습니다. 나중에 셩크와 마르클레프스키는 혈색소와 클로로필 사이에 화학적 관련이 있다는 것을 밝혔습니다. 그러나 이 경우도 역시 완전히 결정적인 연구를 한 사람은 빌슈테터 교수였습니다.

이러한 연구에서는 클로로필과 헤모글로빈의 경우 모두 색소 핵이 주요 관심사였는데, 그는 피롤과 핵 내에서 피롤의 위치에 관한 몇 가지 새롭고 중요한 발견을 했습니다. 특히 그는 두 가지 색소로부터 같은 모체 포피린인 '에이치오포피린'이 만들어질 수 있으며, 이 분자는 색소 핵의 근본적 특성을 가지고 있다는 것을 밝혔습니다. 이렇게 하여 그는 자연계에서 가장 생물학적으로 중요한 색소인 헤모글로빈과 클로로필 사이의 관계에 관한 가장 흥미롭고 결정적인 증명을 해 보였습니다.

빌슈테터 교수는 또한 카로티노이드라 불리는 황색 색소를 순수한 상태로 만들고 완벽하게 연구했는데, 카로티노이드는 식물의 잎에서 클로로필과 함께 발견됩니다. 이 황색 색소와 클로로필에서 얻은 결과를 바탕으로 그는 카보닉산과 비슷한 다른 잎의 색소들에 대해 새로운 생물학적 연구를 위한 길을 닦았습니다.

그는 또한 다른 무리의 식물 색소들을 아주 성공적으로 연구했는데 꽃의 청색과 적색 색소인 일명 안토시아닌입니다. 그는 이 색소를 분리하고, 빌베리, 검정포도, 크랜베리와 같은 과일들뿐만 아니라 해바라기, 장미, 펠라르고늄, 참제비고깔, 접시꽃 등과 같은 많은 꽃들로부터 화학적 성질을 연구했습니다. 연구 결과 안토시아닌은 글리코시드임이 밝혀졌는데, 글리코시드는 대부분의 경우 일종의 당 성분인 글루코스와 색소 성분인 시아니딘으로 분리될 수 있습니다. 빌슈테터 교수는 시아니딘의 화학적 구조도 밝혀냈습니다.

그는 여러 가지 꽃과 과일에 어떠한 차이가 존재하는지를 밝혀냈으며, 자연에서 발견되는 플라본 또는 플라보놀 무리의 황색소와 그들의 밀접한 관계를 증명했습니다. 그러한 황색소의 하나인 쿼서틴의 환원에 의해서 장미와 해바라기에서 발견되는 시아니딘을 얻었고 화학합성에 의해서 펠라고니아와 펠라고니딘의 시아니딘을 만드는 데 성공했습니다. 그는 꽃의 색소가 식물의 수액반응과 관련이 있다는 것을 밝혔고, 따라서 같은 안토시아닌이 장미와 해바라기의 경우처럼 다른 꽃에서 어떻게 다른 색을 갖게 되는지를 설명했습니다. 안토시아닌은 같은 물질이지만, 장미에서는 식물의 산과 결합하여 적색이 되고, 해바라기에서는 알칼리와 결합하여 청색이 됩니다.

또한 꽃의 황색 색소에까지 연구를 확대하여 특정 종류에 있는 안토시아닌의 양을 정량적으로 결정함으로써, 자연 속에서, 또는 재배되는 환경에서 꽃이 나타내는 색이 다르다는 것을 증명했습니다. 즉 같은 종류의 꽃에서 다양하게 일어나는 안토시아닌의 발현, 안토시아닌 양에 따른 상당한 변화, 세포액의 서로 다른 반응과 황색 색소의 양이 동시에 다르게 존재하는 것 등이 그것입니다.

식물의 색소화학 분야에 있어서 빌슈테터 교수의 연구 또한 선구적인 것으로 평가됩니다. 하지만 가장 설득력 있고 가장 중요한 업적은 클로로필에 관한 연구입니다. 그는 클로로필의 화학적 구조를 밝히는 데 성공했을 뿐만 아니라 식물화학의 가장 중요한 분야에 지속적이고 성공적인 연구를 향한 과학적 초석을 놓았습니다.

스웨덴 왕립과학원 노벨 화학위원회 위원장 O. 함마르스텐

원소로부터 암모니아 합성

1918

프리츠 하버 | 독일

:: 프리츠 하버 Fritz Haber (1868~1934)

독일의 물리화학자. 1886년부터 1991년까지 하이델베르크 대학교의 분젠과 베를린 대학교의 호프만 교수의 지도 아래 화학을 공부했다. 1894년에 카를스루에 있는 고등기술학교에서 조교로 일하면서 물리화학에 평생을 바칠 결심을 하게 된다. 당시 유럽에서는 인공 비료에 대한 수요가 크게 증가했으나, 꼭 필요한 성분인 질소화합물을 합성하지 못해 매장량에 한계가 있는 칠레초석을 이용할 수밖에 없었는데, 하버는 공기 중의 질소와 수소로부터 암모니아를 합성하는 방법을 개발하여 질소비료 합성에 커다란 공헌을 했다.

신사 숙녀 여러분.

스웨덴 왕립과학원은 베를린 근처 달렘에 있는 카이저 빌헬름 연구소 소장이며 게하임라트(고문) 교수인 프리츠 하버 박사에게 질소와 수소로부터 암모니아를 합성하는 방법을 개발한 공로로 1918년 노벨 화학상을 수여하기로 결정하였습니다.

토양의 생산력은 자연의 경제법칙에 따르는데, 일반적으로 곡식에서 나오는 퇴비가 토양으로 되돌아가면 일정한 수준이 유지됩니다. 그러나 토양의 생산성이 증가하기를 바라면 부가적으로 비료를 사용해야 합니다. 매년 수확의 큰 부분이 매해 증가하는 인구에 의해 소비되고 마을에서 나오는 아주 적은 양의 퇴비가 경작하는 땅으로 되돌아가기 때문에 토양은 고갈되고 수확량이 감소하는 것을 피할 수 없습니다. 이와 같은 원인이 인공 비료를 제조하도록 만들었는데, 적어도 유럽의 경우 비료 없이 경작할 수 있는 국가가 거의 없을 정도로 해마다 필요량이 증가하고 있습니다.

인공 비료 중에서는 질소화합물이 중요한데, 인산이나 산화칼륨과는 달리 풍화작용으로 인해 식물에 꼭 필요한 질소화합물이 토양에 많이 저장되어 있지 않기 때문입니다. 게다가 유용한 질소의 일부분은 순환과정에서 비활성 대기질소로 되돌아갑니다. 이와 같은 손실분은 폭우와 박테리아의 활동으로 확실히 보충되지만 지금까지의 경험으로는 인공 질소 비료없이는 집약적인 경작을 유지할 수 없다는 것입니다. 이 같은 사실은 무엇보다도 오늘날 가장 중요한 곡물 가운데 하나인 사탕무에 해당됩니다.

여러 해 동안 단지 두 개의 인공 질소화합물이 존재하였는데 그것은 질산칼륨과 염화암모늄입니다. 그러나 이것을 합성하는 오래된 방법은 유럽과 미국에서 중지되었고 칠레초석(질산나트륨)이 등장하였으며, 이것을 질소비료로 만들기 위해서 광물탄의 건식증류로부터 나오는 부산물을 사용하였습니다.

질소로 계산한 칠레초석의 연간 소비량은 50만 톤 이상이었습니다. 이 많은 양의 초석이 대부분 비료로 사용되었습니다. 이로 인해 심각한 문제가 제기되었는데 그것은 '칠레에 있는 초석 매장량이 언제 고갈될 것인가?' 입니다. 칠레 당국은 여러 평가를 내놓았고 유럽의 전문가들은 현재 속도로 생산하면 초석의 매장량이 가까운 미래에 고갈될 것이라고 합니다.

하여간 오래 지속되는 세계대전이 모든 국가로 하여금 가능하면 어느 곳이나 유기물화의 필요에 대처하기에 충분할 정도로 자국 내에서 생활 필수품을 생산하도록 조장하였습니다.

특히 대규모 광물 매장량도 없고 값싼 수력발전도 할 수 없는 국가에서는 초석이 가장 중요하기 때문에 암모니아와 질산의 인공적인 생산은 매우 중요합니다.

암모니아는 자연산과 인공 산물의 경계에 있는 물질로써 아스팔트와 갈탄의 건식증류로 얻어집니다. 암모니아는 질량비 1.3퍼센트에 해당되는 양이 질소 함유 광물로부터 나오는데, 그러나 많은 부분(약 85퍼센트)이 코크스로 남아 있거나 증류하는 동안 질소로 날아갑니다.

20세기의 첫 10년 동안 공기로부터 질소를 고정하는 여러 방법이 발표되었지만 이 중에서 시험단계까지 살아남은 것은 거의 없었습니다. 그 중 처음 방법이 프랑크-카로의 사이안아마이드 방법입니다. 칼슘사이안아마이드가 비료로서 기대에 완전히 미치지는 못하지만 함유된 질소가 상대적으로 쉽게 암모니아로 바뀔 수 있기 때문에 활용에 방해물이 되지는 않습니다.

열역학의 주요 원리를 사용하여 일산화질소를 생성하는 대기질소의 연소와 관련된 모든 정량 조건을 계산할 수 있게 되자 비르켈란트와 에이데는 이것을 기술적으로 응용하여 처음으로 성공적인 결과를 얻었습니다.

베르틀로와 톰슨의 실험으로 이 결합이 발열반응으로 일어난다는 것을 증명하였지만 1904년까지 아무도 전기방전의 도움없이는 암모니아를 생성하기 위해 질소와 수소의 직접적인 결합을 일으킬 수 없었습니다. 이런 부정적인 결과는 낮은 온도에서의 느린 반응과 높은 온도에서의 불리한 평형상태에 의한 것임을 경험으로 쉽게 알 수 있습니다. 1884년 램지와 영이 촉매로 철을 사용하여 실험을 수행했지만 불확실한 결과를 얻었을 뿐입니다.

하버 교수와 반 오르트는 이전의 실험이 문제에 대한 기술적 해답을 줄 거라는 희망을 가지고, 1904년 현대 물리화학 방법에 기초를 두고 관련 분야의 방법론적인 연구를 시작하였습니다. 그들은 약 1000도의 온도와 정상 압력에서 철을 촉매로 사용하여 실험하였고 그 결과 적열赤熱과 더 높은 압력을 나타내는 위쪽에서 단지 미량의 암모니아가 생성된다는 것을 알게 되었습니다.

이 연구에서 시스템에 실제 존재하는 평형상태가 $N_2 + 3H_2 \rightarrow 2NH_3$인데 이것이 암모니아 합성의 기초라는 것을 처음 실험적으로 보였습니다.

1913년 《전기 화학 잡지》에서 하버 교수와 르 로시뇰에 의해 가장 중요하고 실용적 의미를 갖는 이 문제의 취급 방법을 발견할 수 있습니다. 제목은 「원소로부터 암모니아의 기술적 생산에 관하여」였습니다. 이 논문이 루트비히샤펜에 있는 '바덴아닐린-소다' 사에서 공장 규모로 방법을 발전시키는 데 기초를 제공하였고 주요 개발은 보슈 박사의 지도 아래 이루어졌습니다.

초기 실험에서 과도한 검붉은 열, 즉 600도는 효과가 없어 보였고 반응식은 4부피에서 2부피로 감소되면서 결합이 일어나는 것으로 밝혀졌습니다.

평형의 법칙에서 압력이 높을수록 평형은 암모니아 쪽으로 이동하는데 이것이 기본적인 원리를 제공했습니다. 약 500도의 온도를 가능한 한 가장 높은 압력과 함께 사용해야 했는데, 실제로 약 150기압부터 200기압의 압력이 가능합니다. 이 높은 압력이 반응을 가속화시키리라는 것을 예상할 수 있습니다. 그러나 그처럼 높은 압력과 적열에 접근하는 온도에서 순환시스템에 기체의 흐름이 포함된 실험은 매우 심각한 어려움을 불러일으켰고 그때까지 시도된 적도 없었습니다. 그러나 실험은 완전히 성공적이었습니다. 문제의 논문은 사용한 장치의 자세한 도면을 포함하고 있는데, 철을 촉매로 사용하여 1시간당, 그리고 접촉부피 1리터당 약 250그램의 암모니아를 생산하였고, 우라늄이나 오스뮴을 촉매로 하여 더 많은 양을 생산하였습니다.

가열은 전기적으로 이루어졌지만 장치로부터 새어 나오는 열은 대개 투입되는 기체에 다시 이용되기 때문에 요구되는 온도는 재생하는 열과 암모니아 생성으로부터 방출되는 열에 의해 유지할 수 있습니다. 하버 교수의 관찰에서 매우 중요한 특징은 기체가 반응 중에 더 빠른 유속으로 보급되면 단위시간당 생산되는 암모니아의 양이 점차로 증가한다는 것입니다.

하버 교수는 가장 좋은 촉매는 오스뮴이고 그다음이 우라늄이나 탄화우라늄이라는 것을 알아냈습니다. '바덴' 공장에서 대부분 수행했던 시험에 따르면 촉매 활동은 촉매의 활성억제제에 의해 감소되지만 산화물이나 알칼리염, 그리고 알칼리토금속에 의해 증가될 수 있습니다. 점점 더 활성이 좋은 촉매가 발견되었고 이것으로 관내 압력을 점차로 감소시키는 것이 가능하였습니다.

1910년에 프랑크푸르트암마인 근처 오파우에서 처음으로 암모니아

연간 생산량이 3만 톤으로 예상되는 건설 공사가 시작되었습니다.

기본물질인 질소와 수소는 표준방법으로 만들어졌습니다.

암모니아 제조 과정에서 전력의 소비는 아주 낮아 암모니아 킬로그램당 0.5 kw/h 이하의 양입니다. 그러므로 킬로와트/연당 1만 킬로그램 이상의 질소가 고정됩니다.

반응의 평형위치와 여러 요소들은 암모니아의 생성열과 비열에 의존하기 때문에 1914년과 1915년에 《전기 화학 잡지》에 연속으로 발표한 여러 개의 논문에서 하버 교수는 이 과정들을 아주 정확하게 확인하기 위해 수행했던 실험들을 광범위하게 서술하였습니다.

오스트발트가 수정한 방법으로 암모니아를 질산으로 바꾸고 질산을 질산칼슘으로 바꾸므로, 질산칼슘을 생산하는 전체 비용들 사이의 비는 계산에 따르면 대략 다음과 같습니다.

- 노르웨이안 하이드로Norwegian Hydro : 100
- 하버 : 103
- 프랑크-카로Frank-Caro : 117

위의 숫자들이 나타내듯이 처음 두 방법은 비슷하지만 나머지 하나는 약 15퍼센트 정도 더 높습니다.

그러나 세 방법 가운데 하버 교수의 방법이 유일하게 값싼 수력전력을 이용하고 독립적으로 작동할 수 있기 때문에 앞으로 모든 국가에 활용될 수 있습니다. 더욱이 필요한 만큼 적당한 규모로 만들 수 있고 매우 값싸게 암모니아를 생산하고 질산염을 만들 수 있기 때문에 인류의 영양섭취 향상에 아주 중요한 기여를 했습니다.

독일 하버 공장들, 특히 최근에 지어진 메르세부르크 근처의 레우나 워크스는 최대의 생산량으로 독일에서 필요한 모든 질소비료의 대부분을 제공합니다. 더욱이 하버 교수의 방법은 이미 미국에서 널리 적용되고 있습니다.

하버 교수님.

왕립과학원은 수소와 대기질소를 직접 결합시키는 문제를 해결한 뛰어난 공로를 인정하여 1918년 노벨 화학상을 교수님께 수여합니다. 이 문제에 대한 해결책이 이전에도 여러 차례 시도되었지만 교수님이 처음으로 공업적 해결책을 제공하였고 농업의 표준과 인류복지를 향상시키는 매우 중요한 수단을 만들어 냈습니다. 교수님의 조국과 인류 전체를 위한 값진 승리를 축하드립니다. 이제 노벨재단 회장으로부터 상을 받으시기 바랍니다.

스웨덴 왕립과학원 Å. G. 엑스트란드

- 1918년 노벨 화학상은 1919년 11월13일에 발표되었으며, 마가렛 공주의 죽음으로 1920년 6월에 열린 시상식에 왕족은 아무도 참석하지 않았다.

열화학 분야에 관한 연구

1920

발터 네른스트 | 독일

:: 발터 헤르만 네른스트 Walther Hermann Nernst (1864~1941)

독일의 화학자. 라이프치히 대학교에서 빌헬름 오스트발트의 조교로 일했으며, 1894년에 괴팅겐 대학교 물리화학부 교수가 되었다. 1905년에는 베를린 대학교의 화학과 및 물리학과 교수가 되었고, 1924년부터 1933년까지는 베를린 물리화학연구소 소장을 지냈다. 열역학 제3법칙을 공식화하여 화학반응이 이루어지는 동안 발생하는 최고의 에너지를 계산할 수 있게 했다. 갈바니 전지이론과 화학평형의 열역학, 고온에서 발생하는 수증기의 성질과 저온에서 고체가 갖는 특성 등을 연구하여 산업과 과학에 널리 응용되는 기초를 마련했다.

전하, 그리고 신사 숙녀 여러분.

빙하시대, 지구상에 인류가 등장한 지 얼마 지나지 않았을 때, 인간은 추위와 어둠에 맞서 싸우면서 강력한 동맹군인 불을 발견하여 세계를 지배할 수 있었습니다. 고대 신화에 따르면 프로메테우스가 번개의 고향인 하늘로부터 불을 훔쳤지만 실제 불의 특성은 상당히 후대까지도 설명되지 못한 채 남아 있었습니다. 사실 불은 십중팔구 인류가 수행한 첫 번째 화학반응일 것입니다.

화학이 시작된 이래 화학반응과 열의 연관성은 수많은 실험과 사고의 주제였습니다.

석탄이나 나무를 태우면 그 안에 있던 탄소와 수소는 공기 중의 산소와 결합합니다. 이 세 개의 원소에서는 서로에 대하여 화학친화도가 작용하는데 탄소는 이산화탄소를 형성하기 위해 일정한 양의 힘으로 산소와 결합하려 합니다. 이 친화도는 어느 정도까지 방해를 극복할 수 있는데, 다른 말로 하면 일정량의 일을 수행하는 것입니다. 다른 힘도 그렇듯이 화학친화도의 측정은 계수의 크기인데 이것은 친화도가 극복할 수 있는 힘의 크기입니다.

탄소가 공기 중에서 연소되는 동안에는 실제적인 일을 수행하지 않는데, 친화도가 단지 열로 발생되거나 오늘날 우리가 이해하듯이 분자운동의 증가로 나타나기 때문입니다. 이것은 우리가 탄소와 산소의 친화도를 사용해서 열을 얻고자 할 때 시도하는 것입니다.

그러나 이 강력한 힘의 근원을 사용해서 일을 수행하려면 다른 방식으로 진행해야 합니다. 여러 해 동안 연소열은 증기기관을 움직이는 증기를 만들기 위해 간접적으로 사용되었습니다. 그러나 이 방법으로는 기껏해야 생성된 열의 5분의 1을 일로 바꿀 수 있고, 나머지 5분의 4는 열 발생 과정에서 대부분 소모되고 맙니다. 이 사실은 무엇보다도 열을 일로 변환시키는 데 필요한 사항을 다루는 열이론에 있어서 제2 기본법칙의 실험적 기초를 제공합니다.

일을 생산하기 위한 탄소와 산소의 친화력에 대해 더욱 완벽하게 조사하려는 실험에서 우리는 두 가지 의문점에 직면합니다. 우리가 고려해야 하는 것은 어떤 방법인가? 그리고 연소하는 탄소로부터의 생성열과 친화도 사이에는 어떤 연관성이 있는가? 이것으로부터 얼마나 많은 에너지를 적절한 장치로 얻을 수 있는지 사전에 계산할 수 있습니다.

화학반응 동안 수많은 온도변화의 측정, 이른바 열화학 측정이 거의 100년 동안 수행되었고 화학자들은 언젠가는 온도변화와 화학친화도 사이의 연관성을 밝힐 수 있으리라 확신하였습니다. 그것을 증명하는 것이 아주 중요하기 때문에 이 연관성이 곧 밝혀지길 진심으로 기원했던 것은 놀라운 일이 아닙니다.

네른스트 교수가 1906년 열화학 연구를 시작하기 전 주변 상황은 다음과 같았습니다. 우선 열이론의 첫 번째 기본법칙인 에너지보존의 법칙을 통해서 온도에 따른 반응열을 계산하는 것이 가능하였습니다. 이것은 반응열이 출발물질과 생성물질 간의 비열의 차이와 같다는 사실에 근거한 것입니다. 비열이란 물질의 온도를 0도에서 1도로 올리는 데 필요한 열량입니다. 한편 반트 호프에 따르면 반응열뿐만 아니라 주어진 온도에서 평형위치를 안다면 화학평형에서의 변화, 그리고 결국 온도와의 관계를 계산할 수 있습니다.

그러나 여전히 열화학 자료로부터 화학친화도나 화학평형을 계산하는 중요한 문제는 풀리지 않았습니다.

공동 연구자들의 도움으로 네른스트 교수는 매우 가치있는 실험 연구를 통해 낮은 온도에서 비열의 변화에 관한 훌륭한 결과를 얻을 수 있었습니다.

실험 중 상대적으로 낮은 온도에서는 비열이 급격하게 떨어지는 현상이 보이는데 절대온도 0도, 즉 섭씨 -273도 영역에 접근하는 온도를 얻기 위해 액체수소가 어는 정도의 극한 실험을 하면 비열은 거의 영으로 떨어집니다.

이것은 낮은 온도에서 여러 물질들의 비열 간 차이가 거의 영에 가까워지고 고체와 액체 물질의 반응열이 아주 낮은 온도에서는 온도에 무관하게 되는 것을 의미합니다.

이 사실은 네른스트 교수에게 매우 중요한 출발점이었지만, 문제를 풀기에는 여전히 충분하지 않았습니다. 새로운 가설, 즉 네른스트 교수가 기초한 새로운 법칙이 곧 문제를 해결해 주었습니다. 그것은 아주 낮은 온도에서 반응열에 적용되는 법칙이 화학친화도에도 적용되며 물리화학 변화에서의 추진력 크기에 적용되어, 결국 아주 낮은 온도에서는 화학친화도 역시 거의 온도에 무관하다는 것을 의미합니다.

절대온도 0도의 영역에서 반응열이 화학친화도의 척도를 의미한다는 가설의 도움으로 모든 온도에서 화학친화도를 계산하는 것이 가능합니다. 이 계산은 네른스트 교수의 가설과 주어진 온도에서 알려진 반응열, 온도에 따른 반응열의 알려진 변화에 기초를 두었습니다. 이 변화는 이미 언급하였듯이 비열을 알면 계산할 수 있습니다.

열화학 조건으로부터 화학친화도를 계산하는 중요한 목표가 성취되었습니다. 이 원리는 지금 널리 연구되고 있으며 모든 시험을 성공적으로 통과하였습니다. 갈바니전지가 특히 그 시험에 적당한데, 전지의 사용이 전기에너지 생산을 위한 한 반응에서 화학친화도로 만들어지고, 화학친화도를 정확하고 쉽게 결정하는 방법이 전지가 생산하는 전압으로 가능합니다. 새로운 열이론에 대한 시험과 관련하여 네른스트 교수는 공동 연구자 모두와 함께 광범위하고 가치있는 실험 연구를 수행하였습니다.

이 실험 연구는 우리가 이미 언급했고 이 분야에서 획기적인, 즉 매우 낮은 온도에서 다양한 물질의 비열을 연구하는 것을 포함하고 있습니다.

변화하는 온도에서의 화학평형에 대한 그의 위대한 연구 업적을 언급하자면 실용적인 관점에서도 중요한 문제인, 수증기를 수소와 산소로 분해 하는 것, 그리고 대기질소와 산소로부터 일산화질소를 형성하는 것을 들 수 있습니다. 이 연구를 통해 네른스트 교수는 질산과 비료의 제조에서 전기적 아크를 통해 결합하는 대기질소 고정에 대한 이론적 설명을 제공하고 동시에 필요한 열을 입증하였습니다.

무엇보다도 우리는 탄소와 산소의 친화도에 대한 네른스트 교수의 연구를 기억해야 합니다, 왜냐하면 다른 연구자가 얻은 연구 결과와 함께 이 친화도의 사용으로, 가장 효율적인 증기기관에서 1킬로그램의 석탄으로 얻는 에너지의 약 5배를 갈바니전지에서 얻는 것을 실현했기 때문입니다.

네른스트 교수의 열화학연구 덕택으로 화학이 이룬 가장 중대한 진보는 실용적인 생산방법 계산입니다. 즉 요구되는 생산량을 충분히 얻을 정도의 화학반응이 일어날 수 있는 조건을 미리 계산할 수 있다는 것입니다. 기술적 어려움이 실험 과정에서 나타날 수 있지만 목표를 성취할 수 있고 실험이 성공할 가능성이 많다는 것을 미리 아는 것은 목표를 향해 앞으로 내딛는 데에 아주 중요합니다.

네른스트 교수의 열화학 업적이 화학에 미치는 중대성을 고려해 볼 때, 시간이 지나면서 그 중요성이 더욱더 명백해져 왕립과학원은 네른스트 교수에게 노벨 화학상을 수여하기로 결정하였습니다.

게하임라트 네른스트 교수님. 고대의 거인 프로메테우스 덕분에 발견된 불은 모든 발견 중에 가장 오래되고 가장 중요한 것입니다.

그래서 오랜 시간 화학자들은 석탄의 연소나 다른 화학반응에서 반응열과 화학친화도 사이에 예상되는 연계성을 열심히 찾았습니다.

마침내 교수님의 업적은 이 연계성에 빛을 비추어 주었습니다. 교수님은 비열과 화학평형에 대하여 명석한 예리함을 가지고 대가다운 실험적 연구를 하였습니다. 교수님이 발견한 열법칙을 사용하여 한편으로는 반응열과 비열로부터 화학친화도와 화학반응 동안 발생 가능한 최대 에너지를 계산하는 것이 가능해졌고, 다른 한편으로는 아직 연구되지 않은 반응에서 평형을 계산하는 것이 가능해졌습니다.

스웨덴 왕립과학원은 열화학에 대한 교수님의 뛰어난 공로를 인정하여 노벨 화학상을 수여하기로 결정하였습니다.

스웨덴 왕립과학원 원장 G. 드기어

- 1920년 노벨 화학상은 1921년 11월 10일에 발표되었다.

방사성 물질의 화학동위원소의 기원과 성질에 관한 연구

1921

프레더릭 소디 | 영국

:: **프레더릭 소디** Frederick Soddy (1877~1956)

영국의 화학자. 옥스퍼드 대학교에서 화학을 공부한 후 1901년부터 이듬해까지 몬트리올의 맥길 대학교에서 러더퍼드와 함께 방사능을 연구했다. 런던 유니버시티 대학에서는 윌리엄 램지와 라듐에서 나오는 방사성기체를 연구했고, 1919년부터 1936년 은퇴할 때까지 옥스퍼드 대학교의 화학 교수로 재직했다. 1913년 특정 원소들은 원자량은 다르지만 화학적으로 구별할 수도 없고 분리되지도 않는 형태로 존재한다는 결론을 내리고 이를 동위원소라고 명명했다.

전하, 그리고 신사 숙녀 여러분.

지난 세기 화학 연구 분야에서 가장 큰 결실을 맺은 아이디어 중 하나가 1869년에 제안되었습니다. 이 시기에 러시아 과학자 드미트리 이바노비치 멘델레예프가 그의 이름을 딴, 지금은 모든 화학자들에게 잘 알려진 주기율표를 만들어 냈습니다.

분류표는 자연에 있는 기본원소의 여러 물리화학적 성질이 원소들의 원자량 함수, 즉 단위질량의 상대적 비의 함수로 이해된다는 것을 확실하게 보여 주었습니다. 동시에 그때 알려진 약 70개쯤 되는 원소들 사이의 관계를 명확하게 했습니다. 원소들은 제한된 수의 자연 족으로 분류했는데, 족은 표 체계의 각 열에서 원자량이 규칙적으로 증가하는 수직 열에 대응하는 수로써 특징지어집니다.

이 표에서 각 원소에는 정해진 자리가 있습니다. 그리고 각 자리에는 그에 대응하는 주어진 원소가 있습니다. 이 표가 만들어질 당시에는 대부분의 자리가 이미 채워져 있었습니다. 산소도 제자리가 있었고 탄소, 인, 금 등과 같은 원소도 각각의 자리가 있었습니다. 그러나 또한 여러 개의 빈 자리도 있었는데 당시 그 자리는 대응되는 원소가 발견되지 않았습니다. 알려지지 않았던 원소가 발견되면서 점차적으로 빈 자리가 하나씩 채워졌을 때 주기율표는 그 위대한 승리를 기념했습니다. 주기율표 덕분에 미지 원소의 존재가 예견될 수 있었고 그 성질이 만족할 만한 정확도로 미리 계산될 수 있었습니다. 이 이야기는 1870년대와 1880년대를 거치면서 스칸듐이 스웨덴인에 의해, 게르마늄이 독일인에 의해, 그리고 갈륨이 프랑스인에 의해 발견되었을 때의 일입니다.

1890년대 후반에 윌리엄 램지 경은 대기의 비활성 성분이라고 알려진 한 그룹의 새로운 원소들을 발견했습니다. 이 발견으로 그는 노벨 화학상을 수상했는데, 이때도 이 모든 새로운 원소들은 아무런 어려움 없이 멘델레예프의 표에 채워질 수 있었습니다. 비록 새로운 열인, 0족 수직 열이 추가로 만들어져야 했지만 말입니다.

그러나 오래지 않아 어려운 문제가 나타났습니다.

오랫동안 주기율표는 원자량 크기의 상호관계에 있어서 결함없는 규칙성을 나타내긴 했지만, 이 법칙을 핵심적으로 설명할 수 없었기 때문에 불완전한 것으로 느껴졌습니다. 반투명한 베일에 가려져 있었기 때문에 사람들은 물질이 우리의 관찰에 스스로를 드러내 여러 기본 형태 사이의 발생학적 관계를 조금이나마 엿볼 수 있을 것이라고 믿었습니다. 그러나 이시스(이집트 신화에서 농사와 수태를 관장하는 여신—옮긴이)의 베일 한쪽 끝을 들어 올리려는 모든 시도는 수포로 돌아갔습니다.

이러한 만성적 약점은 곧 좀 더 급성인 종류의 다른 증세와 합쳐졌습니다. 근본적인 원인은 퀴리 부인의 위대한 발견, 즉 라듐 때문인데 이 또한 그 시대에 노벨 화학상의 주제였습니다. 당연히 라듐 자체를 주기율표에 채워 넣는 것은 아주 쉬웠습니다. 그러나 방사능현상에 관한 연구가 계속되면서 오래지 않아 전에는 알려지지 않았던, 우리가 오늘날 플레이아데스라고 부르는 원소들의 전체 무리를 알게 되었을 때 상황은 더욱 악화되었습니다. 많은 원소들이 그 불안정성 때문에 분리될 수 없으며, 아마도 우리의 외적 감각으로 식별할 수 있는 형태로는 결코 분리될 수 없으리라는 것은 너무도 명백했습니다. 사실 그 원소들이 존재할 수 있는 시간은 수십억 년부터 1초의 알 수 없는 분율까지 다양합니다. 그러나 어떠한 경우에도 원소들은 논쟁의 여지없이 존재하며, 그 수가 빠르게 많아져서 이제는 주기율표 전체를 폭발시킬 정도로 위협하고 있었습니다.

그 순간, 위험이 극대화되어 잘 정돈된 규칙성이 분명치 않은 혼돈에 의해 패배하려는 찰나 전화위복의 용어인 동위원소와 함께 뛰어난 영국의 과학자 한 사람이 나타났습니다.

이 과학자는 과학계에서는 누구나 아는 사람입니다. 여러 해 전에 그는 헬륨이 라듐으로부터 어떻게 만들어지는지를 밝혀내 화려하게 그 업적을 인정받았습니다. 이것은 하나의 알려진 원소로부터 다른 원소가 만들어지는 것을 실험적으로 증명한 최초의 명백한 예입니다. 더욱이 그는 안이하게 명예에 안주하는 사람이 아니었습니다. 실험과 사색적 연구를 거듭하여 그는 곧 더 중요한 결과를 얻었습니다.

지금 일어난 일들은 화학의 역사에 있어서 지나간 에피소드의 일면을 기억나게 합니다. 100년 전에는 화합물에서 조성이 비슷하면 성질도 비슷해야만 한다는 것이 신앙처럼 통용되었습니다. 우리 동포인 베르셀리우스는 이성질현상을 발견해서 이 공론을 뒤집었습니다. 그는 2개 이상의 화합물의 조성이 완전히 일치할 수는 있지만 그 화학적 물리적 관계에 있어서는 다소 다르다는 것을 밝혔습니다.

비슷한 방식으로 우리 시대 사람들은 주기율표에서 같은 자리는 같은 원자량과 같은 일반적 성질을 포함한다는 것, 달리 말해서 이 표에서 각각의 칸은 오로지 한 개의 원소만을 채울 수 있다는 것을 일종의 당연한 결과로 주장해 왔습니다. 의문을 품고 있던 이 영국의 과학자는 그가 '동위원소'라고 명명한 두 개 이상의 원소가 화학적인 면에서 아주 비슷할 수도 있고 그 체계에서 같은 자리에 채워질 수도 있다는 것을 밝혔습니다. 그럼에도 이 동위원소들은 원자량과 특정 물리적 성질이 서로 다릅니다. 노벨상 수상자인 러더퍼드가 발견한 알파선의 성질에 관한 견해를 명확히 하면서, 그는 한 걸음 더 나아가 원소 사이의 상호 발생적 관계를 설명하는 방법으로 알파입자를 방출할 때마다 문제의 원소는 이 체계의 원래 자리에서 두 칸씩 왼쪽으로 옮겨 간다는 주장을 내놓았습니다. 이 주장은 나중에 다른 사람에 의해서 베타입자를 방출할 때마다 한 칸씩 오른쪽으로 옮겨 가는 효과까지 보강되었습니다. 이렇게 옮겨 가는 법칙은 러더퍼드의 유명한 핵이론으로 설명할 수 있습니다. 이 이론에 의하면 핵의 양전하가 원소의 원자번호와 같을 경우 알파입자, 즉 +2의 전하를 가지는 헬륨원자가 방출되면 핵의 전하를 2만큼 감소시키고, 결과적으로 같은 수만큼 원자번호가 감소합니다. 반면에 베타입자, 즉 음전자의 방출은 핵의 양전하를 1만큼 증가시켜서 원자번호가 1만큼 증가합니다.

이제 방사성원소의 원자가 동시에 알파입자 1개와 베타입자 2개를 방출하면 그 핵의 전하, 결과적으로 그 체계에서의 번호는 단연코 변화가 없습니다. 헬륨원자 하나를 잃어서 원자량이 4만큼 감소하더라도 새로운 원소는 화학적으로나 분광학적으로나 본래의 것과 구별되지 않습니다. 이것들이 동위원소입니다. 역으로 두 원소가 같은 원자량을 가지지만 다른 핵전하를 가질 수 있습니다. 이로 인해 이 체계에서 다른 자리에 채워지고 다른 화학적 성질을 갖습니다. 이러한 원소들을 '동중원소'라고 부릅니다. 이것들은 하나의 원소가 다른 상대 원소로부터 순전히 베타선 방출에 의해 질량은 실질적으로 변하지 않는 변화로 만들어집니다.

동위원소이론을 햄릿의 한 구절을 빌려 표현할 수 있습니다.

"이것은 한때 역설이었으나 이제 시간이 그것을 증명해 주리라"

이 주장이 처음 제시되었을 때 사람들은 그 대담함에 모두 놀랐습니다. 그러나 그때 이래로 많은 실험을 통해서 점점 더 확고한 지지를 얻었고 이 실험에서 저자 자신은 선도적인 역할을 했습니다. 이제 15년 여에 걸친 연구들을 조금이라도 흠잡을 수 있는 가능성은 없습니다. 특정 토륨 광물로부터 보통의 납과 정확히 똑같은 화학적 성질을 갖는, 그러나 훨씬 큰 원자량을 갖는 동위원소 납을 만들어 냈던 일을 기억하는 것으로 충분합니다.

사실 동위원소이론은 극히 유용한 것으로 밝혀졌습니다. 그리고 지난 두세 해 동안 더욱 분명하게 그 중요성을 인정하는 결과에 이르렀습니다. 이에 관한 좀 더 자세한 내용은 다음 연설에서 언급할 것입니다. 이제 이 이론에 관해 가장 유명한 저자의 이름을 언급하는 일만 남았군요. 바로 프레데릭 소디 교수입니다.

소디 교수님.

교수님이 수년간 명망 있는 회원으로 몸담았던 스웨덴 왕립과학원은, 방사성 물체에 관한 지식에 중요한 기여를 하고 또한 동위원소의 존재와 성질에 관한 선구적 연구를 한 공로로 교수님에게 1921년 노벨 화학상을 수여하기로 한 결정이 과학계의 의견과 완전히 일치하는 일임을 확신합니다.

과학원을 대신해서 교수님을 수상식 단상에 모시게 되어 대단히 영광스럽습니다. 이제 전하께서 직접 시상하시겠습니다.

스웨덴 왕립과학원 노벨 화학위원회 위원 H. G. 쇠더바움

질량분석사진기를 이용한 비방사성 동위원소 발견 및 정수법칙 발표

1922

프랜시스 애스턴 | 영국

:: **프랜시스 윌리엄 애스턴 Francis William Aston (1877~1945)**

영국의 물리학자. 1894년에 버밍엄 대학교에서 화학과 물리학을 공부했고, 1909년에 J. J. 톰슨의 초청으로 케임브리지 대학교 캐번디시 연구소에서 조교로 일하면서 비활성 기체인 네온에 두 개의 동위원소가 존재한다는 최초의 증거를 얻었다. 제1차 세계대전이 끝난 1919년에 캐번디시 연구소로 돌아간 그는 질량분광기라는 새로운 형태의 양극선 장치를 발명하여 지금까지 단순하게 생각했던 수많은 기본적 원소들이 실제로는 두 개 또는 그 이상의 동위원소의 복합체임을 증명했다.

전하, 그리고 신사 숙녀 여러분.

우리가 이미 알고 있듯이 동위체 개념은 방사성원소들의 존재와 변환, 그리고 관계에 대한 지식으로부터 주로 발전되었습니다. 대부분의 일반적인 원소들을 포함하여 비방사성원소들도 방사성원소들과 똑같이 화학적 방법으로 분리할 수 없는 동위원소의 혼합물로 구성되어 있다는 것은 명백한 사실입니다. 그러나 물질의 그와 같은 상태를 증명하는 것은 쉽지 않습니다. 지금까지 이 분야 연구에 길잡이별 역할을 하던 방사성 현상은 더 이상 도움을 주지 못합니다. 그래서 원자의 질량에 어느 정도 영향을 받는 물리적 특징에 관한 조심스러운 연구에 의지하는 것이 필요하였습니다.

이런 방향으로 시도한 첫 연구는 노벨 물리학상 수상자인 톰슨 경이 수행했습니다. 이 연구에서 그는 이른바 양극선이라 부르는 것을 사용하였는데, 이것은 진공관 내에서 음극을 향해 높은 속도로 가속되는 기체의 양전하 입자를 말합니다. 이것들이 전극에 있는 구멍을 통과하여 전기장과 자기장에 의해 영향을 받으면 휘어짐의 정도가 전하당 질량비로 결정됩니다. 이 편차를 측정하여 희박한 기체 내에 나타나는 입자의 질량을 측정하는 것이 가능해집니다. 문제는 동위원소의 존재를 증명할 수 있어야 하는데, 이것은 질량의 다른 값, 즉 원자량의 차이로 구별되어야 합니다.

그러나 세계대전의 발발로 여러 해 동안 연구가 중단되자 톰슨의 실험은 어떤 결정적인 결과도 이끌어 내지 못했습니다. 그러던 중 1919년 톰슨의 학생이었던 케임브리지 대학교의 애스턴 박사가 연구를 다시 시작하였습니다. 그는 톰슨이 사용한 것과 같은 원리에 기초를 두었지만 톰슨과 비교해 볼 때 매우 진보한 질량분광기로 알려진 장치를 제작하였고 몇 배 더 정확한 결과를 얻었습니다.

정확하고 정교한 그 장비에 포함된 디자인에 대해서는 지금 자세히 언급하지 않겠습니다. 전하와 질량 사이에 일정한 비를 갖는 광선에 초점이 맞춰지면 공동중심에 집중되는데, 사진판의 도움으로 다른 유사한 초점과 비교하여 그 상황을 정확하게 결정할 수 있습니다. 이 방법으로 질량분광사진을 얻을 수 있는데, 사진에는 원자량에 대응하는 각 선들이 기록돼 있습니다. 각 원자량의 값은 선 간격으로 읽거나, 보통 탄소 12, 혹은 산소 16과 같이 표준으로 선택한 기본적인 물질에 의해 만들어진 선으로부터 읽어낼 수 있습니다. 질량분광사진에 의해 원자량이 결정될 수 있는 정확도는 잘 측정된 경우에 1,000분의 1입니다.

질량분광사진에 의한 양극선 분석의 정확성이 크게 향상되어 애스턴 박사는 지금까지 단순하게 생각하였던 수많은 기본적인 원소들이 실제로는 두 개 내지 더 많은 동위원소의 복합체라는 것을 증명하는 데 성공하였습니다. 비활성 기체인 네온, 크립톤, 크세논, 할로겐족인 염소, 브로민, 알칼리 금속인 리튬, 포타슘, 루비듐, 그리고 더욱 복잡한 붕소와 규소, 주석과 셀레늄, 칼슘과 수은 등이 그런 경우입니다. 한편 헬륨, 플루오린과 아이오딘, 탄소와 산소, 질소, 인과 비소, 나트륨과 세슘 등은 주로 한 개의 주된 원소로 이루어진 것이 밝혀졌습니다.

이 결과는 그 자체로 매우 훌륭하고 화학 전반에 기본적으로 중요한 것입니다. 그러나 이것만이 질량 분광사진으로 얻을 수 있는 가장 훌륭한 결과는 아닙니다. 최근에 열거한 원소들과 다른 여러 원소들의 측정된 질량들, 그리고 그들의 동위원소들의 질량들을 산소 16과 비교하여 정수로 표현할 수 있다는 것은 정말로 놀라운 일입니다. 조사된 기초 물질의 수가 30이 넘고 증명된 동위원소의 수는 훨씬 더 많으므로 이 같은 일치는 단지 우연으로 간주할 수 없고 일반적인 타당성을 가진 자연법칙의 표현으로 간주해야 합니다. 이것은 실제로 정수법칙으로 명명되었습니다.

이 발견으로 100년 이상 화학연구와 관련된 난제의 해답을 얻었고 수천 년 동안 인류의 마음에 떠오르던 추측이 확인되었습니다.

우리는 물질의 단일성, 즉 모든 물질에 공통된 근본물질에 관한 주장을 오래전 고대 그리스의 철학자에게서 발견합니다. 그리고 같은 맥락에서 끊임없는 노력으로 한 금속을 다른 금속으로 바꾸려던 중세 시대와 르네상스 시대 연금술사의 마음이 뚜렷이 떠오릅니다.

이러한 생각은 17세기에 로버트 보일에 의해 더욱 명확하게 발달하였습니다. 보일에 따르면 모든 물체는 하나이며 같은 근본 물질로 이루어져 있습니다. 그것들이 변화하는 다양성은 작은 부분이나 미소체의 서로 다른 크기와 모양, 혹은 휴식이나 운동의 상태에 의한 것입니다.

사물을 바라보는 이 방식은 1815년 영국인 의사 프라우트가 가장 가벼운 원소인 수소의 수의 집합체로 원소들이 이루어져 있다는 가설을 제안하기 전까지는 과학적인 화학 연구에 중요하지 않았습니다.

프라우트의 견해가 옳다면 분명히 모든 원소의 원자량은 수소원자량의 정확한 배수여야 합니다.

그러나 지금까지의 경험은 또 다르게 이야기합니다. 정확한 결정 분야에서 화학의 위대한 대가인 베르셀리우스, 스타스, 그리고 우리 시대의 리처즈는 차례로 단일성과 물질의 같은 상태의 존재를 확립하였는데, 즉 어떤 원소들의 원자량은 수소원자량의 거의 정수 곱에 매우 가깝지만, 한편 다른 것들은 관찰오차의 한계에서 훨씬 벗어나기 때문에 고유의 소수를 제거하기 위한 어떠한 노력도 소용없습니다. 그러므로 원자량 결정이 더욱 완벽하게 이루어져도 가설과 일치하지 않는 결과가 초래되어 프라우트의 가설은 더욱더 부정확한 것으로 간주되었습니다.

애스턴 박사의 발견으로 프라우트의 이론은 살아남게 되었는데, 비록 창시자가 상상했던 것과 다른 형태라 할지라도 과학의 현재 입장에서 물질의 가장 단순한 작은 부분은 본질적으로 두 개의 다른 종류, 즉 양전하와 음전하를 띤 작은 입자인 양성자와 전자로 구성되어 있는 것으로 생각해야 합니다.

사실 어떤 기본적인 물질의 원자량에서 우수리 수는 동위원소 성분으로 인한 내부계량적 관계의 단순한 통계적 효과로 보입니다.

그와 같은 우수리 원자량을 가진 원소의 전형적인 예가 염소입니다. 가장 정확한 결정에 따르면 염소의 원자량은 35.46입니다. 애스턴 박사는 우리가 지금까지 염소라고 부른 것이 하나는 35의 원자량, 다른 하나는 37의 원자량을 가져 혼합의 질량이 정확히 35.46으로 조합을 이루는 두 개의 동위원소의 혼합이라는 것을 밝혔습니다.

그러나 한 원소가 정수법칙의 예외를 보이는데, 이 예외는 법칙 자체만큼 흥미롭습니다. 수소의 원자량은 질량분광사진에서 정확하게 소수를 보입니다. 이것은 크지는 않지만 0.008의 양을 나타내 관찰 오차로 설명할 수 없을 만큼 충분히 큽니다. 수소의 원자량이 1보다 확실히 무거운 것이 밝혀졌는데 산소 16과 비교하여 다른 원소들에 대해서는 잘 맞습니다.

그러나 러더퍼드의 핵이론에 따르면 수소는 모든 다른 원소와 비교하여 특별한 위치에 있다고 가정합니다. 이 원소는 핵이 밀접하게 채워진 큰 수의 질량단위로 구성되지 않고 단지 하나의 양성입자, 즉 양성자로 구성된 것입니다. 이 관점에서 수소가 정수법칙과 일치하지 않는 것은 사람들이 질량과 에너지 사이의 깊은 틈을 극복할 수 있다는 견해를 받아들인다면 어느 정도 예상할 수 있었던 부분입니다.

애스턴 박사님.

스웨덴 왕립과학원은 질량분광사진의 도움으로 수많은 비활성원소의 동위원소와 정수법칙을 발견하여 화학을 비롯한 일반적인 자연 연구에 기여한 공로로 올해 노벨 화학상을 박사님에게 수여하기로 결정하였습니다. 박사님이 이미 얻은 것 위에 앞으로 더 많은 과학적 성공을 이루기를 바라는, 진심에서 우러나는 희망을 가지고 이제 박사님이 수상을 앞두고 있는 노벨상과 명예에 과학원의 축하를 전하는 것은 큰 영광입니다.

스웨덴 왕립과학원 H. G. 쇠더바움

유기물질의 미량분석법 개발

1923

프리츠 프레글 | 오스트리아

:: 프리츠 프레글 Firtz Pregl (1869~1930)

오스트리아의 화학자. 1894년에 그라츠 대학교에서 의사 면허증을 딴 후 독일에서 잠시 에밀 피셔, 빌헬름 오스트발트의 지도 아래 공부했다. 그라츠 대학교로 돌아와 1904년부터 담즙산 및 다른 물질들을 연구하기 시작했는데, 이 물질들은 재래의 분석기술을 사용하기에 충분한 양을 얻기 어려웠으므로 극소량만으로 분석할 수 있는 새로운 분석법을 찾게 되었다. 새로운 도구와 기술을 도입하여 유기화합물에서 여러 원소를 정량분석하는 데 필요한 물질의 양을 획기적으로 감소시키는 데 성공했으며, 과학자들은 마침내 수십 분의 1 밀리그램의 물질만으로도 연구를 할 수 있게 되었다.

전하, 그리고 신사 숙녀 여러분.

최근 들어 화학의 방대한 발전은 새로운 개념과 중요한 발견은 물론이고, 개선된 실험장비와 새롭게 발명되고 완성된 방법에 달려 있습니다. 이전에 알려진 방법을 근본적으로 개선하는 것이 어떤 경우에는 더 이상의 연구와 과학 발전에 새로운 과학적 발견만큼 중대한 가치가 있다는 것 또한 분명합니다.

개선의 의미에 대한 가치는 또한 알프레드 노벨 박사가 노벨 화학상을 인류에게 크게 공헌한 '가장 중요한 화학적 발견이나 개선을 한' 사람에게 수여해야 한다고 유언에 명기했을 때, 그 위대한 통찰력 속에도 나타나 있습니다.

왕립과학원은 유기물질의 미량분석법 발명에 대해 그라츠 대학교의 프리츠 프레글 교수에게 금년의 노벨 화학상을 수여하였는데, 이 연구 역시 새로운 발견은 아닙니다. 오래된 방법을 고치고 개선한 것입니다.

가장 중요한 화학적 개선이란 노벨 박사의 표현을 빌리면 그 개선이 화학의 특히 중요한 분야와 관련이 있어야만 한다는 것을 의미합니다. 이것이 프레글 교수의 연구에 해당한다는 것은 아주 명백합니다. 이 연구는 유기화합물에서 각기 다른 원소들의 양을 결정하는 데 주력했으며, 그 목적은 유기화합물인 이른바 탄소화합물에서 이 화합물들이 동물 또는 식물 왕국에 이미 생성되어 있든지, 또는 실험실에서 만들어졌든지 간에 여러 원소들을 정량하는 것입니다. 프레글 교수가 연구하는 분야의 중요성에 대해 말하자면, 유기원소 분석이 없이는 과학적 의미의 유기화학도 존재하지 않을 것이며, 그로부터 탄생한 방대한 화학 산업도 없을 것이라고 말할 수 있습니다.

그러면 프레글 교수에 의해 이루어진 개선은 무엇으로 구성되며, 어떤 의미 일까요?

개선의 핵심은 이전까지 상대적으로 많은 양의 물질을 사용하는 실험 방법에서 미량(마이크로) 분석법으로 전환했다는 사실입니다. 프레글 교수는 이전에는 불가능했던 미량 물질의 분석을 가능하게 했는데, 그것도 동일한 정확도로 시간과 노력과 비용을 절약하면서 가능하게 했습니다.

프레글 교수는 새로운 도구와 기술을 도입하여 유기화합물에서 여러 원소를 정량분석하는 데 필요한 물질의 양을, 믿기지 않을 정도로 적은 3~5밀리그램까지, 그리고 일반적으로 필요한 양보다도 적은 양까지 감소시키는 데 성공했습니다. 같은 양의 물질이 지금까지는 한 번의 탄소-수소 정량에 필요했는데 이제 프레글 교수의 방법 덕택에 50번의 다른 분석을 하기에 충분합니다. 이러한 방식으로 이 양은 탄소, 수소뿐만 아니라 화합물을 구성하는 다른 원소를 여러 번 정량하기에 충분합니다. 이 방법은 또한 화합물의 화학구조와 조성을 연구하는 데 중요한 다른 조사를 가능하게 합니다.

프레글 교수는 1910년에 연구를 시작해서 훌륭한 솜씨로 다음 1년간 그 연구를 계속했는데, 원소분석의 핵심 문제인 탄소-수소 정량방법을 개선하는 임무를 성공적으로 수행했습니다. 이러한 일은 아주 광범위하고도 매우 어려운 일입니다. 이 임무와 관련해서 그는 질소의 두 가지 미량분석법을 개발했습니다. 유기화합물에서 염소, 브로민, 아이오딘, 황, 인, 그리고 많은 수의 금속에 관한 미량분석법이 프레글 교수와 그의 지도 아래 개발되었습니다. 그러나 이것이 그의 미량분석 영역의 끝은 아닙니다. 한 물질의 성분 조성을 정확하게 결정하기에 충분하지 않았기 때문입니다. 분자량을 알아야만 했고 분자량 결정을 위해서 7~10밀리그램만큼 적은 양으로도 작동할 수 있는 미량장치를 만들었습니다.

물질의 화학적 조성을 확인하기 위해서는 물질에 포함되어 있는 중요한 원자단의 양을 결정하는 것 또한 필요합니다. 그래서 이러한 경우를 해결하기 위한 장치가 고안되고 방법이 개발되었습니다.

이 자리는 프레글 교수의 방법을 자세하게 설명하는 곳이 아닙니다. 전문가만이 진화된 여러 실험기술의 진가를 진정으로 인정하고 올바르게 사용할 수 있습니다. 이 진가는 그가 극복해야 했던 어려운 문제들, 즉 셀 수 없이 많은 오차의 요인들을 발견하고 제거해서 충분히 만족할 만한 결과를 얻기 위해 필요한 통찰력과 인내입니다. 그러나 여기서 이미 진술한 사실들이 프레글 교수 연구의 핵심적 중요성을 보여 줄 것입니다.

이렇게 적은 양의 물질로 원소 분석을 가능하게 만든 방법은 어떤 경우라도 분명 화학자에게 무한한 도움이 될 것입니다. 만일 조사 대상 물질을 얻기 어렵다면 화학자는 아주 어려운 상황에 처하게 됩니다. 어렵고 긴 연구 끝에 만들어 낸 생성물 또는 생성물들의 양이 너무 적어서 화학적 조성은 차치하고 원소의 조성조차 이전의 방법으로는 결정할 수 없기 때문입니다. 이러한 상황은 예를 들면 생리학 또는 병리학 관련 화학 분야에서 매우 흔히 발생합니다. 이런 경우에는 원래의 물질이 아주 제한된 양만 얻어지고 새로운 물질이 전혀 만들어질 수 없거나 아주 어렵게 만들어집니다. 이 분야의 많은 과학자들은 프레글 방법의 위대한 진가를 구조의 손길로 인식했고, 그것이 특정 연구를 수행하는 데 필수불가결하다는 것을 깨달았습니다.

프레글 교수의 미량분석법은 모든 유기화학에 고르게 잘 적용될 수 있습니다. 그것은 이미 아주 많은 경우에 스스로 증명되었고, 또한 이 나라에서도 시험을 거쳤습니다. 미량분석법은 미래의 연구, 특히 생화학 분야에 전도양양한 희망을 열었습니다. 지금까지 최소한 어떤 이유로든 실질적으로 정확한 화학적 분석이 불가능했던 수많은 물질의 연구에 미량분석법이 결실을 주리라는 희망에는 분명한 이유가 있습니다. 그러한 물질들은 효소, 비타민, 그리고 호르몬 등을 포함하며 생명 과정에 극히 중요한 것으로 알려져 있습니다.

현재 이러한 물질들에 관한 우리의 지식은 주로 이들이 작용한 효과나 결과, 그리고 외적 조건으로 제한되어 있습니다. 화학적 조성을 밝히는 데 성공할 때에만 이들의 신비한 작용에 관한 깊은 통찰을 얻게 될 것입니다. 그러므로 이러한 물질들에 관한 완벽한 화학적 연구는 생화학의 가장 중요한 임무입니다. 그리고 지금까지 연구로 판단하건대 프레글 교수의 미량분석법은 그러한 문제 해결에 필수불가결한 도움은 아닐지 몰라도 극히 귀중한 도움을 주고 있습니다.

일반적으로 과학원 대표가 수상자에게 인사말과 축하의 말씀을 전하고, 전하의 수상을 요청했습니다. 그러나 이번 수상식은 그렇지 못해 제가 대신 유감의 말씀을 드립니다.

스웨덴 왕립과학원 노벨 화학위원회 위원장 O. 함마르스텐

콜로이드 용액의 불균일 특성의 설명

1925

리하르트 지그몬디 | 독일

:: **리하르트 아돌프 지그몬디 Richard Adolf Zsigmondy (1865~1929)**

오스트리아 태생 독일의 화학자. 빈의 의학학교에서 정량분석의 기초를 배우고, 1889년에 뮌헨 대학교에서 박사학위를 받은 뒤 1907년부터 1929년까지 괴팅겐 대학교의 무기화학 연구소 교수 및 소장으로 재직했다. 아교, 단백질, 녹말, 고무 등 용해된 상태에서 막을 통과하지 못하고 극히 느리게 확산되는 콜로이드 용액의 불균일 특성을 증명했고, 광학기계상 지덴토프와 협력하여 보통 현미경으로는 관찰되지 않는 작은 입자들을 구별하는 한외현미경을 제작했다. 특히 생화학과 세균학 발달에 공헌했다.

전하, 그리고 신사 숙녀 여러분.

19세기 중반 영국의 과학자 그레이엄은 모든 물질을 크게 두 부류, 즉 크리스탈로이드와 콜로이드로 구별하는 새로운 원칙을 제안했습니다. 크리스탈로이드는 보통 소금이 그 예인데, 용해된 상태에서 양피지나 콜로디온 필름과 같은 막을 쉽게 통과하며 또 빠르고 자유롭게 확산되는 것이 특징입니다. 반면 콜로이드는 아교를 예로 들 수 있는데, 막을 통과할 수 없고 크리스탈로이드에 비해 극히 느리게 확산됩니다. 콜로이드라는 이름은 아교를 뜻하는 그리스어 콜라κολλα에서 유래되었다는 것을 말씀드립니다. 많이 알려져 있는 콜로이드의 다른 예로는 단백질, 녹말, 고무, 물유리 등을 들 수 있습니다.

가끔씩 동일 물질이 어떤 경우에는 크리스탈로이드로, 다른 경우에는 콜로이드로 존재한다는 사실이 발견되었습니다. 예를 들어 금이 수은과 함께 있으면 크리스탈로이드 용액을 만드는데 수용액에서 금은 오로지 콜로이드 상태로만 존재합니다. 결과적으로 크리스탈로이드 물질과 콜로이드 물질로 구별하기보다는 크리스탈로이드 상태와 콜로이드 상태로 구별하는 것이 더 맞습니다. 그러면 이렇게 다른 상태를 갖는 이유는 무엇인가 하는 문제로 귀결됩니다. 몇몇 사람들 예를 들면, 미국인 과학자 레아는 전에 화학에 존재했던 노란인과 붉은인이라는, 이른바 동소체 변형을 갖는 인의 전형적인 예가 보여 주었던 동소체 개념을 도입했습니다. 다른 사람들은 콜로이드 용액은 크리스탈로이드 용액처럼 전체적으로 한결같지도 않고 균일하지도 않지만 크리스탈로이드 용액 내 분자 크기의 몇 배를 능가하는 입자들, 즉 분자집합체들을 포함하고 있다고 상상했습니다. 두 가지 설명 중 어느 것이 맞는 것일까요?

이 어려운 문제는 20세기 초에 한외현미경의 발명으로 그 해답에 결정적으로 가까이 다가가게 되었습니다. 그 아이디어는 지그몬디 교수에게서 나왔고, 그가 차이스라는 회사를 소유한 재능 있는 광학기계상 지덴토프와 협력해서 개발하였습니다. 이 기계의 원리를 간단히 말하면 집중적으로 빛이 조사된 대상물질, 즉 실험 대상 용액이 입사광 축에 직각인 옆면에서 현미경을 통해 관찰되는 것입니다. 이러한 방식으로 방의 공기 중에 떠있는 먼지 입자처럼 보통 현미경으로는 관찰되지 않는 작은 입자들을 구별하는 것이 가능해졌습니다. 이 먼지 입자는 보통의 조건에서는 보이지 않는데 때때로 태양광선이 관찰자에게 특정한 방향으로 창문을 통해서 비출 때는 보이게 됩니다. 이 한외현미경은 특히 투입식 한외현미경이라고 불리는 개선된 형태의 것으로 진보가 이루어져 아크광조사를 사용하면 직경이 최저 8마이크로미터의 입자까지, 태양광을 사용하면 4마이크로미터의 입자까지 인식할 수 있게 되었습니다.

이제 지그몬디 교수는 그가 만든 여러 가지 금 콜로이드들이 보통의 현미경으로는 완전히 균질하게 보이더라도 한외현미경으로는 한정된 크기의 입자들을 포함한다는 사실을 발견했습니다. 그는 금 콜로이드를 더욱 체계적으로 연구해서 다양한 미세 분포도를 갖는, 즉 한외현미경으로도 보이지 않는 콜로이드 입자로부터 위로는 보통 현미경으로도 볼 수 있는 크기의 입자를 만들 수 있다는 것을 보여 주었습니다. 그는 이른바 동소체 은이라고 불리는 레아의 용액이 한외현미경으로만 볼 수 있는 작은 은으로 구성되어 있다는 것을 밝혔습니다. 지그몬디 교수는 마침내 다른 콜로이드들도 이와 비슷한 결과를 나타낸다는 것을 보였습니다. 이것으로 입자 가설이 옳음을 증명했고 콜로이드 용액이 불균일하다는 사실이 발견되었습니다. 입자의 크기를 정량적으로 정하는 것도 가능해졌습니다. 이 과정은 적은 부피를 갖는 실험 대상 콜로이드의 경계를 광학적으로 정하고 그 안의 입자수를 세는 것입니다. 입자의 질량농도를 알면 입자의 질량이 쉽게 구해지고 이로부터(입자모양이 구형이라는 것과 비중을 가정하면) 크기가 계산될 수 있습니다.

이미 언급했듯이 입자 크기가 너무 미세해서 한외현미경으로도 구별할 수 없는 콜로이드도 있습니다. 그러나 지그몬디 교수는 또한 핵 방버법이라 불리는 발명을 통해서 이들의 과학적 관찰을 가능하게 했습니다.

이 방법 또한 처음에는 콜로이드 연구의 고전격인 금 금속에 적용되었습니다. 이 연구는 미세 분말이 된 금 콜로이드를 환원용액 속에 넣고 이로부터 금속 금을 서서히 침전시킴으로써 수행되었습니다. 금속 금은 이제 보이지 않는 금 콜로이드 입자 위에 자리 잡게 되고, 이른바 금의 핵이라 불리는 이것들은 점차 크기가 증가하여 마침내 한외현미경에서 보이게 됩니다. 이런 방식으로 최소 1.5마이크로미터의 직경을 갖는 금 입자까지 측정되었고, 입자의 크기를 결정하는 것이 가능해졌습니다. 이에 따라 모든 금 콜로이드의 경우에 불균일 정도를 결정하는 것이 가능해졌습니다. 나중에는 이 방법을 많은 수의 다른 금속에 적용하는 것이 가능해졌고, 콜로이드에 관한 일반 법칙을 수립하기 위한 모든 연구에 대단히 중요하다는 것이 증명되었습니다. 참으로 지그몬디 교수의 핵 방법이 없었더라면 이러한 연구들이 가능할 수 있었을까 의심스럽습니다.

콜로이드 용액 예를 들어 단백질 중 하나를 소금이나 산과 같은 특정 물질, 간단히 말해 전해질로 처리하면 응고되거나 젤리처럼 굳어지는데, 그것은 반 고체상태 또는 젤 상태를 통과하는 것이라는 사실이 일반적으로 알려져 있습니다. 완전히 비슷한 것은 아니지만 대응되는 조건이 콜로이드 금속에서도 일어납니다. 그 이유는 1차 입자가 함께 모여서 큰 집합체를 만들기 때문인데 이로 인해 입자 수는 줄어드는 반면 입자 크기는 커집니다.

지그몬디 교수의 연구는 아주 단순하게 응집현상의 메커니즘을 설명하는데 또한 젤의 구조 연구에도 선구적이었습니다. 전해질의 농도가 낮으면 응집이 극히 서서히 진행되고 반면에 전해질의 농도가 증가하면 응집 속도는 점점 증가하다가 특정 단계, 이른바 임계값이라 불리는 단계에서 한계치에 도달하여 농도가 더 높아지더라도 응집속도는 더 이상 빨라지지도 변하지도 않는다는 것을 알아냈습니다. 지그몬디 교수가 발견했듯이 빠른 응고 범위 내에서 응고 시간은 전해질의 농도뿐만 아니라 그 성질에도 무관한 반면 느린 응고 범위 내에서의 임계값과 응고 속도는 각 전해질에 대해 특징적으로 나타납니다.

이러한 사실에 근거해서 지그몬디 교수는 응고의 메커니즘을 설명하기 위해 몇 개의 중요하고 근본적인 아이디어를 제안했습니다. 응고 메커니즘은 나중에 더 정확하게 공식화되고, 스몰루코프스키에 의해 응고의 수학적 이론까지 개발되었습니다. 다음에는 지그몬디 교수와 그의 학생들이 실험적으로 이 이론을 다양하고 자세하게 검증하였고, 그럼으로써 이 위대한 일반 가치가 찬란하게 증명되었습니다.

여기서 말씀드린 지그몬디 교수의 가장 중요한 연구 중의 일부에 대한 짧은 재검토는 단편적이어서 아주 부족할 수밖에 없습니다. 하지만 그때까지 접근하기 어려웠던 인간의 지식을 위해 가장 중요하다고 인식되는 연구 분야에서 어떻게 길을 개척하고 새로운 영역을 열었는지를 보여 주기에는 충분하다고 확신합니다. 이와 관련해서 유기 생명체의 모든 현시는 결국 원형질이라는 콜로이드 매체에 달려있다는 것을 기억해 주시기 바랍니다.

왕립과학원은 괴팅겐 대학교의 화학과 교수인 리하르트 지그몬디 박사에게 콜로이드 용액의 불균일 성질을 증명하고 현대 콜로이드 화학의 기초를 놓는 데 사용된 방법을 개발한 공로를 인정하여 1925년 노벨 화학상을 수여하기로 결정했습니다.

지그몬디 교수님.

심사숙고 끝에 왕립과학원이 1925년 노벨 화학상을 교수님에게 수여하기로 결정하였을 때, 전 세계 과학계가 만장일치 평결로 지지할 것이라는 확고한 믿음이 있었습니다.

오늘날에는 일반적으로 인식되는 교수님의 선구적 연구의 의미가 아마도 언젠가는 더욱 선명한 빛을 받으며 우뚝 서게 되리라는 것을 확신하면서, 과학원을 대표하여 교수님의 노벨상 수상을 진심으로 축하드립니다.

스웨덴 왕립과학원 사무총장 H. G. 쇠더바움

- 1925년 노벨 화학상은 1926년 11월 11일에 발표되었다.

분산계에 대한 연구

1926

테오도르 스베드베리 | 스웨덴

:: **테오도르 스베드베리** **Theodor Svedberg (1884~1971)**

스웨덴의 화학자. 1908년에 웁살라 대학교에서 박사학위를 받고 1912년에 물리화학과 교수가 되었다. 1949년부터 1967년까지 구스타프 베르너 핵화학연구소 소장으로 재직했다. 1924년에 분당 4만 회전의 엄청난 속도로 중력보다 5천 배나 큰 원심력을 만들 수 있는 초원심분리기를 발명하여 헤모글로빈과 같은 복잡한 단백질의 분자량을 정확히 측정했다. 그가 발전시킨 콜로이드 화학에 대한 연구는 유기화학과 생리학, 화학산업 분야에 크게 기여했다.

전하, 그리고 신사 숙녀 여러분.

과학원은 1926년 노벨 화학상을 분산계에 대한 연구를 수행한 웁살라 대학교의 테오도르 스베드베리 물리화학 교수에게 수여하기로 결정하였습니다.

100년 전, 더 정확하게는 1827년에 영국의 식물학자인 로버트 브라운은 일반 현미경으로 액체 내에 슬러리 형태인 식물의 작은 부분, 예를 들면 꽃가루가 여러 방향으로 느리게 움직이지만 연속적인 상태에 있다는 것을 발견하였습니다. 지난 몇십 년 동안 과학계는이 현상을 더욱 자세하게 연구하여 매우 흥미있는 결과를 이끌어 냈습니다. 한외현미경으로 콜로이드 성질을 가진 매우 작은 입자들이 유사하지만 훨씬 더 활발하게 움직이는 것도 관찰할 수 있었습니다. 최근 아인슈타인은 스몰루코프스키에 의해 크게 발전된 브라운운동에 대한 이론을 전개하였습니다. 이 같은 과학자들에 따르면 이 운동은 입자가 충분히 작아서 액체 속에 슬러리된 입자에 충돌하는 액체분자들 때문에 일어납니다. 대충 비유를 하자면 파리나 모기가 코끼리를 향해 날아가면 코끼리의 위치는 전혀 바뀌지 않지만 파리나 모기가 벌과 충돌했을 때는 이 같은 현상이 일어나게 됩니다.

의문시 되던 이론이 여러 콜로이드 과학자들의 실험적 연구에 의해 확실하게 확인되었는데, 특히 오늘 두 수상자인 페랭(1926년 노벨 물리학상 수상자)과 스베드베리 교수가 그런 과학자들이며 여전히 선도적 위치에 있습니다. 아주 큰 확대 장비로 실제로 관찰되는 액체 내에 떠 있는 입자의 운동을 인간의 시력한계를 넘는 분자운동의 결과로 설명할 수 있다면, 이것은 분자, 결국 원자의 실제 존재에 대한 눈에 보이는 증거를 제공하는 것입니다. 아울러 얼마 전 영향력 있는 과학자 그룹이 물질의 이 같은 입자를 뒤떨어진 과학적 견해를 나타내는 허위의 공상이라고 발표한 것에 대한 반증이 됩니다.

에너지 관점에 대하여 성공적으로 대응한 콜로이드 과학자의 이 같은 반대 의견은 우리가 물질이라고 부르는 것뿐만 아니라 미세한 크기의 입자, 즉 전자에 의한 전기, 그리고 가장 작은 단위의 곱, 즉 기초 양자로 간주되는 에너지를 연구하는 분야에서도 계속되었습니다.

일단 사람들이 원자나 분자의 존재를 확신하게 되면 그것들의 실제 크기에 관한 의문이 자연스럽게 제기되는데 이것은 가장 위대한 흥미를 불러일으키는 의문입니다. 이전에는 기체 특성이나 이론을 적용하는 것으로 대략적인 크기 계산이 가능했던 반면에, 지금은 과학의 역사에서 흔히 일어나는 미지의 자연상수를 결정하는 데 여러 개의 새롭고 정확한 방법이 나타났습니다. 이 새로운 방법 중에 콜로이드 화학현상에 기초를 둔 것은 정확도 때문에 한동안 다른 방법으로 대체되었지만, 여전히 생생함과 설득력으로 특별한 위치를 차지하고 있습니다. 또한 이 분야에서 스베드베리 교수와 제자들, 그리고 다른 나라의 뛰어난 과학자들은 매우 가치있는 결과들을 성취하였습니다. 콜로이드 방법은 여러 방식으로 이루어졌는데, 콜로이드 입자가 스스로 이동하거나 액체 내에서 확산되는 속도를 결정하고, 처음 페랭이 제안한 방법에 따라 액체관 내 입자들의 분포도를 측정하는 것입니다.

방금 언급하였듯이 콜로이드 입자에 적용하는 기체와 액체분자의 운동이론에 따라 분자나 입자의 운동량의 평균값은 각 온도에서 일정한 크기를 가지지만 각 입자의 속도는 넓은 범위에서 변할 수 있습니다. 지금 아주 작은 부피를 고려해 보면 스몰루코프스키가 자세히 계산하였듯이 이 부피 안에 동시에 존재하는 입자의 수는 순간순간 바뀔 수 있다는 것입니다. 스베드베리 교수와 공동 연구자들은 일정한 평균 온도에서 큰 부피의 물질 내에 일정한 한계를 갖는 '몇 개의 분자' 시스템이 다양한 수의 입자를 포함한다는 매우 흥미있는 결론을 확인하였습니다. 이 같은 사실은 콜로이드 입자의 수를 세거나 방사성 물질 용액의 경우에는 이른바 신틸레이션, 즉 황화아연으로 코팅된 스크린을 때렸을 때 방사성 입자가 만드는 빛의 섬광수를 세는 것으로 확인할 수 있습니다.

우리는 이전의 연구로 이미 실제 콜로이드 화학 분야를 능가하게 되었습니다. 방사성 물질 용액, 즉 염화폴로늄을 자연스럽게 분산시스템이라고 부르지만, 더 정확하게는 분자-분산입니다. 왜냐하면 용매에 녹아 있는 물질이 콜로이드 용액의 경우처럼 분자 집합체가 아니라 분자이기 때문입니다.

지난 몇 년 동안 스베드베리 교수는 초원심분리기라는 매우 독창적인 발명을 완수하여 그와 같은 분자-분산계에서 아주 흥미있는 연구를 진행하였습니다. 예를 들면 슬러리, 즉 에멀션을 빠르게 회전하는 운동 속에 넣으면 무거운 성분이 운동의 바깥쪽 방향으로 밀려납니다. 이런 현상은 가장 많이 사용하는 원심분리기, 즉 우유분리기에서도 일어나는데 탈지우유는 밖으로 밀려나고 가벼운 지방입자, 즉 크림은 안쪽에 쌓여 분리됩니다. 용액에서도 마찬가지로 원심분리가 충분히 빠르게 움직이고 용매분자보다 상당히 무겁다면 녹아 있는 물질의 분자가 바깥쪽에 쌓여야 합니다. 실험의 어려움을 극복한 후에 스베드베리 교수는 분당 4만 회전의 엄청난 속도를 내는 장치와 아주 정교한 실험 준비를 통해 매우 빠르게 소용돌이치는 용액내 입자의 점차적인 분포도를 관찰하고 사진으로 기록하여 이것을 증명하였습니다. 녹아 있는 물질의 분자량은 이 분포로 계산할 수 있습니다. 이를 통해 유기생명체에 필수적인 단백질과 그와 결합된 다른 물질들에 대해 이미 계산하였습니다. 예를 들면 혈액의 붉은 색소 중개자인 헤모글로빈의 분자량을 그 분자 내 1만 개의 원자그룹이 있다고 가정하고 대략 67,000개로 결정하였습니다.

적어도 세 개의 노벨상이 콜로이드 분야의 연구 업적에 수여되었다는 사실 때문에 어떤 사람들은 이 분야가 정말로 '인류를 위해' 그 정도의 중요성을 갖는지 의문을 가질 수도 있습니다.

그에 대한 답으로 다음 몇 가지를 말씀드리겠습니다.

무기화학에서는 관찰되는 현상을 콜로이드-화학 접근법만으로 명백히 밝히는 경우가 아주 많습니다. 물리화학에서 콜로이드는 풍성하고 가치 있는 연구 분야를 형성하고 있습니다. 유기화학에서 아마 가장 중요한 콜로이드, 즉 단백질과 고분자 탄수화물을 접하게 되는데 이것은 콜로이드 연구의 도움없이는 연구할 수 없습니다. 모든 살아 있는 물질이 대개 유기 콜로이드로부터 형성되기 때문에 생리학과 의과학을 위한 콜로이드 연구의 중요성은 명백합니다. 마지막으로 콜로이드는 화학산업의 다양한 분야, 즉 염색과 제혁법에서 셀룰로오스, 질소 셀룰로오스, 셀룰로이드, 그리고 섬유산업에서, 고무제조에서, 도기 및 시멘트 제조에서, 사진산업 등에서 중요한 역할을 합니다.

스베드베리 교수님.

교수님 덕택에 과학원은 진지한 즐거움과 명백한 자부심을 가지고 과학원 회원 중에서 알프레드 노벨의 유산으로 착수된 연구의 선발대를 다시 뽑을 수 있었습니다.

이제 교수님은 과학원의 뜨거운 축하와 확신을 받으시기 바랍니다.

이 축제의 시간에 우리는 스웨덴 연구의 명예에 귀중한 결실을 맺고 미래에 대한 약속을 주는 중요한 연구를 조국에서 수행하는 것이 가능하다는 희망을 갖습니다.

스웨덴 왕립과학원 H. G. 쇠더바움

담즙산 및 관련 물질의 조성에 관한 연구 | 빌란트
스테롤의 구조와 비타민과의 연관성에 관한 연구 | 빈다우스

1927 | 1928

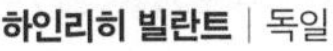
하인리히 빌란트 | 독일

아돌프 빈다우스 | 독일

:: 하인리히 오토 빌란트 Heinrich Otto Wieland (1877~1957)

독일의 화학자. 1901년에 뮌헨 대학교에서 박사학위를 받았다. 1925년에 빌슈테터의 후임으로 뮌헨 대학교 교수가 되었으며, 이후 거의 30년 동안 뮌헨 대학교에서 화학연구를 선도했다. 간에서 생성되는 담즙산 및 이로부터 분리된 세 가지의 산들은 구조가 비슷하며 아돌프 빈다우스가 연구하던 콜레스테롤과도 구조적으로 관련되어 있음을 밝혔다.

:: 아돌프 오토 라인홀트 빈다우스 Adolf Otto Reinhold Windaus (1876~1959)

독일의 유기화학자. 원래 의학을 공부했으나 베를린 대학교에서 에밀 피셔의 강의를 듣고 화학으로 전공을 바꾸었다. 1899년 프라이부르크 대학교에서 박사학위를 받고 1915년부터 1944년까지 괴팅겐 대학교 화학과 교수로 재직했다. 스테롤 물질, 특히 콜레스테롤의 구조를 밝혔으며, 에르고스테롤에 자외선을 쪼이면 구루병을 치료하는 비타민 D로 전환된다는 사실을 발견했다. 빌란트의 연구와 함께 빈다우스의 연구는 유기화학뿐 아니라 생리학과 의약 분야에 중요한 공헌을 했다.

전하, 그리고 신사 숙녀 여러분.

오늘날의 과학 특히 자연과학은 더욱 세분화되고 과학자는 전체를 보기 어려운 전문화된 연구에 한층 깊이 파고들면서, 연구의 깊은 강줄기는 얕은 개울들과 개천들로 변하여 학제간에 존재하는 일관성이 깨질 위험이 있다고들 합니다. 대부분 사람들은 무제한으로 세분화가 일어나는 것을 걱정합니다. 그러나 문제가 확실히 있기는 하지만 대부분의 걱정은 근거가 없거나 지나치게 과장되었다는 생각이 듭니다.

먼저 일반적인 문제를 다룬 후에 제한된 사람들의 흥미를 끄는 문제에 접근하는 것이 모든 자연과학 발달의 단계입니다. 각 연구 분야가 지속적으로 늘어남에 따라 과학적인 지식도 끊임없이 증가합니다. 몇 명의 연구자나 심지어 한 사람이 연구하던 많은 과학 분야가 한 세대 후에는 수많은 학생들과 연구자들에 의해 연구됩니다. 그러나 전문화는 목적이 아니라 수단일 수밖에 없습니다. 연구의 세분화 단계에서 변화하는 현상들 사이에 존재하는 연관성을 결정하는 것이 진정한 연구자의 목적입니다. 이 목적이 이루어지는 정도에 따라 특별한 연구들은 더 큰 단위로 점차 합쳐지게 될 것입니다. 그러면 전체적인 것에 비해 중요하지 않은 지엽적인 것들이 분리되어 따로 존재하는 것이 아니라 지식의 사슬에서 꼭 필요한 연결고리가 됩니다.

올해 왕립과학원이 노벨 화학상을 수여하는 연구는 이 과정의 교훈적인 예입니다.

처음부터 완전히 분리되어 시작한 몇 가지 연구 분야를 이제부터 설명하겠습니다.

먼저 담즙을 살펴봅시다. 이미 잘 알려져 있듯이 담즙과 특정 구성성분인 담즙산은 소화 과정에서 매우 중요합니다. 답즙산은 거의 100년 동안 뛰어난 많은 연구자들이 활발하게 연구해 온 대상입니다. 그래서 관찰을 통해 많은 양의 자료가 모아졌지만 빌란트 교수가 이 분야 연구를 시작했을 때는 여러 담즙산 간의 연관성에 대한 결과는 거의 없었고, 그 자세한 구조에 관해서도 전혀 밝혀진 것이 없었습니다.

다른 예로 심장독성물질의 경우를 보면 동물성 심장독성물질 중에 화학자들은 특히 부포탈린bufotalin을 잘 알고 있는데, 이것은 두꺼비속屬에 속하는 부포Bufo의 피부 분비물에 존재하는 것입니다. 식물성 심장독성물질은 치료법에서 오랫동안 사용되었는데, 특히 이것들은 글루코시드 종류에 속하고 식물속屬인 디기탈리스와 스트로판투스로부터 얻어집니다. 그러나 오랫동안 이런 물질들을 순수하게 얻지 못했고 그것들 사이의 화학적 관계 또한 결정하지 못했습니다.

스테롤 역시 생리학적 관점에서 매우 흥미로운 그룹입니다. 이것도 식물과 동물 모두에서 얻어지는데 대부분은 식물스테롤, 즉 피토스테롤이지만 가장 잘 알려진 것은 동물유기체에서 나오는 콜레스테롤이며, 150년 전 담석에서 처음 발견되었습니다. 이 물질은 담즙뿐만 아니라 뇌, 신경물질, 알, 혈액 등 모든 세포에 존재합니다. 피토스테롤이 식물의 생명과정에서 아주 중요한 역할을 하듯이 콜레스테롤은 인간과 동물의 생명과정에 결정적인 역할을 합니다. 그러나 이 스테롤은 오랫동안 다른 것과 연계되지 않은 그룹이었습니다. 그것의 화학적 조성을 조사하는 것은 너무 어려워서 지난 10여 년 동안 빈다우스 교수의 연구를 통해서만 좀 더 명확한 정보를 얻을 수 있었습니다.

마지막으로 매우 단기간에 알려졌지만 화학자와 대중들 모두 많은 관심을 갖고 있는 화합물 그룹을 살펴보겠습니다. 오늘날 생명에 굉장히 중요하고, 그래서 그것으로부터 이름을 딴 신비로운 물질, 비타민을 모르는 사람이 있을까요? 그러나 위에서 언급한 것에 비해 연구자들이 부딪치는 어려움은 너무 커서 대부분의 경우에 생리학적 효과에 기초를 두고 이 물질들을 평가하는 것으로 충분하다고 생각했습니다.

올해 노벨 화학상을 수상하여 그 가치를 인정받은 연구는 겉보기에 각각 떨어져 있는 연구 분야 사이에 존재하는 긴밀한 연관성을 훌륭하게 증명하였습니다. 이것을 어떻게 이룰 수 있었는지 아주 간단하게 설명하겠습니다.

빌란트 교수는 담즙에서 답즙산의 어미물질인 포화산을 만드는 데 성공하여 그 물질을 자세히 연구하고 분석하였습니다. 그리고 빈다우스 교수는 복잡하고 아주 독창적인 실험들을 이용하여 콜레스테롤로부터 똑같은 어미물질인 콜란산을 만들어 이 결과가 콜레스테롤과 담즙산 사이에 아주 밀접한 관계가 있다는 것을 밝혔습니다. 이 연관성에서 짚고 넘어가야 할 것은 담즙산에 관한 빌란트 교수의 연구가 장에서 음식을 흡수할 때 일어나는 담즙의 활동 메커니즘을 깊게 이해할 수 있도록 하였다는 것입니다.

그러나 이것이 전부가 아닙니다. 빈다우스 교수는 끈기있고 숙련된 연구로 여러 종류의 디기탈리스와 그 구성성분을 순수하게 합성하는 데 성공하였습니다. 이 방법으로 식물성 심장독성물질이 콜레스테롤이나 담즙산과 직접 관련이 있으며, 또한 빌란트 교수가 성공적으로 연구하였던 동물성 심장독성물질인 부포톡신과도 관계가 있는 것을 보였습니다.

빈다우스 교수가 자세히 연구한 또 다른 스테롤은 에르고스테롤인데, 일부는 맥각균에서 나오고 일부는 이스트에서 나오기도 합니다. 빈다우스 교수가 주도한 최근 연구에서 자외선을 쪼이면 에르고스테롤이 구루병 치료 비타민, 즉 '비타민 D'와 정확하게 같은 특성을 갖는다는 매우 중요한 사실이 밝혀졌습니다. 예를 들면 자외선이 조사된 에르고스테롤 5밀리그램은 양질의 대구 간 기름 1리터에 해당하는 작용을 하는 것이 밝혀졌습니다. 에르고스테롤과 동일한 생리학적 효과를 가진 스테롤이 비타민 D의 어미물질, 즉 구루병 치료에 필요한 프로비타민의 구성성분인 것을 증명하였습니다.

우리가 여기서 간단하게 요약한 모든 연구들은 서로 공통된 한 가지 특징을 가집니다. 즉 그것들은 유기물질의 내부구조, 서로 간의 관계, 그리고 다른 것으로의 전환을 설명할 수 있게 고안되었습니다. 이런 이유 때문에 건강하거나 병든 유기체 모두에서 일어나는 수많은 과정을 이해하는 데 중요하고 화학뿐만 아니라 그 인접 학문인 생리학과 의학에도 매우 중요합니다. 여러 특정 연구들을 나누는 칸막이가 더 이상 시야를 가리지 않고, 유기화학의 광범위한 분야들 사이의 연관성을 조사할 수 있으며, 세 개의 주된 분야들이 연결되고 서로 통합되는 그런 훌륭한 지식을 얻기 위해 여러 해 동안 깊은 광산과 같은 한 연구 영역에서 근면하고 능력 있는 연구가 끊임없이 이루어졌습니다. 바로 그 연구가 이 자리에서 보상을 받게 되었습니다.

빌란트 교수님.

담즙산과 그와 관련된 물질들에 관한 교수님의 업적에 대해 왕립과학원은 노벨 화학상을 수여하기로 결정하였는데, 이것은 유기화학이 오랫동안 씨름하던 가장 어려운 문제를 해결하였기 때문입니다.

연구한 화합물은 분자 안에 수많은 원자를 포함하여 매우 복잡한 성분인데, 이런 물질은 적은 양이라도 합성하기가 매우 어렵습니다. 그러나 교수님은 실험 과정에서 뛰어난 기술과 새로운 방법과 수단을 찾아내는 탁월한 능력으로 이 같은 장애물을 극복하였습니다.

교수님. 과학의 연관성을 위해 이룩한 업적에 감사드리고 교수님이 얻은 명예를 진심으로 축하드립니다. 이제 전하로부터 1927년 노벨 화학상을 받으시기 바랍니다.

빈다우스 교수님.

왕립과학원이 오늘 행사에서 단 하나의 노벨 화학상을 수여해야 했다면 매우 어려운 처지에 놓였을 것입니다.

스테롤, 식물성 심장독성물질, 그리고 그와 관련된 물질에 대한 교수님의 업적은 지금 막 수여한 업적과 똑같이 상을 받을 만한 가치가 있습니다.

더욱이 교수님과 뮌헨에 있는 동료의 업적이 서로 밀접한 관계가 있고 서로 보완적이어서 한 사람을 제치고 다른 한 사람에게 상을 수여하는 것은 너무나도 어려운 일이었을 겁니다.

두 연구 모두 똑같은 근면함과 엄청난 실험적 난관을 극복하는 놀라운 능력, 그리고 실험 결과를 해석하는 명쾌함을 보여 한 연구자를 다른 한 연구자보다 우위에 놓는 것이 불가능했습니다.

올해 두 개의 노벨 화학상을 수여하는 것이 다행히도 과학원을 궁지에서 벗어나게 했습니다. 과학원은 교수님과 이 사실 자체를 축하드리며, 이제 앞으로 나오셔서 상을 받으시기 바랍니다.

스웨덴 왕립과학원 H. G. 쇠더바움

- 1927년 노벨 화학상은 1928년 11월 13일에 발표되었다.

당의 발효와 발효효소에 관한 연구

1929

아서 하든 | 영국　　**한스 폰 오일러켈핀** | 스웨덴

:: 아서 하든 Arther Harden (1865~1940)

영국의 생화학자. 맨체스터 대학교에서 화학을 공부하고 1887년부터 일 년 남짓 독일 에를랑겐 대학교에서 오토 피셔와 함께 연구했다. 1888년부터 1897년까지 맨체스터 대학교 강사로 재직했고, 1907년부터 1930년까지 영국 예방의학연구소의 생화학 부문 부장을 지냈다. 20년 이상 당 발효라는 복잡한 반응 메커니즘을 연구하여 식물과 동물조직에서 공통으로 일어나는 탄수화물 대사와 관련된 중요한 결론을 얻었다.

:: 한스 카를 아우구스트 지몬 폰 오일러켈핀 Hans Karl August Simon von Euler-Chelpin (1873~1964)

독일 태생 스웨덴의 생화학자. 베를린 대학교의 에밀 피셔에게서 화학을, 막스 플랑크에게서 물리학을 배웠으며, 1895년에 박사학위를 받았다. 1897년에 스톡홀름에서 스반테 아레니우스의 조교로 일했고, 1906년에 왕립 공과대학의 일반화학 및 무기화학 교수가 되었다. 발효에서 인산화 메커니즘의 실마리를 푸는 데 큰 기여를 했으며, 몇 가지 비타민의 화학구조를 밝히기도 했다.

전하, 그리고 신사 숙녀 여러분.

당분이 있는 액체의 발효, 여기에는 어떤 화학보다도 더 오래된 화학 반응이 있습니다. 인간이 이 반응을 이용하기 시작한 시점은 아득한 태고의 안개 속에 잊혀졌으며 역사가 시작되기도 전이었습니다. 순수한 과일 주스가 부유물 찌꺼기를 발생시키고, 마시는 양에 따라 기분이 좋아지게도 하고 취하게도 하는 음료수로 바뀌는 이 기묘하고 자연발생적인 반응 과정은 아주 오래 전부터 관심을 끌었습니다. 또 많은 사람들에게 이 반응은 너무나 경이로워서 신의 조화로밖에 볼 수 없었습니다.

발효의 근본 원리를 밝히려는 과학적인 탐구에 쏟은 기나긴 시간을 고려할 때, 우리 문명화된 시대가 다만 이 발효반응에 경이로워할 수만은 없습니다. 여기서 우리는 가장 복잡하고 어려운 화학 연구 문제를 두고 얼굴을 마주하고 있습니다. 발효되는 물질은 당 성분이며, 이 성분이 어떤 물질의 도움으로 분해되어 탄산과 에틸알코올로 변한다는 사실을 알아낸 것이 불과 한두 세기 전입니다.

그러나 이 물질이 무엇이며 어떻게 작용하는가 하는 의문은 치열한 연구 노력에도 불구하고 풀리지 않고 있다가 오늘날에 와서야 비교적 만족할 만한 해답을 얻을 수 있었습니다. 하지만 해답을 찾는 과정은 몹시 고생스럽고 느렸으며 여러 번으로 나뉘어 이루어졌습니다.

알프레드 노벨 박사의 유언을 실행하면서 스웨덴 왕립과학원은 이미 이전에 이 연구 분야에 관심을 보인 적이 있습니다. 1907년에 에두아르트 부흐너 박사에게 비세포성 발효의 발견 공로로 노벨 화학상을 수여한 것입니다. 당시 일부에서는 그의 연구 결과에 충분한 근거가 부족하다며 이의를 제기하기도 하였습니다. 그러나 시간의 원근법으로 볼 때 부흐너의 발견은 발효화학의 역사에서 새로운 시대의 시작을 열고 이 새로운 시대에서의 연구 방향을 제시한 획기적인 일이었습니다.

부흐너의 발견은 두 유명한 학파의 오래된 논쟁에 종지부를 찍었습니다. 이 두 학파 중 더 오래된 학파로 리비히가 대표적인 인물이며 다른 하나는 파스퇴르가 대표적인 인물입니다. 리비히 학파에 의하면 발효는 순수한 화학반응이며 가용성 효소의 불안정한 성질이 물질에 전달되어 이 물질이 분해되는 반응입니다. 파스퇴르 학파에 의하면 발효는 생리학적 과정이며 '발효균'으로 알려진 미생물의 생명 활동과 분리할 수 없는 연관성이 있다는 것입니다. 부흐너는 이 두 학파 모두가 어느 정도는 옳고 어느 정도는 틀렸으며, 진실은 이 둘 사이에 존재한다는 것을 증명하였습니다.

그러나 이 발견의 가치는 발견 이후의 연구에 기여한 영향력을 통하여 좀 더 명확하게 알려졌습니다. 사실은 최근 30년 동안에 이 연구에 대단한 진전이 있었으며 발효반응의 메커니즘에 대한 넓은 식견을 가지게 되었으므로 스웨덴 왕립과학원은 이제 이 분야에 다시 한 번 노벨상을 부여할 수 있는 시간이 무르익었다고 인식하였습니다. 따라서 과학원은 올해의 노벨 화학상을 아서 하든 교수와 한스 폰 오일러켈핀 교수에게 균등하게 나누어 시상하기로 하였습니다.

부흐너는 일명 '치마아제'라는 특정 효모 또는 효소가 누룩이 혼합된 주스에 존재할 것으로 추측하였습니다.

그러나 하든 교수와 연구원들이 부흐너의 누룩 주스를 젤라틴 필터라는 초미세 필터로 걸러서 통과한 액상과 통과하지 않는 침전층을 분리했을 때 신기한 현상이 일어났습니다. 분리된 두 부분 모두에서 더 이상의 발효반응을 볼 수 없었던 것입니다. 그러나 이 두 부분을 혼합하면 발효반응이 다시 살아났습니다.

하든 교수의 설명에 의하면 분자량이 큰 효소인 치마아제는 필터를 통과하지 못하여 침전층에 남고, 분자량이 작은 상보적인 효소는 필터를 통과합니다. 그는 이 상보적인 효소를 줄여서 보조효소 또는 보조치마아제라고 명명하였습니다.

하든 교수가 행한 연구의 또 다른 중요한 진전은 그동안 간과되었던, 발효 과정에서의 인산의 역할에 대한 증명입니다. 그는 인산염을 일정량 첨가하면 같은 양의 탄산과 에탄올이 발생한다는 사실을 발견하였습니다. 이 현상은 당과 인산이 하나 또는 그 이상의 성분을 구성하는 것으로 일인산당과 이인산당 등이 이에 속합니다.

이와 같은 방법으로 이 분야의 연구 성과가 쌓이게 되면서 이 현상의 중요성이 더욱 분명하게 인식되었습니다. 특히 오일러켈핀 교수와 그의 제자들의 최근 몇 년간의 연구는 인산화 메커니즘의 실마리를 푸는 데 크게 기여하였습니다.

오일러켈핀 교수에 의하면 발효에서 인산의 핵심적인 역할은 효소작용으로 일인산당을 만든다는 것인데 이는 하든 교수와 로빈슨이 발견한 인산화합물과 동일한 것입니다. 이 인산화합물은 이후 보조효소가 존재하면 드물게는 이인산당이 되기도 하지만 활성화된 당으로 변합니다. 이 활성화된 당은 다시 이후의 발효 과정에 필수적인 물질을 만들어 냅니다.

보조효소에 의한 뮤타아제의 역할, 다시 말하면 보조효소와 보조뮤타아제의 정체에 대한 논증은 매우 중요합니다. 왜냐하면 이것은 보조효소가 차지한 발효반응의 중심을 충분히 규명하였기 때문입니다.

오일러켈핀 교수와 그의 제자들은 더 나아가 이 보조효소를 농축하였으며 따라서 이전보다 훨씬 분명하게 이 보조효소의 특성을 밝혔습니다.

그들은 이 물질의 대략적인 분자량을 결정하였는데 약 490이었습니다. 또한 이 물질의 화학적 성질에 대해 어느 정도 명확한 결론을 얻었는데 이로 인하여 화학자들이 펜토스뉴클레오시드라 부르는 물질을 가질 수 있는 가능성이 높아졌습니다. 활성도가 높은 보조효소의 생산은 효소가 특수한 활성인자임을 아주 명석한 방법으로 보여 주었습니다.

마지막으로 당 발효라는 복잡한 반응메커니즘 연구에 특별한 관심이 집중되는 것은 이것이 식물과 동물 조직에서 공통으로 일어나는 탄수화물 대사와 관련된 중요한 결론을 이끌어 낼 수 있기 때문입니다.

주어진 시간이 짧아 극히 단편적인 설명에 그쳤지만, 지금 말씀드린 짧은 요약을 통하여 하든 교수와 오일러켈핀 교수의 연구에 매우 긴밀한 연관성이 있다는 것을 알 수 있을 것입니다. 한편으로 하든 교수가 이룬 근본적인 발견들은 오일러켈핀 교수의 다양한 연구에 출발점이자 전제 조건을 제시하였습니다. 다른 한편으로 오일러켈핀 교수의 연구 결과는 하든 교수가 성취한 발견의 중요성을 충분히 증명하고 있습니다.

따라서 과학원은 노벨재단의 규칙에 따라 두 명의 공적이 있는 과학자에게 상을 나누어 주는 결정을 주저없이 선택하였습니다.

하든 교수님.

스웨덴 왕립과학원은 교수님에게 알코올발효 연구에 기여한 공로로 올해의 노벨상을 수여하기로 결정했을 때, 교수님이 매우 복잡한 이 문제에 관한 연구에 새로운 장을 열었다는 점을 확신하였습니다.

교수님이 곧 받게 되는 특별한 대우에 대해 과학원의 축사를 전달하는 영예를 갖게 되어 매우 기쁘게 생각합니다.

오일러켈핀 교수님.

이번에 노벨상을 왕립과학원 회원에게 수여하게 되었으며, 더욱이 여러 해 동안 교수님의 활기 차고 끈기있고 체계적인 연구를 바로 옆에서 지켜 볼 수 있는 위치에 우리가 있었기에, 스웨덴 왕립과학원은 매우 기쁩니다. 과학원은 교수님이 이번의 특별한 대우에 안주하지 않고 우리의 소망대로 생화학 분야에서 성공적인 연구 성과를 지속적으로 이루어 낼 것이라고 확신합니다.

스웨덴 왕립과학원 노벨 화학위원회 위원장 H. G. 쇠더바움

헤민과 엽록소 구성성분 중 헤민 합성에 기여

1930

한스 피셔 | 독일

:: **한스 피셔** **Hans Fischer (1881~1945)**

독일의 생화학자. 1904년에 마르부르크 대학교에서 박사학위를 받았고, 1908년에 뮌헨 대학교에서 의사면허를 취득하여 뮌헨의 병원과 에밀 피셔의 화학연구소에서 일했다. 1916년에 빈다우스의 뒤를 이어 오스트리아 인스브루크 대학교의 의화학 교수가 되었고, 1921년부터 사망할 때까지 뮌헨 대학교 유기화학과 교수로 재직하며 합성을 통해 가장 단순한 성분에서 혈액색소를 만들어냈다. 포피린, 혈액색소, 잎색소, 및 다른 관련된 물질들을 분석하고 합성했다.

전하, 그리고 신사 숙녀 여러분.

약 140년 전 괴테는 "혈액은 매우 특별한 액체다"라고 주장하였습니다. 혈액을 이 같은 단어로 표현하고 메피스토펠레스에 속한 것으로 생각하면서, 그는 미신이 의미하듯이 초자연적인 기를 가지고 태곳적부터 우리 혈관에 흐르는 생명의 붉은 강을 떠올리며 오랫동안 그것에 부여된 신비로운 힘을 생각했을 것입니다. 그러나 후에 체계적으로 이루어진 과학적 연구는 괴테가 추측할 수 있었던 것보다 훨씬 정확하게 단어를 설명하였습니다. 과학자들은 혈액 연구에서 풀어야 하는 어려운 수수께끼들을 많이 접하게 되고 이 수수께끼의 해답을 얻기 위해 독창력을 쏟아내고 있습니다. 이전에 감추어져 있던 이시스의 베일이 벗겨지는 것을 목격하는 것은 현세대의 특권입니다. 이런 면에서 과학원이 올해 노벨화학상을 수여하기로 한 연구는 매우 성공적이며 아주 중요합니다.

17세기에 해부학자들이 현미경의 도움으로 혈액이 조직이라는 것(해부학적 의미)과 극히 작은 세포, 이른바 혈소구와 액체물질, 즉 혈장으로 구성되어 있는 것을 증명함에 따라 구성물의 성분과 생명 과정에서 그들의 다양한 기능을 밝히는 것은 화학자와 생리학자들의 과업이 되었습니다. 특히 적혈구의 색깔은 후에 헤모글로빈이라 불리는 철을 포함하는 물질 때문이고, 산소와의 강한 친화력은 호흡하는 동안 정맥의 피가 허파에서 겪는 교환을 위해 아주 중요하다는 것이 밝혀졌습니다.

헤모글로빈은 염산에 의해 단백질, 즉 글로빈 그리로 헤민이라고 불리는 염과 같은 복잡한 철화합물을 만드는 붉은 물질로 나눌 수 있습니다. 그러나 헤민의 실험식에 대한 고찰에서조차 오랫동안 불확실성이 만연하였으며 게다가 내부 화학구조에 대한 불확실성은 훨씬 더 컸습니다. 원소분석으로 헤민분자가 많은 수의 탄소원자(데이터 32와 34 사이에서 변함)와 같은 수의 수소원자, 그리고 산소원자 4개, 질소원자 4개, 철원자 1개, 그리고 염소원자 1개를 포함하는 것을 보였습니다. 70개 이상 되는 모든 원자들이 결합된 방식을 결정하는 것, 즉 헤민의 화학성분을 결정하는 것은 모든 화학자가 직면하는 가장 어렵고 복잡한 일 중의 하나였습니다.

헤민분자는 화학과정을 거쳐 포피린porphyrins이라 불리는 철이 없는 물질로 바뀔 수 있고 다른 과정으로 포피린은 피롤유도체, 즉 닫힌 고리 내에 탄소 4개와 질소 1개를 포함하는 화합물로 분해되는 것이 발견되었습니다. 그러므로 혈액색소 구조에 대한 정확한 지식을 향한 길이 피롤과 포피린의 자세한 조사를 포함하리라는 것은 명백합니다.

지금까지의 이야기는 뮌헨의 한스 피셔 교수가 그의 목적지에 도달하기 위해 인내와 결단력을 가지고 여행하였던 길입니다. 그는 헤민과 모든 분해산물의 구성성분을 완전히 정복했을 뿐만 아니라 합성을 통해 가장 단순한 성분으로부터 혈액색소를 만들어 냈는데, 이 과학적 성과는 한 세대 전에는 거의 불가능하다고 생각했던 것입니다. 이 합성은 범위와 그것에 연관된 엄청난 어려움에 때문에 거대한 노동이라 불릴 만한 그의 연구에 영예를 안겨 주었습니다.

더욱이 이 연구들은 혈액색소에만 한정된 것이 아닙니다. 관련된 색소들은 혈액뿐만 아니라 자연에도 존재합니다. 이것들에는 담즙 내에 있는 색소가 포함되는데 빌리루빈의 특성이 현재 가장 잘 밝혀졌습니다. 구성성분 역시 담즙색소와 혈액색소의 연관성을 입증했던 피셔 교수가 밝혔습니다. 그리고 어떤 새들의 날개에 있는 색소는 포피린의 구리염으로 밝혀진 반면에 이른바 오포피린ooporphyrin이라 불리는 많은 야생조류 알에 있는 검은 점을 형성하는 색소는 철이 없는 혈액색소로 밝혀졌습니다. 피셔 교수가 효모 내에 있는 헤민의 존재를 증명한 것을 이 모든 발견들에 더한다 할지라도 녹색식물 색소, 즉 엽록소가 붉은 혈액색소와 밀접한 관계가 있고 포피린으로 생각되는 똑같은 어미물질로부터 파생된다는 그의 발견에 비하면 아무것도 아닙니다. 자연은 엄청난 다양성에도 불구하고 모양과 존재가 이렇게 다른 두 물질을 만들 때 정확하게 똑

같은 건축재료를 사용할 정도로 경제적입니다.

피셔 교수는 헤민합성으로 혈액색소와 그 구성성분들에 관한 연구를 완성한 후에 사그라들지 않는 열정을 엽록소 연구에 돌렸습니다. 한 과학자가 이미 노벨상을 받은 분야지만 해야 할 많은 연구가 남아 있었으며 상황은 몹시 복잡하고 다른 분야보다 어려움은 훨씬 더 컸습니다. 그럼에도 불구하고 피셔 교수는 아주 중요한 연구 결과를 얻어 과학원은 노벨상에 이 업적을 포함시키는 것이 합당하다고 생각했습니다.

지금까지 피셔 교수가 행한 연구의 다양성과 범위에 대하여 간단하게 설명하였습니다. 동시에 그의 연구는 선도적이며 기초적인 아이디어가 연구를 조직적으로 이끌어, 다양성 가운데 한 목표를 향해 매진하는 모습을 보였습니다.

지금 생명에 가장 가까운 두 개의 색소, 즉 헤민과 엽록소에서 살펴본 것 같은 연구들이 주로 진행되고 있습니다. 생명은 거의 색소라고 말할 수 있습니다. 왜냐하면 혈액색소로 인해 동물과 인간의 여러 조직에 산소가 운반되고 엽록소에 의해 식물 내 이산화탄소가 동화작용을 하여 유기생명의 가장 근본적인 두 개의 과정을 구성하기 때문입니다. 그러므로 이 두 개의 생명요소에 대한 자세한 지식은 매우 중요합니다. 더욱이 피셔 교수에 의해 결정된 피롤복합체가 호흡작용의 주된 촉매, 즉 모든 살아 있는 세포에 필수적인 효소(카탈라제) 안에 기본적인 구성요소로서 일부분 포함된다는 것을 기억한다면, 그것에 대한 연구의 본질적인 가치가 지금 수여하는 상의 가치와 완전히 일치하는 것을 발견할 것입니다.

피셔 교수님.

교수님이 지금 막 수상하는 금메달의 표면에는 과학적인 그림, 즉 베일을 벗은 이시스 여신이 보입니다. 저에게는 그 상징이 특히 이번 시상식에 적당한 것 같습니다. 왜냐하면 존경하는 동료인 교수님 스스로 정확하게 같은 방식으로 베일에 싸인 자연의 신비를 풀었기 때문입니다.

포피린, 혈액색소, 잎색소, 그리고 다른 관련된 물질들에 관한 교수님의 분석 연구와 합성 업적은 자연과학의 다양한 부문에 매우 유익한 영향을 끼쳤으며 화학 분야에서 위대한 공적으로 인정되었습니다.

많은 결과들을 성공적으로 정복한 것은 지치지 않는 끈기 있는 힘과 우수한 실험 능력뿐만 아니라 보기 드문 결단력과 과학적 사고의 일관성을 나타내는데 그것은 우리 과학사에서 몇 안 되는 예와 필적하는 것입니다.

교수님의 업적에 진심으로 감사와 축하를 드리며 이제 1930년 노벨 화학상을 전하로부터 수상하시기 바랍니다.

스웨덴 왕립과학원 노벨 화학위원회 위원장 H. G. 쇠더바움

화학적 고압방법의 발명과 개발

1931

카를 보슈 | 독일 **프리드리히 베르기우스** | 독일

:: 카를 보슈 Carl Bosch (1874~1940)

독일의 공업화학자. 1896년부터 1898년까지 라이프치히 대학교에서 화학을 공부하고 바덴아닐린 소다회사에서 연구원으로 일했다. 프리츠 하버의 암모니아 합성 실험을 화학적 고압방법을 통해 산업화하는 데 성공하여 더 낮은 가격으로 질소비료를 공급하는 일을 가능케 했다.

:: 프리드리히 베르기우스 Friedrich Bergius (1884~1949)

독일의 화학자. 중간생성물을 분리하지 않고도 탄진炭塵과 수소를 반응시켜서 직접 가솔린과 윤활유로 전환시키는 데 성공했다. 1931년 이 공정에 필요한 수소화 반응을 개발한 공로로 독일의 카를 보슈와 함께 노벨 화학상을 받았다.

전하, 그리고 신사 숙녀 여러분.

알프레드 노벨 박사의 유언에 따르면 노벨상은 인류에게 가장 큰 공헌을 한 사람에게 수여하도록 되어 있으며, 특히 노벨 화학상은 화학 분야에서 가장 중요한 발견이나 진보를 이룩한 사람에게 수여하도록 명기되어 있습니다. 이 위대한 기증자가 적어 놓은 상의 취지가 너무 간결하여 해석하고 현실화되는 데 다소 어려움이 있지만 수상을 결정하는 데 있어 인류에 대한 기여가 무엇보다도 우선한다는 점에는 추호의 의심도 없고, 앞으로도 있을 수 없습니다.

이는 지금까지 노벨 화학상이 전적으로 과학적 업적에 대해 수여되었다는 사실과 상충하지 않습니다. 왜냐하면 상장 증서에 화학산업의 발전과 관련된 연구의 중요성을 수상자의 공로와 함께 간단하게 표현한다는 사실은 별문제로 하고, 대부분의 경우 그 업적이 공헌하는 바가 이미 증명하듯이 분명하고, 또한 많은 경우 그 위대한 가치를 실용적으로 활용해 왔기 때문입니다.

그러므로 기술의 발전과 실용적인 진보를 직접적인 목적으로 했던 연구 업적이 지금까지 노벨 화학상을 받지 못했다면, 그 이유는 그 기술의 진보가 여러 사람이 협력한 결과이고 그들 중 누가 가장 상을 받을 자격이 있는지 결정하기가 쉽지 않아서입니다.

그러나 금년에 과학원은 특별하고 중요한 기술적 진보를 발견했으며, 그런 면에서 누가 제1공로자로 정해져야 하는지 아주 분명하게 알고 있습니다.

과학원은 올해 노벨 화학상을 화학적 고압법을 창안하고 발전시킨 카를 보슈 교수와 프리드리히 베르기우스 사장에게 균등하게 수여하기로 하였습니다. 저는 이제 이들의 공로의 의미, 즉 인류에 대한 중요성이 명백하게 드러나는 업적을 어렵겠지만 간단히 기술하겠습니다.

탄산수 병을 열면 어떤 현상이 일어나는지 누구나 알고 있습니다. '펑' 하는 소리가 나고 기체인 이산화탄소가 급히 빠져 나옵니다. 이 기체는 또한 전체 액체로부터 거품으로 나타납니다. 탄산수를 만들 때 압력을 가해서 이산화탄소를 물속으로 밀어 넣는데, 압력이 증가하면 더 많은 이산화탄소가 용해되어 물속으로 들어갑니다. 압력이 감소하면 이에 상응하는 양만큼의 이산화탄소가 빠져 나옵니다. 이산화탄소가 물속으로 녹을 때 화학변화가 일어납니다. 기체의 일부는 물과 결합하여 탄산수화물이라고 알려진 화합물을 만드는데, 이것은 낮은 압력에서는 단지 적은 양이 생성되지만 고압에서는 계속 생성됩니다. 물에 더 많이 녹도록 이산화탄소 기체에 압력이 가해지면 외관상으로는 이산화탄소 기체가 사라지기 때문에 부피가 감소합니다.

화학평형의 법칙에 따라 기체가 포함된 화학변화 도중 부피감소가 일어난다면, 그리고 이 변화가 기체의 양 또는 과학적인 용어로 좀 더 정확히 표현해서 기체분자의 수가 화학변화 전보다 후에 더 적어진다는 사실 때문이라면, 그 변화 즉 결과적인 생성물의 수율은 변화가 일어나는 여러 물질의 혼합물에 압력이 가해짐으로써 향상됩니다. 이것은 또한 이 혼합물이 기체물질의 감소로써 외부 압력에 대응한다고 표현할 수 있습니다. 이 법칙은 오랫동안 알려져 왔지만 산업적으로 실현되어 이 과정으로부터 인류가 매우 유용하고 중요한 혜택을 받게 된 것은 단지 최근의 일입니다.

1908년 하버는 이른바 바덴아닐린소다 회사라는 화학 회사에서, 기체상태의 질소와 수소를 직접 결합해서 암모니아를 만들어 인류에게 혜택을 주려는 그 당시 독일의 가장 큰 관심사를 접하게 되었습니다. 이때 그는 강력한 접촉물질 또는 촉매로서의 역할을 하는 오스뮴과 우라늄이라는 두 가지 물질을 발견하는 데 성공합니다. 즉 이들이 없었다면 명백하게 일어나지 않았을 변화를 압력의 도움으로 암모니아 생산수단으로 생각할 수 있는 정도까지 화학반응을 가속화시킬 수 있었습니다. 이렇게 생산된 암모니아를 황산에 흡수시켜 훌륭한 질소비료인 황산암모늄을 공기 중의 질소로부터 무한정 생산할 수 있다고 지적했습니다. 이 경우 사실 압력이 화학변화를 엄청난 정도로 가속시키는데 왜냐하면 질소와 수소 기체 혼합물의 부피가 반으로 압축되어 암모니아가 만들어지기 때문입니다. 이러한 과정을 거쳐서 하버는 공기 중의 질소를 이용하는 새로운 방법을 알아냈고 이로 인해 그는 1918년 노벨 화학상을 받았습니다.

그럼에도 불구하고 구성원소인 질소와 수소를 결합해서 암모니아를 생산하는, 암모니아 합성의 과학적 기초를 제공하는 것과 이것을 산업적·경제적인 면에서 성공적인 스케일로 현실화하는 것 사이에는 여전히 엄청난 괴리가 있습니다. 이 임무는 BASF 회사가 카를 보슈 박사에게 위탁했습니다. 실질적인 조건에서 만족할 만한 전환속도와 전환율을 얻기 위해서는 약 200기압의 압력과 섭씨 500도의 온도가 필요하다는 것이 곧 확실해졌습니다. 그러나 이러한 조건에서 이 화학반응을 수행하는 실험 초기에 보슈 교수는 극복하기 어려운 문제에 직면했습니다. 이미 언급한 압력과 온도에서 상당 시간 관련 기체혼합물에 견딜 만한 물질을 찾을 수 없다는 사실이었습니다. 예를 들면 강철은 수소와 반응하기 때문에 압력에 견디지 못합니다.

그때 보슈 박사는 이 문제를 해결하는 기발한 구상을 했습니다. 변화가 일어나는 용기를 이중벽으로 만들어서 내부 실린더 튜브를 다른 외부 튜브로 둘러싸서 두 튜브 사이에 공간을 두는 것입니다. 반응은 200기압, 섭씨 500도의 내부 튜브에서 일어나고 이 온도는 반응 중 발생하는 열에 의해 유지됩니다. 차갑고 압축된 수소와 질소의 혼합기체는 두 튜브 사이의 공간으로 주입되어 이 공간은 상대적으로 차갑게 유지되는 반면에 압력은 내부 튜브만큼 높습니다. 이러한 방식으로 내부 튜브를 구성하는 물질은 압력이라는 스트레스에 노출되는 일이 없이 고온에만 견디면 됩니다. 반면에 외부 튜브는 상대적으로 낮은 온도에서 압력이라는 스트레스에만 견디면 됩니다.

정말 발명가다운 기발한 구상을 실현하기 위해서 이제 두 가지 목적을 만족시킬 물질을 찾는 것이 필요했습니다. 외부 튜브는 일반 탄소강이 보통 온도에서 200기압까지 견디기 때문에 아무런 문제가 없었습니다. 내부 튜브 물질에 관한 신중하고 체계적인 조사결과 적은 함량의 크롬을 포함하는 저탄소크롬강인 인터 알리아inter alia가 조건을 충족시킨다는 것을 알아냈습니다.

이러한 기술로 전쟁 직전 최초의 고압법을 화학산업에 적용할 수 있었습니다. 자연스럽게 화학변화의 경제성을 조사하기 위해서, 값싼 수소기체의 생산과 접촉물질에 관한 다른 연구가 필요했습니다. 하버가 발견한 방법은 실질적인 운전에는 적합하지 않았습니다. 그러나 이와 관련된 연구는 이 상賞의 목적이 아니고 이 부분을 더 자세히 다루는 것은 본 연설의 범주를 넘어서는 것입니다.

반면에 이 최초 고압법의 엄청난 중요성은 기억할 만한 가치가 있습니다. 암모니아 합성은 공기 중의 질소를 비료, 즉 질산칼슘 또는 칼슘사이안아마이드로 전환하는 전통적인 방법보다 더 일반적으로 적용이 가능할 뿐만 아니라 거의 모든 나라에서 경제적으로 더 이득이 있다는 것이 밝혀졌습니다. 현재 이 방법은 14개 나라에 소개되었습니다. 칠레초석(질산나트륨, 지금까지 가장 중요한 질소함유 비료)이 멀지 않은 미래에 고갈될 것이라는 인류에 대한 위협이 제거되었습니다. 그뿐만이 아닙니다.

공기 중의 질소로부터 질소비료가 얻어지고, 칼슘사이안아마이드 형태로 자연에 의해 소비 직전 상태로 만들어진 칠레초석과 같은 가격에 팔릴 수 있다는 사실이 과거에는 엄청난 성공이라고 여겼던 반면에, 암모니아 또는 황산암모늄의 제조는 최근에 약간은 의도적으로 부풀려진 칠레초석의 값을 실질적으로 감소시키는 결과를 가져왔습니다.

이렇게 최초의 고압법이 무한한 성공 가능성과 함께 산업에 도입되었으며, 독일의 거대한 화학산업회사인 I. G.파르벤(줄여서 I.G.라고 알려져 있는)의 기술 디렉터였던 보슈 교수는 다른 고압법을 산업에 도입했습니다. 이것은 탄소 라피네이션이라 부르는 분야에 도입되었고 주로 수소와 일산화탄소의 유기화합물을 얻는 데 사용되었습니다. 권위 있는 제안자의 말에 따르면 가장 큰 성공은 언급한 물질로부터 순수하지 않은 상태라서 불명예스러운 명칭인 목초 알코올이라 알려진 메틸알코올 또는 메탄올을 합성하는 것입니다. 메탄올은 살균제 포르말린 제조의 출발물질로 사용되며, 최근에 이 중요한 물질의 생산이 이 고압방법으로 독일뿐만 아니라 미국에서도 가장 큰 규모로 이루어졌고 이어서 생산물 가격의 하락을 가져왔습니다. 상당히 많은 다른 중요한 유기화합물들이 또한 압력과 온도, 접촉물질을 달리해서 수소와 일산화탄소로부터 얻어질 수 있습니다. 따라서 고압 방법으로 그러한 물질들을 제조하는 일이 산업적으로 더 이용될 것이라고 추정하는 것이 합당해 보입니다.

보슈 교수가 최초의 산업적인 화학 고압법 연구를 시작하고 한두 해가 지나서, BASF의 프리드리히 베르기우스 박사 또한 고압법 사용의 계기가 되는 연구와 일을 독립적으로 시작했습니다.

이 일의 목적은 한 가지 문제를 해결하는 것인데 질소 문제와 비교할 만큼 중요합니다. 그것은 석탄으로 알려져 있는 갈탄과 같은 고체 탄으로부터 오일과 액체연료를 제조하는 것입니다. 언급한 물질은 다양한 비율의 수소와 탄소로 이루어져 있어 탄화수소라 불리며 석유와 다른 액체연료로 작동되는 자동차, 선박과 함께 현대 생활에 필수적인 것입니다. 석유의 매장량이 한정적이기 때문에 이러한 오일 생산물이 적절한 가격에 다른 원재료로부터 인위적으로 만드는 방법이 개발되지 않으면, 우리는 조만간 오일의 사용을 제한하거나 모두 그 사용을 중단해야 할지도 모릅니다.

지구 전체로 볼 때 특히 우수한 원재료는 석탄입니다. 그러나 석탄은 결코 순수한 탄소가 아니라 수소와 산소도 포함하고 있습니다. 여러 형태의 석탄이 증류기 또는 일반적으로 공기가 차단된 밀폐 용기 안에서 가열될 때, 즉 건조증류하면 코크스가 남고 반면에 수소는 방출되는데 이 중 일부는 휘발성 탄화수소와 기타 화합물로, 또 일부는 자유로운 상태로 또는 가치없는 물로 방출됩니다. 이렇게 얻어지는 가스, 즉 등불용 가스 또는 요리용 가스는 별문제로 하고, 비록 상대적으로 적은 양이지만 탄화수소를 포함하는 오일과 타르를 얻습니다. 석탄의 가장 많은 부분이 코크스로 남으며 탄소와 수소의 상당한 부분이 기체 형태로 방출됩니다.

그러므로 단순 탄소증류를 파괴적이라고 표현한다면 인정할 수밖에 없습니다. 왜냐하면 단순 탄소증류는 수백 년 동안 행해져 왔는데 그 목적이 오일 제조라면 수소의 상당 부분이 탄소와 결합되지 않고 방출되기 때문이며, 비록 전자가 여전히 기체연료로서의 가치를 가진다 해도 수소의 일부를 물의 형태로 직접 잃어버리기 때문입니다.

이 과정은 기본 구상을 베르기우스 박사가 했다는 이유로 베르기니제이션이라고도 알려져 있는데 다음과 같습니다. 석탄의 단순증류는 이른바 다양한 종류의 격렬함, 즉 높거나 낮은 온도에서 행해질 수 있습니다. 첫 번째 경우에 오일의 수율이 더 나쁘고 두 번째 경우가 더 좋습니다. 처음에 베르기우스 박사는 증류를 온화하게 수행해서 가장 많은 양의 오일을 얻었습니다. 그러나 이 일은 다른 사람들도 수행하였습니다. 더군다나 베르기우스 박사는, 이것은 그의 발명에서 본질적인 특징인데, 증류가 일어나는 동안 동시에 수소를 고압으로 밀어 넣어서 더 많은 수소가 석탄과 화학적으로 결합하여 석탄의 전통적인 증류로 얻을 수 있는 것보다 석탄에 있는 상당히 더 많은 양의 탄소가 오일로 전환되기를 원했습니다. 달리 표현하면 석탄에 있는 귀중한 고체 탄화수소를 과도한 열이나 부분 연소에 의해 단순히 파괴하지 않고 보존하며, 압력을 가해 수소를 넣어줌으로써 액체오일로 전환한다는 것이 기본 구상입니다. 그러므로 베르기우스 박사 역시 고압법이 적용되어야 한다는 것을 깨닫고 고압반응기술을 상당한 정도까지 독립적으로 개발하였습니다.

그러나 만족할 만한 결과를 얻기 위해서는 중요한 또 다른 조건이 있었습니다. 석탄의 파괴적인 단순증류에는 열이 발생합니다. 더욱이 이미 언급했듯이 오일의 수율은 고온에서 더 나쁩니다. 반면에 석탄이 수소가스와 고압에서 가열될 때 원치 않는 국소 과열현상이 일어나서 코크스와 가스가 늘어나고 오일은 적게 만들어집니다. 열을 더 고르게 분포시키고 온도를 정확하게 조절하기 위해서 베르기우스 박사는 가루로 만든 석탄을 오일과 섞고 이것을 고압의 수소로 처리하는 구상을 했습니다. 이렇게 하면 발생하는 열이 만족스럽게 분산되고 국소과열을 피할 수 있습니다. 그는 또한 이와 같은 방법을 사용하여 매우 중요한 장점을 알아냈습니다. 처리되어야 할 석탄이 반응용기 속으로 오일과 함께 펌프질되어 연속적인 반응을 하는 것입니다. 이 두 가지 특징은 중요한 발명입니다.

공장에서의 생산을 위해서는 100 내지 200기압의 압력과 정확히 조절된 온도(보통 섭씨 400 내지 500도)가 적용됩니다.

석탄의 조성에 따라서 이러한 방식으로 원재료에 들어 있는 탄소의 50 내지 70퍼센트를 오일 형태로 뽑아낼 수 있으며, 벤진benzine이 그중 3분의 1을, 나머지는 카복실산과 다른 페놀들과 함께 디젤오일, 연료오일, 그리고 아스팔트로 구성되어 있습니다.

처음에 베르기우스 박사는 촉매를 사용하지 않았습니다만 I. G. 즉 '거대 산업체Industrial Giant' 와 협력 협정을 체결한 이래로 촉매를 사용해 왔습니다. I. G.는 그들의 축적된 경험을 고압기술과 접촉물질 분야에 활용할 수 있었는데, 이러한 I. G.와의 협력은 베르기우스 방법으로 석탄의 액화가 진행되는 중요한 개발을 확실하게 발전시켰습니다. 1926년 색소니에 있는 머스버그 근처에 설립된 거대한 로이나 공장에서 1930년도에 갈탄으로부터 25만 톤 정도의 적지 않은 벤진이 생산되었고 갈탄의 탄소 함량 중에서 80퍼센트 정도가 오일로 전환되었습니다. 독일에서는 오일을 증류한 찌꺼기와 타르 오일을 처리하기 위하여 큰 공장이 세워졌습니다. 미국에 있는 오일 기업연합과 협력하기 위한 절차가 진행되고, 미국에서 고압법은 상당한 정도로 적용되었으며, 특히 비휘발성 탄화수소 또는 원유를 훨씬 더 가치 있는 벤진으로 전환하는 데 적용되었습니다. 고압의 수소처리 반응을 석유산업의 여러 문제에 적용하는 것이 쉽다는 점은 분명히 가장 중요합니다. 스웨덴의 경우에는 고압으로 목재에서 오일을 얻을 수 있다는 사실이 특히 중요합니다.

다시 말해서 인류에게 가장 중요한 두 가지 문제가 화학적 고압법으로 하나는 최근에, 다른 하나는 좀 더 먼저 해결되었습니다. 굉장한 난관과 장애물로 밝혀진 큰 위험이 초기에 극복되었고, 이 방법은 이제 위험하지 않고 안정적으로 작동합니다. 이것이 바로 최근에 언급한 것 이외의 다른 물질들을 제조하는 데도 고압법이 사용되는 이유입니다. 그러나 이러한 면을 더 이상 길게 논할 필요는 없을 것 같습니다. 어떠한 경우에도 화학적 고압법의 도입이 화학기술에서 신기원을 이루는 진보를 대표한다는 것과, 최근에 같은 분야의 다른 어떤 발전도 이에 필적할 수 없기 때문입니다. 따라서 노벨상 수상은 지극히 합당합니다.

보슈 교수님.

왕립과학원은 화학적 고압법을 창안하고 발전시킨 일과 관련된 화학적 기여에 대해 금년의 노벨상을 수여하며, 이 상을 과학원의 관점에서 다른 어느 누구보다도 뛰어나게 인류에 공헌한 두 분께 나누어 주기로 결정했습니다.

보슈 교수님.

교수님은 이 강력한 도구로 원소로부터 암모니아를 생산하는 화학 산업을 풍성하게 한 첫 번째 인물입니다. 이 합성의 과학적 근거를 제시하는 것과 그의 산업적 이용 사이에는 거대한 틈이 있는데, 특히 고압장비의 눈부신 발명과 건설로써 그 틈에 다리를 놓았습니다. 이렇게 하여 교수님은 지금보다 낮은 가격으로 농사에 필요한 형태로 질소를 무한정 생산하여 인류가 이용할 수 있게 했습니다. 게다가 교수님은 중요한 다른 물질들을 생산하기 위한 고압법을 개발했습니다. 이 점에 대해 과학원은 교수님에게 감사하고 축하드리며, 이제 국왕전하로부터 영광의 상을 받으시기 바랍니다.

베르기우스 박사님.

박사님은 인류의 질소 문제의 해결에 견줄 만한 중요한 난제를 해결했습니다. 박사님은 수소를 고압으로 주입함으로써 석탄과 갈탄, 그리고 다른 탄소 함유 물질들이 배와 자동차를 작동시켜 현대 생활에 필수불가결한 액체연료로 어떻게 전환되는지를 보여 준 것입니다. 그리하여 박사님은 조만간 틀림없이 일어날 사건인 석유의 고갈이라는 위험을 제거했습니다. 박사님은 아주 독립적으로 고압법을 개발했으며, 박사님의 연구업적에 기초해서 이미 막강한 산업이 형성되었습니다.

영광스럽게도 박사님의 공헌에 대해 과학원의 감사를 전하며, 박사님의 영광스러운 수상을 축하드립니다.

스웨덴 왕립과학원 노벨 화학위원회 위원 W. 팔메

표면화학에 대한 발견과 연구

어빙 랭뮤어 | 미국

1932

:: **어빙 랭뮤어 Irving Langmuir (1881~1957)**

미국의 물리화학자. 컬럼비아 대학교에서 금속공학을 공부하였고, 괴팅겐 대학교의 발터 네른스트의 지도 아래 물리화학을 공부하였다. 1906년에 박사학위를 받은 후 미국으로 돌아와 1909년까지 스티븐스 기술연구소에서 화학 관련 강의를 하였고, 1909부터 1950년까지 제너럴일렉트릭 사의 연구원으로 재직하였다. 기체 안에서의 방전현상, 전자방출과 텅스텐의 고온 표면화학에 관한 연구로 필라멘트 전구의 수명을 늘리는 데 기여하였다. 또한 독자적으로 원자구조와 화학결합 형성에 관한 이론을 발표하였고, "공유원자가"라는 용어를 만들었다.

전하, 그리고 신사 숙녀 여러분.

표면이라는 말은 항상 좋지 못한 의미를 가진 것으로 알려져 있는데, 특히 과학 분야나 과학 연구자들에게 그렇습니다. 이와 같은 상황에서 왕립과학원이 표면화학에 관한 업적을 올해 노벨 화학상으로 선택한 것은 놀랄 만한 일입니다. 그러나 다른 경우처럼 단어의 뜻이 생각을 뛰어넘는 큰 의미를 갖게 할 필요는 없습니다. 만약 어떤 사람이 이 단어로부터 자유로워져서 문제를 자세히 들여다본다면 매우 미세한 입자들에 대한 우리들의 지식을 넓히는 데 표면화학이 크게 공헌한 사실을 발견할 것입니다.

물리화학에서의 특별한 학문 명칭인 표면화학은 상당히 새로운 개념입니다. 그럼에도 불구하고 관련 현상은 옛날부터 잘 알려진 것입니다.

이 현상 중의 하나가 흡착입니다. 표면 위에 기체들을 붙잡고 있거나 혹은 응축시키는 고체의 힘은 오랫동안 알려져 왔으며 여러 종류의 실용적인 목적으로 사용되었습니다. 그러나 이 흡착이 어떻게 일어나는지는 잘 알지 못했습니다. 그리고 어떤 힘이 거기에 작용하는지에 대하여 의견이 분분했습니다. 일반적인 개념은 흡착이 일어나는 고체에 가장 가까운 기체, 즉 고체와 기체 상태 사이의 경계면에 있는 기체는 어느 정도 응축된 상태이며 이 밀도는 고체표면에서 떨어지는 것에 비례하여 감소한다는 것입니다. 이것은 지구대기의 밀도가 지각으로부터 멀어지는 것에 비례하여 위쪽으로 갈수록 감소하는 것과 같은 현상입니다. 올해 노벨 화학상 수상자가 완전히 모순되는 이론을 제시하였는데 첫눈에 보기에도 매우 대담한 이론입니다.

랭뮤어 교수의 이론에 따르면 흡착된 기체층은 이상적인 경계선인 경우에 한 평면 위에 퍼져 있는 기체분자의 지극히 얇은 필름으로 한정되는데, 그 필름의 두께는 1분자, 즉 단분자의 두께입니다. 기체입자를 유지하는 힘은 표면원자들의 화학적인 힘에서 나오는데 경계면에 있는 원자들이 부분적으로 불포화되어 있어 바깥쪽으로 향하는, 이른바 여분의 원자가에 의해 기체상의 물체에 있는 같은 수의 원자와 결합하는 힘을 갖게 됩니다. 결정의 경우처럼 이 여분의 원자가는 고정된 위치와 거리에서 일정한 효과가 있기 때문에 흡착된 기체입자 또한 서로 일정한 거리와 일정한 위치에 놓일 것입니다. 이를 쉽게 이해하려면 흡착이 일어나는 고체표면을 각각의 사각에 1개의 기체입자가 채워지는 체스판으로 생각하면 쉽게 구체화시킬 수 있습니다. 그래서 모든 사각면이 채워지면 흡착이 끝나게 됩니다. 그럼 다음과 같이 물을지도 모릅니다. 그와 같은 가정에 대한 실제적인 기초가 있습니까? 혹은 직접적인 관찰을 대신할 수 있는 어떤 증거를 제시할 수 있습니까? 이와 같은 질문에 대한 답으로 올해 노벨상이 수여되는 업적에 대하여 과학원이 받은 보고서에서 그 예를 빌릴까 합니다.

수소기체가 전구 내의 매우 낮은 압력에서 뜨거운 금속 필라멘트의 영향에 노출되어 있다고 가정해 봅시다. 수소분자가 깨져서 원자들로 나뉘고 전구가 액체공기로 잘 식혀지면 전구벽의 유리 표면에 강하게 흡착됩니다. 결국 최대한의 수소가 유리 표면에 흡착되는 것을 발견할 수 있습니다. 그것의 일정 부분을 1제곱센티미터라고 정하고 수소원자의 크기는 이미 알려져 있으므로 이 표면에 공간을 찾아 들어가는 원자의 수를 계산할 수 있습니다. 계산된 수소기체의 양은 이전에 발견된 것과 상당히 일치하였습니다. 그래서 수소기체층은 대략적으로 원자의 층 두께입니다.

표면 특성을 잘 알고 있는 금을 아주 높은 진공에서 보통의 대기압으로 바꾸면서 공기를 흡착시키는 또 다른 실험을 하였습니다. 아주 정확한 마이크로 저울의 도움으로 금에 붙어 있는 공기의 양을 직접 측정할 수 있었는데 그것은 단지 1분자 두께의 산소와 질소 분자 층에 해당하였습니다.

전자충돌과 전자간섭의 측정에 기초를 둔 새로운 측정방법은 수소가 니켈결정의 표면에 흡착되었을 때 수소원자 간 거리가 니켈원자 간 거리의 2배가 되는 규칙적인 패턴을 형성하는 것을 보였습니다. 그래서 흡착된 입자가 제한된 위치에 놓여 흡착표면을 체스판으로 비유한 개념을 확인하였습니다.

그러나 올해 상을 받는 업적은 단지 기체와 고체 사이 경계면에서 일어나는 흡착에 관한 연구를 포함할 뿐만 아니라 기체와 액체 사이 경계면에 있는 얇은 막에 대한 연구와 액체표면 위의 흡착에 관한 연구도 포함하고 있습니다. 잘 알려진 기름막 퍼짐현상은 이 연구의 출발점이며 그와 같은 막이 표면을 줄이려는 것을 측면압력으로 측정하였습니다.

그중에서도 기체 안에 있는 분자처럼 분자들이 서로 자유롭게 움직이는 막이 있는데, 일반 기체에서는 분자들이 삼차원으로 움직이지만 여기서는 이차원으로 움직이는 것이 차이입니다. 이 발견으로 화학 연구를 위한 새롭고 중요한 장이 열렸습니다. 이차원 세계에 있는 물체의 조건에 관한 연구의 길을 열었고, 분자구조뿐만 아니라 분자들 사이와 분자들 내에 작용하는 힘에 관해 가치 있는 정보를 제공한 것입니다.

노벨 재단의 규칙에서 우리는 다음과 같은 내용을 읽게 됩니다. "만약 경험의 증명이나 전문가의 조사가 의지라는 말로 명백히 표현되는 탁월한 우수성을 입증하지 않으면 어떠한 업적도 상을 받을 수 없다."

이 관점에서 지금 상을 받는 업적에 어떤 불확실성이 있다면, 이 불확실성은 지난 몇 년 동안의 연구에 비추어 볼 때 점점 사라져가고 있습니다. 연구가 완전히 새롭게 진행되었고 그 상당 부분이 가치있다는 견해가 점점 증가하고 있습니다.

생리학적인 반응이 아니라 생물학적이며 기술적으로 가장 중요한 많은 화학반응이 엄밀하게 표면반응이고, 결국 기본 표면과정의 특성에 대한 근본적인 지식이 없었다면 완전히 이해되거나 정복될 수 없었다는 것을 생각해 보면 그 가치는 더욱 명확해집니다.

현재 수많은 과학자들이 이 연구를 진행하고 있으며 성공적인 결과물을 보이고 있습니다. 그러나 큰 영예는 이미 개간된 땅에서 열심히 일하는 재배자보다 새롭게 시작했던 첫 번째 일꾼, 즉 선구자에게 돌아갑니다.

이 같은 견해에 영향을 받아 왕립과학원은 올해 노벨 화학상을 '표면화학 분야에 대한 뛰어난 발견과 연구'로 스케넥터디의 어빙 랭뮤어 박사에게 수여하기로 결정하였습니다.

스웨덴 왕립과학원이 표면화학 분야에서 발견한 매우 중요한 연구로 올해 노벨 화학상을 교수님께 수여하는 것에 대해 과학계의 견해가 일치하리라 확신합니다.

과학원의 뜻깊은 축하를 전해 드리며 이제 전하로부터 노벨상을 받으시기 바랍니다.

스웨덴 왕립과학원 노벨 화학위원회 위원장 H. G. 쇠더바움

중수소의 발견

1934

헤럴드 유리 | 미국

:: 해럴드 클레이턴 유리 Harold Clayton Urey (1893~1981)

미국의 화학자. 1921년에 캘리포니아 대학교 루이스 교수의 지도 아래 공부하여 1923년에 박사학위를 취득하였다. 이후 코펜하겐에서 닐스 보어의 이론물리학 연구소에서 원자구조 이론에 관한 연구에 참여하였고, 미국으로 돌아와 존스홉킨스 대학교와 컬럼비아 대학교에서 강의하였으며, 원자핵연구소 화학 교수와 시카고 대학교 라이어슨좌 교수, 샌디에이고 캘리포니아 대학교의 석좌교수 및 명예교수로 재직하였다. 빛의 방출에 관한 연구를 바탕으로 중수소의 존재를 밝히고, 제2차 세계대전 중에는 미국 원자에너지 계획인 맨해튼 계획을 이끌어 핵분열 동위원소에 관한 기초 정보를 제공하였다.

전하, 그리고 신사 숙녀 여러분.

얼마 전 한 축제에서 저명한 정치가가 연설을 하였는데, 그는 오늘날 기술분야에서 발명 활동을 확인하고 신중하게 실현하는 것이 실제적으로 꼭 필요하다고 언급하였습니다. 이 놀라운 발언은 기술의 창의성과 기능을 계속 자유롭게 사용할수록 더욱 증가할 실업률의 위험을 우려한 것입니다.

스웨덴 왕립과학원이 올해 노벨 화학상을 수여하기로 결정한 연구자의 발견을 숙고할 때 화학자들도 비슷한 생각이 들 수 있습니다. 새로운 발견은 사고의 맥락에서 심각한 무질서를 만들어 내는데, 그런 후에야 우리의 생각은 냉정하게 하는 데 익숙해집니다. 비슷한 종류의 예가 화학을 비롯한 다른 과학에서 모두 일어나지만 발견에 의해 제공되는 새로운 견해에 익숙해지자마자 사람들은 흡족해 하면서 앞으로 나아가는 큰 진보를 이룬 과정으로 깨닫게 됩니다.

먼저 동위원소의 의미를 설명하는 것이 이 자리에 선 저의 역할입니다. 예를 들면 오랫동안 구리금속은 원자량 63.6을 가지는 단순한 원소로 간주하였는데, 이것은 원자량을 위해 임의로 채택한 기본단위보다 구리 원자가 63.6배 더 무겁다는 것을 의미합니다. 이전에는 그랬지만 앞에서 언급한 기본단위는 더 이상 수소원자의 정확한 질량이 아닙니다. 실제로는 더 작지만 현재 우리의 목적을 위해서 수소원자량을 기본단위로 하고 있다는 것을 무시하겠습니다.

이전의 노벨 화학상 수상자인 영국의 두 연구자 소디와 애스턴은 1910년부터 계속해 온 연구 결과 완전히 균일한 어떤 원소들이 사실은 원자량이 서로 다른 2개 이상의 물질이지만 화학적으로 동일하다고 할 수 있는 혼합물이라는 매우 놀라운 사실을 발견하였습니다. 애스턴은 질량분광기라는 장치를 설계하여 전기력과 자기력의 도움으로 확실하게 동위원소의 존재를 증명하고 그들의 상대적인 원자량을 결정하였습니다. 그래서 구리가 원자량 63과 65를 가진 두 동위원소의 혼합이라는 것을 입증하였습니다. 이런 혼합은 꼭 맞는 비율로 계산하면 중간 원자량인 63.6을 가질 수 있습니다. 다른 예로 동위원소의 수가 더 많은 경우가 있는데, 예를 들면 주석의 경우는 7개 이상이었습니다.

그러나 애스턴은 이 동위원소들의 원자량이 거의 정수이고 여러 동위원소들 사이에 화학적으로 차이가 없다는 것을 밝혔습니다. 이것은 어떻게 동위원소들의 혼합이 균일한 화학원소처럼 여겨질 수 있는지를 설명합니다.

현대의 원자이론에 따른 원소들의 화학적 특성은 원자 질량의 크기에 직접 의존하는 것이 아니라 항상 정수인 양성의 단위전하 수(원자핵)에 의존하는데 이것은 태양 주위를 도는 행성처럼 전자라고 하는 자유 음성 전기와 동등한 숫자입니다.

동위원소들이 동일한 화학적 특성을 가진다는 것을 알게 되고 동위원소들의 원자량이 모두 정수에 가깝다는 것이 입증된 후에 화학자들은 냉정하게 그들의 발견을 받아들였습니다. 이것은 100년 전에 발표하였던 모든 원소들의 원자량은 수소원자량의 곱이며, 결국 정수배라는 프라우트의 매우 흥미로운 가설에 증거를 제공하였습니다.

약 3년 전에 해럴드 유리 교수는 모든 원소 중 가장 단순한 수소의 동위원소 발견에 도전하였습니다. 그 연구를 시작했을 때 유리 교수는 뉴욕 컬럼비아 대학교의 화학과 조교수로 발령이 났고 지난 봄에는 정교수로 승진했습니다.

수소원자량은 대략 1이고 동위원소들의 원자량은 정수에 의해 차이가 나기 때문에 일반적인 수소에 가장 가까운 수소동위원소는 지금까지 알려진 수소의 2배(100퍼센트 이상)가 되는 거의 2에 가까운 원자량을 가져야 합니다. 지금까지 알려진 동위원소의 원자량 중에 꽤 큰 원자량을 가진 원소들의 경우 단지 몇 개의 기본단위만 다르므로, 그들의 상대적인 원자량의 차이는 결국 큰 원자량을 갖는 원소의 동위원소의 몇 퍼센트에 불과합니다. 그러므로 그와 같은 원소의 동위원소들이 화학적인 관점에서 왜 차이가 없는지를 설명할 수 있습니다. 그러나 이전에 알려진 수소보다 100퍼센트나 큰 원자량을 가진 수소 동위원소에 대해서는 어떻게 적용할 수 있겠습니까? 이것은 그 자체로 흥미로운 문제였고, 나중에 자세히 이야기하겠지만 화학적 관점에서도 두 수소 동위원소 사이에 현저한 차이가 있음을 인정하는 것이 해답이었습니다. 위에서 언급했듯이 일반 동위원소들에 대한 예상을 가지고 이 문제를 생각하면 화학자들은 혼란에 빠지고 냉정을 잃게 됩니다.

유리 교수가 이 문제를 전인미답의 경지에서 처음 시도한 것은 아닙니다. 왜냐하면 수소 동위원소의 존재를 의미하는 가설이 있었고 결정적인 결과를 이끌지는 못했지만 그것을 증명한 수많은 실험이 있었기 때문입니다. 유리 교수는 인간이 이성적인 방식으로 문제에 접근하고 마침내 해결하는 것을 증명해 보였습니다.

현대 이론의 도움으로 그는 질량 2의 중수소가 질량 1의 경수소보다 휘발성이 덜하며 그 결과 액체수소를 증류하여 두 동위원소를 어느 정도 분리하는 것이 가능한지를 계산할 수 있었습니다. 그러나 수소의 끓는점이 대략 -250도이기 때문에 수소를 액체로 만들려면 매우 강력한 냉각기를 확보해야 합니다. 유리 교수는 액체수소 제조를 위한 아무런 장치도 없었으므로 결국 워싱턴 표준국에 있는 그의 친구인 브릭웨드 박사에게 의뢰하였습니다. 설비가 매우 잘 갖추어진 브릭웨드 박사의 연구소에서 농축된 형태의 동위원소를 얻기 위해 액체수소를 증류하였습니다. 또한 유리 교수는 조수인 머피 박사의 도움으로 그가 고대하고 있는 수소 동위원소의 스펙트럼이 어떤 모양일지에 관해 계산했습니다. 그가 기대했던 시료를 얻자 분광학적 방법으로 조사를 하였고, 결국 새로운 동위원소의 존재를 입증하였는데 일반적인 수소에 비해 약 5000분의 1의 비율로 존재합니다. 이 결과가 1932년 1월에 발표되었습니다.

이 결과는 그 자체로 매우 흥미있는 것이었습니다. 특히 흥미로운 것은 화학적인 관점에서 두 동위원소 사이에 명백한 차이점이 드러났다는 사실입니다. 이미 언급했듯이 그와 같은 종류의 차이를 이전에는 입증할 수 없었습니다. 그러나 유리 교수는 성공을 하였으며 무엇보다 먼저 단순하고 명백한 화합물의 전형적인 예로써 늘 간주되었던 물에 대한 우리들의 개념을 변화시켰습니다.

물의 가장 작은 입자, 즉 분자는 원자량이 1인 두개의 수소원자와 원자량이 16인 한 개의 산소원자로 구성되어 있습니다. 수소원자량을 기본 단위로 해서 총 분자량이 18이기 때문에 물은 2/18 혹은 1/9, 약 11퍼센트의 수소와 나머지는 산소로 구성되어야 합니다. 그러나 두 수소원자가 두 배 무거운 동위원소로 대치되면 물은 수소질량 4와 산소질량 16으로 구성되어 결국 20퍼센트의 수소를 포함할 것입니다. 그러므로 물의 각 입자는 20 대 18의 비율로 더 무거워야 합니다.

물에는 두 종류의 수소가 존재하기 때문에 물로부터 직접 수소 동위원소를 얻을 수 있습니다. 물로부터 중수를 분리하는 최상의 방법은 물을 전기분해하는 것인데, 예를 들면 가성소다를 첨가하여 전도성을 띠게 한 물에 전류를 흘려 보내는 것입니다. 그러면 수소기체가 음극에서 모아지는데 방출된 수소기체에 더 많은 양의 경수소가 포함되고 물 자체에는 결국 중수소가 더 풍부하게 되는 것을 발견하였습니다. 이 방법의 원래 아이디어는 1934년 2월 6일에 타계한 워싱턴 표준국의 워시번에 의한 것이고, 비록 유리 교수가 시료의 분광학적 시험을 돕기는 했지만 방법을 더 발전시킨 것도 워시번이었습니다. 자연적인 물에 중수와 일반 물분자의 비율은 대략 1 대 5,000입니다.

캘리포니아 버클리 대학교에서 루이스와 그의 동료들이 처음으로 순수한 형태로 중수를 얻었습니다.(1933년 7월) 우리가 알고 있듯이 물 1리터는 1000그램이고 중수 1리터는 약 1100그램인데, 100그램은 대략 분자량의 증가에 해당합니다. 중수의 어는점은 0도(일반 물)가 아니라 +3.8도이고 끓는점은 일반 물보다 1.4도 더 높습니다. 중수는 일반 물보다 점성이 높고 염의 용해도는 더 낮습니다. 그리고 암모니아, 염산, 아세트산, 당, 알부민 등을 구성하는 일반 수소 대신 전체 혹은 일부를 중수소로 대치하는 것이 가능합니다. 중수소와 경수소는 이전에 알려진 동위원소에 비하여 다른 화학적 특성을 가지므로 각각 이름을 부여하는 것이 바람직하다고 생각하여 유리 교수는 중수소를 듀테륨, 일반수소를 프로튬이라고 불렀습니다. 일반 수소는 듀테륨에 비해, 그리고 일반 물은 중수에 비해 반응속도가 다른 것으로 밝혀졌는데, 결국 반응수율도 다르게 얻어졌습니다. 생화학 효과 중에서 알코올의 발효 과정이 일반 물보다 중수에서 더 느리게 진행되고 담배씨의 발아와 곰팡이균의 진화가 더딘 것 등이 주목할 만한 것입니다. 중수소의 원자핵이 전기장에 의해 빠른 발사체로 가속되면 원자들을 쪼개고 원소 변형에 아주 효과적인 것이 증명되었습니다. 이 과정에서 만들어진 방사성 소듐의 의학적 중요성은 앞으로 밝혀질 것입니다.

이와 같은 초기 발견은 의심할 여지 없이 화학 분야에 매우 중요합니다. 그리고 가까운 미래에 인류에게 직접적이고 실용적인 이점을 가져다주는 것이 밝혀질 것이며, 시간이 증명할 것입니다.

1893년에 태어난 유리 교수는 이미 미국에서 매우 가치있는 영예, 즉 이론화학에서 가장 중요한 업적을 이룬 윌러드 기브스 추모 메달을 수상하였습니다. 지난 봄 메달 시상식에서 유리 교수는 발견의 역사를 생생하게 설명하는 강연을 하였는데, 예를 들면 그가 1931년 8월 점심식사를 하는 중에 그렇게 고대하던 동위원소 농축에 대한 아이디어가 마음속에 섬광같이 지나갔던 일을 설명하였습니다. 그리고 이어서 워싱턴으로부터 수소기체 시료가 오기를 몇 달 동안 기다려야 했고, 시료가 도착하자 4개월이 걸릴 일을 조수 머피 박사와 한 달 동안 밤낮으로 분광학적 연구를 하여 마침내 결과를 얻었다고 말했습니다. 그들이 겪었던 가장 고통스러운 경험은 스펙트럼에서 나타난 새로운 선들이 실제로 그들이 찾고 있는 동위원소로부터 나온 것인지 장치의 미세한 결함에 의한 이른바 '허깨비선' 인지를 오랫동안 확실하게 결정할 수 없었던 것입니다. 그때 흡연 양은 10배로 증가하였고, 그 당시 유리 교수의 부인조차 완전히 독수공방 신세였던 것을 포함하여 가까운 사람들에게는 매우 참기 힘든 시기였습니다.

그들의 이와 같은 조급증은 이미 언급했듯이 수소 동위원소가 존재해야 한다는 가설이 있었기 때문에 정당화되었습니다. 1932년 1월, 결과가 발표되었을 때 주로 미국과 유럽 국가들, 그리고 스웨덴 과학자들은 새롭고 경이로운 아이디어에 사로잡혔으며 그로 인해 현재 이 문제에 관한 논문이 200편에 이릅니다. 이 일에 힘쓴 여러 연구자들의 대열에서 중수 제조 문제에 공헌한 고故 워시번의 이름을 의심할 여지 없이 제일 앞에 놓아야 합니다. 현재 중수는 여러 곳에서 기술적으로 생산되고 있는데, 특히 노르웨이 루칸 지역에서는 노르웨이 수력회사가 전기분해 과정으로 수소 제조를 위하여 거대한 공장을 세웠으며 24시간마다 0.5킬로그램을 생산하고 있습니다.

그러나 실제적이고 기본적인 중수 발견의 공로는 대부분 유리 교수의 업적이기 때문에 과학원은 중수 발견을 인정하여 올해 노벨 화학상을 수여하기로 결정하였습니다.

스웨덴 왕립과학원 노벨 화학위원회 위원장 W. 팔메

- 이날 유리 교수는 아버지로서의 특별한 행사와 부인에 대한 배려 때문에 수상식에 참석할 수 없었다.

새로운 방사성원소 합성

1935

장 프레데리크 졸리오 | 프랑스 **이렌 졸리오퀴리** | 프랑스

:: 장 프레데리크 졸리오 Jean Frédéric Joliot (1900~1958)

프랑스의 물리화학자. 1925년에 라듐 연구소에서 마리 퀴리의 조수가 되었고, 그녀의 딸 이렌 퀴리와 1926년에 결혼하였다. 방사성원소의 전기화학에 관한 논문으로 1930년에 박사학위를 취득한 뒤 부인과 함께 원자의 구조에 관한 연구를 하였고, 1937년에 콜레쥬 드 프랑스의 교수로 임명되었으며, 1943년에는 의학 아카데미의 회원이 되었다.

:: 이렌 졸리오퀴리 Iréne Joliot-Curie (1897~1956)

프랑스의 물리화학자. 1925년에 파리 대학교에서 폴로늄의 알파선에 관한 연구로 박사학위를 취득하였다. 어머니인 마리 퀴리의 연구실 조수였던 프레데리크 졸리오와 결혼한 뒤 1937년에 파리 대학교 교수가 되었고, 1946년에는 라듐연구소 소장이 되었다. 졸리오퀴리 부부는 인공 방사성 원소를 발견하였으며, 이 발견은 원자 에너지 방출 문제의 해결에 영향을 주었다. 부부는 또한 자신들의 사회적 책임에 대해서도 관심을 갖고서 파시즘 반대 운동 등에 참여하기도 하였다.

전하, 그리고 신사 숙녀 여러분.

1911년 12월 10일, 세계적으로 명성이 높은 폴란드의 화학자이며 피에르 퀴리 교수의 부인인 마리 스클로도프스카는 라듐과 폴로늄 원소를 발견하고, 이 놀라운 원소의 성질과 화합물에 관한 연구로써 화학의 진보에 기여한 공로로 노벨 화학상을 수상하였습니다. 그전인 1903년에 그녀는 피에르 퀴리 교수와 함께 앙리 베크렐 교수에 의해 발견된 방사 현상에 관한 공동 연구를 인정받아 노벨 물리학상을 공동 수상하였습니다. 한편 그 상의 절반은 자발적 방사능을 발견한 뛰어난 공로를 인정하여 베크렐 교수에게 동시에 수여되었습니다.

1903년, 방사능의 발견이 물리학에 가장 중요한 관심사였음은 명백합니다. 그러나 마리 스클로도프스카 퀴리의 연구와 피에르 퀴리가 살아 있을 때 주로 행한 연구로부터 이룬 화학적 발견의 예외적 중요성이 점점 명백해졌고, 따라서 퀴리 부인에게 노벨 화학상을 수여하는 것이 합당하다고 생각하게 되었습니다. 그녀의 남편이 중간에 사망했기 때문에 그들의 업적에 관하여 퀴리 교수는 상을 받을 수 없게 되었습니다. 이 상은 1911년에 뒤늦게 수여되었고, 그래서 마리 스클로도프스카 퀴리는 그때까지 노벨상을 두 번 이상 받은 유일한 인물이 되었습니다.

라듐과 폴로늄 발견의 중요한 핵심은 널리 알려져 있으며, 방사능 물질의 발견에 대해 두 개의 다른 노벨 화학상이 1908년 러더퍼드 경에게, 그리고 1922년 프레더릭 소디에게(1921년 노벨 화학상은 1922년 12월 10일에 수여되었다—옮긴이) 수여되었습니다. 이제 항암 의약 분야에서 라듐이 강력한 치료제가 되었다는 것, 방사능 물질의 전이를 통해서 지구의 최소 연령을 계산할 수 있게 되고, 원자의 내부 에너지에 관한 개념과 방사능 물질을 추적자로 사용할 수 있는 구상을 하게 된 것 등을 기억할 필요가 있습니다. 추적자에 관한 문제는 나중에 다시 말씀드리겠습니다.

과학적 관점에서 더욱 재미있는 것은 라듐이 우라늄으로부터 자발적으로 생성되고, 나중에 자발적이고 연속적인 붕괴로 새로운 원소로 되는데 최종 생성물로 납이 된다는 사실입니다. 이러한 모든 전이는 다른 종류의 방사능을 수반하며 그래서 모든 방사성원소는 각각 정도는 다르지만 불안정합니다. 방사성원소의 안정성은 절반으로 분해되는 데 걸리는 시간으로 정의하며, 이 시간은 방사능의 세기가 어떻게 감소하는가를 관찰하여 결정할 수 있습니다. 일반적으로 반감기라고 알려져 있는 이 시간은 (우라늄의 경우에) 수십억 년부터 몇 분의 1초까지 다양하며, 따라서 이 기간을 결정하는 것은 여러 방사성원소를 정의하는 중요한 방법이 됩니다. 처음에 세 가지 시리즈가 알려졌고 그중 두 가지는 우라늄에서 기원하였는데, 우라늄은 광물인 역청 우라늄광에서 산화물로 발견되었습니다. 나머지 하나는 토륨에서 기원하였는데, 토륨은 희토류 금속에 속하고 그 산화물은 이제는 거의 쓸모없게 된 가스 등불의 덮개로 사용됩니다. 붕괴 초기 단계에서 알려진 자발적으로 생성되는 방사성원소의 총수는 이제 막 40개를 넘었습니다.

아시다시피 연금술사는 하나의 원소를 다른 것으로 변이시키기 위해 노력합니다. 엄격히 말해서 그들에게 관심이 있는 것은 오직 한 가지 형태의 변이로, 기초 금속을 금으로 바꾸는 것이며, 따라서 그들은 순전히 돈을 버는 동기에 의해서만 움직입니다. 앞서 기술한 방식으로 새로운 원소를 만드는 것이 연금술사의 문제를 해결해 준다고 말할 수는 없습니다. 왜냐하면 일찍이 알려진 방사성원소는 붕괴 과정 중 어떠한 방식으로도 간섭 받지 않고 저절로 생겨나고 붕괴되며, 특정 원소는 어떤 인위적인 방법으로도 다른 원소로 변이될 수 없기 때문입니다.

이러한 관점에서 볼 때 오늘의 노벨상 수상자인 이렌 졸리오퀴리와 프레데리크 졸리오 박사님의 발견으로 과학에 뭔가 새로운 것이 주어졌습니다. 하지만 이번에도 그것은 노벨상의 형태로 받은 간접적인 보상이지, 다른 금속을 금으로 전이시키는 직접적인 문제는 아닙니다. 그럼에도 그것은 특정한 경우에 어떤 외부의 간섭으로 하나의 원소가 다른 원소로 변환될 수 있다는 극히 흥미로운 발견과 관계가 있습니다. 저는 이제 그러한 발견을 요약해 보겠습니다.

방사성원소의 자발적 붕괴는 폭발에 비유할 수 있는데, 방사현상은 전하를 가진 고속의 입자를 발사하는 것으로 구성됩니다. 이러한 입자들의 한 형태를 이른바 알파입자라고 하는데 양전하를 가진 헬륨원자로 구성되어 있습니다. 지금 일반적으로 수용되는 견해에 의하면, 양전하를 가진 핵이 단위 음전하들, 즉 전자들의 무리에 의해 둘러싸여 있고, 전자는 핵 주위의 행성계에 비유될 수 있습니다. 그래서 만일 튕겨져 나온 알파입자가 핵과 충돌하면, 이제 이 핵은 양전하를 갖는 일정 수의 수소핵, 즉 양성자와 같은 수의 중성자 두 가지 물질로 구성되어 있다고 생각되는데, 이것은 전자와 함께 현재 우주를 구성하는 가장 작은 돌로 여겨지며, 충돌에 의해 핵이 산산이 부서지고 다른 원소의 원자가 생성되는 과정이 진행됩니다.

그러나 핵은 극히 작아서 그 단면적이 전자로 덮여 있는 원자의 약 10만 분의 1밖에 안 됩니다. 이것은 충격이 일어나는 동안 유효 충돌의 수가 미미해서 1천만 번 중 단 한 번만 성공하는, 즉 1천만 개의 알파입자 중 하나가 핵과 충돌하는 것을 의미합니다.

그래서 졸리오퀴리 부부는 폴로늄에서 나온 알파입자로 알루미늄에 충격을 주었습니다. 폴로늄은 황과 어느 정도 비슷한데 라듐보다 불안정한 방사성원소입니다. 그러므로 폴로늄은 같은 양의 라듐보다 더 많고 더 빠른 속도로 알파입자를, 즉 원자 충격에 더 효과적인 방사능을 냅니다. 폴로늄은 또한 적당한 양을 얻을 수 있는 몇 안 되는 방사성원소에 속하므로 이 목적을 위해서는 좋은 선택입니다.

그러므로 오늘의 노벨상 수상자는 알루미늄에 충격을 가해서 몇 분 뒤에 이 금속이 관찰할 수 있을 만큼의 방사능을 방출하기 시작한다는 것을 발견했습니다. 이 경우에는 포지트론이라 불리는 양전기 단위 들이었는데, 포지트론은 패서디나의 칼 앤더슨에 의해 1932년 가을에 발견되었습니다. 이것은 새로운 방사성원소의 생성을 의미합니다. 그리고 충격이 멈춘 후에도 알루미늄에서 방출되는 방사능은 바로 멈추지 않고, 생성된 방사성원소가 보통의 방식으로 대부분 분해될 때까지 인식할 수 있을 정도로 계속됩니다. 이것 또한 새로운 방사성원소의 생성을 의미합니다.

좀 더 폭넓은 연구를 통해 새로 생성된 원소는 새로운 방사 상태의 인으로서 방사성-인이라는 것이 밝혀졌습니다. 이것은 보통 인의 동위원소로서 그 핵은 보통 인만큼의 양전하를 가지고 있으나 그 무게는 다릅니다.

그 불안정성 때문에 방사성원소를 주성분으로 적당량 얻는 것이 불가능하고, 따라서 그들을 조사하고 화학적인 테스트로 그 존재를 증명하는 것조차 불가능하다는 것을 앞에서 지적하였습니다. 그들이 존재한다는 것을 보이고 그 특성을 알아보기 위해서는 앞서 서술한 대로 방출된 방사능에 의존하는 것이 필수적입니다. 이 특별한 경우에는 화학적 방법으로 산에서 조사된 알루미늄의 분해에 이어서 모든 방사능이 생성된 가스에서 나온다는 것을 보일 수 있었다는 점에서 성공적이었습니다. 이 가스는 인의 동위원소가 생성될 경우에 기체상의 수소화인이 생성될 것이므로 기대할 수 있는 것입니다. 또 다른 조사된 알루미늄의 화학적 처리를 통해 이 가설은 확인되었습니다.

비슷한 방법으로 새로운 방사성 질소가 보론 산의 구성원소인 보론으로부터 얻어지고, 방사성 실리콘과 알루미늄이 금속 마그네슘의 두 동위원소로부터 얻어졌습니다.

사실 알파선을 충돌시켜 한 원소를 다른 원소로 전이시키는 데 성공한 것은 이번이 처음은 아닙니다. 러더퍼드 경과 몇몇 사람들이 이 방법으로 몇 개 원소의 원자들을 충돌시키는 데 성공했으나 이 방법으로 생성된 원소는 새로운 것이 아니었습니다. 그래서 퀴리-졸리오 부부의 발견을, 비록 합성이라는 단어가 하나로 묶거나 결합하는 것을 의미하고 이전에 이 단어가 단지 단순한 물질이나 원소를 출발점으로 하여 복잡한 화합물을 만드는 것을 의미하는 데 사용되었을지라도, 새로운 방사성원소의 합성이라고 특징 지을 수 있습니다.

우리가 오늘 관심을 가진 이 연구 분야는 집중적인 연구 대상입니다. 그래서 졸리오-퀴리 부부의 발견은 1934년 1월 15일에 프랑스 과학원에 통보되었고 곧이어 다른 과학자들을 이 연구에 착수하도록 고무했습니다. 여기서 초기단계인 1934년 4월에 졸리오-퀴리 부부가 원자를 붕괴하기에 적절한 발사체는 양성자, 중양성자(양성자와 대등하나 중수소에서 발생됨. 이 발견에 대해 작년에 노벨 화학상을 수상함), 그리고 중성자임을 제안했다는 사실을 강조해야겠습니다. 프라이스베르크와 함께 그들은 스스로 중성자를 사용하였습니다. 그러나 졸리오-퀴리 부부가 제안하기 조금 전에 아주 성공적으로 중성자를 사용했고 극히 흥미로운 결과에 도달한 사람은 이탈리아의 페르미입니다.

그러나 저명한 과학자가 졸리오-퀴리 부부를 금년의 노벨 화학상 수상자로 추천하는 편지에서 바르게 지적했듯이 중요한 것은 의미있는 첫 걸음입니다.

이들의 발견이 과학에 얼마나 중요한지는 제가 더 이상 부연할 필요가 없습니다. 저는 단지 영국의 과학자 보일이, 250년 전에 화학원소의 개념을 정의하고 이를 위해 기원전 500년에 그리스의 철학자 데모크리투스가 가르쳤던 개별적 원자에 관한 아이디어를 적용하는데 있어서, 물리학만큼이나 화학도 보일에게 근본적인 법칙들을 신세지고 있다는 것과, 그럼에도 불구하고 현명한 예외 조항을 만들었다는 사실을 기억하고 싶습니다. 실제로 보일은 아마도 언젠가는 미묘하고도 효능 있는 도구를 발견하게 되리라고 말했습니다. 그것은 미묘하고 강력한 방법이며 그 도움으로 원소들이 분해될 수 있을지도 모른다고 했습니다. 미래를 보는 이 통찰력이 이제 금년 노벨 화학상 수상자 및 다른 과학자들의 발견으로 현실화되고 있습니다.

그렇다면 이 방법으로 우리는 무한히 작은 세계의 끝에 도달했을까요? 누가 알겠습니까마는 좀체로 그런 것 같지는 않습니다. 사실 우리가 생각하듯이 무한히 큰 것의 정상에 오르는 것이 우리를 아찔하게 만드는 것과 마찬가지로 무한히 작은 것의 바닥에 침투해 들어가는 것도 우리를 아찔하게 합니다.

그러나 실질적인 사용 예를 대충 살펴보는 것은 지금이라도 가능합니다. 이 인위적인 방사성원소의 일부는 특정 파장을 가진 일종의 엑스선인 감마선을 방출하며 이것은 여러 목적에 유용합니다. 또 일반적으로 방사성원소는 적은 양만 얻을 수 있습니다. 반면에 방사능 덕택에 공기 및 다른 기체를 전기 전도체로 만드는 능력을 관찰해서 그 특성과 양을 결정하는 것은 아주 감도가 높아서 모든 화학적 방법을 능가합니다. 방사성원소를 추적자로 사용하는 것은 이러한 성질에 기초한 것이며, 드 헤베시와 파니스가 최초로 기술한 방법입니다. 졸리오-퀴리 부부는 동물이나 식물의 체내에 주입된 후에 유기체 내에서 특정 물질의 움직임이나 분포를 관찰할 수 있게 하는 방사성원소, 예를 들면 방사성 탄소를 생리학자들에게 곧 제공할 수 있다는 전망을 피력했습니다. 그리고 특히 로렌스가 중양성자를 나트륨에 쏘아서 얻어낸 방사성 나트륨은 충분히 긴 주기를 가지고 있어서 의학용으로 라듐염과 같은 방식으로 사용될 수 있기를 기대하고 있습니다. 여기서도 또한 새로운 효과를 기대할 수 있는데, 화학적 관점에서 라듐과의 차이 때문이며 새로운 방사성원소가 붕괴되고 나서 방사성 잔재물이 남지 않기 때문입니다.

그러므로 왕립과학원은 제가 요약한 발견에 대해 노벨 화학상을 수여하는 데 주저하지 않았습니다. 이 과정에서 과학원은 또한 아주 최근에 만들어진 노벨 박사의 유지와 완벽하게 일치하는 발견에 대해 수상할 수 있게 되어 흐뭇했는데 이런 일은 자주 일어날 수 없습니다.

그러므로 과학원은 금년의 노벨 화학상을 파리의 이렌 졸리오-퀴리 부인과 프레데리 졸리오 박사에게 그들이 함께 수행한 새로운 방사성원소의 합성에 대해 균등하게 수여하기로 했습니다.

두 분께 금년의 노벨 화학상을 균등하게 수여하면서 왕립과학원은 두 분의 단합된 노력으로 이루어진 새로운 방사성원소의 합성을 화려하게 포상할 수 있게 되어 기쁩니다.

두 분의 발견 덕택에 한 원소를 지금까지 알려지지 않은 다른 원소로 인위적으로 전이하는 것이 최초로 가능해졌습니다. 마침내 연금술사의 오랜 꿈이 현실이 되었습니다. 금을 만들려는 그들의 목적이 비록 하나의 경로에 의해서지만 이루어졌고, 그 경로가 그들이 생각했던 것보다 덜 직접적인 것도 사실입니다. 하지만 두 분의 연구 결과는 순수과학에 크게 중요합니다. 또한 생리학자, 의사, 그리고 모든 고통받는 인류가 두 분의 발견으로부터 더 없이 귀한 치료약을 얻기를 희망하고 있습니다.

졸리오퀴리 부인.

24년 전에 어머니이신 마리 스클로도프스카 퀴리 부인은 최초로 라듐을 발견한 공로로 노벨 화학상을 받기 위해 시상식 축제에 참석했습니다. 그리고 부인 또한 어린 소녀일 때 그 시상식 축제에 참석했습니다.

그녀의 남편이자 부인의 부친이신 피에르 퀴리 박사는 돌아가셨지만, 일찍이 1903년에 방사현상에 관한 연구로 마땅히 받아야 할 상인 노벨 물리학상의 절반을 퀴리 부인과 함께 받으셨습니다. 부인은 남편과의 공동 연구로 그 찬란한 전통을 가치 있게 지키셨습니다. 졸리오퀴리 부인, 졸리오 박사님. 두 분의 연구는 곧 과학세계의 관심을 끌었고 그 중요성은 충분히 세계적으로 인식되었습니다.

졸리오퀴리 부인, 졸리오 박사님. 이제 나오셔서 국왕전하께서 직접 수여하실 상을 받으십시오.

스웨덴 왕립과학원 노벨 화학위원회 위원장 W. 팔메

기체 내의 쌍극자모멘트와 엑스선 및 전자의 회절 연구

1936

페트루스 드비에 | 네덜란드

:: **페트루스 조세푸스 빌헬르무스 드비에 Petrus Joseph William Debije (1884~1966)**

네덜란드의 물리화학자. 1908년에 뮌헨 대학교에서 물리학 박사학위를 취득한 후, 취리히, 위트레흐트, 괴팅겐, 라이프치히 대학교에서 이론물리학을 강의하였고, 1934년에서 1939년까지는 베를린에 있는 카이저 빌헬름 이론물리학연구소의 막스 플랑크 연구소 소장으로, 1940년부터 1952년까지 코넬 대학교 교수 겸 화학과 학과장으로 재직하였다. 기체 내 X-선과 전자선 간섭의 측정 및 쌍극자모멘트의 측정은 분자의 모양, 원자들 간의 거리 등을 정확하게 측정할 수 있게 함으로써, 이성질체가 존재하는 화합물의 취급에 도움을 주었고 나아가 분자구조에 대한 지식을 확장하는 데 기여하였다.

전하, 그리고 신사 숙녀 여러분.

화학자들은 분자 내 원자들의 상대적 위치를 나타내는 입체화학식으로 화합물 구조에 대한 개념을 오랫동안 표현해 왔습니다. 수십 년 동안 축적된 화학적 경험이 이와 같은 화학식에 모여 있습니다. 이것으로 매우 다양한 화합물을 조사할 수 있었고 실제로 얻은 경험을 축적하여 반응이 일어날 가능성에 대한 통찰력을 주었습니다. 새로운 염료, 약 조제, 폭약, 그리고 변하기 쉬운 특성의 유용한 물질들을 제조하는 일에서 구조식은 확실한 안내자입니다. 그것이 원자집합체의 실제적인 구조원리를 표현할 때 물리학자조차 의심의 여지 없이 훌륭한 방식으로 물질의 화학적 운동을 반영한다고 올해 노벨 화학상 수상자는 설명하고 있습니다. 그러나 이 화학식은 분자의 실제 모델을 표현하는 것이 아니라 원자들의 그룹을 나타낼 뿐입니다.

화학자들이 그려 낸 분자구조의 이미지를 정확히 확인한 것과 화합물 내 원자들의 명확한 배열을 알게 된 것은 최근입니다. 이와 같은 목적을 위해 엑스선을 이용하여 화학적인 연구가 진행되었습니다. 원자들이 일정하게 배열되어 있는 물질에 광선이 투과하면 간섭의 결과로 회절된 방사선은 어떤 방향으로는 약화되고 어떤 방향으로는 강화됩니다. 유리나 금속판 위의 가깝게 그어진 등거리선들, 즉 회절발을 통해 빛이 회절되면 일반적인 빛이 스펙트럼으로 퍼지는 것과 같은 현상을 나타냅니다. 폰 라우에와 브래그 부자가 어떻게 이 간섭현상을 결정 내의 정규적인 원자배열을 결정하는 데 사용할 수 있는지를 보여서 1914년과 1915년에 노벨 물리학상을 받았습니다. 드비예 교수는 합력 분야 연구에서 일어나는 현상을 연구하는 데 큰 몫을 하였고 엑스선 결정학 방법의 개발에 중요한 기여를 하였습니다.

이 연구를 하던 중에 드비예 교수는 같은 기체분자들의 구조로부터 나오는 상당히 단순한 배열 형태도 엑스선이 기체를 통과했을 때 측정할 수 있는 간섭효과를 만들어 내기에 충분하다는 것을 발견했습니다. 결정에서 엑스선의 상대적인 움직임처럼 회절된 광선은 회절각에 따라 규칙적으로 변하는 세기를 가집니다. 드비예 교수는 후에 이 현상에 대한 완벽한 이론을 만들어 분자구조 결정에 중요한 방법을 개발하였습니다. 알려진 파장의 엑스선 다발이 기체를 통과하면 회절된 방사선이 사진으로 기록됩니다. 드비예 이론의 도움으로 예상되는 분자모델과 회절된 방사선의 세기분포가 일치하는지 확인할 수 있습니다. 만약 원자들의 배열이 확인되면 그들의 크기가 결정되고, 따라서 분자구조에 대한 중요한 정보를 얻을 수 있습니다.

고속의 음전하입자, 즉 전자로 구성된 음극선을 전자선이라고 부르는데 이것은 드브로이가 의해 발견하였고 파의 특성을 가지며 분자구조를 연구하는 데 사용할 수 있습니다. 따라서 엑스선 간섭에 대한 디바이 이론을 쉽게 응용할 수 있습니다. 그러나 한 가지 차이가 있는데 전자선은 주로 원자핵을 통해 회절되는 반면 엑스선은 원자핵을 둘러싸는 전자구름에 의해 산란됩니다. 이 결과로 전자간섭은 분자에 있는 원자핵 위치에 대한 정보를 주고 엑스선 간섭은 전자구름의 인력중심이 어디에 있는지 나타냅니다. 그러나 실제적으로 이와 같은 방법으로 결정된 입자시스템은 동일합니다. 즉 양쪽 경우 모두 확인되는 것은 원자 중심의 위치입니다.

드비예 교수는 물질이 전하를 띠는 성분으로 이루어져 있다는 사실을 분자구조 연구의 또 다른 중요한 방법으로 사용하였습니다. 드비예 교수에 따르면 콘덴서의 전하를 띤 판 사이에 물질을 두면 그 분자에 작용하는 전기장의 효과를 두 배로 할 수 있다고 합니다. 모든 원자 내에 있는 양성핵이 둘러싸인 전자구름에 따라 변화하고 이로써 전자구름이 변형되며 따라서 분자 내 원자의 상대적 위치가 흐트러지게 됩니다. 이같은 변형효과에 어떤 경우에는 방향효과도 일어납니다. 분자가 가진 전하의 분포가 비대칭이면 전기장은 어떤 방식으로든 이것을 배열하기 위해 노력합니다. 그와 같은 분자는 이른바 쌍극자모멘트를 가지게 됩니다. 전기장에 대해 하나는 양성, 하나는 음성인 두 개의 동일한 전하를 포함하고 서로로부터 일정한 거리에 모여 있습니다. 이 거리와 전하의 곱이 분자의 쌍극자모멘트입니다. 분자구조에 관하여 중요한 결론을 끌어낼 수 있기 때문에 이것의 크기를 아는 것이 중요합니다.

드비예 교수는 분자의 전기장효과에 관한 이론을 자세히 정리했으며 쌍극자모멘트를 측정하는 방법을 만들었습니다. 쌍극자모멘트는 온도에 따라 변하는 절연력과 밀도를 측정하여 잴 수 있습니다. 드비예 이론은 희박한 기체에만 적용하였는데 이것은 분자들 사이의 상호작용을 고려할 필요가 없기 때문입니다. 그러나 쌍극자모멘트를 계산하기 위해 필요한 기체실험의 재료를 준비하는 것은 어렵습니다. 실험적으로 이미 증명되었듯이 드비예 이론은 비극성 용매로 희석한 용액에도 큰 오차 없이 적용할 수 있습니다.

서로에게 매우 보완적인 이 새로운 방법의 연구로 무기 및 유기 분자구조에 대한 많은 중요한 정보가 모아졌습니다. 엑스선과 전자 간섭의 도움으로 현재 적어도 100개의 물질이 확인되었고 수천 개의 물질에 대한 분자구조가 쌍극자모멘트 측정으로 밝혀졌습니다. 분자의 전하대칭에 대한 연구는 매우 가치가 있으며 특히 유기화학 분야에서 그렇습니다. 예를 들면 유기화합물 내에 존재하는 원자들 사이의 결합을 고유 전기모멘트로 확인할 수 있습니다. 그러나 특징적인 모멘트가 원자그룹이나 라디칼에서도 발견됩니다. 물체에 작용하는 힘이 합력으로 표현될 수 있는 것처럼 이 같은 결합이나 라디칼 모멘트는 상당히 정확하게 합력의 총모멘트로 합쳐질 수 있습니다. 구조식은 쌍극자모멘트를 계산하고 실험으로 알아낸 쌍극자모멘트와 그 결과를 비교하여 확인할 수 있습니다.

기체내 엑스선과 전자선 간섭의 측정뿐만 아니라 쌍극자모멘트의 측정은 구조결정에 필수적인 도구로서 분자구조에 대한 다른 연구와 함께 점점 더 많이 사용되고 있습니다. 분자의 모양, 원자들 간의 거리, 그리고 크거나 작거나 간에 분자 내에 들어 있는 어떤 그룹의 운동도를 이제 정확하게 측정할 수 있습니다. 이것은 동일한 성분을 가지며 다른 구조를 가진, 즉 이성질체가 존재하는 화합물을 취급해야 하는 경우에 아주 중요합니다. 지난 10년 동안의 연구 중 어떤 방법도 이처럼 효과적이며 중요하게 유기화학에 사용되지 못했습니다.

왕립과학원은 이러한 결과를 만든 연구에 높은 가치를 부여하여 올해 노벨 화학상을 수여하기로 결정하였습니다.

드비예 교수님.

교수님은 많은 과학적 활동을 하였는데 주로 물질구조에 대한 연구에 목표를 두었습니다. 교수님의 풍부한 아이디어, 통찰력, 그리고 수학적 방법의 완벽한 확립이 위대한 성공을 이루었고 교수님의 연구 결과들은 다양한 방식으로 화학을 이례적으로 풍요롭게 하였습니다. 기체의 쌍극자모멘트와 엑스선 및 전자간섭에 대한 연구를 통해 분자구조에 대한 지식을 확장하고 깊이 있게 한 업적으로 왕립과학원은 교수님에게 노벨 화학상을 수여합니다. 과학원의 뜻깊은 축하를 전해 드리며 이제 전하로부터 상을 받으시기 바랍니다.

스웨덴 왕립과학원 노벨 화학위원회 A. 베스트그렌

탄수화물 및 비타민 C 연구와
카로티노이드, 플라빈, 비타민 A와 B_2 연구

1937

월터 호어스 | 영국

파울 카러 | 스위스

:: 월터 노먼 호어스 Walter Norman Haworth (1883~1950)

영국의 화학자. 1903년에 맨체스터 대학교에 입학하여 화학을 공부하였고, 이후 괴팅겐 대학교 발라흐 교수의 실험실에서 연구하여 1910년에 박사학위를 취득하였다. 1912년에 세인트앤드루스 대학교의 교수로, 1925년에는 버밍엄 대학교의 화학과 학과장으로 재직하였고, 1947년에 기사작위를 받았다. 비타민 합성에 성공함으로써 유기화학 지식에 도움을 주었으며, 의료용 비타민 C를 값싸게 생산하는 데 기여하였다.

:: 파울 카러 Paul Karrer (1889~1971)

러시아 태생 스위스의 화학자. 취리히 대학교에서 알프레드 베르너 교수의 지도 아래 화학을 공부하였고, 1911년에 박사학위를 취득하였다. 1년간 화학 연구소 조교로 일한 후, 6년간 파울 에를리히와 함께 프랑크푸르트암마인의 게오르크 슈파이어 하우스에서 화학자로서 일하였다. 1919년에 취리히 대학교의 화학 교수 및 화학 연구소 소장이 되었다. 비타민 A와 B2의 구조를 밝힘으로써 비타민의 공업적 생산을 가능하게 하였다.

전하, 그리고 신사 숙녀 여러분.

탄수화물이라 불리는 한 무리의 중요한 물질들이 있습니다. 그 물질은 조성 때문에 그렇게 불리는데, 그 조성은 탄소와 물의 조합으로 만들어진 것으로 수화물은 물이 하나의 구성성분인 화합물에 공통으로 사용되는 용어입니다. 탄수화물의 가장 단순한 형태는 단당류라고 하는데, 포도당이 여기에 속하며 포도즙에 존재하기 때문에 그렇게 이름이 붙여졌습니다. 당의 라틴어 이름은 사카룸saccharum입니다. 그래서 여러 형태의 당을 또한 사카라이드라고 부릅니다. 물 부분으로부터 분리된 단당류에서 입자(분자)들의 조합에 의해 복잡한 사카라이드가 얻어지는데, 먼저 이당류 중에서 잘 알려진 사탕수수 설탕, 그리고 젖당과 맥아당을 들 수 있습니다. 계속적인 조합으로 좀 더 복잡한 탄수화물이 얻어지며, 비록 이것들이 단맛 및 물에 잘 녹는 성질을 잃어버렸지만 다당류라고 부릅니다. 모든 종류의 녹말이 이러한 화합물 군에 속하며, 녹말은 우리 식량의 아주 중요한 부분입니다. 또한 식물의 구성 물질인 셀룰로오스도 이러한 화합물 군에 속하며 탄수화물의 가장 복잡한 형태를 대표합니다. 포도당 분자 하나가 6개의 탄소원자, 12개의 수소원자, 그리고 6개의 산소원자로 구성되는 반면에 셀룰로오스 분자 하나를 구성하는 원자의 수는 2,000개를 넘습니다.

노벨 화학상이 두 번째로 주어지던 1902년에, 부분적으로는 당에 관해서, 또 한편으로는 카페인과 거기에 결합한 물질들에 관한 연구 공적을 인정하여 천재 과학자 에밀 피셔에게 노벨상이 수여되었습니다.

올해 왕립과학원은 탄수화물과 비타민 C에 관한 연구 업적을 인정하여 버밍엄의 호어스 교수에게 노벨 화학상을 주기로 결정했습니다.

에밀 피셔의 전통적 연구 이후에 탄수화물 화학 영역에 더 이상 해야 할 연구가 남아 있는가라고 의문을 제기할 분이 계실지도 모르겠습니다. 그러나 이 의문에 긍정적으로 답을 해야 합니다. 포도당과 같은 단당류의 경우만 하더라도 32개 이상의 형태가 가능하고, 모두 같은 화학적 조성을 가지며 분자 내에 같은 수의 원자를 포함하고 있으나 여전히 서로 다릅니다. 이 차이는 분자 내의 원자들이 다른 배열을 하기 때문에 나타납니다. 그 가능성은 복잡한 사카라이드인 녹말과 셀룰로오스는 말할 것도 없고 이당류만 고려하더라도 더욱더 다양합니다. 이 차이는 사카라이드만을 고려할 경우엔 사소해 보이지만, 이론적인 관점에서 뿐만 아니라 신진대사에서 당의 중심적 역할을 이해하는 데에도 그들의 기술적 응용만큼이나 대단히 흥미롭습니다.

이 영역에서 뛰어난 진보를 이룩한 것은 호어스 교수 혼자만이 아닙니다. 그와 동향인 어빈이 함께 연구를 시작했고 어빈 역시 탄수화물에 관한 뛰어난 업적을 냈습니다. 다른 사람들도 역시 공헌을 했는데 그 중에서도 올해 노벨 화학상 공동 수상자인 카러 교수 또한 높이 포상할 만한 공헌을 했습니다. 호어스 교수의 연구 중에서 포도당의 다른 형태와 사탕수수 설탕, 맥아당, 젖당, 녹말, 셀룰로오스의 원자 배열에 관한 연구는 특별히 두드러집니다.

포상 동기 중에서 호어스 교수에 의해 이루어졌으며 단당류에 관한 그의 연구와 밀접한 관련이 있는 비타민 C에 대한 연구를 언급하겠습니다.

비타민은 최근에 대단한 관심을 끌어 온 물질입니다. 비타민에 관해 아주 최근까지도 대중은 화학자만큼 알거나 또는 화학자만큼 아는 게 없었습니다. 적절한 음식물 즉 탄수화물, 지방, 단백질과 관련하여 특정 미네랄 염과 함께 동물체의 성장과 유지를 위해서 비록 아주 적은 양일지라도 어떤 신비한 물질이 필요하며, 이 물질의 부족은 여러 가지 질병의 원인이 된다는 것이 밝혀졌습니다. 일반적으로 동물체 자체는 이러한 물질을 만드는 능력이 결여되어 있습니다. 그러므로 이 물질은 채소로부터 완성된 형태로 공급되거나 또는 채소 식료품에 포함된 더 복잡한 물질로부터 체내에서 만들어져야 합니다.

비타민의 발견은 노벨 의학상을 수상하여 이미 영예를 얻었습니다. 1929년 그 상의 절반은 쌀을 문질러 대거나 껍질을 벗겨 먹으면 심각한 열대성의 각기병을 유발하며, 반면에 현미를 먹는 사람들은 건강을 잘 유지하고 있다는 사실을 발견한 네덜란드인 에이크만에게 수여되었습니다. 에이크만은 앞에 언급한 종류의 물질이 지금은 항신경염 비타민 또는 비타민 B_1으로 불리는데, 쌀 껍질에 들어 있다는 결론에 이르렀습니다. 노벨 의학상의 다른 절반은 같은 해에 성장 비타민을 발견한 공로로 홉킨스에게 수여되었는데, 성장 비타민은 동물체의 성장에 필요한 물질입니다. 예를 들면 우유에 들어 있고, 그중에서 가장 중요한 것이 비타민 A로 확인되었습니다. 오늘의 노벨 의학상 수상자는 호어스 교수의 연구 주제가 된 바로 그 비타민과 관련된 발견으로 상을 받았습니다.

그러면 호어스 교수는 그의 영역에서 어떤 업적을 이루었을까요? 호어스 교수는 무엇보다도 먼저 비타민 C의 화학구조를 밝혔다고 공식적으로 말할 수 있습니다.

물질의 화학구조는 화학식으로 표현됩니다. 화학분석으로 하나의 화합물을 구성하는 다른 원소들(이 경우에는 탄소, 수소, 산소)의 함량이 확실해집니다. 나아가 예를 들어 수소원자를 표준으로 표현하는 다른 원소들의 원자량이 오랫동안 알려져 왔는데, 수소원자는 모든 원소 중에서 가장 가볍습니다. 같은 방식으로 표현된 화합물 입자나 분자의 무게를 결정하는 것도 마찬가지로 가능합니다. 그러므로 다른 원소들의 원자 몇 개가 하나의 화합물 분자를 구성하는지를 표현하는 것이 가능합니다. 이렇게 해서 화합물의 총체식이 얻어집니다. 이 식은 비타민 C의 경우 그것이 비타민을 대표한다는 것을 고려하면 아주 간단하며 보통 $C_6H_8O_6$입니다. 이 식은 한 분자의 비타민 C가 탄소원자 6개, 수소원자 8개, 산소원자 6개로 이루어져 있다는 것을 말해 줍니다. 그것은 또한 비타민 C가 포도당 한 분자로부터 4개의 수소를 제거해서 생겨난 것으로 생각할 수 있다는 것을 보여 줍니다.

그러나 여전히 더 나아갈 수 있습니다. 어느 정도 퍼즐 게임을 연상케 하는 창의적인 조정이나 사색에 의해서 원자가 결합하는 순서에 관해 약간 더 복잡하고 확고한 개념이 만들어져 왔습니다. 우리가 어떤 한 순간에 엄청나게 확대된 분자모델을 생각한다면, 원자들은 분자 내부에서 정지되어 있는 것이 아니기 때문에 분자 모델의 한 쪽에 흰색 스크린을 놓고 다른 쪽에 빛을 비추면 투영이라고도 할 수 있는 분자의 그림자가 스크린에 얻어지며 서로 관계되어 있는 원자들의 위치를 보여 줍니다. 원자가 같은 평면에 놓여 있다는 가정 아래 이러한 상황을 재현하려는 식을 구조식이라 부릅니다. 이러한 식은 화합물의 성질을 매우 명확하게 설명할 수 있다는 것이 증명됨으로써 이 퍼즐은 해결되고 있다고 생각할 수 있습니다.

그러나 사실 분자 내의 모든 원자들이 같은 평면 위에 놓여 있다는 가정은 거의 맞지 않습니다. 그렇지 않다면 가장 큰 분자들조차도 종이처럼 평평한 모양인데 이것은 가능성이 적습니다. 그러면 공간에서 그들의 분산, 이른바 배치라고 불리는 문제가 남는데 이것 또한 하나의 식으로 표현될 수 있습니다.

비타민 C에 관한 이러한 식이 폰 오일러뿐만 아니라 호어스 교수와 허스트에 의해 제안되었고 계속해서 하스 교수는 옳다는 것을 입증하였습니다.

비타민 화학식의 실질적인 중요성을 다루기 전에 비타민 C의 특징 가운데 주목할 만한 성질들에 관한 말씀을 드려야겠습니다. 물론 비타민 C라는 용어는 이러한 면에서 어떤 설명도 해주지 않습니다. 그러나 이 비타민은 전에 이것이 부족하면 괴혈병을 야기하여 옛날에 극지 탐험가들이 몹시 두려워했다는 것에 근거해서 항괴혈병 비타민이라고 불렸습니다. 탐험대원들이 보존 상태가 나쁜 식료품을 먹고 살아야만 했을 때 이 병이 나타났고, 반면에 잘 보존된 음식이나 신선한 야채가 공급되면 그 위험은 사라졌습니다. 그 화학명은 아스코르브산입니다. 이것은 한편으론 이 물질이 산이라는 것을, 다른 한편으론 괴혈병, 의학용어로는 스코부투스를 없애는 효과를 갖는다는 것을 뜻하며, 따라서 아스코르브산이라는 말은 괴혈병 제거와 대등한 의미입니다.

비타민 구성에 관한 지식은 이론적인 흥미뿐만 아니라 실질적으로도 굉장히 중요합니다. 인위적으로 야기될 수 있는 알려진 조성을 거울상으로 바꾸어서, 어떤 경우에 약으로 적합한 화합물을 만드는 것이 한편으론 가능할 수도 있습니다. 그리고 무엇보다도 그 화합물의 인위적 합성에 길을 열었으며, 이것은 자연계에 아주 희박하게 존재하는 비타민의 경우에 대단히 중요합니다. 그래서 비타민 C는 이미 대량으로, 그리고 자연생산물 가격보다 훨씬 더 낮은 가격으로 생산되고 있습니다.

과학원은 취리히의 폴 카러 교수에게 카로티노이드와 플라빈, 그리고 비타민 A와 B_2에 관한 그의 연구 업적을 인정하여 금년 노벨 화학상을 수여하기로 결정했습니다.

이렇게 두 과학자들은 서로 다르면서도 공통의 연구 분야인 비타민을 연구해 왔습니다. 제가 이미 비타민 C를 예로 들어 비타민의 화학식을 밝히는 일의 중요성을 꽤 길게 설명해드렸기 때문에 카러 교수의 탁월한 발견에 관해서는 좀 간단하게 말씀드리겠습니다.

카로티노이드는 황적색 물질군을 형성하며 식물 전체에 널리 분포되어 있고, 그것이 처음 발견된 당근에서 그 이름을 얻었습니다. 당근의 프랑스 이름은 카로트carotte이고 카로테karotte는 독일 이름입니다. 카로티노이드는 토마토, 찔레 열매, 순무와 같은 채소의 여러 가지 다른 적색과 황색 부분에 들어 있습니다. 이렇게 많은 물질들에 관한 연구가 10년 전 카러 교수에 의해 시작되었으며, 그는 이 물질들의 화학구조를 분명하게 규명하였습니다. 모체 물질은 그 자체로 매우 복잡한 조성을 가진 탄화수소, 즉 탄소와 수소로만 이루어진 화합물입니다. 이 분자는 탄소원자 40개와 수소원자 56개 이상으로 구성되어 있습니다. 그 외의 카르티노이드들은 산소원자를 가지고 있기도 한데, 예를 들면 아스타신의 경우 삶은 대하와 '심홍색' 바닷가재에서 적색을 내게 합니다. 사프란과 파프리카의 색도 마찬가지로 카로티노이드 때문입니다.

카러 교수가 행한 카로티노이드에 관한 눈부신 연구는 이 물질을 분리하고 순수한 상태로 생산하고 비타민 A라는 화학구조를 결정했을 때 왕관을 받았습니다. 이 비타민은 이미 1906년 이래로 생물학적 효과로 인해 그 존재가 알려졌는데, 순수한 상태로 합성하려는 노력이 전 세계의 많은 연구실에서 실패를 거듭하다가, 1931년에 카러 교수가 대구의 간 기름에서 성공적으로 분리하고 화학구조를 밝힌 최초의 비타민입니다. 비타민 A는 성장인자, 즉 신체의 성장에 꼭 필요한 물질을 구성합니다. 1929년 폰 오일러는 같은 성질이 카로틴 자체에 존재하는 것을 발견했고, 그때 이래로 환경에 따라 당근의 색소인 카로틴으로부터 동물체가 체내에서 자체적으로 좀 덜 복잡한 구조를 갖는 비타민 A를 만들 수 있다는 것이 증명되었습니다. 그것은 또한 안구건조증이라 불리는 심각한 눈의 질병을 막기 때문에 의약품이라고도 할 수 있습니다. 그래서 비타민 A는 액세로프톨이라는 이름을 얻었습니다.

이제 1933년 시작된 플라빈과 비타민 B_{12}에 관한 카러 교수의 연구에 관해 간단히 말씀드리겠습니다. 플라빈은 가끔 반짝이거나 녹색 형광을 내는 밝은 노란색의 자연물질입니다. 그중 하나가 비타민 B_{12}인데 팩토플라빈이라고도 불리며 바르부르크와 크리스티앙에 의해 노란 호흡기 효소에서 발견되었고, 역시 카러 교수가 화학구조를 풀었습니다. 이것도 마찬가지로 성장인자를 구성하며, 이 화합물을 합성하는 카러 교수의 방법이 공업적 생산에 응용되었습니다. 이 물질은 생물학적으로 대단히 중요하며 탄소 이외에도 수소와 산소, 그리고 질소까지도 포함합니다.

마침내 카러 교수는 지금까지 그리도 신비하게 여겨졌던 두 가지 비타민의 성질을 완전히 밝히는 데 성공했으며, 그중 하나는 지금 인공적으로 생산되고 있습니다. 이 과학자의 특징은 핵심뿐만 아니라 크고 중요한 문제를 열린 시각으로 바라본다는 것, 그리고 자신만의 독립적인 방법으로 문제를 공략하고 새롭게 착수한다는 것입니다.

비타민이 없다면 시작될 수도 없는 생명 과정에서 비타민이 어떻게 협력하고 있는가에 관해 연구할 내용이 많이 남아 있습니다.

그러나 비타민은 혼자서는 확실히 그 효과를 만들어 내지 않습니다. 예를 들어 락토플라빈은 인산의 도움으로 알부민 생산물질과 결합하는데, 이러한 방식으로만 노란 호흡기 효소가 만들어집니다. 이 분자는 비타민 자체보다 200배나 많은 원자를 포함하고 있습니다. 노란 효소는 촉매, 즉 자신은 변하지 않으면서 화학반응을 가속시킬 수 있는 물질에 속하는 것으로 추측됩니다. 그 작용은 녹슨 기계에서 윤활유의 작용에 비유될 수 있습니다. 이 경우에는 체내에 존재하는 특정 물질의 산화가 일어납니다. 예를 들면 난로에서 장작이 타는 것보다 훨씬 느리긴 하지만 일종의 연소입니다. 우리는 비타민의 바로 이 효과를 열쇠의 그것에 비유할 수 있습니다. 육중한 문은 아주 세게 치거나 두드려도 열리지 않지만, 맞는 열쇠를 사용하면 작은 열쇠로도 쉽게 열 수 있습니다.

이 발견은 우리의 관심을 끌어 왔는데, 화학뿐만 아니라 생리학의 영역까지 깊이 영향을 주어 화학뿐만 아니라 의학 분야에서도 노벨상을 받을 정도가 되었습니다. 가끔 이 발견이 두 과학 사이의 경계에 위치해서 중요한 발견이 이루어지는 수단의 경계를 확립하려는 노력이 자주 있었습니다. 그러한 경우에는, 일반적으로 말해서, 그러한 발견이 과학의 어느 분야에 적절히 배정되어야 하는가에 관해 비록 너무 첨예하더라도 결정하려 하는 것은 분명히 작은 가치가 있습니다. 그러나 원칙적인 것은 발견이 인정을 받아야 하고, 만일 그렇게 가치가 있다면 주어질 상의 분류는 그리 중요한 문제가 아니라는 것입니다. 그럼에도 지금과 같은 경우에 노벨 화학상을 수상한 발견은 노벨 의학상을 수상한 발견보다 전체적인 특성이 좀 더 화학적으로 두드러집니다. 그러나 모든 경우에 그러한 발견은 알프레드 노벨 박사의 유언에 표현된 의도와 일치하는 '인류에 가장 큰 공헌을 한' 것이라 말할 수 있습니다.

호어스 교수님.

왕립과학원은 교수님과 카러 교수에게 올해의 노벨 화학상을 수여하기로 결정했습니다. 탄수화물 화학에 또 다른 신기원을 완성한 탄수화물 연구의 업적과 지금은 인공적으로 생산되고 있는 비타민 C의 구성에 관한 교수님의 공로가 인정되었습니다.

영광스럽게도 이 수훈에 과학원의 축하를 전하게 되어 정말로 기쁩니다. 이제 국왕 전하로부터 상을 받으시기 바랍니다.

카러 교수님.

왕립과학원은 교수님과 호어스 교수님에게 올해의 노벨 화학상을 수여하기로 결정했습니다. 과학원은 비타민 A와 B_2뿐만 아니라 카로티노이드와 플라빈에 관한 교수님의 찬란한 공적에 대한 인정을 포상으로 표현하고 싶습니다. 교수님의 연구 결과로 비타민의 구조가 최초로 밝혀졌습니다. 두 번째 비타민의 구조도 밝혀졌고, 그래서 그 공업적 생산이 가능해졌습니다.

왕립과학원의 축하를 전해드리며 이제 국왕 전하로부터 상을 받으시기 바랍니다.

스웨덴 왕립과학원 노벨 화학위원회 위원장 W. 팔메

카로티노이드와 비타민 연구

1938

리하르트 쿤 | 독일

:: 리하르트 요한 쿤 Richard Johann Kuhn (1900~1967)

오스트리아 태생 독일의 생화학자. 빈 대학교에서 화학을 공부하고 그 후 1922년에 뮌헨 대학교 리하르트 빌슈태터의 지도 아래 효소에 관한 연구로 박사학위를 취득하였다. 취리히 연방공과대학 일반화학 및 분석화학 담당 교수를 거쳐 하이델베르크의 카이저-빌헬름 의학 연구소(막스 플랑크 의학연구소의 전신) 소장이 되었다. 취리히 대학교 재직 시절부터 시작한 폴리엔에 대한 연구는 카로티노이드 화학으로 전개되어 풍부한 연구 결과를 낳았다. 나아가 카로티노이드 그룹의 물질 분리 및 합성에 중요한 크로마토그래피 방법의 완성에도 기여하였다.

리하르트 쿤 교수는 1926년 취리히 연방공과대학 일반화학 및 분석화학 책임자가 되면서 폴리엔의 원자배열을 구성하는 이른바 짝이중결합의 포괄적인 연구를 시작하였습니다.

이 당시 다이페닐폴리엔 그룹은 특별한 흥미를 불러일으켰는데 이는 카로티노이드인 크로세틴 내에 이중결합사슬의 존재를 성공적으로 증명했기 때문입니다. 짝이중결합에 대한 쿤 교수의 여섯 번째 보고서에 이미 채소에서 나온 폴리엔 색소의 구조를 결정한 내용이 포함되어 있었습니다. 이 그룹에 속하는 300개 이상의 새로운 물질을 합성하면서 쿤 교수는 단지 새로운 물질을 분리하는 데 그치지 않았습니다. 이 연구에서 그는 불포화 물질의 화학적 구조와 광학 특성, 유전체적 특성, 그리고 자기적 특성의 연관성을 보이기 위해 더욱 고심하였습니다. 이런 관점에서 얻은 연구 결과는 유기화학의 새로운 발전을 위한 시작이 되었습니다.

폴리엔에 대한 쿤 교수의 연구는 카로티노이드 화학으로 곧장 연결되었습니다. 1930년 카러는 카로틴의 조성을 밝혔고 그 이전에 빌슈테터는 카로틴의 원소성분인 $C_{40}H_{56}$을 확인하였습니다. 1931년 쿤 교수(그 당시 이미 하이델베르크 대학교의 교수였음)와 취리히의 카러, 그리고 런던의 로젠하임이 당근의 카로틴 성분이 둘로 나누어져 있다는 사실을 동시에 그러나 각각 독립적으로 발견하였습니다. 그중 하나인 베타카로틴은 편광면 기준으로 오른쪽으로 회전하며 다른 하나인 알파카로틴은 광학적으로 비활성을 보입니다. 1933년에 쿤 교수는 감마카로틴으로 불리는 세 번째 카로틴을 발견했습니다.

카로틴의 생리학적이고 생물학적인 중요성은 동물의 간에서 가수분해되어 베타카로틴 한 분자나 알파카로틴 두 분자로부터 두 분자의 비타민 A, 악세로프톨이 형성된다는 사실에 있습니다. 이 물질은 고등동물의 성장에 필수적이며 특히 점막의 정상상태를 유지하는 데 필요합니다.

여러 공동 연구자들과 함께 쿤 교수는 동물과 식물계에서 카로티노이드 존재에 대한 수많은 연구를 하였습니다. 그의 연구 결과 중에서 특히 다음의 식물계에 들어 있는 카로티노이드의 발견과 구조결정은 반드시 언급해야 합니다.

피살리스류의 과실로부터 피살리엔, 라눙쿨루스종으로부터 분리한 헬레니엔과 플래복산틴, 팬지로부터 불안정한 크로세틴, 옥수수루빅산틴으로부터 타락산틴과 크립톡산틴 입니다.

쿤 교수는 아스탁산틴 카로티노이드와 갑각류의 색소단백질의 관계를 발견한 것뿐만 아니라 로독산틴과 아스탁산틴의 주성분을 알아내는 데도 중요한 기여를 하였습니다.

카로티노이드 그룹에 속하는 다른 대표적인 물질들의 분리와 합성에 중요한 도구 중 하나인 크로마토그래피 방법을 완성하는 데 쿤 교수와 그의 제자들이 많은 공헌을 한 것도 흥미롭습니다.

쿤 교수의 두 번째 활동 분야는 비타민 B 복합물을 규명하는 것입니다. 쿤 교수는 센트죄르지와 바그너 야우레크와 함께 아주 중요한 물질인 비타민 B_2(락토플라빈 혹은 리보플라빈)를 처음으로 분리해 냈으며 비타민 B_2의 화학적 성질을 밝히는 데 매우 중요한 공헌을 하였습니다.

쿤 교수와 공동 연구자들은 탈지우유 5300리터로부터 1그램의 순수한 노란색 물질인 락토플라빈을 분리하는 데에 성공하였고, 그 성분이 $C_{17}H_{20}O_6N_4$인 것을 밝혔습니다. 락토플라빈의 분해물질인 루미플라빈은 이전에 이스트에서 생기는 노란 효소로부터 만들어진 물질과 동일하였습니다. 후에 여러 방식으로 확인된 루미플라빈의 구조식을 통해 쿤 교수는 락토플라빈의 화학적 설명에 대한 열쇠를 제공하였습니다. 그는 분석적 방법으로 밝혀졌던 루미플라빈의 구조식을 알록산과 오디아미노벤젠 유도체의 축합반응을 통한 합성으로 증명하였습니다.

1939년 초에 쿤 교수는 비타민 B 복합체와 관련하여 두 번째 중요한 발견을 하였습니다. 벤트, 안데르삭, 베스트팔과 함께 항피부염 비타민,

즉 비타민 B_6라고 부르는 비타민 B 복합체의 성분을 분리하는 데 성공하였고 매우 빠른 시간 안에 그 화학적 성분과 구조를 밝힐 수 있었습니다. 쿤이 밝혀낸 아데르민 이라고 부른 물질은 2-메틸-3-하이드록실-4, 5-다이하이드록시메틸피리딘으로 입증되었습니다.

- 리하르트 쿤 교수는 1938년 당시 나치의 방해로 노벨상을 받을 수 없었고, 제2차 세계대전이 끝나고 1949년에야 금메달과 상장을 받았다.

성 호르몬 연구 | 부테난트
폴리메틸렌 및 폴리터펜 연구 | 루지치카

1939

아돌프 부테난트 | 독일 **레오폴트 루지치카** | 스위스

:: 아돌프 프리드리히 요한 부테난트 Adolf Friedrich Johann Butenandt (1903~1995)

독일의 생화학자. 마르크부르크 대학교와 괴팅겐 대학교에서 화학을 공부하여, 괴팅겐 대학교의 아돌프 빈트아우스의 지도 아래 1927년에 박사학위를 취득하였다. 1936년부터 1960년까지 베를린 대학교 교수 및 베를린 다렘의 카이저 빌헬름 생화학연구소의 소장으로 있었으며, 1960년부터 1972년까지 막스 플랑크 과학 진흥회 회장을 지냈다. 난포호르몬 화학을 규명하였고 나아가 임신 호르몬의 합성을 가능하게 하였다.

:: 레오폴트 라보슬라프 스테판 루지치카 Leopold Lavoslav Stephen Ruzicka (1887~1976)

크로아티아 태생 스위스의 화학자. 독일의 화학자 헤르만 슈타우딩거의 조교로 일하면서 제충제의 살충 성분에 대하여 연구하였고, 1912년에 슈타우딩거와 함께 취리히의 스위스 연방기술연구소로 갔으며, 1917년에 스위스 시민이 되어 그곳에 강의하였다. 1926년부터 3년간 네덜란드 위트레흐트 대학교에서 유기화학 교수로 재직했으나 그 후 다시 스위스 연방기술연구소로 돌아가 화학교수로 재직하였다. 남성 호르몬을 탐구하여 분자구조를 규명하였고 합성에도 성공하였다.

다음은 부테난트 교수의 공적에 관한 보고입니다.

비교적 최근인 12년 전까지만 해도 성 호르몬의 성질에 관해서는 알려진 것이 거의 없었습니다. 에스트로겐 또는 난포 호르몬에 관해서는 난소와 태반 같은 특정 기관으로부터 추출한 물질이 거세한 암컷 쥐에서 특징적인 발정 현상을 야기한다는 것이 확립되어 있었습니다. 활성 원리의 안정성과 용해도에 관하여 단지 한두 가지 관찰이 가능했습니다. 에스트로겐 호르몬 화학에 관한 더 이상의 발전은 1923년에 알렌과 도이지, 그리고 1927년에 애쉬하임과 존덱에 의해 순수하게 생물학적인 발견이 이루어지고 나서야 가능했습니다.

1929년 괴팅겐에 있던 부테난트 교수는 미국에 있는 도이지와 동시에 난포 호르몬 화학을 밝히는 첫걸음을 내딛었습니다. 두 과학자는 임산부의 소변에서 에스트로겐 효과를 갖는 물질을 결정형태로 분리하는 데 성공했습니다. 부테난트 교수는 이 물질을 폴리귤린이라 명명했고 이 명칭은 후에 에스트론으로 변경되었습니다. 그는 이 물질의 실험식이 $C_{18}H_{22}O_2$라는 것과 이 물질이 옥시케톤이라는 것을 확증했습니다.

에스트론의 발견 직후 런던에 있는 메리앤은 임산부의 소변으로부터 그가 에스트리올이라 명명한 새로운 호르몬을 분리했습니다(1930년). 부테난트 교수는 메리앤의 발견을 확인했고 그 새로운 물질과 에스트론의 관계를 설명했습니다. 스테롤과 에스트로겐 물질의 관계는 결정학적 근거 위에서 추정되었는데, 부테난트 교수와 메리앤이 각각 독자적으로 단지 3개의 벤조이드 이중결합이 이러한 물질들의 고리 시스템에 존재한다는 것을 보여 준 후에야 화학적 관점에서 추정이 가능해졌습니다.

1932년에 부테난트 교수는 스펙트럼 분석 결과와 특히 그때 확립된 콜레스테롤의 정확한 식에 근거해서 에스트론과 에스트리올의 화학구조식을 그릴 수 있었습니다. 그러나 자신이 추정한 고리시스템의 화학 구조를 개선하는 중요한 과업이 남아 있었습니다. 부테난트 교수는 에스트리올 분자를 단계별로 쪼개서 두 가지 에스트로겐 호르몬 모두 페난트렌 핵을 포함하고 있다는 것을 증명했습니다. 동시에 그는 콜린산의 전이산물인 에티오빌라닉산으로부터 똑같은 다이메틸페난트렌을 얻을 수 있었습니다. 이렇게 그는 한편으로는 난포 호르몬 사이에 존재하고 다른 한편으로는 담즙산과 스테롤 사이에 존재하는 긴밀한 관계를 확인했습니다.

두 번째 중요한 난소 호르몬인 코르푸스 루테움 호르몬은 여러 과학자들에 의해 1931년과 1932년 코르푸스 루테움으로부터 결정형태로 얻어졌습니다. 1934년 부테난트 교수와 베스트팔은 이 호르몬을 화학적으로 순수한 상태로 합성하는 데 성공했고 프로게스테론이라 명명했습니다. 그들은 또한 이 호르몬과 생리학적으로 비활성인 이수소화 알코올 프레그난다이올과의 긴밀한 관계를 보였는데 프레그난다이올은 부테난트 교수와 메리앤이 서로 독자적으로 임산부의 소변에서 발견했습니다. 1934년 가을에 부테난트 교수는 프레그난다이올을 프로게스테론으로 전환시키는 데 성공했습니다. 콜레스테롤로부터 이 중요한 임신 호르몬의 합성이 1939년 부테난트 교수에 의해 간단한 방식으로 행해졌습니다.

정소성 또는 남성 호르몬을 화학적으로 탐구한 공적은 부테난트 교수와 루지치카 교수에게 공동으로 돌아갑니다. 부테난트 교수는 이 문제를 연구한 최초의 과학자입니다. 이에 관한 연구가 가능해진 것은 생물학적 연구에서 이 물질을 결정하기 위한 정량적 테스트법, 이른바 케폰 콤 capon comb 테스트법을 발견한 후였습니다.

부테난트 교수는 남성의 소변 또는 그 대안인 클로로폼 추출물, 즉 약

1000분의 0.8이 클로로폼에 녹아 있는 추출물로부터 시작했습니다. 정제 과정에서 남성의 호르몬이 여러 가지 면에서 에스트론처럼 거동하는 것이 증명되었습니다. 부테난트 교수가 이 사실을 깨달았을 때 연구는 더욱 순조롭게 이루어졌습니다.

정제가 성공적으로 이루어지자 남성의 성 호르몬과 같은 생리학적 성질을 갖는 결정성 물질이 최초로 존재하게 되었습니다.

부테난트 교수는 이 물질을 안드로스테론이라 명명했고 그 조성을 $C_{19}H_{30}O_2$로 정의했습니다. 그것은 단지 1개의 메틸기와 5개의 수소원자를 더 함유하고 있다는 점에서만 에스트론과 다릅니다. 부테난트 교수는 콜레스테롤의 식에 근거해서 1934년에 안드로스테론의 완전한 구성식을 만들었습니다.

안드로스테론은 루지치카 교수에 의해 에피-콜레스테롤로부터 합성되었으나 곧 그것은 정소에서 얻어지는 진짜 남성 호르몬과 동일하지 않다는 것이 밝혀졌습니다. 이러한 이유로 1935년 라쿠어와 그의 동료들이 활성이 큰 호르몬인 테스토스테론을 정소 추출물로부터 분리했을 때 대단한 동요가 있었습니다.

테스토스테론과 안드로스테론의 긴밀한 관계는 그 화학적 조성을 확인하는 일을 비교적 쉽게 만들었고, 같은 해인 1935년에 부테난트 교수와 루지치카 교수는 같은 방식이지만 서로 독립적으로 트랜스-다이하이드로 안드로스테론으로부터 테스토스테론을 얻을 수 있었습니다.

부테난트 교수, 루지치카 교수, 그리고 다른 과학자들은 그 후 스테롤로부터 다양한 새로운 물질들을 합성했으며, 이 물질들은 남성의 성 호르몬 테스트에서 다양한 정도의 활성을 보였습니다.

다음은 루지치카 교수의 공적에 관한 보고입니다.

고터펜 또는 폴리터펜은 식물 왕국에서 굉장히 다양하게 발견되는데 원래 루지치카 교수의 연구 주제였습니다. 폴리터펜은 분자구조를 결정하기가 극히 어려웠는데 루지치카 교수의 특별한 실험기술을 통해 가능해졌습니다. 루지치카와 동료들의 선구적인 연구로 매우 많은 수의 중요한 폴리터펜이 완전히 조사되었습니다.

1924년부터 루지치카 교수가 근본적으로 새롭고 놀라운 결과를 얻는 1926년까지 사향노루와 사향고양이에서 나는 자연 취기제인 무스콘과 시베톤에 관해서는 알려진 것이 거의 없었습니다. 그는 시베톤뿐만 아니라 무스콘 분자도 탄소원자로 이루어진 단일 고리를 포함하고 있으며, 이 탄소원자의 수는 지금까지 알려진 고리 분자의 경우보다 상당히 더 크며, 가능하다고 생각되는 것보다도 더 크다는 것을 발견했습니다. 이러한 취기제들을 연구하는 동안 루지치카 교수는 많은 유사 거대고리 화합물을 합성했고, 이러한 것들이 자연의 지방산으로부터 만들어질 수 있다는 식물-생리학적으로 놀라운 사실이 세상의 관심을 끌었습니다.

많은 흥미로운 관계가 루지치카 교수가 연구한 폴리터펜들 사이에 존재하며, 일련의 생리학적·의학적으로 중요한 무리의 화합물들인 담즙산, 스테롤, 그리고 성 호르몬들 사이에도 존재합니다. 루지치카 교수와 동료들이 성 호르몬에 관해서 얻은 많은 재미있는 결과들 중에서 남성의 성 호르몬과 같은 작용을 하는 화합물의 합성이 상징적으로 중요합니다. 안드로스테론과 테스토스테론의 합성방법을 확립해서 이 두 호르몬의 공업적 합성을 가능하게 한 것이 그의 공적입니다.

더군다나 루지치카 교수가 합성한 새롭고 다양한 관련 화합물들은 생리학적으로 너무나 중요한 성 호르몬에 관한 우리의 지식에 근본적으로 기여하였고, 따라서 미래의 연구를 위한 확실한 기초를 세웠습니다.

취리히의 특별 의례에서 이 노벨 화학상은 스웨덴 대사 벡-프리스 남작이 루지치카 교수에게 1940년 1월 16일, 다음의 말로 끝나는 연설 후에 전달하였습니다.

루지치카 교수님.

노벨재단과 스웨덴 왕립과학원을 대신해서 진심어린 축하를 전해 드리며, 동시에 인류에 대한 공헌에 대한 교수님의 연구가 더욱 성공적으로 이루어질 수 있기를 희망합니다.

교수님에게 1939년 노벨 화학상 증서와 메달을 전하게 되어 영광입니다.

- 아돌프 부테난트 교수는 1939년 당시 나치의 방해로 노벨상을 받을 수 없었고, 제2차 세계대전이 끝나고 1949년에야 금메달과 상장을 받았다.
- 1939년 당시 전쟁을 이유로 루지치카 교수는 1945년에 노벨상 시상식에 참석했다.

화학연구에 방사성 동위원소를 추적자로 이용

1943

조르주 드 헤베시 | 헝가리

:: 조르주 샤를 드 헤베시 George Charles de Hevesy (1885~1966)

헝가리의 화학자. 부다페스트 대학교와 베를린 대학교에서 공부한 후 1908년에 프라이부르크 대학교에서 박사학위를 받았다. 1926년에 프라이부르크 대학교의 교수가 되었으며, 1943년부터 스톡홀름에 있는 유기화학연구소 교수로 재직하였다. 방사성 동위원소를 이용한 그의 연구는 인체의 구성성분들의 다양한 생리학적 과정 및 동적 상태를 규명하였다.

전하, 그리고 신사 숙녀 여러분.

1913년 헤베시 교수가 맨체스터의 러더퍼드와 함께 일할 때 이 젊은 과학자는 방사성 납으로부터 라듐 D를 분리하라는 임무를 받았습니다만 노력에도 불구하고 성공하지 못했습니다. 사실 방사성 라듐 D가 라듐의 후예 계열 중 마지막 물질인 비활성 라듐 G와 다른 점이 거의 없어서 그것들을 서로 분리하려는 모든 노력은 애초에 실패할 운명으로 보였습니다. 이에 대한 원인이 동시에 발견되었습니다. 라듐 D와 라듐 G는 동위원소이며 납의 다른 종을 구성합니다. 그 원자들은 같은 핵전하를 갖는 반면에 원자량은 다릅니다. 그러므로 전자들로 이루어진 껍질은 거의 동일합니다. 이 껍질이 그들의 화학적 성질을 결정하기 때문입니다.

비록 성공하진 못했지만 헤베시 교수의 노력은 헛되지 않았습니다. 그러한 노력들이 그에게 화학 연구의 새로운 방법에 관한 아이디어를 준 것입니다. 만일 하나의 원소로부터 그것의 부분을 구성하고 있는 방사성 동위원소를 화학적으로 분리해 낼 수 없다면, 다른 종류의 화학반응이나 물리적 과정 중에 이 원소의 거동을 자세하게 추적하는 데 이러한 특이성을 이용할 수 있어야만 합니다. 활성인 원자들은 방사능에 의해 인식되며, 한 원소의 비활성인 원자와 충실하게 함께하기 때문에 이들을 추적자로 사용할 수 있습니다. 방사능의 세기는 극히 적은 양이 측정될 수 있을 만큼 정밀하므로 극히 적은 양의 추적자만 있으면 충분합니다.

헤베시 교수는 라듐 D를 추적자로 사용해서 용해도가 매우 낮은 납 화합물의 용해도를 결정했습니다. 또한 다른 형태의 용매로부터 다른 조건에서 얻어진 황화납 또는 크롬산납의 양을 정확히 결정하는 데 성공했습니다. 그는 고체로부터 용해된 물질 속으로 납원자의 교환 가능성을 연구해서 납원자의 거동이 납이온에 상응한다는 것을 확인했습니다. 고체 납에서 원자의 움직임 즉, 이 금속에서 일어나는 자발적 확산도 측정할 수 있었습니다. 전에는 이 과정을 측정하는 것이 불가능했습니다. 납 결정 표면에 납의 고활성 동위원소인 토륨 B를 침전시키면, 이어서 방사능 세기가 감소하면서 활성원자가 아래층의 비활성 납원자로 치환되는 변화가 일어납니다. 이렇게 결정에서 일어나는 침투현상으로 헤베시 교수는 납의 결정 부분으로부터 원자를 방출하는 데 필요한 에너지, 달리 말하면 결정격자의 해리 에너지를 측정할 수 있었습니다. 이 에너지는 납의 기화열과 같은 정도의 크기로 밝혀졌습니다. 이러한 연구는 물리화학적 관점에서 특히 흥미롭습니다.

새로운 방법은 또한 생물학적 과정을 연구할 수 있게 했습니다. 활성 납원자의 혼합물을 포함하고 있는 용액 속에 놓인 콩은 이 염의 일부를 흡수하지만 이 금속의 분포는 뿌리와 줄기와 잎에서 같지 않습니다. 대부분의 납은 자연스러운 생물학적 발전을 허용하지 않고 오히려 독으로 작용하며 뿌리에 머무릅니다. 더 진한 용액보다 묽은 용액으로부터 상대적으로 더 많은 납이 추출됩니다. 동물 유기체에 의한 납, 비스무트, 그리고 탈륨 염의 흡수와 제거는 이러한 방식으로 연구됩니다. 동물 유기체 내에 들어온 비스무트 화합물의 분포에 관한 지식은 아시다시피 이 화합물들의 일부가 치료용으로 사용되기 때문에 의학적 관점에서 중요합니다.

자연 방사성 원소만을 추적자로 사용하는 한 새로운 방법의 사용은 불가피하게 매우 제한적입니다. 사실 이 방법은 납, 토륨, 비스무트와 탈륨, 그리고 이들의 화합물과 같은 중금속의 경우에만 적용될 수 있습니다. 이 상황은 프레데리크와 이렌 졸리오퀴리, 그리고 페르미가 어떤 원소에든 입자를 충돌시켜 방사성 동위원소를 만드는 데 성공했을 때와 매우 다릅니다. 이 발견은 10여 년 전에 만들어졌고 방사성 추적자를 이용한 화학 공정의 연구는 그때 이래로 지금까지 전 세계적으로 실험실에서 널리 사용될 정도로 수행되어 왔습니다. 헤베시 교수는 이 새로운 분야의 연구에서 선구자로 남아 있었고, 가장 중요한 많은 연구가 그와 동료들에 의해 수행되었습니다.

그리하여 의외의 중요한 결과가 생물학에서 얻어졌습니다. 황에 중성자를 조사하거나 중수소핵을 보통 인에 조사하면 얻어지는 방사성 인의 동위원소가 대부분 사용되었습니다. 이 방사성 인은 자연을 테스트할 만큼 충분히 오래 견딥니다. 방사성 인은 거의 14.8일의 반감기를 갖습니다. 헤베시 교수는 이 추적자를 포함하는 인산나트륨 생리액을 만들어서 동물과 사람에게 주사하였습니다. 인의 분포는 일정한 간격으로 측정되었습니다. 혈액 시료를 연구한 결과 이렇게 주사된 인은 빠르게 혈액에서 없어지는 것이 발견되었습니다. 사람의 혈액에서 방사성 인의 함량은 단 두 시간 뒤에 초기값의 2퍼센트로 떨어졌습니다. 방사성 인은 세포외의 체액으로 확산되고 점차 조직, 기관, 골격의 인燐 원자와 자리를 바꿉니다. 얼마 후에는 비록 적은 양이지만 치아의 에나멜에서도 발견됩니다. 교환은 조금씩 천천히 진행되며 이의 바깥쪽 단단한 부분과 뼈와 림프의 안쪽 조직 사이에 일어납니다. 주사된 인의 대부분은 골격, 근육, 간, 위와 장 기관으로 갑니다. 살아 있는 유기체에서 인이 제거되는 것도 이 방법으로 연구되었습니다.

인은 생물학적 과정에서 극히 중요한 원소입니다. 방사성 추적자의 사용으로 얻게 된 살아 있는 유기체에 작용하는 인에 대한 지식은 가장 큰 관심거리입니다. 헤베시 교수는 어디에서 어떤 속도로 여러 가지 인의 화합물이 형성되는지, 그리고 동물 유기체 내에서 인이 이동하는 경로를 알아내는 데 성공했습니다. 혈액 속으로 주입된 인산염으로부터 인화합물을 만들기 위해서 인산염이 먼저 세포 속으로 침투해 들어가야 합니다. 산에 용해되는 인화합물은 빠르게 형성되고, 반면에 지방 물질과 긴밀하게 관련있는 인지질은 천천히 형성됩니다. 인지질은 주로 간에서 형성되며 거기에서 소비될 곳까지 혈장이 운반합니다. 헤베시 교수는 닭 태아의 인지질이 태아 자체 내에서 생산되며 계란 노른자로부터는 추출할 수 없다는 것을 밝혔습니다.

헤베시 교수는 또한 방사성 나트륨과 칼륨으로 여러 연구를 수행했습니다. 그는 사람에게 주사된 방사성 나트륨을 포함하는 생리적 식염수가 어떻게 혈액 속으로 퍼져나가는지, 그리고 어떻게 천천히 세포 속으로 침투해 들어가는지 연구했습니다. 아울러 그것이 배설되는 과정도 연구했습니다. 24시간 후에 적혈구는 그 나트륨 함량의 거의 절반을 잃었습니다.

위에서 언급한 추적자 외에도 마그네슘, 황, 칼슘, 염소, 망가니즈, 철, 구리와 아연 같은 다양한 다른 활성 동위원소들이 이러한 종류의 연구에 사용되었습니다. 더 가벼운 원소는 원자량 2인 중수소, 원자량 15인 질소, 원자량 18인 산소와 같은 비활성 동위원소를 사용하는 것도 가능했습니다. 물론 활성 추적자보다는 비활성 추적자의 함량을 측정하는 것이 다소 어렵지만 밀도 측정이나 질량 분석으로 가능합니다. 보통 수소보다 두 배 무거운 중양성자 또는 중수소의 농도를 측정하는 것은 상대적으로 쉽습니다. 드 헤베시 교수는 많은 실험에서 중양성자를 추적자로 사용하였습니다. 그리하여 중수소를 포함하는 물을 마신 사람은 불과 26분 뒤에 소변으로 중양성자를 배설한다는 것을 알게 되었습니다. 중양성자를 포함한 물에서 헤엄치는 개구리와 물고기는 그것을 흡수하여 약 4시간 뒤에는 중양성자에 관한 한 매질과 평형을 이룹니다. 중질소와 중산소 또한 많은 연구에 사용되었습니다.

스웨덴 왕립과학원 노벨 화학위원회 위원 A. 베스트그렌

- 이 연설문은 1944년 12월 10일에 라디오로 방송된 내용에 수정 및 첨가를 가한 것이다. 1943년 노벨 화학상은 1944년 11월 9일에 발표되었다.

중핵분열의 발견

1944

오토 한 | 독일

:: **오토 한** Otto Hahn (1879~1968)

독일의 화학자. 마르크부르크 대학교와 뮌헨 대학교에서 화학을 공부하였으며, 1901년에 마르크부르크 대학교에서 테오도르 징케 교수의 지도 아래 박사학위를 취득하였다. 1911년에 카이저 빌헬름 화학 연구소의 방사화학과 과장이 되었고, 1938년 말에는 슈트라스만과 함께 핵분열을 발견하였다. 1946년 카이저 빌헬름 협회(막스 플랑크 과학진흥협회의 전신) 회장으로 선출되었다. 중핵 분열의 발견은 원자력의 사용을 가능하게 하였으나 동시에 원자폭탄의 발명으로도 이어졌다.

전하, 그리고 신사 숙녀 여러분.

화합물이 생성되거나 분해될 때는 전자각 바깥 부분에서 상호작용이 일어납니다. 최근까지 화학이 거의 원자들의 조합이나 결합으로부터 원자의 분리를 연구한다는 관점에서 보면 화학은 현재까지 원자 주변 부분에 관한 과학이라고 말할 수 있습니다. 그러나 오늘날 새로운 학문, 즉 핵화학이 등장하고 있는데 이것은 원자의 중심 부분인 핵을 다루며 최근 업적으로부터 판단하건대 과학에서의 혁명을 약속하고 있습니다.

원자핵은 아주 작습니다. 러더퍼드는 원자핵의 지름이 원자지름보다 1만 배나 작아 1센티미터의 10조 분의 1 정도인 것을 발견했습니다. 러더퍼드는 에너지를 가진 방사성원소의 입자, 즉 발사된 입자로 다른 핵으로부터 작은 조각을 떼어내는 데 성공하였습니다. 이와 같은 방식으로 떨어져 나간 것은 수소핵, 즉 양성자라는 것을 알았는데 미소한 크기에도 불구하고 원자핵은 양성자로 이루어진 복합구조였습니다. 후에 졸리오와 그의 부인 이렌 졸리오퀴리는 다른 종류의 원소들이 에너지가 풍부한 양성입자의 방사선에 노출되었을 때 일어나는 현상을 많이 연구하였습니다. 이때 원자의 변환이 일어날 수 있는데 생성된 원자는 일반적으로 불안정하여 다른 종류의 원소입자를 방출하면서 자발적으로 분해됩니다.

페르미는 핵합성을 위해 발사체로써 채드윅이 발견한 중성자를 사용했습니다. 중성자는 양성자와 같은 질량을 가지지만 이름이 의미하듯이 전하를 띠지 않는 것이 다릅니다. 그래서 양성원자핵에 의해 반발하지 않고 이전에 사용했던 양전하를 가진 발사체보다 더 쉽게 결합합니다. 이 방법으로 페르미는 수많은 새로운 종류의 방사성 원자를 만들어 낼 수 있었습니다.

핵화학에 대한 이런 연구들은 반응성 핵의 작은 질량 변화에 관한 것이었습니다. 즉 단순히 다른 종류의 원소입자의 첨가나 손실의 문제였습니다. 그러나 오토 한 교수가 발견한 반응 과정은 아주 다른 특성을 가집니다. 이것은 무거운 원자핵이 대체로 같은 크기의 두 부분으로 분리된다는 것입니다.

한 교수가 리제 마이트너와 30년 동안 공동 연구를 하면서 1936년부터 1938년까지 토륨과 우라늄 같은 가장 무거운 원소에 중성자를 발사하여 얻은 생성물에 관하여 연구하였습니다. 페르미에 따르면 나타난 원소들은 주기율표 원소들의 연장선상에 있고 한 교수와 마이트너는 이 가정을 증명할 수 있다고 믿었습니다. 그러나 1938년 말에 한 교수는 그의 젊은 동료인 슈트라스만과 함께 수행한 연구를 통해 중성자와 우라늄의 반응에서 형성된 생성물 중의 하나가 화학적으로 바륨처럼 거동하는 일종의 라듐이라고 가정하였습니다.

1939년 1월 한 교수는 이 발견을 발표하면서 중성자에 의해 가장 무거운 원소의 원자들이 반으로 쪼개져 주기율표의 중간에 속하는 원소들을 만들어 낼 수 있다는 대담한 견해를 아주 신중한 용어로 표현하였습니다. 한 달 후에 그는 이론의 증거를 제시할 수 있었는데 그것은 세계의 다른 지역에 있는 과학자들이 다른 방법을 사용하여 수행한 연구에서 거의 동시에 확증되었습니다.

한 교수의 발견은 놀라움을 자아냈고 세계 과학자들에게 엄청난 흥미를 불러일으켰습니다. 보어가 개발한 원자핵 구조이론에 연구의 기초를 두었던 리제 마이트너와 프리슈에 의해 중요한 이론적 연구가 즉시 이루어졌습니다. 이 연구는 물질이 에너지로 변환되어 핵분열이 거대한 에너지 방출과 함께 일어난다는 것을 설명하였습니다. 이와 같은 분열 중에 생성되는 조각들이 거대한 힘을 가지고 모든 방향으로 퍼지는 것이 계산을 통해 나타났으며 프리슈는 이것을 실험으로 보여 주었습니다. 핵분열 중의 생성물이 중성자의 방출과 함께 분해된다는 졸리오의 발견과 연결되면서 한 교수의 발견은 우라늄을 쪼개서 아주 큰 에너지를 방출하는 연쇄반응을 만들 수 있다는 것을 보여 주었습니다. 따라서 이후의 연구는 아주 희망적이었습니다.

적은 양의 방사성원소를 화학적으로 확인하는 데 있어서 한 교수는 그의 동료들과 함께 중원자heavy atom 핵분열의 수많은 생성물에 대한 화학적 연구 방법에 길을 열었습니다. 분열은 반응하는 핵의 구조와 쪼개는 중성자 에너지에 따라 여러 방식으로 나타날 수 있습니다. 분열의 기본 생성물은 불안정하며 점차 분해되고 원소입자를 방출하여 그것들 각각이 다른 종류의 원자들의 연속적인 출발점이 됩니다. 지금까지 물질 분열 과정의 직접 혹은 간접 생성물은 약 100개가 존재한다고 밝혀졌습니다. 이와 같은 생성물은 주기율표에서 셀레늄과 프라세오디뮴 사이에 있는 25개 원소들과 연결됩니다.

핵분열은 아주 위험하지만 그 발견은 매우 중대하며 유망합니다. 1943년 가을에 한 교수는 핵화학 분야에서 이룬 그의 최근 업적에 대한 스웨덴 과학원의 글을 읽었는데 거기에 연쇄반응으로 우라늄이 쪼개지는 가능성을 언급하고 있었습니다. 연쇄반응으로 우라늄이 쪼개지는 과정에서 막대한 에너지가 순식간에 만들어져 그 효과가 이때까지 알려진 어떠한 폭발 현상도 능가한다는 것입니다. 그러나 한 교수는 내포된 기술적 어려움을 어떻게 극복할 수 있을지 의심스러웠습니다. 그는 "신의 섭리는 하늘에 다다르는 나무를 원치 않는다"라고 말했고, 사람들은 그의 목소리에 담겨 있는 염원으로부터 그가 원자력 정복은 훨씬 후에 이루어지기를 바란다는 것을 추측할 수 있었습니다. 그는 평화적인 목적을 위한 원자력의 사용보다 원자폭탄의 개발이 더 가깝게 다가와 있다는 생각에 전율하였습니다.

한 교수는 불굴의 정신으로 그가 부딪힌 문제를 푸는 데 매우 고무되었지만 인간에게 불을 주었던 프로메테우스와 달리 그는 인간이 원자력을 통제해야 한다고는 생각하지 않았습니다. 인류가 이 발견의 선물이 주는 책임감을 깊게 느끼기를 빕니다. 그러면 이것은 축복이 될 것이고 인류 생활의 향상을 위해 한 걸음 더 나아가는 것이 될 것입니다.

스웨덴 왕립과학원은 중원자 핵분열을 발견한 공로로 한 교수님께 1944년 노벨 화학상을 수여하기로 결정하였습니다. 한 교수님이 감사의 뜻을 표하며 유감스럽게도 이 수여식에 참석할 수 없음을 알려 왔습니다. 그러므로 상을 수여하고자 하는 과학원의 결정을 지금은 실행할 수 없습니다.

스웨덴 왕립과학원 노벨 화학위원회 위원장 A. 베스트그렌

티셀리우스 교수는 1946년 12월 13일에 오토 한 교수를 위해 다음과 같이 연설하였다.

한 교수님.

교수님은 불행히도 1945년 10월 10일에 열린 노벨상 수상식에 참석할 수 없었습니다. 그러나 그때 화학 분야 노벨위원장은 교수님의 연구결과를 자세하게 보고하였습니다. 그러므로 저는 오늘 교수님이 상을 받고 축하를 받기 위해 직접 참석하였다는 사실에 기쁨을 표현하는 것으로 말씀을 마치고자 합니다. 중핵분열의 발견은 우리 모두, 온 인류가 앞으로의 발달에 엄청난 기대를 갖고 있지만 동시에 큰 두려움을 갖게 하고 있습니다. 교수님. 교수님의 위대한 발견이 어떠한 궁극적인 실제 응용과는 상관없이 원자핵에 대한 광범위한 연구의 결과이기 때문에, 이 분

야의 연구에서 더 많은 열정적인 개발이 이루어지는 것은 특히 교수님께 엄청난 기쁨일 거라고 확신합니다. 원자핵의 실제 응용에 관해서는 교수님도 결국 인류에 대한 축복으로 기여할 것이라는 우리의 희망과 함께하리라 확신합니다.

오토 한 교수님. 교수님께 왕립과학원의 뜨거운 축하를 전해드리며, 이제 전하로부터 1944년 노벨 화학상을 받으시기 바랍니다.

- 1944년 노벨 화학상은 1945년 11월 15일에 발표되었다.

농업화학, 영양화학 연구, 특히 사료보존법 개발

1945

아르투리 비르타넨 | 핀란드

:: **아르투리 일마리 비르타넨** **Artturi Ilmari Virtanen (1895~1973)**

핀란드의 생화학자. 헬싱키 대학교에서 화학, 생물학, 물리학을 공부하여 1919년에 박사 학위를 취득하였다. 1920년에는 취리히 대학교에서 물리화학을 공부하고, 이후 스톡홀름 대학교에서 세균학과 효소학을 공부하였다. 1931년에 헬싱키의 생화학 연구소 소장 및 핀란드 기술 연구소의 생화학 교수가 되었고, 1939년에 헬싱키 대학교의 교수가 되었다. 1948년부터는 핀란드의 과학 및 예술 국립 아카데미 회원 및 회장으로도 활동하였다. 비르타넨이 개발한 AIV 방법은 녹색 사료의 생산 및 보관을 개선하여 목초의 신선 보존법 개선에 기여하였다.

전하, 그리고 신사 숙녀 여러분.

우리보다 북쪽 지역에서는 겨울이면 가축들에게 보존된 사료인 건초를 먹여야 합니다. 그러나 건초만으로 동물들을 건강하게 키울 수 없다는 것은 오래된 상식입니다. 겨울에도 양질의 우유를 충분히 생산하려면 젖소들은 풍부한 사료를 필요로 합니다. 그래서 지금까지 대부분의 경우에 따뜻한 나라에서 사료를 수입해 왔습니다. 다른 나라에서 수입된 생산물들을 토종 사료로 대신할 수 있다면 우리 농업에 대단한 경제적 이익을 가져다 줄 것입니다.

이것이 바로 비르타넨 교수가 공들여 만든 AIV 방법을 통해 성취한 업적이며, 그의 이름 첫 자를 따서 명명되었습니다. 그러므로 스웨덴 왕립과학원은 농업화학 및 영양화학 분야, 특히 동물사료 보존방법 분야에서 이룩한 연구와 발견에 대해 비르타넨 교수를 1945년 노벨 화학상 수상자로 선정하였습니다.

비르타넨 교수는 오랫동안 그의 조국에서 사료 공급을 개선하기 위해 무슨 공헌을 할 수 있는지를 찾고 있었습니다. 핀란드 후예들의 특징인 불굴의 끈기로 그는 결코 목적을 잊은 적이 없었고, 고집스럽게 그의 연구 프로그램을 계속 수행했습니다.

토끼풀, 살갈퀴, 그리고 자주개자리와 같은 콩과식물들은 녹색사료로서 제철에 거두면 가축에게 충분한 생산 능력을 갖게 할 비타민과 단백질을 제공합니다. 최대한의 단백질 함량을 가진 녹색사료를 합리적이고 경제적으로 경작하는 방법을 찾던 중 비르타넨 교수는 식물 유기체에서 질소동화 조건과 단백질 생성 조건을 연구하게 되었습니다. 대단한 천재성을 발휘하여 그는 콩과식물이 그 덩이줄기에 있는 박테리아를 이용하여 대기의 질소를 고정하는 과정에 관한 어려운 문제를 풀려고 시도했습니다. 이 연구의 원래 목적은 아직 이루어지지 않았지만 그 결과는 이미 가치가 있으며 매우 중요한 전망을 보이고 있습니다.

핀란드에서 사료 이용도를 개선하기 위한 시도를 하던 중 비르타넨 교수는 이론적으로 완전한 데이터에 근거해서 녹색사료의 보존방법, 즉 단백질 손실을 피하고 비타민 손실을 최소화하는 방법을 발견했습니다.

신선한 목초에 유기산 또는 무기산을 첨가하면 발효 과정뿐만 아니라 식물세포의 호흡을 방해한다는 것이 오랫동안 알려져 있었습니다. 이 현상을 실질적으로 이용하려는 많은 노력이 있었습니다. 그러나 이러한 시도들은 경험적으로만 행해졌을 뿐, 사료의 영양가를 보존하고 동물사료로 이용하기 위한 구체적인 연구는 없었습니다. 비르타넨 교수는 체계적이고 완벽한 연구로 이 문제를 최초로 해결했습니다.

비르타넨 교수는 사료를 보존하기 위해서 황산이 첨가된 염산을 사용합니다. 그는 고생스럽고 오랜 연구 끝에 필요한 결과를 얻기 위해서 유지되어야 하는 산도의 한계치를 정했습니다. 식물세포의 호흡은 쉽게 용해되는 탄수화물을 소모하는데, 특히 사료를 잘 쌓아올리면 최소량으로 줄어 젖산발효가 멈추거나 미미한 수준으로 유지되었습니다. 사료의 효력을 감소시키고 우유의 질을 낮추는 부티르산의 발효가 멈추었습니다. 우유의 단백질이 분해되면 심한 재정 손실을 초래하는데 거의 모두 함께 멈추었습니다. 비타민 A와 카로틴의 함량이 보존되고, 비타민 B와 비타민 C 또한 잘 보존되었습니다. 비타민이 풍부한 우유와 버터는 대중 건강에 매우 중요한데 AIV 사료는 이 비타민의 공급을 개선하는 효과적인 방법을 제공합니다. 이 사료 덕택에 '여름 우유'가 1년 내내 생산될 수 있었습니다. AIV 사료는 동물들에게 전혀 해가 없습니다. 신선한 목초를 무기산으로 처리하면 몇 주 뒤 사료에 포함된 염기성 생산물에 의해 염의 형태로 중화되고 고정됩니다. 이때부터 반대로 해가 없는 유기산이 방출됩니다. AIV 사료는 동물의 건강 상태와 번식력, 질병에 대한 저항능력을 향상시키는 데 도움이 됩니다.

AIV 방법의 장점은 대기 조건에 관계없이 가을철에 거두는 목초의 두 번째 수확을 저장할 수 있게 하여 사료의 경제적 사용을 가능하게 하는 것입니다. 이 사료는 오히려 건초로 사용할 수 없습니다.

비르타넨 교수는 연구실에 박혀 있는 과학자가 아닙니다. 그 자신이 농부였고, 밖에서 목초 저장 시스템을 가장 적절하게 적용할 방법을 찾아 노력했습니다.

이 시스템은 핀란드에서 확립되었습니다. 오늘날 남부 핀란드의 농업 지역 위를 지나는 비행기에서는 거의 모든 농장 근처에서 하나 이상의 구덩이를 볼 수 있습니다. 보는 사람은 아마도 지난 전쟁의 흔적이라고 생각할지도 모릅니다. 전혀 그런 것이 아닙니다. 그것들은 AIV 사료의 저장고입니다. 스웨덴에서도 역시 AIV 방법이 점점 더 많이 사용되고 있습니다. 이 방법이 최초로 적용되었던 해인 1932년부터 오늘까지 AIV 방법으로 생산된 녹색사료의 양은 4년마다 2배 또는 3배가 되었습니다. 작년에는 295,000톤까지 증가했습니다. 덴마크와 영국에서 최근 몇 년 동안 AIV 방법의 사용은 뚜렷하게 증가했습니다. 또한 노르웨이와 네덜란드에서도 사용되었습니다. 미국에서도 관심이 커지고 있으며 매년 점점 더 많이 시도하고 있습니다. 미국과 독일에서는 많은 양의 신선한 목초가 AIV 방법의 변형이라고 여겨지는 방법들로 만들어집니다. 비르타넨 교수의 연구는 목초의 신선보존법에서 미래의 연구를 위한 확고한 기초를 제공했습니다.

비르타넨 교수님.

교수님의 위대한 과학적 업적에 영감을 준 가장 강력한 힘은 교수님의 열렬한 애국심에 있다고 해도 틀리지 않습니다. 교수님이 노력하던 여러 해 동안 교수님에게 핀란드는 루네베리의 시에 나오는 고귀한 지휘관, "무뚝뚝하고 가난하고 겸손하고 신성한 조국"으로 남아 있었습니다. 교수님은 연구를 통해 민족과 국가에 대한 봉사에 진지함과 지칠 줄 모르는 열의를 가진 사람은 자신을 생각하지 않고 개인적 이익을 도모하지 않으며 또한 인류의 이익에도 기여한다는 것을 보여 주었습니다. 아마도 교수님의 눈은 스스로 해결의 목표를 세우고 수많은 공헌을 한 어려운 생화학 문제에 보다 더 확고하게 맞춰져 있는 듯합니다. 이러한 이유로 교수님의 연구가 다시 신선한 열매를 맺을 것이라고 우리는 확신합니다. 교수님 스스로 설정한 목표를 얻을 수 있는 새로운 수단을 드릴 수 있어서 우리 과학원은 기쁩니다. 우리는 진심으로 교수님이 번영하기를 기원하며, 이제 전하로부터 1945년 노벨 화학상을 받으시길 요청합니다.

스웨덴 왕립과학원 노벨 화학위원회 위원장 A. 베스트그렌

효소의 결정화 발견 | 섬너
순수 형태의 효소 및 바이러스 단백질 제조 | 노스럽, 스탠리

1946

제임스 섬너 | 미국

존 노스럽 | 미국

웬델 스탠리 | 미국

:: 제임스 배첼러 섬너 James Batcheller Sumner (1887~1955)

미국의 생화학자. 1914년에 하버드 대학교 의과대학에서 박사학위를 취득하였다. 1929부터 1955년까지 뉴욕의 코넬 대학교 의과대학 교수로 재직하였으며, 1947년에는 코넬 효소화학 연구소 소장이 되었다. 그의 효소 결정화 가능성에 대한 발견은 효소가 단백질이라는 사실에 대한 최초의 증거가 되었고, 생화학에서 중요한 연구의 기초가 되었다.

:: 존 하워드 노스럽 John Howard Northrop (1891~1987)

미국의 생화학자. 컬럼비아 대학교에서 모건과 넬슨의 지도 아래 동물학과 화학을 공부하였고, 1915년에 박사학위를 취득하였다. 1916년부터 뉴욕의 록펠러 의학연구소 보조 및 연구원으로 재직했고, 1961년에 은퇴한 뒤 명예교수가 되었다. 효소와 다른 활성단백질의 결정화를 개발하여 효소와 관련 단백질의 관계 규명에 기여하였다.

:: 웬델 메러디스 스탠리 Wendell Meredith Stanley (1904~1971)

미국의 생화학자. 1929년에 일리노이 대학교에서 박사학위를 취득하였다. 1932년부터

1948년까지 록펠러 의학연구소에서 연구하였으며, 1948년에는 버클리 캘리포니아 대학교 생화학과 교수 및 바이러스 연구소 소장이 되었다. 바이러스를 정제 및 결정화하여 분자 구조를 밝힘으로써, 생명 과정의 화학적 성질을 이해하는 데 공헌하였다.

전하, 그리고 신사 숙녀 여러분.

1897년 독일 과학자인 에두아르트 부흐너는 일반적인 효모뿐만 아니라 어떤 사카로마이세스 세포도 포함되지 않은 효모에서 짜낸 즙으로도 당을 발효시킬 수 있다는 것을 발견했습니다. 부흐너는 이와 같은 중요한 발견으로 1907년 노벨 화학상을 받았습니다.

왜 이처럼 겉보기에 평범한 실험이 그렇게 중요하게 평가되었을까요? 생명 과정의 화학적 성질을 밝히는 연구가 발전되어 온 내력 속에 이 질문에 대한 대답이 있습니다. 이 분야는 다른 분야 연구가 그렇듯이 발전이 느렸으며 새로운 영역의 정복은 매우 힘이 들었습니다. 그리고 다른 분야보다 경향들이 잘 설명되지 않아 불명확해 보였는데, 사실 생명이나 생명 과정의 문제가 고려되는 분야에서는 이상한 것이 아닙니다. 일반적인 효모는 살아 있는 세포이며, 발효는 이와 같은 세포 내의 생명 과정과 복잡하게 엉켜 있는 생명의 발현인 것으로 파스퇴르를 포함한 대부분의 연구자들이 생각했습니다.

부흐너의 발견은 이와 다른 경우였습니다. 생명 과정의 중요한 부분이 세포로부터 화학자가 연구하는 실험실로 옮겨지면서 제거되었다고 말할 수 있습니다. 그러므로 발효 이외에 연소와 호흡, 단백질, 지방, 탄수화물의 분해, 그리고 살아 있는 세포를 특징짓는 많은 유사한 반응들을 세포의 도움 없이 시험관에서 모방할 수 있고 대체로 같은 법칙이 일반적인 화학 과정에서와 마찬가지로 이 반응에 적용되는 것을 알게 되었습니다. 그러나 매우 중요한 조건으로 세포의 추출물이나 짜낸 즙이 시험관 내의 용액에 첨가되어야만 가능합니다. 세포즙이나 세포 추출물이 반응을 개시하고 진행시키며 세포 내에서 반응경로를 이끄는 어떤 물질을 포함하고 있다고 생각하는 것은 당연한 일입니다. 이 알려지지 않은 활성물질을 효소라고 불렀으며, 효소의 효과에 대한 연구가 20세기의 첫 10년 동안 화학의 주된 문제 가운데 하나가 되었고, 지금도 여전히 그렇습니다.

그러나 연구자들의 원기 왕성한 노력에도 불구하고 효소 성질의 중요한 문제가 풀리지 않고 남아 있었습니다. 극히 적은 양으로 존재하고 복잡한 구조의 물질이어서 사람들이 움켜쥐려고 하면 손가락 사이로 빠져나가는 것처럼 느껴집니다. 활성적인 물질의 특성에 관해 정확히 아는 것도 없고 더욱이 순수한 형태로 분리할 수 있는 물질인지도 명확하지 않은 상황에서, 효소의 효과와 반응경로에 관한 연구에서 얼마나 많은 것을 얻어냈는지를 알고 보면 정말로 대단합니다.

1926년 미국 이타카에 있는 코넬 대학교의 제임스 섬너 교수는 특별한 효소 '우레아제' 연구와 관련하여 두드러지게 큰 활동도를 보이는 결정을 만드는 데 성공하였습니다. 기본 물질은 남미 식물인 작두콩으로, 미국에서는 '잭빈' 이라고 부르는 것이었는데 결정이 콩가루에 비해 700배나 큰 활동도를 가졌습니다. 아주 중요한 것은 활동도에 영향을 주지 않고 물질을 녹여서 여러 번 재결정하는 것이 가능하다는 것입니다. 결정이 단백질인 것이 밝혀졌고 섬너 교수는 이 단백질이 순수한 효소라는 의견을 발표했습니다.

효소가 아주 특별한 성질을 가진 단백질이라고 도처에 알려진 것처럼 이 중요한 발견도 세상에 널리 퍼질 것입니다. 이전에 독일 화학자이며 노벨상 수상자인 빌슈테터는 효소로 정제 실험을 했는데 그것이 단백질인지 탄수화물인지 구분할 수 없었습니다. 우리는 이제 빌슈테터의 정제 방법이 너무 묽은 용액으로 인해 화학반응이 결정적인 결과를 제공할 수 없었다는 사실을 알고 있습니다.

화학자에게 결정화는 물질을 순수한 형태로 얻는 데 필수적입니다. 단백질의 경우 결정화는 단순한 물질만큼 순도가 신뢰할 만한 수준은 아닐지라도 섬너 교수의 결과는 현재 검증되었으며 효소를 일정한 양으로 정제하고 분리할 수 있다는 사실을 연구자들에게 처음 확신시킨 선구적인 업적입니다. 이 업적으로 살아 있는 세포에서 일어나는 반응을 이해할 수 있는 물질의 화학적 성질에 대한 자세한 통찰의 기초가 놓여졌습니다.

예상했지만 섬너 교수의 선두적인 연구와 유사한 연구는 다른 곳에서는 즉시 이루어지지 않았습니다. 그러나 섬너 교수의 연구가 발표된 지 약 3년이 지나서 프린스턴에 있는 록펠러연구소의 존 노스럽 박사는 소화기관에서 우연히 발견한 단백질 분해효소의 정제에 관한 일을 시작하였습니다. 정제 결과 수많은 결정형태를 얻을 수 있었는데 위액 내 펩신과 췌장 내 트립신, 키모트립신이 그것입니다. 노스럽 교수와 특히 맨 먼저 소개하는 것이 마땅한 쿤니츠를 포함한 공동 연구자들은 정제된 효소의 균일성과 순도에 관해 매우 포괄적인 연구를 하였는데, 단백질의 특성을 확실히 증명하였습니다. 또한 이 효소의 전구물질로 추정되는 어떤 단백질의 분리로부터 매우 흥미로운 결과를 얻었습니다. 대체로 노스럽 교수는 섬너 교수가 한 것보다 정제한 물질을 화학 연구에 다양하게 사용하였고 효소결정화를 위한 가장 좋은 조건을 후배 연구자들에게 전하는 매우 중요한 공헌을 하였습니다.

올해의 세 번째 노벨 화학상 수상자인 웬델 스탠리 박사는 뉴욕에 있는 록펠러 연구소에서 일하다가 1932년 프린스턴에 있는 록펠러 연구소의 한 학과로 옮겼습니다. 그가 관심을 가졌던 문제, 즉 바이러스의 화학적 성질은 지금 막 언급한 효소의 문제와 어느 정도 유사합니다. 잘 알려져 있듯이 바이러스는 사람, 동물, 식물에 널리 알려진 많은 질병을 일으키는 전염병원체입니다. 예를 들면 천연두, 척수성 소아마비, 유행성 독감, 구제역, 모자이크병(담배식물) 등입니다. 스탠리 박사가 연구를 시작했을 때 바이러스입자는 현미경으로 볼 수 없었고 병이 발생하는 증상으로 확인할 수 있었습니다. 정확하게 알려진 화학반응을 적용할 수 있는 효소와는 다르게 바이러스의 효과는 쉽게 측정할 수 없어서 문제는 더욱 어려웠습니다. 1934년 스탠리 박사는 처음에 담배모자이크병의 바이러스가 단백질 분해효소에 의해 어떻게 공격받는지를 보이려고 섬너 교수와 노스럽 교수가 효소에 성공적으로 사용한 것과 유사한 방법으로 바이러스를 정제하였습니다. 1945년 많은 양의 감염된 담뱃잎을 사용한 상세한 연구를 통해 매우 활성이 크고 바이러스 활성의 운반자인 것으로 증명된 적은 양의 결정을 만드는 데 성공하였습니다. 이것도 역시 활성 단백질의 문제고, 그후에 핵산 또한 바이러스 구성의 중요한 요소라는 것이 증명되었습니다.

바이러스는 극히 적은 양으로 병을 일으킨다는 사실 외에 박테리아처럼 스스로 번식하는 능력이 있기 때문에 스탠리 박사의 발견은 생명 과정의 화학적 성질을 더 긴밀하게 이해하도록 하는 또 다른 큰 진전인 것 같습니다. 부흐너가 살아 있는 세포의 한 기능이 분리될 수 있고 짜낸 즙에서 발견된다는 것을 알아냈을 때도 놀라웠는데, 생명의 고유한 특징인

번식능력이 어떤 분자, 즉 죽은 물질에 의해 나타날 수 있다는 것은 더욱 더 놀랄 만한 일입니다. 하지만 우리가 아는 한 이 능력은 바이러스 분자가 살아 있는 세포와 접촉했을 때만 나타나며 바이러스 번식의 원인이 되는 것임을 기억해야 합니다.

스탠리 박사와 다른 연구자들의 연구에서 많은 종류의 바이러스, 예를 들면 천연두 바이러스 등은 상당히 복잡한 구조라는 것이 밝혀졌습니다. 스탠리 박사가 분리한 '분자바이러스'가 점차적으로 살아 있는 박테리아에 가까워지는 여러 종류의 바이러스들 중에 가장 단순한 형태를 나타낸다고 할 수 있습니다. 이 결과로 매우 신기한 분야가 연구자들에게 열릴 것이며, 이 연구로 산 물질과 죽은 물질 사이의 경계선을 정밀하게 조사하는 것이 가능해질 것입니다.

일부 과학자들조차 생명 과정의 가장 깊숙한 비밀은 항상 숨겨져 있으며 우리가 통과할 수 없는 벽이 있다고 가정합니다. 오늘날 우리가 옳은지 그른지는 잘 모르지만 만약 벽이 하나 있다면 그것은 일찍이 우리가 믿어 왔던 것보다 훨씬 더 멀리 있다고 생각됩니다. 이 같은 결과는 1946년 노벨 화학상이 수여되는 발견 때문입니다.

제임스 섬너 박사님.

효소결정화 가능성에 대한 박사님의 발견은 효소가 단백질이라는 사실을 입증하는 최초의 설득력 있는 증거입니다. 화학, 생물학, 그리고 의학에서 매우 중요한 이 물질의 화학적 성질에 관한 문제를 밝히려고 시도하는 것이 처음으로 가능하였습니다. 흔히 선구적인 연구가 그렇듯이 박사님의 연구 결과는 어느 곳에서도 즉시 받아들여지지 않았지만 오늘날 생화학 연구의 가장 중요한 기초가 되었고 길잡이가 되었습니다.

존 노스럽 박사님.

박사님과 박사님의 공동 연구자들이 효소와 다른 활성 단백질의 결정화를 개발한 것은 일종의 여러분 같은 대가들의 예술입니다. 이 분야의 성공적인 연구 조건을 박사님이 찾아냈으며, 그 연구 동안에 효소와 관련 단백질 간의 흥미로운 관계를 발견하였고, 결국은 이 물질들의 활동 방식에 대해 완전한 이해의 실마리를 제공하였습니다.

웬델 스탠리 박사님.

현대 화학과 생물학에서 가장 뛰어난 발견 중의 하나를 박사님이 이루었습니다. 바이러스는 많은 단백질이나 효소와 같은 방식으로 결정화할 수 있고, 바이러스가 실제로 단백질이라는 사실은 거의 모든 연구 분야에 놀라운 가능성을 제시하며 단숨에 알려졌습니다. 박사님은 이 영역으로 들어가는 문을 열었을 뿐만 아니라 박사님 스스로 성공적으로 가능성을 조사하고 자신과 제자들의 연구를 통해 이미 풍성한 결실을 수확하였습니다.

여기 세 박사님들이 연구를 통해 성공적으로 해결한 문제들은 서로 깊은 관련이 있고 사용한 방법은 서로 일치합니다. 최근의 업적이 이 분야의 중요한 초기 발전에 보태졌습니다. 박사님들의 업적과 발견은 인류의 감사를 받을 만하며 1946년 노벨 화학상은 이 감사에 대한 표현입니다.

제임스 섬너 박사님, 존 노스럽 박사님, 웬델 스텐리 박사님. 과학원의 뜻깊은 축하를 전해 드리며 이제 전하로부터 상을 받으시기 바랍니다.

스웨덴 왕립과학원 A. 티셀리우스

생물학적으로 중요한 식물 생성물, 특히 알칼로이드 연구

1947

로버트 로빈슨 | 영국

:: **로버트 로빈슨 Robert Robinson (1886~1975)**

영국의 화학자. 1910년에 맨체스터 대학교에서 박사학위를 취득하였고, 1912년에 시드니 대학교의 순수 및 응용 유기화학 교수로 임명되었다. 1915부터 1920년까지 리버풀 대학교, 1921년 성 앤드류 대학교, 1922년부터 1928년까지 맨체스터 대학교 유기화학 교수로 재직하였다. 1930년부터 1955년까지 옥스퍼드 대학교 웨인 플리트좌座 유기화학 교수로 재직하였고, 1939년에는 기사작위를 받았다. 유기화합물의 구조 및 합성의 문제에 집중하여, 단백질에 들어있는 아미노산이 식물의 단일 분자 생성에 결정적인 영향을 준다는 이론을 정립하였다. 알칼로이드에 대한 그의 연구는 생물학과 약학에까지 영향을 주었다.

전하, 그리고 신사 숙녀 여러분.

유기화학의 주된 목적 중의 하나는 살아 있는 자연에서 발견되는 물질의 화학구조를 규명하는 것입니다. 따라서 생명작용을 갖거나 명백한 특성을 가진 물질에 특별한 관심이 모아지고 있습니다. 다소 단순한 화합물의 구조는 19세기 동안 대부분 밝혀졌고 더 복잡한 것들은 우리 세기를 위해 남겨졌습니다. 로버트 로빈슨 경의 걸출한 연구는 많은 그룹의 복잡한 물질들을 다루었습니다. 통합적인 연구에서 로버트 경은 안토시안을 다루었는데, 이것은 한 그룹의 적색, 청색, 자색 염료로써 식물왕국의 거의 모든 곳에서 발견되며, 우리는 이것들을 적포도주와 비트뿌리, 들판의 수레국화와 참제비고깔에서 볼 수 있습니다.

그는 성 호르몬과 이보다는 덜 복잡한 구조를 가지지만 비슷한 성질을 갖는 합성물질에 관한 중요한 연구를 했습니다. 그는 말라리아에 효과가 있는 합성 약물에 관한 선구적 연구를 했고, 페니실린 연구에 기여했으며, 유기화학 반응 메커니즘에 관한 근본적인 의문들을 성공적으로 공략했습니다. 그러나 금년의 노벨 화학상을 수여함에 있어서 왕립과학원은 특히 알칼로이드에 관한 로버트 경의 연구에 주목했습니다.

알칼로이드에 의해 우리는 식물왕국의 수많은 질소를 함유하는 기초물질을 이해합니다. 그들은 일반적으로 강력하고 때로는 감각적이고 생리적인 효과가 있습니다. 그들 가운데 퀴닌, 코카인, 그리고 아트로핀이 있는데, 이들은 모두 중요한 의학적 성질이 있습니다. 더군다나 모르핀은 의심할 여지 없이 잘 알려져 있고, 스트리키닌은 그 의학적 가치로 인해 널리 알려져 있으며 다소 많은 양은 특별히 활성을 갖는 독약으로 알려져 있습니다. 알칼로이드를 포함하고 있는 식물들은 일반적으로 원시인들의 관심을 끌었는데, 고대 문명을 가진 나라에서는 그것들의 성질에 관한 지식이 가끔 역사 이전의 시대로 올라갑니다. 알칼로이드를 포함하는 식물들은 한편으로는 종교의식과 범죄 목적을 위해, 다른 한편으로는 치료약과 즐거움의 수단으로 사용되어 왔습니다. 그것들은 우리의 생각을 시와 낭만으로 이끌 수 있습니다. 아편과 양귀비액을 찬양하는 노래를 했던 것은 퇴폐적인 시인들뿐만이 아닙니다. 그것들은 또한 부도덕,

범죄, 그리고 공포와도 관련이 있었습니다.

19세기 동안 활성물질 자체인 알칼로이드를 분리하는 방법을 알아내기 시작했습니다. 이들에 관한 화학적 조사는 여전히 줄지 않는 관심과 함께 계속되고 있습니다. 이러한 알칼로이드들은 그 화학적 구조가 매우 복잡하다는 것이 곧 알려졌습니다. 모르핀 분자는 40개의 원자를, 스트리키닌 분자는 47개의 원자를 가지고 있으며 이들 각각의 원자는 나머지 원자들에 대해 정확한 위치를 가지고 있습니다. 다른 화학적 조작을 통해 이 복잡한 시스템의 내부구조를 밝히는 것은 매력적인 만큼이나 어려운 작업입니다. 그것은 대단한 실험적 기술과 창의력과 날카로운 논리를 필요로 합니다. 이러한 알칼로이드 연구에서 로버트 경은 우리 시대에 단연 최고입니다. 그는 모르핀 분자구조의 수수께끼를 풀었는데 이와 관련해서 20개의 다른 구조를 연구 중이었습니다. 일부 자세한 부분은 여전히 불확실하지만 그는 스트리키닌 구조의 근본적 특징을 명확하게 밝혔습니다. 그는 또한 그노스코핀, 하르말린, 피조스티그민, 그리고 루타카르핀과 같이 이상한 이름을 가진 많은 다른 알칼로이드의 연구에 결정적인 공헌을 했습니다.

가끔 식물들이 어떻게 이러한 단일 분자들을 만드는지 의문이 제기되었습니다. 여기서 로버트 경은 단백질에 들어 있는 아미노산이 결정한다는 이론을 만들어 그 의문에 대해 만족할 만한 답을 제시했습니다. 이 이론은 로버트 경의 유명한 트로핀 합성으로 예증되었는데, 트로핀은 코카인과 밀접하게 관련된 물질입니다. 우리는 여기서 3개의 다소 단순한 분자들이 자발적으로 결합하여 하나의 복잡한 시스템이 되는 경우를 봅니다. 이전에는 이것을 일련의 긴 반응을 통해서 단계별로만 만들 수 있었습니다. 우리는 여기서 로버트 경이 자연의 작동방식에 대한 열쇠를 찾았다고 가정할 수 있습니다. 이 이론은 또한 복잡한 구조를 결정할 때의 지침서로서 아주 중요해졌습니다. 여러 그룹의 알칼로이드 물질 내에서 숨겨진 관계를 찾는 일을 가능하게 했기 때문입니다.

자연과학의 경향은 점점 더 다른 과학 사이의 전통적 경계를 허물려고 합니다. 총체적인 지식의 합은 지속적으로 증가합니다. 그러나 인간의 지성은 제한적이고, 그래서 협력이 필요해집니다. 개개인의 과학자가 생산적인 협력 체계로 돌아서지 않고서는 그 스스로의 특정한 기초 위에서 과학을 넓고 깊게 하는 것은 어려운 과업이 됩니다. 아마도 이러한 경향은 특히 화학에서 두드러질 것입니다. 생명과 물질에 관한 한 묶음의 연구가 함께 돌아갑니다. 화학이 오늘날 자연과학에서 중심 위치를 차지할 수 있었던 이유입니다. 로버트 경은 대단히 성공적으로 그러한 문제를 해결했습니다. 그는 자신의 인생을 유기화학에 바쳤지만 그가 이룬 연구의 중요성과 결과는 생물학과 약학 분야까지 멀리 확장됩니다.

로빈슨 교수님.

유기구조의 복잡한 문제는 일반 대중의 관심을 끌 성질의 것은 아닙니다. 우리의 과학은 배타적입니다. 교수님은 원자핵 분열과 같은 일간 신문 칼럼에 평판이 자자한 놀라운 발견을 해서 과학적 명성을 얻은 것이 아닙니다.

교수님은 매우 중요한 문제에 대해 수없이 많은 연구조사를 함으로써, 근본적인 질문에 관한 우리의 생각을 점차 바꾸었습니다. 분자설계를 전공하는 학생으로서 매우 성공적으로 케쿨레와 쿠퍼가 수행한 일련의 연구를 추구했고, 살아 있는 식물 내에서 복잡한 구조를 만드는 데 빛을 비추었습니다. 오늘날 교수님은 유기화학자 중에서 지도자이자 스승으로서 누구보다도 뛰어난 사람으로 인정받고 있습니다.

과학에 기여한 교수님의 공로를 인정하고, 생물학적으로 중요한 식물 생성물에 관한 연구, 특히 복잡한 알칼로이드의 구조와 생합성에 관한 뛰어난 연구 업적에 대해 왕립과학원은 교수님에게 노벨 화학상을 수여하기로 결정했습니다.

로버트 경.

과학원을 대신해서, 축하의 말씀을 드리며, 이제 전하로부터 상을 받으시기 바랍니다.

스웨덴 왕립과학원 노벨 화학위원회 위원 아르네 프레드가

전기영동 및 흡착분석에 관한 연구

1948

아르네 티셀리우스 | 스웨덴

:: 아르네 빌헬름 카우린 티셀리우스Arne Wilhelm Kaurin Tiselius (1902~1971)

스웨덴의 생화학자. 1925년부터 웁살라 대학교에서 테오도르 스베드베리의 조교를 맡았고, 1930년에 박사학위를 취득하면서 웁살라 대학교 조교수로 임용되었다. 그 후 프린스턴 고등연구소에서 연구하였고, 1937년에 웁살라 대학교 생화학 교수로 임용되었다. 전기영동과 흡착분석 방법을 통하여 혈청단백질을 분리하고 그 특성을 규명함으로써 단백질 화학의 지속적 발달을 위한 토대를 제공하였다.

전하, 그리고 신사 숙녀 여러분.

"셸레는 창조의 중심인 우주를 분석하였다."

이 말은 스웨덴 과학원 50주년 기념식에서 시인 텡네르가 18세기 스웨덴의 눈부신 화학 발전을 표현한 것입니다. 셸레의 업적을 이보다 잘 요약할 수는 없습니다. 분석, 즉 물질성분의 분리는 다른 화학자에게 그렇듯이 그에게도 가장 중요한 것이었습니다.

화합물의 성분을 분리하는 기술인 화학분석은 거의 완벽에 가깝게 발전하였습니다만 특정 분야에서 오랫동안 어려움을 겪고 있습니다. 많은 경우에 연구자들이 실험을 하는 동안 분자들의 특성을 바꾸지 않으면서 큰 분자로 구성된 물질을 분리할 수는 없었습니다. 이와 같은 실패가 특히 뼈저리게 느껴지는 이유는 이 물질들이 생물학적인 면과 기술적인 면에서 매우 중요하기 때문입니다. 결국 우리 시대 연구자들의 관심은 여기에 집중되었습니다. 이 같은 물질 중에 생명 과정에 지배적인 역할을 하는 단백질과 탄수화물 고분자들이 있습니다. 단백질은 동물 생활에, 탄수화물은 식물 생활에 지배적인 역할을 합니다. 그것들 중에는 현대의 합성재료를 구성하는 물질들, 즉 여러 종류의 합성고무, 절연물질, 플라스틱, 압축물질, 새로운 직물 등이 포함되는데, 그것들의 실용적인 중요성은 날마다 증가하고 있습니다.

웁살라 물리화학연구소에서는 거대분자를 가진 콜로이드와 유사한 물질들의 특성에 관한 연구가 오랫동안 진행되어 왔습니다. 이곳은 스베드베리가 물질의 분자량을 결정할 수 있도록 초원심분리방법을 완성하였던 곳이기도 합니다. 마침내 거대분자를 가진 물질의 분리와 정제가 해결된 곳이 바로 이곳입니다.

여기서는 전기영동과 흡착, 이 두 가지 현상이 사용되었습니다.

액체에서 현탁액 내의 입자나 거대분자는 일반적으로 주위를 둘러싼 매체의 성분과 다른 전하를 띠게 됩니다. 이 같은 입자나 분자들이 전기장의 영향에 놓이면, 즉 전류가 용액 속에 흐르면 결국 움직이게 되는데 이 현상을 전기영동이라고 부릅니다. 이동 속도는 전위차와 입자전하에 비례할 뿐만 아니라 그들의 크기와 모양에도 비례합니다. 그러므로 용액에서 다른 종류의 입자나 분자들을 분리하는 것이 가능하며 또한 원하기만 하면 그것들을 정제할 수 있습니다.

대부분 성공하지 못했지만 많은 연구자들이 오랫동안 이 문제를 가지고 연구하였습니다. 전기영동은 복잡한 현상이어서 일반적인 분석 방법의 기초로 사용하는 것은 전혀 가망이 없어 보였습니다. 그런데 드디어 이 방법을 아르네 티셀리우스 교수가 성공하였습니다. 그는 전기영동과 그에 수반되는 수많은 장애물을 철저히 연구하기 시작했고, 연구에 기초하여 합리적인 방법을 만들어 냈습니다. 1930년 첫 연구 결과를 박사학위 논문으로 발표하였습니다. 그 이후로 실험 장비가 발전하였고 결국 그의 방법은 완벽한 수준에 도달하게 되었습니다.

이 방법으로 단백질의 전기영동을 정확하게 측정할 수 있으며, 그 결과로 이런 물질들의 특성을 이전보다 더욱 확실하게 밝힐 수 있었습니다. 이 방법을 동작시키는 중요한 기초를 얻은 덕분에 어려운 단백질 화학이 지속적으로 발달할 수 있을 것입니다.

티셀리우스 교수는 전기영동법으로 다양한 효과를 가진 많은 것들을 발견하였습니다. 혈청단백질인 글로불린이 완전히 균일한 물질이 아니라는 것은 이미 알려져 있었는데, 티셀리우스 교수는 세로글로불린 Seroglobulin을 각기 다른 분자 그룹으로 구성된 세 개의 구별되는 부분으로 분리하는 데 성공하였습니다. 이 발견은 지난 제2차 세계대전 동안 미국에서 진행되었던 실용적인 약품을 위한 매우 중요한 연구의 기초가 되었습니다. 이 연구는 인간의 혈장을 더 작은 부분으로 나누는 것이 목적이었습니다. 만약 미국 과학자들이 자유롭게 티셀리우스 교수의 방법을 사용하지 못했다면 그 문제를 푸는 데 실패했을지도 모릅니다. 전기영동에 관한 연구를 하는 동안에 티셀리우스 교수와 공동 연구자들은 면역반응 동안 혈액에서 생성되는 단백질 특성을 가진 항체에 대하여 의학적으로 매우 가치 있는 실험을 수행하였습니다.

전기영동법은 콜로이드와 거대분자의 물질을 연구하는 것만 가능하였습니다. 사람들이 중간 크기 분자량이라고 하는 약간 작은 분자량의 물질분석에서는 정교한 방법이 필요하였습니다. 결국 티셀리우스 교수는 흡착에 의해 분석방법을 완벽하게 만들었습니다. 이 방법은 원리적으로 꽤 오랫동안 알려져 있었습니다. 40여 년 전에 러시아 식물학자인 츠베트는 식물색소를 분리하기 위해 이 방법으로부터 실제적인 사용 과정을 유추해 냈습니다. 처음에 이 방법은 미숙한 상태였고 색깔을 띤 물질에만 적용할 수 있었기 때문에 이것을 크로마토그래피 분석이라고 불렀습니다.

흡착분석은 그 당시 방독면 구성에 포함된 원리에 기초를 두었습니다. 여러분도 알고 있듯이 방독면은 공기를 들이마실 때 유독한 물질을 막는 탄소분말의 필터통으로 구성되어 있습니다. 이 같은 방식으로 분말, 압축된 물질 혹은 다공질의 물질을 통과한 용액은 용액 내의 어떤 물질을 남기게 됩니다. 이것들은 고체 매체의 표면에 정착하게 되는데 이 현상을 흡착이라고 부릅니다. 용액 내에 여러 물질들이 있으면 다른 비율로 흡착된다는 사실을 이용하여 그것들을 분리할 수 있습니다. 흡착분석 조건에 관한 체계적인 연구를 한 후에 티셀리우스 교수는 그 원리와 조건에 따른 작동 방법을 확립하였습니다. 이 과정에서 관찰하는 방법은 색깔을 띠거나 띠지 않는 물질이거나 상관이 없습니다. 티셀리우스 교수는 흡착분석을 정성적인 방법뿐만 아니라 정량적인 방법을 사용하는 것을 발견하여 한 걸음 더 나아갈 수 있었습니다. 이 분야에서 그는 새로운 아이디어와 대단한 독창력을 가지고 연구를 수행하였습니다. 그리고 흡착분석법은 아직 끝난 것이 아니라 오히려 매우 잠재력 있는 국면에 접어들었습니다. 흡착분석법은 티셀리우스 교수와 동료들의 노고 덕택으로 미래에 완벽하게 확립될 것이며 이미 막대한 가치가 있는 연구과정으로 발전되고 있습니다.

티셀리우스 교수는 아미노산, 펩티드, 설탕으로 이루어진 혼합물 분석에 대한 훌륭한 결과들을 얻었습니다. 지난 여러 해 동안 분석 방법에 관한 세부사항에 큰 공헌을 한 그의 동료 스티그 클라에손은 이 방법을 다른 그룹의 유기물질에 성공적으로 적용하였습니다.

여기서 간단히 서술한 새 방법의 가치는 오늘날 생화학과 의학의 국제 연구에 널리 사용되는 것에서 증명됩니다. 전기영동과 흡착분석에 대한 티셀리우스 교수의 장치가 스웨덴뿐만 아니라 외국에 있는 수많은 실험실과 의학연구소 장비의 일부가 되었습니다. 사람들은 화학 관련 정기간행물에서 새로운 실험이 티셀리우스 방법으로 끊임없이 이루어지는 것을 접하게 됩니다.

그러므로 국제화학계의 의견과 일치한 과학원은 전기영동과 흡착분석에 대한 연구 업적, 특히 혈청단백질의 불균일한 특성을 고려해서 발견한 아르네 티셀리우스 교수에게 올해 노벨 화학상을 수여하기로 결정하였습니다.

티셀리우스 교수님.

특정 분야에만 전문가인 현재의 많은 과학자들에 비하여 교수님은 여러 분야에 심오한 지식을 가지고 있습니다. 교수님의 위대한 성과는 물리화학과 생화학뿐만 아니라 물리학과 의학의 넓은 범위까지 걸쳐 있습니다. 동일한 성취 목표를 가진 과학조직의 시대에, 다른 학문을 대표하는 과학자 그룹이 교수님이 해결한 문제를 공박하는 일이 생긴다면 교수님이 성공한 것처럼 그들이 승리할 수도 있습니다. 그렇지만 저는 그렇게 생각하지 않습니다. 지난해 아베르딘 대학교의 학생들에게 에릭 린클

라터가 강연한 내용은 반박할 수 없는 진실을 담고 있습니다. "개인의 생각이 어떤 활동에서는 위원회 공동의 생각보다 더 훌륭할 수 있습니다. 그런데 한 사람의 살아 있는 상상력이 위원회에 비집고 들어갈 자리는 없습니다. ……『햄릿』은 문학비평가 협회가 쓴 것이 아닙니다."

과학원은 올해 노벨상 수상자로 본 위원회의 회원을 선정한 것에 대해 당당한 자부심과 순수한 기쁨을 느낍니다. 교수님의 업적은 과학원의 크나큰 기쁨이며, 수많은 결과물들은 교수님의 과학적 경력을 앞으로도 더욱 드높일 것입니다. 과학원을 대신하여 교수님께 깊은 존경과 앞날의 행운을 전합니다. 이제 황태자 전하로부터 상을 받으시기 바랍니다.

스웨덴 왕립과학원 노벨 화학위원회 위원장 A. 베스트그렌

극저온에서 물질의 거동에 관한 연구

1949

윌리엄 지오크 | 미국

:: **윌리엄 프랜시스 지오크** **William Francis Giauque (1895~1982)**

캐나다 태생 미국의 물리화학자. 1922년에 버클리 캘리포니아 대학교에서 박사학위를 취득하였고, 1934년부터 화학 교수로 재직하다 1962년에 명예교수가 되었다. 절대온도 0도에 도달하기 위한 자장을 이용한 냉각법을 개발하였으며, 절대온도 0도 근처의 온도를 정확하게 측정하는 방법을 개발하였다. 나아가 극저온에서 물질의 특성 및 이와 관련된 엔트로피에 관한 연구 성과를 산출함으로써 현대 물리화학 분야에 기여하였다.

전하, 그리고 신사 숙녀 여러분.

화학의 기원은 인류 문명의 시작과 같습니다. 물질세계의 구조와 변화를 지배하는 법칙을 찾는 일은 예나 지금이나 다소 별난 여러 경로를 거칩니다. 금을 만들고 현자의 돌을 발견하려는 꿈을 가진 연금술사들은 오늘날에 보면 다소 체계적이지 못한 것으로 간주되는 실험들을 하기도 하였으나, 그럼에도 이러한 노력들은 물질의 다양한 성질에 관한 거의 완벽한 지식을 이끌어 냈습니다. 이런 연구의 원동력은 개인적인 이익이나 종종 금전적 지원을 하는 귀족 후원자들을 기쁘게 하기 위한 것만이 아니라 학문에 대한 진정한 열망에서 비롯되기도 하였습니다.

실험이 체계화되고 물질의 변화를 지배하는 일반적 법칙들을 발견하려는 노력을 기울이면서 화학은 비로소 과학이 되었습니다. 과학적인 법칙이란 단지 모든 알려진 자연적 현상들에 관한 일관성 있는 설명을 가능하게 할 뿐만 아니라, 바람직하게는 새로운 현상들을 예측할 수 있게 해야 합니다. 화학자들이 미지의 분야를 탐구할 때는, 연금술사들이 그러했듯이, 항상 실험이라는 도구를 가지고 무엇이 가능하고 무엇이 불가능한지를 판단해야 합니다. 그러나 화학자들은 다양한 외부조건(가령 다른 압력과 온도)에서 특정 화학반응의 결과를 예측할 수 있게 하는 정확한 일반법칙의 큰 도움을 받습니다. 이와 같은 방법으로 특정 화학반응의 결과를 예측할 수 있다는 것은 매우 실질적 가치가 있습니다. 따라서 오늘날에는 어느 특정 화학 공정이 가능한지, 그리고 어떤 조건이 유리한지 미리 계산해 보는 것이 종종 가능합니다. 그러나 이와 같은 법칙은, 당연히 오늘날의 세상에서 화학 공정을 포괄적으로 묘사하는 기반이 되며, 화학이 과학이 된 이후 그러한 법칙을 찾기 위한 연구가 중심 위치를 차지하게 된 것입니다.

오늘 제가 특별히 말씀드리는 법칙은 물질 간의 친밀성 또는 화학자들이 일컫는 한 물질과 다른 물질 간의 친화도인데, 이 친화도를 어떻게 정의할 것인지, 이를 측정하는 최상의 방법은 무엇인지, 그리고 이를 어느 정도까지 정확하게 계산할 수 있는지에 관한 것입니다. 석탄 덩어리를 공기 중에서 태우면 열이 발생합니다. 여기에서 일어나는 화학반응은 석탄이 공기 중의 산소와 결합하여 이산화탄소를 발생시키는 것입니다. 이때 발생하는 열의 양이 무엇보다 친화도의 척도가 되는 것은 당연합니다. 반응이 일어나려는 경향이 강하면 발생하는 열도 많다는 것을 당연하게 여길 것입니다. 흔히 그렇지만 항상 그런 것은 아닙니다. 온도가 내려가는 화학반응들도 있습니다. 따라서 반응 중에 발생하는 열은 친화도의 정확한 척도로서 적절하지 않습니다. 대신 화학반응의 자유에너지를 측정해야 합니다. 이것은 반응 중에 방출된 총에너지인데, 직접적, 간접적, 역학적이거나 전기적인 에너지 생산에 사용될 수 있습니다. 이 자유에너지는 역학적, 전기적, 또는 분광학적 방법으로 정확하게 측정할 수 있습니다. 그러나 쉽게 구현할 수 없는 조건일 때, 예를 들면 그 화학반응이 평형상태일 때 측정해야 합니다. 반응 중에 발생하는 반응열을 측정하는 것은 훨씬 수월합니다. 그러므로 지난 50년간 이 분야의 많은 연구가 반응열로부터 이 자유에너지를 계산하는 방법, 즉 순수한 열역학적 측정으로부터 한 화학반응의 결과를 예측할 수 있는 방법을 찾기 위하여 전념해 온 것은 당연합니다.

이 연구에 헌신한 가장 명석한 과학자 중 한 사람이며 화학열역학 분야에서 가장 앞선 선구자는 지난 세기 말부터 연구에 정진한 미국인 윌러드 기브스입니다. 그는 명료한 방정식을 정립하였는데, 이 방정식은 반응열로부터 자유에너지를 계산하기 위해서는 반응 과정의 엔트로피 변화를 알아야 한다는 것을 밝혔습니다. 이 엔트로피 변화에 절대온도를 곱한 값을 반응열과 합하면 자유에너지가 산출됩니다.

올해 노벨상 수상자인 윌리엄 프랜시스 지오크 교수는 화합물의 엔트로피, 특히 낮은 온도에서의 엔트로피에 관한 이해도를 더욱 높였습니다. 우선 제가 여러분들에게 엔트로피가 무엇인지 설명해 보겠습니다. 그러나 미리 말씀드리지만 엔트로피는 온도나 압력처럼 바로 관찰할 수 있는 것이 아닙니다. 화학을 공부하는 학생들도 처음에는 이 개념을 이해하는 데 어려움을 겪습니다. 화합물에 일정량의 열을 가하면 엔트로피가 증가하게 되는데, 그 증가량은 가해진 열을 절대온도로 나눈 값과 동일합니다. 따라서 우리는 엔트로피 변화를 측정할 수 있으며, 만약 다른 온도에서의 엔트로피 변화를 알고 있다면 이 측정값으로부터 특정 온도에서 반응의 자유에너지 및 반응열을 계산할 수 있습니다. 엔트로피는 한 물질의 아주 독특하고 흥미로운 특성입니다. 특히 분자 및 원자 이론의 관점에서 그렇습니다. 우리는 이른바 열이라는 것이 분자운동이라는 것을 알고 있습니다. 엔트로피는 분자의 무질서한 상태의 척도입니다. 우리가 얼음 결정체에 열을 가하여 녹일 때 엔트로피 증가량은 용해열을 절대온도로 나눈 값과 동일하며, 얼음 결정 내부에 거의 완벽히 정렬되어 있던 물분자가 녹은 물속에 무질서하게 흐트러진 상태로 변합니다.

모든 자발적인 화학적·물리적 변화는 엔트로피 증가를 동반한다는 것이 일반적인 법칙입니다. 따라서 우리는 세상이 계속 무질서해진다고 결론을 내릴 수밖에 없습니다. 이 결론은 당연히 분자 수준에서만 증명된 사실입니다.

절대온도 0도인 -273.16도에서 결정화된 물질의 엔트로피는 0이라는 아주 중요한 또 하나의 법칙이 있습니다.

이 법칙은 노벨상 수상자인 독일인 발터 네른스트가 정립한 열역학 제3법칙입니다. 이 법칙이 지오크 교수의 연구 업적으로 오늘날에야 완전히 증명된 셈입니다. 이 법칙에 의하면 이제 우리는 각종 원소 및 화합물에 대한 엔트로피 차이와 변화량은 물론 엔트로피 자체도 계산할 수 있습니다. 따라서 우리가 하나의 화합물, 예를 들어 탄소, 수소, 산소, 질소 원자로 구성된 특정 유기화합물의 생성에 필요한 자유에너지를 계산하고자 한다면 우리는 이 원소들의 엔트로피를 표에서 찾고 이 화합물의 생성열 및 엔트로피를 결정하면 됩니다. 그러므로 생성열 또는 반응열로부터 화학적 친화도를 계산해야 하는 문제가 원칙적으로 해결됩니다.

이 계산에 필요한 데이터들과 열역학 제3법칙에 대한 증명 뒤에는 절대온도 0도에 가까운 낮은 온도에서 각종 화합물의 특성에 관한 폭넓은 연구가 수반되었습니다. 이것이 올해의 노벨상 수상자가 화학에 기여한 큰 공로입니다. 그는 아주 뛰어난 실험 솜씨로 극저온 실험에 자연적으로 수반되는 여러 어려움을 극복하였습니다. 그는 이와 같은 실험 분야에서 새로운 실험 방법들을 개발하였는데, 자장을 이용한 냉각법은 특별히 언급할 가치가 있습니다. 이 방법은 예전에 어떤 기술로 가능했던 것보다 절대온도 0도에 더 가까운 온도를 얻을 수 있게 했습니다.

지오크 교수는 황산가돌리늄과 같은 일부 물질의 결정체가 자기화되면 분자가 매우 잘 정렬된다는 사실을 활용했습니다. 이때 절대온도 0도보다 1도가 높은 액체헬륨 냉각조로 열이 발산됩니다. 이제 액체헬륨을 뽑아내고, 이 결정체가 단열상태로 된 후 자기장을 끊으면 온도가 절대온도 위 수천 분의 1도 정도가 됩니다. 이 방법은 벌써 세계 여러 곳의 저온 실험실에서 널리 사용되고 있으며, 초전도현상 및 물질의 자기 특성에 관한 중요한 발견에도 사용되었습니다. 지오크 교수는 이 아이디어를 1926년 4월 9일 미국화학회 학술회의에서 언급하였습니다. 그러나 1933년까지 그는 이 구상을 실현할 수 있는 실험설비를 갖추지 못하였습니다. 그의 성격이 충분히 드러나는 사건으로서, 지오크는 1933년 3월 19일 새벽 3시에서 9시 사이에 첫 번째 성공적인 시도가 이루어졌다고 발표하였습니다.

지오크 교수는 또한 절대온도 0도 근처의 온도를 정확하게 측정하는 방법도 개발했다는 것을 언급해야겠습니다. 이 저온 영역에서 실험이 가능하게 되었다는 중요한 사실의 진가를 충분히 인정하기 위해서는, 절대 온도 1도부터 0.003도 사이에 있는 물질의 특성 변화가 실온부터 절대 온도 1도까지의 변화와 비슷하다는 점을 이해해야 합니다. 더구나 분자가 열에 의한 움직임이 없이 정지하였을 때 많은 자연현상이 훨씬 간단해집니다. 지오크 교수의 공헌으로 화학에 매력적인 연구 분야가 열렸으며, 그와 그의 동료들이 이 새로운 분야에서 가장 중요한 성과를 올렸습니다. 그는 기존의 방법보다 10배 이상 정확하게 엔트로피를 측정하는 데 성공하였고, 따라서 앞서 말씀드린 근본적인 연구 결과(열역학 제3법칙의 증명 및 화학평형의 정확한 계산)를 얻을 수 있는 전제 조건을 창안한 것입니다.

지오크 교수는 여러 물질을 대상으로 연구를 하였습니다. 저는 여기에서 이들 중 아주 훌륭한 연구 결과로서 여러 종류의 질소산화물 간의 평형과 다양한 종류의 질산수화물 간의 평형에 관한 연구 결과만을 언급하고자 합니다. 순수 금속들의 엔트로피에 관한 연구도 물론 아주 흥미롭습니다. 지오크 교수는 이미 오래전인 1923년 박사학위 논문에서 글리세린의 유리상과 결정상 간의 엔트로피 차이의 문제를 다루었는데, 이 엔트로피 차이는 제3법칙을 시험하는 데 특히 중요합니다.

지오크 교수는 이와 같은 방법으로 얻은 엔트로피(열량학적 엔트로피) 값과 스펙트럼 밴드로부터 산출한 값(분광학적 엔트로피)의 차이를 비교하여 많은 흥미로운 결과들을 얻었습니다. 뒤의 방법은 노벨상 수상자인 제임스 프랑크와 미국의 물리학자인 버지가 개발하였습니다. 그러나 지오크 교수는 스펙트럼으로부터 열역학적 상수를 계산하는 실용적인 방법을 개발해 냈습니다. 다른 연구에서도 종종 볼 수 있는 것처럼 원리적으로 다른 방법으로 얻은 정확한 데이터를 비교함으로써 아주 흥미롭고 새로운 발견을 하게 되었습니다. 지오크 교수는 앞의 두 가지 방법으로 얻은 일산화탄소 엔트로피 값의 차이를 설명할 수 있었습니다. 그 차이는 일산화탄소 분자의 양 끝 부분의 차이가 매우 미미하여 결과적으로 결정체에서 이 분자가 두 가지 방향으로 정렬하는 데 있습니다. 지오크 교수는 대칭성이 매우 크거나 약간 작은 물질들에서 이 같은 흥미로운 현상들이 있는 것을 밝혀냈으며, 1930년대 초에 여러 편의 논문을 차례로 발표하였습니다. 이 결과들은 지오크 교수의 다른 수많은 연구 결과들처럼 엔트로피와 분자들의 무질서도 사이의 상관관계에 관한 명백한 예입니다.

1929년에 지오크 교수와 존스턴은 이와 같은 분광학적 실험을 통하여 산소원소가 원자량 16인 원자만으로 구성된 것이 아니라 원자량 17과 18인 산소 동위원소도 적은 양이 존재한다는 놀라운 발견을 하였습니다. 산소의 원자량은 다른 모든 원소들의 원자량을 계산하는 근거가 되므로 이 발견은 매우 깊은 관심을 끌었으며, 그 뒤 다른 원소들로 비슷한 연구를 수행하는 계기가 되었습니다.

화학열역학 분야에서 지오크 교수의 공헌, 특히 저온에서 물질의 특성과 이와 관련한 엔트로피에 대한 연구는 현대 물리화학에 지대한 기여를 하였습니다. 스웨덴 왕립과학원은 지오크 교수의 연구 업적에 대해 노벨 화학상을 수여하게 되어 매우 기쁩니다.

지오크 교수님.

물질의 특성과 변화를 결정하는 자연법칙에 관한 우리의 지식을 넓히기 위하여 아직까지 인간이 도달하지 못했던 극저온 영역을 얻는 것은 꼭 필요한 일이었습니다. 교수님의 눈부신 업적이 이 같은 일을 가능하게 했습니다. 교수님은 극한 조건에서 아주 정밀한 측정을 하는 데 필수적인 방법을 개발하였으며, 과학적으로 매우 중요하면서도 그동안 알려지지 않은 현상들을 심도 있게 탐구하는 데 이 방법을 활용하였습니다. 교수님의 연구 결과는 실질적으로 매우 중요하면서 가장 근본적인 자연 법칙의 하나를 확실하게 증명하였습니다.

스웨덴 왕립 과학원은 교수님에게 올해의 노벨 화학상을 수여하게 된 것을 매우 흡족하게 생각합니다. 과학원을 대표하여 진심으로 축하를 드리며, 이제 윌리엄 프랜시스 지오크 교수님, 황태자 전하로부터 1949년 노벨 화학상을 받으시기 바랍니다.

스웨덴 왕립과학원 노벨 화학위원회 위원 A. 티셀리우스

다이엔합성의 발견과 개발

1950

오토 딜스 | 독일

쿠르트 알더 | 독일

:: 오토 파울 헤르만 딜스 Otto Paul Hermann Diels (1876~1954)

독일의 화학자. 1895년부터 베를린 대학교에서 에밀 피셔 교수의 지도 아래 화학을 공부했으며, 1915년에 베를린 대학교 교수로 임용되었다. 1916년부터 킬 대학교 교수 및 화학 연구소 소장으로 재직하였고, 1945년에 명예교수가 되었다. 1928년에 제자인 쿠르트 알더와 함께 개발한 다이엔 합성은 유기화학 분야에서 매우 실용적인 방법으로서 이후 수많은 과학자들에 의해 다각도로 전개되었다.

:: 쿠르트 알더 Kurt Alder (1902~1958)

독일의 화학자. 베를린 대학교와 킬 대학교에서 화학을 공부하였으며, 1926년에 오토 딜스의 지도 아래 박사학위를 취득하였다. 1934년부터 킬 대학교 화학과 교수로 재직하였으며, 1936년부터 이게 염색공업회사의 연구책임자로 재직하였다. 1940년에 쾰른 대학교 화학과 교수 및 화학연구소 소장이 되었다.

전하, 그리고 신사 숙녀 여러분.

왕립과학원은 올해의 노벨 화학상 수상자와 함께 다이엔합성을 발견하고 개발한 것을 널리 알리려고 합니다. 이 업적은 탄소화합물의 화학인 고전적 유기화학의 영역에 속합니다. 그런데 문제의 이 분야는 꽤 난해하여 언론에 노벨상을 설명해야 하는 과학자들이 '모든 사람이 이해할 수 있는' 이란 말을 사용하기가 쉽지 않습니다. 탄소화합물의 화학은 원자들로 구성된 일종의 중국 퍼즐과 같은데 이 퍼즐은 단순하게 정해진 법칙과 수많은 가능한 조합으로 이루어져 있습니다. 여기서 연구자의 임무는 두 가지입니다. 하나는 우리가 동물과 식물 세계에서 접하는 수천 개의 화합물에 있는 퍼즐을 자연이 어떻게 짜맞추는지를 발견해야 하는 것이고, 다른 하나는 자연이 한 일을 모방하고 수정하여 보완하는 것입니다. 이것은 법칙을 아는 누구에게나 흥미로운 게임입니다.

다이엔합성은 2개의 다소 복잡한 구조의 분자들 사이에서 일어납니다. 그중 하나인 다이엔은 2개의 이중결합과 그 사이에 단일결합으로 연결된 4개의 탄소원자로 된 사슬을 포함합니다. 다이엔의 첫 음절은 그리스 말로 '둘' 이며, 2개의 이중결합을 의미합니다. 또 다른 분자는 이중결합으로 연결된 2개의 탄소원자를 포함해야 하며 구조적인 필수조건을 만족해야 합니다. 이 성분을 보통 다이에노필 혹은 필로다이엔, 즉 다이엔을 좋아하는 짝이라고 부릅니다. 다이엔합성에서 두 사슬들이 원자 6개를 포함하는 고리를 형성하기 위해 서로 결합하는데 이 6은 고리를 만드는 데 매우 유리한 숫자입니다. 동시에 이중결합들이 깨지고 이중결합 1개만이 새로운 시스템에 남습니다.

이중결합을 가진 분자가 쉽게 다른 분자와 결합한다는 것은 오래전에 알려졌습니다. 오늘날 우리는 이 과정을 거쳐 거대분자로 알려진 아주 긴 원자사슬이 만들어진다는 것을 알고 있습니다. 다이엔합성은 어떤 기하학적이고 산술적인 관계에 의해 새로운 분자결합으로 원자사슬의 성장을 끝내는 특별한 경우입니다. 사슬이 그 자체의 꼬리를 잡아 더 이상 자라지 못하는 고리를 형성하게 됩니다.

반응은 가열 과정이나 농축 시약을 첨가하는 일 없이 놀라울 정도로 쉽게 자발적으로 일어납니다. 고리구조가 지난 세기 1860년대 이후부터 알려졌기 때문에 화학적인 견해에서 아주 우아한 이 반응이 더 일찍 발견되지 않은 것은 의아한 일입니다. 개인적으로 관찰하고 조사하였지만 잘못 이해되거나 간과되었을 것입니다. 이 반응에 대한 올바른 해석은 아주 단순하지만 20년 전만 해도 무모한 것이어서 일종의 이상적인 꿈과 같아 화학자들의 관심사가 아니었습니다.

딜스 교수와 알더 교수는 이전에 잘못 이해되었던 이 반응의 단순한 형태에 특히 흥미를 가졌고 그것에 올바른 해석을 하였습니다. 그들은 매우 중요한 합성의 일반적인 방법을 발견하였다고 생각했고 그들의 추측은 많은 연구자들에 의해 다방면으로 확인되었습니다. 이 업적에 대해 유명한 프랑스 과학자는 "아주 직관적이며 천재적"이라고 표현하였습니다.

20여 년 전에 발견된 다이엔합성은 현재 유기화학에서 가장 중요한 실용적인 방법입니다. 이 방법으로 복잡한 구조의 수많은 화합물이 쉽게 생산될 수 있었는데, 이 화합물들은 다른 방법으로는 만들기가 불가능하거나 매우 어려운 것이었습니다. 한 예가 장뇌camphor 분자의 특유한 탄소 구조물입니다. 이 방법은 복잡한 천연물 구성에 관한 연구에서 다양한 방식으로 가치를 증명해 보였는데, 특히 레신산과 '스페인 파리'(실제로는 풍뎅이)의 매우 특이한 활성물질인 칸타리딘이 포함됩니다.

정유와 자연수지에 존재하는 화합물은 흔히 다이엔구조를 포함하고 있는데, 적당한 필로다이엔과의 반응을 통해 플라스틱 원료처럼 산업에 필요한 특성을 지닌 물질을 생산합니다. 특허를 이용한 수많은 활용이 이것을 증명합니다. 다이엔합성의 수많은 공업적 활용 중에 합성 모터 연료의 분석과 정제가 있습니다. 다이엔합성으로 만들어진 생성물은 높은 온도에서 원래 성분으로 분해되기도 하지만 일반적으로 안정합니다. 그러나 드문 경우에 다른 형태로 분해가 일어나는데 이를 분자의 일부가 '떨어져 나갔다' 고 말합니다. 이것으로부터 다른 방법으로 얻을 수 없는 새로운 물질이 만들어집니다. 다이엔합성으로 생겨나거나 유명하게 된 많은 이론적인 문제들을 여기서 다 설명할 수는 없습니다.

딜스 교수님, 알더 교수님.

교수님들이 정기간행물의 편집장에게 '수소방향족 시리즈의 합성' 에 관한 첫 논문을 보내던 날로부터 20년 이상이 지났습니다. 그때 이후로 세상뿐만 아니라 과학도 많이 변하였습니다.

그 당시 불포화화합물을 역으로 첨가하는 것은 여전히 수수께끼로 남아 있었습니다. 고분자화합물의 화학은 대부분 미래에 속한 것이었습니다. 그런데 그렇게 쉽게 얻어진 새로운 물질이 분자화합물이 아니라 안정되고 확고하게 결합된 새로운 분자라는 것을 교수님들이 발견했습니다. 새롭고 단순한 결합이 알고 보니 오랫동안 잘 알려진 종류였습니다. 이 물질의 확인으로 불포화화합물의 중합에 대한 올바른 이해가 이루어졌으며, 그것을 통해 교수님들은 고분자화학과 기술을 크게 발달시켰습니다.

이 논문에서 교수님들은 화학의 미래를 위해 작은 분자화합물의 결과가 얼마나 유망한지 지적하였습니다. 다이엔합성은 교수님들이 논문을 썼을 때 예상할 수 있던 것보다 훨씬 더 많은 것을 이룩하였습니다. 앞을 내다보는 혜안이 이미 그 안에 있었습니다.

교수님들은 다환식 시스템에서 인력을 고려하는, 여러 가지 이론적으로 흥미 있는 문제들이 논의되어야 한다는 것과 그것의 실용적인 중요성을 지적하였습니다. 복잡한 천연물이나 천연화합물 합성의 가능성도 예상하였고 마침내 놀랍고 빠른 이 유연한 반응이 자연의 변화과정에 중요한 역할을 하고 있음을 보여 주었습니다.

1928년 이후로 다이엔합성은 수많은 과학자들이 다방면으로 개발하여 왔으며 날로 그 중요성이 더하고 있습니다. 두 분은 때로는 공동 연구로, 때로는 독립적으로 자신들이 개척한 분야에서 성공적으로 일해 왔습니다. 외부적인 환경은 우리 모두가 아는 전쟁 때문에 항상 좋지만은 않았습니다. 딜스 교수님은 과거 몇 년 동안 어떠한 실험도 할 수 없었다고 들었습니다. 그렇지만 여전히 교수님의 생각은 과학적인 문제에 진지하게 집중되어 있으며 곧 실험적인 문제에 접근하는 기회가 있기를 바랍니다.

알더 교수님.

제한된 연구 시설에도 불구하고 교수님은 완전히 재기하였습니다. 지난해 다환식 시스템에서 입체적 조건과 에너지 조건에 대한 눈부신 업적으로 이 분야에서 선두적인 연구자로서의 위치를 훌륭하게 지켜냈습니다.

존경하는 두 교수님. 다이엔합성 방법의 발견과 개발을 통해 화학에 헌신한 공로를 인정하여 왕립과학원은 올해 노벨상을 수여하기로 결정하였습니다. 기쁜 마음으로 과학원의 축하를 전하며, 이제 앞으로 나오셔서 전하로부터 노벨상을 받으시기 바랍니다.

스웨덴 왕립과학원 아르네 프레드가

트랜스우라늄 원소의 발견과 연구

1951

에드윈 맥밀런 | 미국

글렌 시보그 | 미국

:: 에드윈 매티슨 맥밀런 Edwin Mattison McMillan (1907~1991)

미국의 핵물리학자. 캘리포니아 공과대학교에서 학사학위를, 프린스턴 대학교에서 석사와 박사학위를 취득하였다. 1946년에 버클리 캘리포니아 대학교 교수로 임명되었으며, 1958년에는 로렌스 방사연구소 소장이 되었다. 트랜스우라늄 원소를 발견하였고, 가속기에 관하여 연구함으로써 핵물리 분야의 발전에 기여하였다. 제2차 세계대전 중에는 핵폭탄 개발에도 참여하였다.

:: 글렌 시어도어 시보그 Glenn Theodore Seaborg (1912~1999)

미국의 핵화학자. 1937년에 버클리 캘리포니아 대학교에서 박사학위를 취득하였다. 1946년에 버클리 캘리포니아 대학교 교수가 되었으며, 1958년에는 총장으로 임명되었다. 새로 발견한 트랜스우라늄 원소들의 화학적 특성을 연구하고, 원자의 구조를 규명하였다.

전하, 그리고 신사 숙녀 여러분.

1777년에 발표된 대기와 화재에 관한 그 유명한 보고서에서 셸레는 원소가 무엇으로 구성되어 있는지를 더 이상 연구하는 것이 그 당시에는 헛된 일로 여겨졌다고 기록했습니다. 그는 또 "자연에서 발견되는 물질의 조성을 연구하는 것이 가장 큰 즐거움인 사람들에게는 우울한 전망"이라고 덧붙였습니다. 셸레 자신의 경험과 계속된 연구 개발은 18세기 후반에 새로운 원소를 발견하려는 사람들에게 여전히 할 일이 충분히 있다는 것을 확실하게 보여 주었습니다. 최소한 그때까지 알려진 만큼의 원소들이 여전히 발견되지 않은 채로 남아 있었습니다.

1794년, 웁살라 시절부터 셸레의 친구였던 요한 가돌린 교수는 과학원의 학회록에 '로스라겐의 이트륨광 채석장에서 얻은 검고 무거운 종류의 돌'에 관해 보고하였습니다. 나중에 그의 이름을 따서 가돌리나이트라는 이름으로 불리게 된 이 광물에서 그는 지금까지 알려지지 않은 흙, 이른바 이트리아(이트륨의 산화물)를 발견했습니다. 9년 후에 베르셀리우스는 베스트만랜드의 리다리탄에서 얻은 광물에서 또 다른 흙인 세리아(세륨의 산화물)를 발견했습니다.

이 두 가지 발견은 19세기 내내 진행된 희토류 원소의 연구에 출발점을 제공했습니다. 이미 가돌린 교수는 그가 분리한 이트리아가 단순한 물질이 아닐 가능성을 예측했고, 실제로 여러 산화물로 구성되어 있다는 것을 나중에 증명했습니다. 베르셀리우스의 세리아 또한 혼합물로 판명되었습니다. 그것들은 화학적으로 서로 매우 비슷해서 이 화합물 흙에서 다른 성분을 분리하는 것은 쉬운 작업이 아니었습니다. 그러나 조금씩 그것들을 완벽하게 나누는 것이 가능해졌고, 이 그룹 내에서만 자그마치 14개의 다른 원소들이 분리되었습니다. 스웨덴의 화학자들, 그중에서도 책임자인 모산데르와 클레브는 이 분야에 매우 중요한 기여를 했습니다. 희토류 금속 중에서 이트륨, 터븀, 어븀, 이터븀, 스칸듐, 툴륨, 홀뮴 등이 여러 스웨덴 지역의 출처를 나타내는 이름을 얻었습니다.

희토류 금속 그룹 이외에도 많은 다른 원소들이 19세기에 발견되었고, 모든 알려진 원소에 관한 포괄적인 검토가 1869년 주기율 체계의 확립으로 이루어졌습니다. 그때 멘델레예프와 로타르 마이어는 원소들을 원자량이 증가하는 순서대로 배열하면 화학적 성질에 규칙성이 있다는 명백한 증거를 각자 독립적으로 발견했습니다. 이러한 규칙성으로부터 멘델레예프는 아직 채워져야 할 공간이 남아 있으며, 미발견된 원소와 그 화합물의 가장 중요한 성질까지도 모두 예측할 수 있다고 결론지었습니다. 그의 예측은 나중에 완벽하게 확인되었습니다.

1920년 경에 원자의 구조에 관한 닐스 보어의 연구는 주기율 체계에 새로운 빛을 비추었습니다. 무엇보다도 희토류 원소 사이의 화학적 유사성을 설명하는 것이 이제 가능해졌습니다. 원자핵에 있는 양전하와 이를 둘러싸고 있는 전자의 수는 원소 열에서 오른쪽으로 한 칸씩 옮겨갈 때마다 한 단위씩 증가합니다. 이렇게 채워지는 전자는 보통 원자의 가장 바깥 껍질의 일부분을 형성하며, 화학적 특성은 이 부분의 원자구조로 결정됩니다. 따라서 원소 열에서 계속 이어지는 원소들은 화학적 성질이 대부분 분명히 서로 구별됩니다. 그러나 희토류 그룹 내에서는, 채워지는 부분이 가장 바깥 껍질도 그 아래의 껍질도 아니고 더 아래에 놓여 있는 껍질입니다.

결과적으로 이 원소들의 전체 열을 통틀어 원자구조의 바깥 부분은 실질적으로 변하지 않습니다. 이것들은 함께 준동위원소 그룹을 형성합니다. 이것들은 열의 첫 번째 원소인 란타늄처럼 행동하므로 그 포괄적 이름인 란타나이드로 불려 왔습니다.

만일 모든 원소들 중에서 가장 무거운 우라늄 92 너머까지 원소열의 확장이 존재한다면 이것은 매우 긴밀하게 관련된 원소들의 새로운 열을 만들게 될 것이라고 보어는 말했습니다. 이것들은 모두 우라늄을 닮을 것이며, 란타나이드와 비슷하게 우라나이드 열을 만들 것입니다.

1936년부터 1938년까지 행해진 연구에 의해서 오토 한과 리제 마이트너는 가장 무거운 원소에 중성자를 조사하면 트랜스우라늄 원소들이 만들어진다는 페르미의 진술을 확인할 수 있었습니다. 그러나 이 합성된 원소들은 우라늄과 비슷하지 않고 레늄, 백금, 그리고 금과 같이 서로 닮지 않은 원소들의 동족체로 보였습니다. 그러나 한과 슈트라스만은 1938년 말에 이것이 결코 트랜스우라늄 원소가 아니라는 신기원을 이루는 발견을 했습니다. 무거운 원자들은 원소열의 중앙에 속하는 물질들로 쪼개지는 것으로 밝혀졌으며, 이것이 전체 문제를 새로운 국면으로 끌고 갔습니다.

분명한 증거가 있는 최초의 트랜스우라늄 원소는 맥밀런 교수와 에이벌슨에 의해 1940년 5월에 캘리포니아 대학교에서, 로렌스가 만든 사이클로트론의 도움으로 우라늄에 중성자를 쏘아서 만들어졌습니다. 그것은 베타선을 방출하고 반감기가 23분인 우라늄 동위원소의 붕괴 산물이었습니다. 한과 마이트너 또한 그 물질을 발견했으나 그들이 얻은 붕괴 산물은 양이 너무 적어서 보여 줄 수가 없었습니다. 맥밀런 교수와 에이벌슨은 이것을 완전히 조사할 수 있었고 이것이 93번 원소의 동위원소라는 것, 다시 말해서 트랜스우라늄 원소라는 것을 밝혔습니다. 그들은 그것을 천왕성 바깥쪽에 있는 행성인 해왕성Neptune의 이름을 따서 넵투늄Neptunium이라 불렀습니다. 우라늄에 빠른 중성자 또는 무거운 수소핵인 중양성자를 때려서 다른 넵투늄 동위원소들이 버클리에서 바로 만들어졌습니다.

1940년에 맥밀런 교수와 시보그 교수, 그리고 동료들은 넵투늄이 붕괴될 때 94번 원소가 생긴다는 것을 이미 보고했습니다. 넵투늄과 우라늄의 이름이 발견된 것과 비슷하게, 이 두 번째 트랜스우라늄 원소는 해왕성 바깥쪽 궤도를 도는 행성인 명왕성Pluto의 이름을 따서 플루토늄Plutonium이라고 불렀습니다. 이 원소의 최초 반감기가 24,000년이므로 상대적으로 안정한 원자 연료로 불리는 것입니다. 이 플루토늄 동위원소는 우라늄 동위원소 ^{235}U처럼 느린 중성자와 반응합니다. 즉 쪼개질 때 대단한 에너지를 발산하고 중성자를 내보냅니다. 이런 식으로 플루토늄 동위원소는 원자폭탄 과제에서 중요한 역할을 하게 되었으며 대규모 생산을 위한 방법이 개발되었습니다.

전쟁 상황에서 이러한 문제들이 해결된 후에 시보그 교수는 능력 있는 동료들을 포괄하는 집단의 리더로서 트랜스우라늄 원소에 관한 연구를 완성했습니다. 이 일을 하면서 그는 화학원소 발견의 역사에 가장 찬란한 페이지의 하나를 기록했습니다.

4개 이상의 트랜스우라늄 원소들이 합성되었습니다. 이 새로운 원소들의 화학적 성질은 세련된 초미세화학 실험 기술의 개발에 의해서 확립되었습니다. 트랜스우라늄 원소들이 희토류 금속의 경우처럼 같은 종류의 물질군을 다루게 될 것이라는 보어의 예언은 이렇게 확인되었습니다. 그러나 이 새로운 열의 긴밀하게 관련된 원소들은 우라늄 92로 시작하지 않고 악티늄 89로 시작합니다. 그래서 란타나이드에 대응되는 악티나이드가 있으며, 이 두 열의 원소 간에는 특정한 일치점이 발견됩니다. 그러므로 시보그 교수는 새로운 트랜스우라늄 원소 95와 96에 대해, 이에 대응되는 희토류인 유로퓸 및 가돌리늄(유럽과 가돌린의 이름을 차례로 땄음)과 비슷하게, 아메리슘 및 퀴륨이라는 이름을 제안했습니다. 가장 최근에 발견된 두 개의 트랜스우라늄 원소인 버클륨 및 캘리포늄은 란타나이드의 터븀 및 디스프로슘에 대응됩니다.

다른 종류의 무거운 원자에 중성자, 양성자, 중양성자, 헬륨핵, 그리고 가장 최근에는 탄소핵을 조사해서 많은 수의 동위원소들이 6개의 트랜스우라늄 원소로부터 합성되었습니다. 이러한 동위원소의 생성과 성질에 관한 연구는 과학 물질의 풍요를 가져왔습니다.

처음부터 분리된 방사성 전이계열에 관한 관찰이 플루토늄 과제를 연구하는 동안 매우 많이 이루어졌습니다. 무엇보다도 시보그 교수의 활동 덕택에 이러한 관찰들을 포괄적으로 함께 통합하는 것이 가능했습니다. 이렇게 그 수명이 긴 원소로부터 완전히 새로운 방사성원소 계열들이 발견되었으며, 지금은 넵투늄족이라 불립니다.

전에 알려진 세 가지 방사성 족들의 질량수는 4n(토륨 계열), 4n+2(우라늄 계열), 그리고 4n+3(악티늄 계열)의 형태를 가집니다. 여기서 넵투늄 계열은 4n+1 형태의 질량수로 빈 곳을 채웁니다.

느린 중성자와 토륨의 반응에 관한 연구를 하는 동안 시보그 교수와 동료들은 중요한 기술적 전망을 열게 되는 발견을 했습니다. 그들은 우라늄 동위원소 ^{238}U를 얻었는데 이것은 알파선을 방출하며, 반감기가 무려 12만 년입니다. 이 동위원소는 ^{235}U처럼 원자연료로 사용될 수 있습니다. 그러므로 자연계에 우라늄보다 더 풍부한 토륨은 아마도 원자 에너지를 생산하는 기본물질로서의 역할을 할 것입니다.

여기서 간단히 설명드린 트랜스우라늄 화학 영역에서 이러한 발견들은 너무도 중요하므로 맥밀런 교수와 시보그 교수가 함께 1951년 노벨화학상을 받아야 한다는 것이 스웨덴 왕립과학원의 생각입니다.

맥밀런 박사님.

1934년에 페르미는 가장 무거운 원소에 중성자를 때리면 핵전이가 일어날 수 있다는 것을 보였습니다. 그러나 이렇게 진행된 반응에 관한 연구는 특정한 어려움에 직면했고, 트랜스우라늄의 존재를 증명하는 데 예상했던 것보다 더 긴 세월이 걸렸습니다. 교수님은 최초로 이 기획 사업에서 성공했습니다. 이 발견으로 교수님은 광대하고 근본적인 과학기술적 소득을 얻는 중요한 연구 분야를 개척했습니다. 또한 나중에는 가속기에 관한 연구를 통해서 활동적으로 이 분야 화학을 더욱 발전시켰습니다.

시보그 박사님.

새 원소의 발견 가능성이 없던 때에 교수님은 한 계열 전체의 원소를 만들어서 주기율 체계를 자연이 확립한 한계 너머까지 확장했습니다. 교수님은 훌륭한 솜씨로 새로이 발견된 원소들의 화학적 특성을 연구했고, 그 원자구조를 명확하게 했습니다.

과거에는 새로운 원소를 찾는 것이 많은 스웨덴 과학자들이 선호하는 일이었습니다, 완곡하게 표현하자면 그들의 노력은 헛되지 않았습니다. 셸레 시절에 여전히 알려지지 않았던 상당히 많은 원소들이 스웨덴에서 발견되었습니다. 이러한 업적은 여기서 진가를 인정받고 있으며, 또 스웨덴 혈통의 사람이 이번에는 리더로 참여하여 매우 성공적인 연구를 했다는 사실에 우리가 즐거워하는 것도 당연합니다.

두 분에게 진심어린 축하를 전해 드리며, 이제 앞으로 나와 전하로부터 1951년 노벨 화학상을 받으시기 바랍니다.

스웨덴 왕립과학원 노벨 화학위원회 위원장 A. 베스트그렌

분배 크로마토그래피 발명

1952

아처 마틴 | 영국

리처드 싱 | 영국

:: 아처 존 포터 마틴 Archer John Porter Martin (1910~2002)

영국의 생화학자. 1932년에 케임브리지 대학교를 졸업한 후 싱과 함께 케임브리지와 리즈에 있는 모직공업 연구조합에서 연구하였다. 1946년부터 노팅엄의 부츠 제약 회사의 생화학 책임연구원으로 근무하였으며, 1948년에 영국 의학연구회 임원이 되었다. 싱과 함께 개발한 분배 크로마토그래피는 복잡한 거대분자들의 구조를 연구하는 수단 등 여러 가지 형태로 화학 분야에서 응용되었다.

:: 리처드 로렌스 밀링턴 싱 Richard Laurence Millington Synge (1914~1994)

영국의 생화학자. 1941년에 케임브리지 대학교에서 박사학위를 취득하였으며, 1943년부터 런던에 있는 리스터 예방의학 연구소, 애버딘에 있는 로웨트 연구소, 노리지 식품연구소에서 근무하였다. 1968년에 이스트앵글리아 대학교의 생명과학과 명예교수로 임명되었다. 마틴과 싱이 발명한 크로마티그래피는 관이나 거름종이를 이용한 분석이 아니라 기본적인 크로마토그래피 과정 자체에 관한 것으로 화학, 생물, 의학 등의 분야에서 복잡한 문제들을 단순화하는 데 기여하였다.

전하, 그리고 신사 숙녀 여러분.

올해 노벨 화학상은 복잡한 혼합물에서 물질을 분리하는 방법을 발견한 업적에 수여됩니다.

분리 방법이 상당히 평범해 보이는데 어떻게 노벨상을 받게 되는지 의문을 가질지도 모릅니다. 이유는 화학이 발생한 이후 지금까지 물질을 분리하는 방법이 과학에서 중요한 위치를 차지하여 왔기 때문입니다. 오늘날에도 네덜란드에서는 화학을 'Scheikunde' (chemistry) 혹은 '분리의 기술' 이라 부르며, 화학의 가장 중요한 발전 중의 한 부분이 여러 물질을 분리하는 새로운 방법의 발명과 연결되어 있습니다.

오늘날의 화학은 동물, 식물 혹은 박테리아나 다른 미생물로부터 얻어지는 천연물의 연구에 대부분 집중하고 있습니다. 이 형태의 출발물질은 단순한 것부터 복잡한 것까지 아주 다양합니다. 화학자들이 해야 하는 첫 번째 임무는 흥미있는 물질을 다른 물질로부터 분리하고 그것을 순수한 상태로 만드는 것입니다. 다음 단계는 만약 가능하다면 분리한 물질을 확인하고 무엇으로 구성되어 있는지, 그리고 단순한 성분으로부터 어떻게 만들어 내는지 알아내는 것입니다.

대상이 되는 출발물질 중에 우리가 원하는 물질은 극히 적은 양만 포함되어 있어서 붙잡고 있으려 해도 손가락 사이로 빠져나가는 것처럼 순수한 상태로 분리하는 일은 정말로 어렵습니다. 이 분리 과정에서 거름종이 크로마토그래피로 불리는 아주 중요한 분리 방법을 사용하여 마틴 교수와 싱 교수는 큰 성공을 거두었습니다.

조사하려는 물질이 포함된 용액 한 방울을 거름종이 띠 위에 떨어뜨려 작은 반점을 만듭니다. 그러면 이 종이는 적당한 액체혼합물, 예를 들면 뷰틸알코올과 물의 혼합물을 모세관 작용으로 끌어올립니다. 반점이 움직이기 시작하고 그것이 여러 개의 반점으로 점차 분리되는 것을 볼 수 있습니다. 그들 중 어떤 것은 액체를 따라 빠르게 올라가고 다른 것들은 뒤에 처져 있습니다. 그러면 혼합물을 구성하고 있는 성분이 각각 분리되는 결과를 보이는데 분해능은 거름종이에 잡혀 있는 물과 자유롭게 움직이는 뷰틸알코올 사이의 물질 분배에 의존합니다. 그래서 이 방법의 명칭이 분배 크로마토그래피입니다. 이 방법을 이용하면 연속적인 복잡한 화학 과정에 의존하는 것 대신에 아주 복잡한 혼합물조차 단순한 방법으로 완전히 분석할 수 있습니다. 그리고 분석을 위해서는 출발물질 한 방울이면 충분합니다.

마틴과 싱 교수의 방법은 여러 형태로 모든 화학 분야에 널리 응용되고 있으며 이것으로 중요한 발견이 이루어졌습니다. 새롭고 흥미로운 물질들이 발견되고 이 방법의 도움으로 분리되었습니다. 이 분리 방법으로 유기체의 신진대사 경로를 연구할 수 있고 전에 알려지지 않은 중간생성물을 확인할 수 있습니다. 예를 들면 식물의 녹색 잎이 공기 중 이산화탄소로부터 녹말을 생산하는 과정을 연구하는 데 이 방법이 사용되었습니다. 마틴과 싱 방법을 사용하여 버클리에 있는 캘빈과 그의 동료들은 우리 행성에서 가장 중요한 화학반응인 광합성 과정에서 아주 중요한 연결고리를 확인할 수 있었습니다.

분배 크로마토그래피는 거대분자들의 구조를 연구하는 수단으로 사용되어 또 다른 중요한 응용성을 보여 주었습니다. 이 방식으로 단백질과 탄수화물의 구조 문제를 성공적으로 공략할 수 있었습니다. 깨지지 않는 분자는 너무 복잡해서 화학적인 방법으로 구조를 파악할 수 없습니다. 이 큰 분자가 나누어지면 각기 다른 크기와 다른 화학적 성질을 갖는 분자 토막들의 화합물이 생깁니다. 상당히 유사한 물질들의 매우 복잡한 혼합물을 분리하고 모든 토막을 확인하여 본래 분자구조에 관한 결론을 이끌어 내는 과정은, 고대 사원의 폐허 속에서 고고학자가 원래 상태의 건축물을 재건축할 수 있게 하는 유물들을 찾는 것과도 같습니다. 그와 같은 일의 안내자로서 마틴 교수와 싱 교수의 방법은 위대한 가치를 가집니다.

싱 교수는 어떤 박테리아에 항생 역할을 하는 그라미시딘 구조에 대한 중요한 연구에서 이 방법을 선보였습니다. 이 연구에서는 가장 작은 구성성분(아미노산)의 분리뿐만 아니라 큰 토막(펩타이드)의 분리에 이 방법이 적당한지가 매우 중요합니다. 그것은 마치 퍼즐을 서로 맞추는 것과 같습니다. 우연히 조각들이 서로 매달려 있으면 문제는 매우 단순해집니다. 젊은 영국 화학자 생어는 최근에 매우 어려운 퍼즐을 맞추는 데 성공했습니다. 마틴과 싱의 방법으로 분리한 혼합물로부터 인슐린 분자구조의 거의 완벽한 그림을 그릴 수 있었습니다. 무엇보다도 이 결과는 분리 방법의 넓은 활용 범위와 중요성을 보여 줍니다.

마틴 교수와 공동 연구자들은 최근에 다른 방향으로 활용 범위를 넓혔는데 그 중에 기체와 증기를 포함한 실험과 아주 큰 분자 혼합물의 분리실험이 매우 흥미를 끌고 있습니다.

크로마토그래피 분석은 오랫동안 가장 가치 있는 화학적 방법의 하나로 알려져 왔습니다. 이것은 1906년 러시아계 폴란드 사람인 마이클 츠베트에가 발명하였는데 그는 이 방법을 이용하여 녹색잎 추출물에서 각기 다른 색소들을 분리하는 데 성공했습니다. 더 일찍이 룽게, 쇤바인, 그리고 고펠스로이더 등이 일종의 크로마토그래피 분석을 위하여 거름종이를 사용하였고, 츠베트와 많은 후진들은 분리를 위해 여러 미세한 활성분말로 채워진 관을 주로 사용했습니다. 마틴과 싱 방법의 새로운 특징은 크로마토그래피 관이나 거름종이를 이용한 분석이 아니라 기본적인 크로마토그래피 과정 자체에 관한 것입니다. 이전에 대충 정의된 활성분말 표면에서의 농도 대신에 이제는 두 액체 사이에 물질분배를 공식화 할 수 있습니다. 그래서 분석방법에 대한 합리적인 기초를 갖게 되었고 각각의 경우에 가장 잘 맞는 실험조건을 선택할 수 있습니다. 마틴과 싱 교수가 발견한 원리가 크로마토그래피를 획기적인 발전으로 이끌었으며 이것이 그들의 발명 능력과 범위를 나타냅니다.

아처 마틴 박사님, 리처드 싱 박사님.

분배 크로마토그래피의 발명은 수많은 중요한 연구를 통해 그 유용성이 이미 입증되었습니다.

이 분석 방법은 화학, 생물, 의학에 종사하는 연구자들이 이전에 너무 복잡해서 거의 희망이 없어 보이는 문제들을 다시 도전하여 풀 수 있도록 하였습니다.

일반적으로 자연은 매우 복잡한데, 이것이 특히 생명을 결정하는 물질 반응의 경우에는 더욱 그렇습니다. 살아 있는 세포에 있는 복잡한 거대분자들의 구조와 기능에 오늘날 연구의 초점이 맞추어져 있습니다.

이와 같은 매우 복잡한 문제들에 대한 연구가 교수님들이 발명한 아주 단순한 방법으로부터 얼마나 많은 혜택을 입었는지를 증언하는 것은 이 연구를 하고 있는 모든 사람들에게 엄청난 경험이었습니다. 단순한 수단으로 위대한 발명을 이루는 것이 영국의 최고 전통이라는 것을 믿습니다. 이 선구적인 연구가 교수님들의 조국과 국민에게 매우 어려웠던 세계대전 초기에 이루어졌다는 사실 때문에 교수님들의 업적은 더욱 위대합니다.

스웨덴 왕립과학원은 분배 크로마토그래피를 발명한 업적으로 두 분에게 올해의 노벨 화학상을 수여하게 되어 매우 흡족하게 생각하며 진심으로 축하를 드립니다.

아처 존 포터 마틴 박사님, 리처드 로렌스 밀링턴 싱 박사님. 이제 전하로부터 1952년 노벨 화학상을 받으시기 바랍니다.

스웨덴 왕립과학원 A. 티셀리우스

거대분자 연구

1953

헤르만 슈타우딩거 | 독일

:: **헤르만 슈타우딩거** **Hermann Staudinger (1881~1965)**

독일의 화학자. 1903년에 할레 대학교에서 박사학위를 취득하였다. 1926년에 프라이부르크 대학교 화학과 교수로 임용된 후, 1940년부터 화학연구소 연구실장으로 재직했다. 1951년부터 1956년까지 고분자화학주립연구소 소장을 지냈다. 슈타우딩거는 1920년대 초에 거대분자 이론에 관한 자신의 이론을 발표하였으나 당시에는 받아들여지지 않았다. 그러나 후에 그의 이론은 플라스틱 제조에 이용되었고, 그로 인해 기술 및 산업 발전에 커다란 공헌을 하였다. 또한 그의 선구적 업적을 바탕으로 하여 다수의 연구자들이 거대분자 분야에서 연구하는 계기가 마련되었다.

전하, 그리고 신사 숙녀 여러분.

"고대 그리스인들조차……"라는 표현은 역사적 사건을 다룬 책에서 흔한 머리말이며, 듣는 사람은 놀라운 심연의 환상을 보게 됩니다. 저는 오늘 세계 최초로 원자 개념을 공식화하고 최초의 원자 개념을 창조한 아브데라의 데모크리투스를 서두로 이 연설을 시작하려 합니다. 그러나 이 개념의 의미는 약 1800년이 되어서야 모든 원소는 서로 같은 원자들의 특이한 형태를 갖는다고 가정한 영국인 돌턴에 의해서 더 근사하게 정의되었습니다. 화합물을 형성할 때, 둘 또는 더 많은 종류의 원소들로 이루어진 많은 원자들이 화학결합으로 서로 연결되어, 이탈리아인 아보가드로가 분자라는 이름을 붙인 입자를 형성합니다.

지난 세기 후반부에 독일인 케쿨레와 네덜란드인 반트 호프의 연구를 통해서 분자구조의 중요한 원리에 관한 인식이 축적되었습니다. 원자의 상대적인 위치도 어느 정도 결정되었습니다. 즉 그들은 서로 연결되어 단순한 또는 가지가 있는 사슬을 형성하거나 더 복잡한 구조를 만듭니다. 그러나 그때는 분자와 원자 둘 다 완전히 가설의 개념이었습니다. 세기가 바뀔 때쯤 되어서야 그들의 실제 존재에 관한 정확한 증거가 나타나기 시작했고, 크기와 질량을 결정하는 일이 가능해졌습니다. 예상했던 대로 그들은 매우 작은 것으로 밝혀졌습니다. 1리터의 물에 있는 원자의 수는 26자리 수를 갖는 숫자로 표현됩니다.

분자 하나를 만들기 위해 얼마나 많은 원자들이 결합될 수 있는가, 어느 정도까지 이 물질이 압축될 수 있는가와 같은 그 시대의 선도적인 과학자들이 표현한 문구를 사용하는 것이 가끔씩은 경이로웠습니다. 분자 내에서 원자들이 화학결합으로 서로 붙어 있다는 사실은 화학결합 세기의 문제와 긴밀한 관련이 있는데, 화학결합 세기에 관해서는 거의 알려진 것이 없었습니다.

한편 외관상 매우 안정한 화합물 분자가 전기분해로 쉽게 쪼개질 수 있다는 것이 알려져 있었으며, 다른 한편으론 화학적 힘이 고체 결정구조에 깊은 관련이 있다는 인식이 생겨나고 있었습니다. 100개 내지 200개의 원자로 이루어진 분자들이 단계적으로 합성되었고 사실 놀랄 만한 것으로 여겨졌습니다. 더 앞서가는 실험을 하느라 열성이었으나 이런 방식으로 성취할 수 있는 것은 거의 한계에 이르렀다고 생각되었습니다.

1920년대 초에 슈타우딩거 교수는 분자가 매우 클 수 있으며, 사실 거의 임의적으로 커질 수 있어서, 1만 또는 10만 개의 원자로 이루어진 분자가 매우 쉽게, 때로는 명백히 자발적으로 만들어질 수 있고, 콜로이드 용액의 입자는 많은 경우에 이러한 형태의 실제 분자라는 견해를 피력했습니다. 그의 논지를 재연해 보겠습니다.

유기화학에서는 좀처럼 녹지 않는 또는 불용성의 수지 또는 피치 같은 물질이 예상했던 생성물 대신에 얻어지는 일이 종종 일어납니다. 가끔 이러한 형태의 변화가 분명한 이유 없이 일어납니다. 이 모든 징후는 어떤 방식으로든 분자들이 서로 결합되어 있다는 것을 의미했습니다. 이러한 생성물들을 보통 고분자 또는 고분자 물질이라고 명명했으나 많은 이유로 이 현상을 물리적인 것으로 여기려는 시도가 있었습니다. 반면에 2개 또는 3개와 같이 몇 개의 분자들이 결합해서 고리구조를 갖는 큰 분자를 만들게 되는 많은 이유가 알려져 있었습니다.

슈타우딩거 교수는 원래 고리 형성반응을 기대하였으나 기하학적 이유로 방해를 받을 때, 다시 말해서 원자 사슬의 끝을 만나기가 어려울 경우에 고분자 물질이 생성된다고 지적했습니다. 그러나 여기서 사슬 끝은 다른 분자와 결합해야 하고 그 분자는 차례로 새로운 분자와 결합해야 합니다.

이렇게 이 과정은 어떤 외부 환경, 아마도 그 물질이 고갈되었다거나 하는 환경에 의해 방해를 받을 때까지 사슬은 계속해서 자랍니다. 그래서 고분자 물질은 이러한 방식으로 생성된 사슬로 구성되어 있다고 표현됩니다.

금방 인용한 고리분자가 보통의 화학결합으로 만들어졌고, 또한 사슬의 경우도 이와 같아야 한다는 것에는 거의 의심할 여지가 없기 때문입니다.

이 논지는 오늘날에는 완전히 명백하지만 1920년대 초에는 매우 이상했으며 주기율 정신에 부분적으로 반하는 것이었고, 그 다음 10년은 논쟁으로 채워졌습니다. 결정적 증거나 반대 증거를 찾는 것은 이론적으로 매우 어렵고 실질적으로 무척 수고스러웠습니다. 당분간 여기에 포함된 크기의 분자량을 구하는 것은 불가능했습니다. 그러나 새로운 이론은 화학결합의 세기에 불가능한 요구를 하는 것으로 여겨졌습니다.

화합물 개념을 포함한 개념들과 정의들을 수정해야 했고, 분자가 완전히 동일하지 않은 카테고리의 화합물들을 인정해야 했습니다. 고분자 화합물은 보통 패턴에 따라 만들어진 사슬분자로 이루어지며 가끔은 특징적인 평균 길이를 갖지만 각 사슬의 길이는 임의의 환경에 의해 결정됩니다. 이 새로운 이론은 1930년대까지 보편적으로 인정되지 않았습니다.

거대분자 이론은 이미 기술적으로 적용되고 있습니다. 사람들은 이 강하고 거대한 분자를 이용해서 오늘날 보통 플라스틱이라고 부르는 것을 제조했습니다. 이러한 형태의 분리된 생성물이 전에도 있었으나 이제 연구를 위한 이론적 원리가 다양한 요구에 따라 그 물질의 성질을 바꾸는, 거의 무한한 가능성과 함께 적용 가능해졌고, 그래서 1930년대와 1940년대에는 이 분야에 많은 성장이 있었습니다.

우리는 많은 면에서 이러한 발전이 현대 물질문화에 큰 자취를 남겼다는 것을 알고 있습니다. 정말로 우리는 플라스틱 시대에 살고 있다는 표현을 합니다. 그러나 또한 순수과학을 위해서도 거대분자 이론은 중대한 의미를 갖습니다.

놀랄 만큼 많은 수의 사람들이 지난 수십 년 동안 거대분자를 활발하게 연구를 했습니다. 슈타우딩거 교수는 기술적이거나 산업적 발전에 직접 관계하지는 않았으나, 그의 활기차고 대범한 선구적 연구가 아니었다면 이러한 발전은 거의 생각지도 못했을 것입니다.

슈타우딩거 교수님.

30년 전에 교수님은 화합물 분자가 거의 임의의 크기이며, 그러한 거대분자는 우리들의 세상에 대단히 중요하다는 견해를 피력했습니다. 교수님의 견해는 논리적 추론에 근거하고 있었습니다. 교수님은 기대했던 고리형성 반응이 어떤 이유로 실패했을 때 고분자라고 불리는 물질이 생성된다는 사실에 주목했습니다. 그래서 교수님은 유기화학자라면 무시할 수 없는 논지를 제공했습니다. 더군다나 광범위하고 고통스런 일련의 연구를 통해서 교수님은 실험적 증거를 제공했습니다.

오랫동안 많은 동료들이 교수님의 견해에 반대했고, 견해 가운데 일부는 아브데라에서 기원한 것이라고 했던 것은 비밀이 아닙니다. 이해할 만합니다. 고분자 세상에서는 거의 모든 것이 새롭고 시도해 보지 않은 것이었기 때문입니다. 오래 지속되고 확립된 개념이 고쳐지거나 새로운 개념이 창조되어야 했습니다. 거대분자 과학의 발전은 평화로운 전원 풍경 같은 그림을 보여 주지는 않았습니다.

시간이 지남에 따라 충돌은 사라지고 논쟁은 잠잠해졌습니다. 주요 쟁점에 관한 동의가 이루어지고 이 선구적인 일의 중요성이 점점 더 명백해졌습니다. 자연과학, 그리고 고분자화합물 분야에서 교수님의 발견으로 가능해진 재료 문화에 기여한 공로를 인정하여 스웨덴 왕립과학원은 교수님에게 노벨상을 수여하기로 결정하였습니다. 과학원을 대신해서 축하를 드리며, 이제 전하로부터 상을 받으시기 바랍니다.

스웨덴 왕립과학원 노벨 화학위원회 위원 아르네 프레드가

화학결합의 특성 연구

1954

라이너스 폴링 | 미국

:: 라이너스 칼 폴링 Linus Carl Pauling (1901~1994)

미국의 화학자. 1962년에는 핵실험 반대 운동에 기여한 공로를 인정받아 노벨 평화상을 받기도 했다. 1925년에 캘리포니아 공과대학에서 물리화학 박사학위를 취득한 후, 유럽에서 2년간 박사 후 과정을 밟았다. 1927년 캘리포니아 공과대학교 화학과 조교수로, 1931년에는 정교수로 임용되었다. 물질의 구조와 화학결합의 성질에 대한 폴링의 연구는 물질의 물리적 및 화학적 특성을 규명하는 데 많은 도움을 주었다.

전하, 그리고 신사 숙녀 여러분.

19세기 초 돌턴은 모든 물질은 원자로 구성되어 있다는 실험적 증거를 보였고 그로부터 오래지 않아 원자들이 서로 결합하는 힘에 대하여 설명할 수 있었습니다. 베르셀리우스는 이 화학적 결합이 두 원자 사이의 정전기적 인력에 의한 것이라고 생각했습니다. 이 이론에 따르면 한 원자가 양전하를 띠고 또 다른 원자가 음전하를 띠면 두 원자 사이에 결합이 형성됩니다. 1819년 베르셀리우스가 그 이론을 발표했을 때 그것은 단지 무기물에만 적용할 수 있었습니다. 순수화합물로서 몇 개의 유기물이 알려져 있었으나 그것들의 성분은 복잡하고 잘 알려져 있지 않아 유기물 연구는 어려웠습니다. 그때 베르셀리우스는 새로운 이론의 도움으로 수많은 무기물의 결합상태를 설명하였고 이 분야에 매우 훌륭하게 공헌할 수 있었습니다.

그러나 무기화학에서조차 심각한 어려움이 발생하였습니다. 예를 들면 두 수소원자가 하나의 수소분자로 결합하는 것을 어떻게 설명해야 할까요? 두 원자 사이의 인력을 얻기 위해 한 원자는 양성이어야 하고 나머지 하나는 음성이어야 합니다. 그러나 왜 같은 종류의 두 원자가 반대 부호의 전하를 가져야 할까요? 또한 유기화합물에 대한 지식이 증가하면서 새로운 어려움이 발생하였습니다. 예를 들면 베르셀리우스는 수소원자는 항상 양성이고 염소원자는 항상 음성이라고 가정하는 것이 필요하였는데, 유기분자에서 수소원자가 염소원자를 치환할 수 있다는 것을 발견하였습니다. 이것은 하나가 양성이고 다른 하나가 음성이면 불가능해야 합니다.

베르셀리우스 이론으로 설명할 수 없는 문제들이 더욱더 많아지자 결국 이론이 의심스러워졌습니다.

원자이론이 받아들여진 후에 화학 분야에 또 다른 중요한 목표가 생겼는데, 그것은 화학 결합의 성질을 결정하는 것뿐만 아니라 원자들이 분자와 같은 큰 집단을 형성하기 위해 모였을 때 기하학적으로 어떻게 배열되는지를 결정해야 하는 것이었습니다. 이해를 돕기 위해 1869년 스웨덴 화학자인 블롬스트란드가 쓴 『오늘날의 화학*Die Chemie der Jetztzeit*』이라는 그 당시 유명한 책을 인용하려고 합니다.

우리가 화합물이라고 부르는 정교한 건축물을 자신의 방식대로 정성껏 모방하는 것과, 원자들을 기본 벽돌로 사용하는 건축에서 하나의 원자가 다른 것에 결합하는 위치와 개수를 결정하는 것, 즉 원자들의 공간 배치를 결정하는 것이 화학자의 중요한 임무이다.

그러므로 블롬스트란드는 물질의 기하학적 모양, 즉 오늘날 우리가 구조라고 부르는 것을 밝히려고 했습니다.

지난 세기말부터는 다양한 종류의 화학결합이 존재한다는 점을 고려하게 되었습니다. 그래서 베르셀리우스 이론의 문제점도 해결되었는데, 베르셀리우스의 해석은 매우 중요한 형태의 결합에 대해서는 원칙적으로 옳았지만 그것을 다른 형태의 결합에 적용한 것이 실수였습니다. 보어가 원자이론을 소개한 이후로 사람들은 베르셀리우스가 제안한 결합을 상당히 만족스럽게 설명할 수 있었습니다. 이 결합은 전기적으로 전하를 띤 원자, 이른바 이온들 사이에서 일어나기 때문에 이 결합형태를 이온결합이라고 불러왔습니다. 대부분 전형적인 이온결합은 단순한 염의 형태로 원자들을 결합시킵니다.

베르셀리우스 이론을 일반적으로 적용하여 맞지 않는 다른 결합들은 보통 공유결합이라고 알려져 있습니다. 이것은 원자들이 분자를 형성하기 위해 결합할 때 주로 만들어지며 유명한 미국 화학자 길버트 뉴턴 루이스가 한때 '화학적 결합'이라고 일컬은 것입니다. 그러므로 베르셀리우스의 이론으로 설명할 수 없는 수소분자 내 두 수소원자의 결합은 공유결합입니다.

오랜 동안 공유결합의 성질을 설명하는 것은 어려웠습니다. 그러나 루이스는 1916년에 공유결합이 두 개의 이웃하는 원자에 의해 공유하고 결합하는 두 개의 전자로 이루어진다는 것을 밝혔습니다. 11년 후에 하이틀러와 런던은 이 결합 상태에 대해 양자역학적인 설명을 제시할 수 있었습니다. 그러나 공유결합의 정확한 수학적 처리는 단지 한 전자가 두 원자에 결합될 때, 그리고 이것이 원자핵 바깥에 여분의 전자들을 포함하지 않는 단순한 경우에만 가능했습니다. 두 전자를 포함하는 수소분자에 대해서는 처리 방법이 정확하지 않았으며 더욱 복잡한 경우에는 수학적 어려움이 크게 증가합니다. 그러므로 근사한 방법들이 필요하였고, 결과들은 적절한 방법의 선택과 그들의 적용 방식에 크게 의존하게 됩니다.

라이너스 폴링 교수는 이 같은 방법 개발에 크게 공헌하였고 비상한 기술을 가지고 그것들을 활용하였습니다. 그리고 화학자들이 그의 연구 결과들을 쉽게 사용할 수 있도록 하였습니다. 지난 10년 동안 폴링 교수는 패서디나에 있는 실험실과 그 밖의 여러 곳에서 실험적으로 결정된 수많은 구조들에 자신의 방법을 적용하려고 열심히 노력하였습니다. 오늘날 우리는 공간에서 원자의 분포를 결정하려는 블롬스트란드의 목표에 도달할 수 있는 가능성을 보게 되었습니다. 이것은 결정이 엑스선에 어떻게 영향을 미치는지를 조사하고 결정 내에 원자가 어떻게 위치하는지를 결정하는 엑스선 결정학 방법으로 이루어져 있습니다. 폴링 방법은 아주 성공적이었고 이론적인 처리방법을 더욱 발전시키는 결과들을 이끌어 냈습니다.

그러나 물질의 구조가 너무 복잡하면 엑스선으로 직접 구조를 결정하는 것이 불가능하게 됩니다. 그와 같은 경우에 결합 형태에 관한 정보, 즉 원자거리와 결합 방향으로부터 구조를 추측하고, 추측한 것이 실험으로 확인할 수 있는지를 조사할 수 있습니다. 폴링 교수는 이 방법을 최근에 연구하고 있는 단백질 구조에 시도했습니다. 엑스선 방법에 의한 직접적인 단백질 구조결정은 분자에 있는 엄청난 수의 원자들 때문에 현재로서는 불가능합니다. 예를 들면 혈액조성 단백질인 헤모글로빈 분자는 8,000개 이상의 원자를 포함합니다.

1930년대 후반에 폴링 교수와 그의 동료들은 엑스선을 가지고 아미노산과 다이펩타드, 즉 단백질 토막으로 불리는 것을 포함하고 있는 상당히 단순한 화합물의 구조를 결정하기 시작하였습니다. 이것으로부터 원자거리와 결합 방향에 관한 가치 있는 정보를 얻었습니다. 이런 값들은 거리와 방향에 대한 편차의 한계를 결정하는 것으로 보완되었습니다.

이것에 기초하여 폴링 교수는 단백질 내에 있는 기본적인 단위의 가능한 구조를 추론하였는데, 문제는 이것으로 얻어진 엑스선 자료를 설명할 수 있는지 조사하는 것이었습니다. 여기서 알파나선이라고 부르는 구조 하나가 여러 단백질에 존재하는 것이 밝혀졌습니다.

폴링 교수가 얼마나 정확하게 구조를 결정하였는지는 밝혀져야 하지만 그는 단백질 구조의 중요한 원리를 확실히 발견했습니다. 그의 방법은 계속되는 연구에 매우 유익합니다.

물질의 구조와 화학결합의 성질에 대한 연구 결과들은 실질적으로 많이 사용될 것입니다. 물질의 특성은 원자들이 결합하는 힘과 결과적으로 만들어지는 구조의 성질에 의존합니다. 이것이 물질의 물리적 특성, 예를 들면 경도와 녹는점에 관계될 뿐만 아니라 그것이 화학반응에 어떻게 참여하는지를 보이는 화학적 특성과 관계됩니다. 우리가 어떤 원자나 원자집단이 분자에 어떻게 위치하는지를 알면 어떻게 분자가 주어진 조건에서 반응하는지 예측할 수 있습니다. 모든 반응은 어떤 결합을 깨뜨리고 또 다른 결합을 생성하므로 결과는 결합들의 상대적인 세기에 따라 결정될 것입니다.

폴링 교수님.

30년 전 연구를 시작한 후로 교수님은 화학의 여러 분야와 물리학 심지어 의학에 걸친 다양한 분야에 영향을 미쳤습니다. 교수님은 '과학의 미개척 영역'에서 활동하는 것을 선택했고, 우리 화학자들은 교수님의 선구자적인 업적을 통하여 이루어진 고무적인 효과와 영향을 잘 알고 있습니다.

다양한 영역에서 활동하였음에도 불구하고 교수님은 많은 시간을 화학결합의 성질과 분자 및 결정의 구조 결정에 전념하였습니다.

그러므로 스웨덴 왕립과학원은 화학의 기초적인 분야에 기여한 교수님의 뛰어난 업적에 대해 올해 노벨상을 수여하기로 결정한 것에 매우 흡족해 하고 있습니다.

왕립과학원을 대신하여 진심으로 축하를 드리며, 이제 전하로부터 1954년 노벨 화학상을 받으시기 바랍니다.

스웨덴 왕립과학원 G. 헤그

폴리펩타이드 호르몬의 최초 합성

1955

빈센트 뒤 비뇨 | 미국

:: **빈센트 뒤 비뇨 Vincent Du Vigneaud (1901~1978)**

미국의 생화학자. 1927년에 뉴욕에 있는 로체스터 대학교 약학대학에서 J. R. 멀린 교수의 지도 아래 박사학위를 취득하였다. 존스홉킨스 대학교, 베를린의 카이저-빌헬름 연구소, 영국의 에든버러 대학교에서 연구하고 1932년부터 조지워싱턴 의과대학 생화학 주임교수로 재직했다. 1938년에는 코넬 대학교 의과대학 생화학 교수 및 주임교수로 임명되었으며, 1967년부터 1975년까지는 화학과 교수를 지냈다. 폴리펩티드 호르몬을 최초로 합성해 냄으로써 생리학적 성질을 갖는 물질들이 아미노산으로부터 합성될 수 있음을 보여 주었다. 나아가 인슐린, 황산 전이 반응, 아미노산 대사 등에 대해서도 연구하였다.

전하, 그리고 신사 숙녀 여러분.

황이라는 단어는 다소 이질적인 느낌을 유발합니다. 대부분의 사람들에게 황은 그리 즐거운 기분을 주지 않습니다. 또한 많은 화학자들이 황과 거리를 유지하려는 경향이 있습니다. 그들은 황의 유기화합물이 펄프 공장 주변의 대기를 오염시키고, 스컹크의 화학무기 성분이라는 것을 알고 있습니다. 그럼에도 불구하고 황 원소는 생명 유지에 지극히 중요하며 살아 있는 유기체에 많은 작용을 합니다.

뒤 비뇨 교수는 진정한 탐험적 연구를 '미지의 세계로 꼬불꼬불한 길을 찾아 나서는 것' 으로 정의한 적이 있으며, 그 자신도 물질대사에서 황의 경로를 추적했습니다.

이야기는 1920년 인슐린으로부터 시작되는데, 인슐린의 중요성은 지금은 잘 알려져 있습니다. 화학적 성질을 논하자면 인슐린은 놀랍게도 높은 비율의 황을 가진 단백질입니다. 이 단백질은 아미노산으로 이루어져 있으며, 그 속의 황은 한두 개의 황을 포함하는 아미노산인 시스틴과 메티오닌으로 존재합니다. 인슐린의 특별한 성질을 고려하면 아마도 황이 아주 새로운 조합 속에서 발견될 것이라고 예측됩니다만, 그것이 시스틴에 존재한다는 사실이 밝혀졌습니다. 이 결과는 별로 중요하지 않을 수도 있지만 그 경로는 특정한 방향을 지시합니다. 즉 황을 포함하는 아미노산을 좀 더 자세히 조사해야 한다는 것입니다.

시스틴, 메티오닌 그리고 관련 화합물에 관한 뒤 비뇨 교수의 수많은 연구를 설명하는 것은 너무 광범위해서 모두 다룰 수가 없습니다. 이 연구들은 특히, 유기체 내에서 메틸기의 생물학적 중요성과 이것의 이동을 발견하게 했습니다. 또한 비타민 H라고도 알려진 바이오틴 및 조효소 R에 관한 탁월한 업적과 페니실린 화학에 기여한 중요한 공헌도 있지만 한쪽으로 미뤄 두어야만 하겠습니다.

뇌 아래에 작고 잘 보호된 선gland인 뇌하수체가 있습니다. 남자의 그것은 콩알만 한 크기입니다. 여기에서 몇 가지 호르몬이 분비되는데 이 물질들은 중요한 생리작용을 조절합니다. 작은 크기에도 불구하고 이 뇌하수체 선은 다른 기능을 갖는 몇 개의 뚜렷한 부분으로 되어 있습니다.

지금 우리의 관심은 후엽인데 여기에는 옥시토신과 바소프레신이라는 두 가지 물질이 들어 있습니다. 전자는 자궁 수축과 젖 분비를 촉진하고 후자는 혈압을 올리고 신장의 기능을 조절합니다. 일찍이 1933년에 후엽으로부터 다소 덜 정제된 물질이 실험에 사용되었을 때 뒤 비뇨 교수는 황의 비율이 높은 것을 발견했는데 이것은 생리적 활동과 관련이 있는 듯 했습니다.

과학의 발전이 그의 뜻대로 전개되고, 황에 관한 그의 깊은 유기화학 지식을 최고로 발휘할 실험적 방법을 이용해서 뒤 비뇨 교수는 한발 한발 연구를 밀고 나갔습니다. 마침내 두 호르몬을 순수한 상태로 분리하였고, 그것들이 단백질과 마찬가지로 아미노산으로 이루어져 있는데 훨씬 작은 분자량을 가지고 있다는 것을 발견했습니다. 그러한 화합물들은 진짜 단백질과 구별되므로 폴리펩타이드라고 명명하였습니다. 아미노산의 종류와 분자 내에서의 위치가 결정될 수 있었습니다. 황은 시스틴에 존재합니다. 두 호르몬은 매우 비슷한 구조이며 둘 다 8개의 아미노산을 포함하며 사슬에 연결되어 있는데, 이 사슬은 한쪽 끝에서 고리 모양으로 닫혀 있습니다. 이 분자는 숫자 6 또는 9를 닮았으며, 여기서 고리는 5개의 아미노산을 꼬리는 3개의 아미노산을 포함하고 있습니다. 2개의 황원자는 서로 연결되어 고리의 일부분을 이룹니다.

분자의 디자인은 이렇게 알려졌습니다. 이 분자를 합성하고 디자인이 옳은지를 확인하는 일이 남았습니다. 이것이 아마도 이 일에서 가장 어려운 부분이었을 것입니다. 우선 관심이 옥시토신의 합성에 집중되었습니다. 한 단계 한 단계 아미노산 사슬이 합성되었으며, 적절한 위치에 두 개의 황원자를, 하나는 사슬의 한쪽 끝에 다른 하나는 중앙 가까이에 위치하게 합성하였습니다. 마침내 황원자들 사이에 결합이 생성되어 고리가 닫혔습니다. 이제 가장 스릴 있는 순간인 화학적 성질 및 생리학적 활성 테스트가 이어집니다. 아마도 모종의 실수가 있었을 것입니다. 그러나 합성된 폴리펩타이드는 자연의 산물과 동일한 것으로 밝혀졌습니다.

생물학적으로 복잡한 구조를 가진 중요한 물질을 뛰어난 기술로 계속 조사하고 합성하였습니다. 하지만 더 중요한 것은 이 결과가 미치는 광범위한 영향력입니다. 그것은 폴리펩타이드를 최초로 합성했다는 사실입니다. 그것은 또한 매우 중요한 생리학적 성질을 갖는 물질들이 잘 알려진 원리에 따라 아미노산으로부터 합성될 수 있다는 사실을 보여 줍니다. 그러나 8개의 아미노산이 특별한 순서에 따라 결합되어야만 합니다. 숫자배합 열쇠의 원리에 관심을 두는 것은 당연합니다. 이 결과는 또한 진짜 단백질의 비밀을 밝히기 위해서도 중요합니다.

뒤 비뇨 교수님.

몇 년 전에 교수님은 자신의 가장 중요한 연구에 관한 보고서를 냈고, 그것을 황 화학과 물질대사의 경로 연구라고 명명했습니다. 초기 단계에 교수님은 황원소가 특별한 매력이 있다는 것을 발견하고 미지의 세계로 그 꼬불꼬불한 길을 떠났습니다. 그것으로 당신은 중요한 많은 발견을 했고 최근에는 폴리펩타이드 호르몬을 최초로 합성하게 했습니다. 우리는 그것이 교수님을 계속해서 더 멀리 인도할 것이라고 확신합니다.

사실 이러한 호르몬의 구조에는 신비스러운 것도, 스릴도 없습니다. 호르몬들은 단백질처럼 축조되어 있고, 축조에 사용된 돌은 보통 단백질에서 발견되는 8개의 아미노산입니다. 눈에 띄는 호르몬의 성질들은 순서, 즉 배열 때문임이 틀림없습니다. 이 배열 과정이 매우 중요한 단계로서 이 호르몬의 작용 방식을 이해하게 합니다.

우리 시대는 가끔 유기화학과 생화학 사이에 경계선을 그으려는 경향이 있습니다. 교수님이 이러한 경계선에 관하여 들어본 적이 있다면, 교수님은 이에 전혀 개의치 않았다고 할 수 있습니다. 교수님의 연구는 유기화학의 승리이지만 가장 중요한 영향력은 생화학과 생리학 영역에서 나타나고 있습니다. 자연과학에 기여한 교수님의 공로를 인정하고, 생화학적 중요성을 갖는 황 화합물에 관한 연구와 특히 폴리펩타이드 호르몬을 최초로 합성한 것에 대해 왕립과학원은 노벨 화학상을 수여하기로 결정했습니다. 과학원의 진심어린 축하를 전해 드리며, 이제 전하로부터 상을 받으시기 바랍니다.

스웨덴 왕립과학원 노벨 화학위원회 위원 아르네 프레드가

화학반응 메커니즘에 관한 연구

1956

시릴 힌셜우드 | 영국

니콜라이 세묘노프 | 러시아

:: **시릴 노먼 힌셜우드 Cyril Norman Hinshelwood (1897~1967)**

영국의 화학자. 옥스퍼드 대학교에서 박사학위를 취득한 후, 1927년부터 트리니티 칼리지에서 강사로 재직하다가, 1937년에 옥스퍼드 대학교 화학과 교수가 되었다. 1948년에 기사작위를 받았다.

:: **니콜라이 니콜라예비치 세묘노프 Nikolay Nikolaevich Semenov (1896~1986)**

구 소련의 화학자. 1917년에 페트로그라드 대학교를 졸업한 후, 1931년에 소련 과학 아카데미의 화학물리학 연구소 소장을 거쳐 1944년에 모스크바 국립대학교 교수로 임용되었다. 화학반응 메커니즘에 관한 그들의 연구는 화학반응 속도론 분야를 비롯하여, 화학에 있어서의 기술적 측면과 이론적 측면 모두에 기여하였다.

전하, 그리고 신사 숙녀 여러분.

'화학반응의 메커니즘에 대한 연구' 로 시릴 노먼 힌셜우드 경과 니콜라이 니콜라예비치 세묘노프 교수가 받은 노벨상은 우리로 하여금 1901년 네덜란드의 야코뷔스 반트 호프에게 수여된 첫 노벨 화학상을 기억나게 합니다. 그는 '화학동역학 법칙의 발견' 즉 화학반응 속도론으로 노벨상을 받았습니다.

반트 호프와 스웨덴 사람인 스반테 아레니우스는 1880년에 두 물질의 분자들이 격렬하게 충돌하면 초기 분자들이 깨지고 그들의 원자들이 새로운 분자로 재조합을 이루는 화학반응이 일어난다는 것을 밝혀냈습니다.

30년 전에 힌셜우드 교수는 불완전한 진동상태에 놓인 두 분자들 사이의 충돌과 관련하여 수많은 화학반응을 연구하였고 중요한 결론을 이끌어 냈습니다.

그중에 빛에 아주 민감한 화학반응들이 있습니다. 1900년 막스 플랑크는 빛이 불연속적인 양자라는 것을 발견하였고, 그 당시에는 광양자가 분자를 때렸을 때 화학반응이 일어나는 방식으로 들뜰 수 있다고 생각하는 것이 자연스러웠습니다. 그러나 어떻게 단 한 개의 흡수된 광양자가 100만 개의 분자를 반응하게 하는지 이해할 수 있었을까요?

1913년 독일의 화학자 막스 보덴슈타인은 상상력이 아주 풍부한 아이디어, 즉 연쇄반응을 제시하였습니다. 두 분자가 반응하면 최종 생성물 분자가 형성될 뿐만 아니라 불안정한 분자가 형성되는데 이것은 아주 격렬한 충돌 없이 반응물질 분자들과 반응할 수 있는 특성을 가집니다. 이 반응에서 안정한 반응생성물 외에 새로운 불완전한 분자들이 생성됩니다. 그래서 우리는 두 분자들의 반응으로부터 엄청난 수의 반응물질 분자들이 반응하는 연쇄반응을 얻게 됩니다.

덴마크의 과학자인 크리스티안센과 네덜란드의 과학자 크라머스는

1923년에 그와 같은 연쇄반응이 빛에 의해 들뜨는 분자로부터 시작될 뿐만 아니라 반트 호프가 생각했던 방식처럼 두 분자가 격렬하게 충돌하여 시작될 수 있다는 것을 지적하였습니다.

크리스티안센과 크라머스는 또 다른 유익한 아이디어를 내놓았습니다. 만약 반응사슬의 연결고리에서 하나가 아니라 두 개 이상의 불완전한 분자가 만들어지면 반응사슬이 가지를 치게 되는데, 반응이 전체 혼합물에 퍼져서 아주 빠르고 완전하게 반응하여 폭발을 일으키게 된다는 것입니다. 그들은 그 아이디어를 더 이상 상세하게 설명하지 않았으나 다른 연구자들이 계속 연구를 진행하였습니다.

반트 호프가 제시한 법칙들이 항상 정확한 것 같지는 않았는데, 그 예로 인이 어둠에서 빛을 발하는 것은 공기 중 산소에 의해 산화되기 때문이라는 것이 그도 잘 알고 있었던 예입니다. 공기는 단지 20퍼센트의 산소를 포함하므로 만약 인을 순수한 산소에 넣으면 인은 5배나 더 강하게 빛을 발해야 합니다. 그러나 이미 18세기에 순수한 산소에 넣었을 때 인이 전혀 빛을 발하지 않는 것이 알려졌습니다. 또한 산소량이 어느 한도 아래로 감소하면 산화가 갑자기 그쳤습니다.

1926년 레닌그라드에 있던 두 과학자, 차리톤과 발타는 인의 증기와 산소의 연소를 연구하였습니다. 그 당시 화학반응 속도론의 최고 권위자인 보덴슈타인은 그들의 결과가 이해할 수 없고 틀렸다고 말했습니다. 그러나 그 당시 견해로는 결과를 이해할 수 없었지만 그 결과 자체는 틀리지 않았습니다. 세묘노프 교수는 이 문제를 다시 조사했고 기체압력이 너무 작거나 크면 인의 증기와 산소 혼합물이 전혀 반응하지 않으며 중간압력에서 혼합물이 반응하여 폭발한다는 것을 확실히 발견했습니다. 세묘노프 교수는 크리스티안센과 크라머스의 아이디어가 이 현상에 대하여 설명하고 있다는 것을 밝혔습니다. 세모노프 교수와 그의 연구진은 혼합물의 폭발하는 압력이 가스의 비율과 용기 크기에 의존한다는 것을 보였는데 이것은 이 연소가 연쇄반응이라는 가정과 완전히 일치하는 것이었습니다.

이 경우에 해당되는 수학적인 관계식은 오히려 간단했습니다. 실용적인 측면에서는 훨씬 중요하지만 매우 복잡한 다른 연소들이 있는데, 그 중에서 수소와 산소의 연소에 대해 먼저 이야기하겠습니다. 이 중요한 반응이 옥스퍼드에 있는 힌셜우드 교수와 레닌그라드에 있는 세묘노프 교수, 그리고 그들의 연구진에 의해 연구되었습니다. 물론 많은 다른 과학자들이 최종적으로 반응을 설명하는 데 기여했지만 현재의 수상자들이 연구를 이끄는 기본적인 원리들을 제시하였습니다. 또 다른 기술적인 측면에서 중요한 연쇄반응은 일산화탄소의 연소인데, 단 탄화수소의 연소를 말하는 것은 아닙니다.

수많은 반응이 연쇄반응이라는 것을 발견했을 때 이 분야에 열심인 많은 사람들이 거의 모든 반응이 연쇄반응이고 이전에 생각했던 단순한 메커니즘은 예외에 불과하다고 생각하였습니다. 그러나 힌셜우드 교수는 이러한 문제를 제대로 정리하였습니다. 그는 두 방식으로 동시에 반응하는 물질을 발견했는데 한 부분은 연쇄 메커니즘으로 반응이 일어나고 동시에 나머지는 옛날 방식으로 반응하는 것이었습니다.

물질이 섞였을 때 즉시 반응하지 않고 잠시 후에 시작하는 반응도 많이 있습니다. 수많은 폭발들이 그런 방식으로 일어나며 세묘노프 교수는 연쇄반응의 개념이 이와 같은 현상을 설명할 수 있다는 것을 밝혔습니다.

저는 이 연구가 우리들의 일상생활과 어떻게 직접 관계가 있는지를 보이는 것으로 결론을 지으려고 합니다. 탄화수소의 연소가 연쇄반응이라는 것은 방금 언급했습니다. 내연기관이 더 많은 에너지를 얻기 위해 더욱 세게 압축되면 공기와 가솔린 혼합물이 더욱 빠르게 연소되고 결국 폭발하게 됩니다. 그러나 빠른 연소는 적당한 탄화수소를 포함하는 가솔린의 사용으로 조절할 수 있습니다. 그와 같은 가솔린을 높은 옥탄가를 갖는다고 말합니다. 내연기관의 효과를 논의하는 최근 수행된 엄청난 연구들의 화학적 측면만을 고려한다면 이 노벨 수상자의 연구가 초석이 되었습니다.

시릴 노먼 힌셜우드 경, 그리고 니콜라이 니콜라예비치 세묘노프 학술원 회원님.

화학동역학 법칙의 발견으로 첫 번째 노벨상이 반트 호프에게 수여된 지 반 세기가 지났습니다. 그 이후로 두 분의 연구로부터 화학반응 속도론의 커다란 진보가 이루어졌으며, 그것이 수많은 과학자들로 하여금 훌륭한 성과를 올리는 연구를 하도록 북돋아 주었습니다. 교수님의 연구 결과는 기술적인 측면과 화학의 이론적인 측면에서 모두 대단히 중요합니다.

스웨덴 왕립과학원을 대신하여 진심으로 축하를 드립니다. 이제 전하로부터 1956년 노벨 화학상을 받으시기 바랍니다.

스웨덴 왕립과학원 A. 욀란데르

뉴클레오티드류와 뉴클레오티드 조효소에 관한 연구

1957

알렉산더 토드 | 영국

:: **알렉산더 로버터스 토드** Alexander Robertus Todd (1907~1997)

영국의 생화학자. 1931년에 프랑크푸르트암마인 대학교의 W. 보르셰 교수의 지도를 받았고, 1933년에는 옥스퍼드 대학교 로버트 로빈슨의 지도를 받아 박사학위를 취득하였다. 맨체스터 대학교와, 케임브리지 대학교의 유기화학 교수로 재직하였으며, 1963년부터 1978년까지 케임브리지 대학교 크라이스트 칼리지 학장을 지냈다. 세포핵의 염색체에서 일상적으로 발견되지만 연구가 부족했던 뉴클레오티드류와 뉴클레오티드 조효소에 관한 연구로 생화학 및 생물학적 연구를 위한 기초를 제공하였다.

전하, 그리고 신사 숙녀 여러분.

뉴클레오티드류와 뉴클레오티드 조효소는 이상하고 난해하게 들릴 수 있는 말입니다. 하지만 이러한 화합물들은 우리 모두에게 대단히 중요합니다. 우리는 몸의 모든 곳에 이러한 물질들을 가지고 있으며, 이들은 많은 생명 작용을 조절합니다. 이 용어는 뉴클레우스에서 유래했는데 여기에서는 세포핵 또는 핵을 의미합니다. 올해의 노벨상은 원자핵, 원자분열 또는 수소폭탄과는 아무런 관련이 없습니다. 뉴클레오티드류는 세포핵의 염색체에서 일상적으로 발견되는데 이들은 유전형질의 단위에 연결되어 있습니다. 그러나 또한 세포 원형질에서도 발견됩니다. 이것들은 단백질과 조합하여 바이러스 분자를 구성하고, 많은 조효소들은 뉴클레오티드류의 작은 분자이지만 특별한 구조를 가지고 있습니다. 그러므로 이것들은 생물학적으로 아주 중요한 그룹의 물질들입니다.

뉴클레오티드류는 거의 90년 동안 알려져 있었으며, 화학자와 생물학자에게는 중요한 연구 과제 였습니다. 그러나 화학자의 관점으로 보면, 오랫동안 미개발 연구 분야였는데, 이것은 연구가 너무나 어려웠기 때문입니다. 점차 그것들은 세 가지 전혀 다른 화학적 성질을 갖는 '건축 자재' 즉 인산, 당, 그리고 질소를 포함하는 헤테로고리 염기로 이루어져 있다는 것이 알려졌습니다. 저는 이러한 염기들을 카페인과 관련 있는 화합물이라고밖에는 더 쉽게 표현할 수 없습니다. 이어 2개의 다른 당인 리보스와 데옥시리보스가 발견되고 약 6개의 다른 염기들이 발견됩니다. 그러면 이 단순한 건축 자재들은 수백 또는 수천 개가 결합해서 거대분자인 핵산을 만듭니다.

그러나 건축 자재를 아는 것만으로 충분하지 않습니다. 또한 그들이 어떻게 서로 연결되어 있는지 알아야 합니다. 구조도는 그것을 패턴 또는 무엇이라 부르던 간에 화학적이고 생물학적인 과정에서 거대분자의 거동에 아주 핵심적인 것임에 틀림없습니다. 당과 헤테로고리 염기는 모두 다소 복잡한 분자들이며 몇 가지 다른 방식으로 서로 연결되어 있을 수도 있습니다. 그리고 마지막으로 인산이 어떻게 결합되어 있는지 밝혀내야 합니다. 이 작업은 매우 어렵습니다. 세 개의 전혀 다른 종류의 건축 자재를 한 개의 거대분자로 결합하면 아주 특별한 성질이 부여되는

데, 문제는 유기화학의 전통적인 방법도 무기화학의 그것도 직접 적용될 수 없다는 것입니다. 그러나 그것은 유기화학자를 위한 탁월한 과업이며, 10년 이상 알렉산더 토드 경은 이 분야에서 선도적인 위치를 지켜 왔습니다.

구조도의 일부 아이디어는 거대분자가 제한된 수의 건축 자재를 포함하는 작은 조각으로 부분적으로 분해되어 만들어진 생성물을 조사해서 얻을 수 있습니다. 그러나 결정적인 증거는 인산과 함께 또는 인산을 제외하고 합성으로 당과 염기의 가능한 조합을 만들어 이것들을 분해산물과 비교함으로써 얻을 수 있습니다. 물론 합성 생성물의 구조가 반박할 수 없는 방법을 사용한 것이어야 함은 절대 조건입니다.

이 연구는 매우 포괄적이고, 많은 특별한 방법들이 고안되었으나 눈부신 실험 결과를 화학자가 아닌 사람에게 명료하게 설명하는 것은 거의 불가능했습니다. 여기서 저는 인산화반응인 인산을 결합하는 방법을 특별히 언급해야 할 것 같습니다. 최근에 생화학적 과정에서 인산의 기본적인 역할들이 점점 더 분명해지고 뉴클레오티드 화학의 특별한 영역 밖에서도 관심을 끌고 있습니다. 새로운 인산화반응 방법들은 현재의 생합성 과정에서 사용되는 것들과 비슷합니다.

핵산의 구조도는 이제 최소한의 윤곽이 잡혔습니다. 긴 사슬이 있고 여기에 당과 인산이 교대로 결합되어 있습니다. 각 당분자에는 헤테로고리 염기가 작은 펜던트처럼 붙어 있어서 같은 수의 산과 염기 그룹이 존재합니다. 다른 건축 자재는 항상 같은 패턴으로 연결되어 있으므로 여러 핵산들 사이의 차이는 염기의 종류와 그 상대적 배열에 기인하는 것이 확실합니다. 다른 형태를 갖는 경우의 수는 적고 특정 사슬에 보통 4개의 다른 염기가 있습니다. 그러나 수천 개의 매달린 염기분자를 갖는 거대분자에서는 가능한 조합의 수가 틀림없이 매우 클 것입니다. 우리는 모스 부호의 암호에 익숙한데, 모스 부호는 단지 점과 대시 두 가지 상징으로 있습니다.

알렉산더 경은 연구를 통해서 이 분야의 미래 발전을 위한 견고한 기초를 놓았습니다. 이 연구를 시작으로 해서 다른 과학자들이 사슬의 배열에 관한 아주 매력적인 이론을 제출했습니다. 이것들은 염기가 안쪽에 위치한 상태로 나선형으로 감겨 있는 듯이 보입니다. 이 모델이 아마도 핵산 사슬이 어떻게 또 다른 비슷한 사슬 또는 단백질의 생성을 야기할 수 있는지 설명할 수 있을 것입니다. 우리는 여기서 매우 근본적인 생물학적 의문에 다가가고 있습니다.

이 합성법은 또한 작은 분자량의 뉴클레오티드 조효소, 예를 들면 조치마아제의 합성에 성공적으로 적용될 수 있었습니다. 조치마아제는 알코올 발효를 비롯한 다른 생화학적 과정에 작용합니다. 자연에서 일어나는 다른 형태의 합성방법을 찾는 길이 이제 열려 있습니다. 약간 변형된 구조를 갖는 조효소를 합성하는 것과, 이러한 변형이 활성에 미치는 효과를 연구함으로써 효소의 작용방식에 관한 더 나은 통찰력을 얻는 것도 가능합니다.

알렉산더 토드 경.

15년쯤 전에 경은 뉴클레오티드 화학에 관한 연구를 시작했습니다. 경은 이 주제의 대단한 중요성을 알았고 그 어려움을 과소평가하지 않았습니다. 오늘날 이러한 화합물들의 화학구조가 확립되었습니다. 생화학자와 생물학자 들이 앞으로 할 연구를 위한 견고한 기초가 놓인 것입니다. 최대한 흥미로운 결과들이 이미 보고되었고, 다른 연구 결과들도 뒤따를 것입니다.

유기화학자라면 아마도 인산화반응에 관한 경의 연구에 대해 대부분 감탄을 금치 못할 것입니다. 우리는 오늘 인산이 대부분의 생화학 과정에 관여한다는 것을 알고 있습니다. 그러나 그것이 어떻게 작용하는지에 관하여는 아는 것이 거의 없습니다. 몇 년 전에 토드 경은 살아 있는 유기체가 사용하는 방법이 마술같이 느껴지는 것은 주로 인산의 에스터와 같은 단순한 화학에 관한 우리의 지식이 부족하기 때문이라는 견해를 피력했습니다. 경은 놀라운 솜씨로 이러한 에스터를 다루는 방법을 알아냈습니다. 그리고 머지않아 마술 같은 분위기도 사라질 것이라고 확신합니다.

화학에, 그리고 자연과학 전반에 끼친 토드 경의 공헌을 인정하여, 스웨덴 왕립과학원은 뉴클레오티드류와 뉴클레오티드 조효소에 관한 연구에 대해 노벨 화학상을 수여하기로 결정했습니다. 과학원의 진심어린 축하를 전해드리면서, 이제 전하로부터 노벨상을 받으시기 바랍니다.

스웨덴 왕립과학원 노벨 화학위원회 위원 아르네 프레드가

단백질, 특히 인슐린 구조에 대한 연구

1958

프레더릭 생어 | 영국

:: **프레더릭 생어 Frederick Sanger (1918~2013)**

영국의 생화학자. 1943년에 케임브리지 대학교에서 박사학위를 취득한 후, 생화학 연구를 계속하였다. 인슐린 분자의 51개 아미노산이 서로 연결되어 있는 정확한 형태를 규명함으로써 인슐린을 합성할 수 있는 기반을 마련하였다. 이후 DNA와 RNA 분자의 뉴클레오티드 서열을 결정하는 방법을 개발함으로써 1980년에도 노벨 화학상을 받았다.

전하, 그리고 신사 숙녀 여러분.

단백질은 자연에 있는 가장 복잡하고 불가사의한 물질이며, 우리가 생명이라고 부르는 모든 것과 밀접하게 관련되어 있습니다. 예를 들면 생명의 화학과정을 조절하는 모든 효소와 많은 호르몬이 이 핵심 물질에 속하고 병을 유발하는 바이러스와 많은 종류의 독소도 이에 속하며, 예방접종으로 감염으로부터 몸을 보호하는 항체들이 이 그룹에 속합니다. 몸의 혈액과 모든 조직, 즉 근육, 신경, 피부처럼 단백질은 필수적인 기능에 필요한 성분을 형성합니다. 생명체 종들 간의 차이는 단백질의 화학적 개체성에 있습니다. 이같이 복잡하고 거대한 분자를 정확하게 결정하는 것이 오늘날 과학적 연구에 가장 커다란 문제 중 하나일 것입니다.

어떤 단백질 분자가 충분히 커서 고성능 전자현미경으로 관찰할 수 있다 할지라도 직접적인 방법으로 그들의 구조를 자세히 보는 것은 불가능합니다. 우리는 화학자들이 복잡한 물질들의 구조를 연구할 때 사용하는 간접적인 방법에 의지해야 합니다. 그래서 적당한 방법으로 큰 분자를 쪼갠 조각들에서 단순하고 잘 알려진 물질을 찾아내야 합니다. 단백질을 가지고 이 방법을 사용했던 사람이 독일 화학자이자 1902년 노벨상 수상자인 에밀 피셔입니다. 그는 단백질 분자들이 아미노산의 긴 사슬들을 포함하고 있다는 것을 발견했습니다. 아미노산은 자연에서 약 25종류가 있으며 상대적으로 단순한 물질로서 강산과 함께 끓일 때 얻어집니다. 그래서 우리는 단백질들이 여러 종류의 아미노산을 포함하고 있다는 것과 사슬 내에서 아미노산의 성분, 특히 서열이 더욱 다양하다는 것을 알고 있습니다. "각각 다른 단백질의 화학적인 특성과 생리학상의 특성을 결정짓는 것은 단백질 내의 아미노산 서열이다"라고 우리는 오랫동안 가정하여 왔습니다.

인슐린이 당뇨병 치료에 사용되는 생리학적으로 중요한 호르몬이라는 것은 모두에게 잘 알려져 있습니다. 인슐린 또한 단백질이고 그 분자가 아주 큰 단백질에 속하지는 않지만 상당히 복잡해서 구조를 결정하는 일이 어렵게 보였습니다. 프레더릭 생어 교수가 15년 전부터 열정적이고 끈기있는 연구 끝에 점차 이 문제에 대해 성공적인 해결책을 찾아가는 과정은 시작부터 일종의 모험이었습니다. 그것은 인슐린 분자의 51개 아미노산이 서로 연결되어 있는 정확한 형태를 찾는 것이었습니다.

그러나 시작부터 가능성이 보였습니다. 생어 교수는 사슬의 맨 마지막에 위치한 특별한 아미노산 끝에 '표지'를 남기는 방법을 개발했습니다. 이 목적을 위해 염료시약인 다이니트로플루오르벤젠을 사용하였는데, 이것은 아미노산에 상대적으로 잘 결합하여 사슬이 깨져서 말단 아미노산이 자유롭게 되어도 붙어 있게 됩니다. 이 형태로 '표지된' 인슐린을 산과 함께 끓이면 얻어지는 아미노산의 복잡한 혼합물에서 말단기를 나타내는 염색한 구성성분을 분리할 수 있습니다. 이 방식으로 생어 교수는 인슐린 분자가 다른 말단기를 가진 두 개의 다른 사슬을 포함하는 것을 증명할 수 있었고, 산화시켜 분자를 쪼갠 후에 그것들을 분리했습니다. 그래서 51개 아미노산을 가진 하나의 분자대신, 생어 교수는 31개와 20개를 가진 2 개의 분자를 연구하게 되어 문제는 좀 더 단순해졌습니다.

약산이나 효소 처리로 사슬이 부분적으로 끊어지면 원래의 분자에서와 같은 서열을 가진 2개, 3개, 4개, 5개 혹은 더 많은 아미노산을 포함하는 큰 토막들을 얻을 수 있습니다. 생어 교수는 그와 같은 처리로 얻어진 복잡한 혼합물로부터 수많은 토막들을 분리하고 확인하는 데 성공했습니다. 이 일에서 그는 아주 솜씨 좋게 크로마토그래피와 전기영동 방법을 조합하였는데, 특히 종이 크로마토그래피는 1952년 노벨 화학상을 수상한 마틴과 싱에 의해 소개되었습니다. 생어 교수는 그렇게 분리된 사슬의 토막에서 아미노산 서열을 결정했습니다. 앞에서 이미 말한 바 있는 그의 '말단기' 방법은 이 실험에 상당한 도움이 되었습니다. 각 조각이 사슬에 있는 결합들을 대표하므로 이제 옳은 방식으로 모든 조각들을 맞추어 원래 사슬로 재조립하는 일이 남아 있었습니다. 이 부분에 해당하는 일은 퍼즐을 짜맞추는 것과 같습니다. 그것은 어렵고 힘든 작업이었지만 천천히 진행되어 나갔고 퍼즐을 맞추는 것이 가능하다는 것을 보였습니다. 그래서 생어 교수는 처음으로 사슬 하나를 조립하는 데 성공했고 얻어진 모든 토막들로부터 또 다른 나머지 사슬을 조립하는 데 성공했는데, 사슬들을 쪼개는 데 사용하는 방법과 상관없이 결과는 동일하다는 사실이 중요합니다.

생어 교수는 사슬 하나에 있는 31개의 아미노산과 다른 사슬에 있는 20개 아미노산의 정확한 서열을 밝힐 수 있었습니다. 그는 일찍이 두 사슬이 황원자로 형성된 두 개 다리의 도움으로 인슐린 분자를 형성하고 있다는 것을 밝혔습니다. 이 다리들의 정확한 위치는 사슬의 구조 결정에 사용하였던 것과 유사한 방법으로 결정되었습니다.

드디어 인슐린 구조가 확정되었습니다. 이것은 정말로 뛰어난 업적입니다. 인슐린은 단백질이고, 이처럼 아주 중요한 그룹에 속하는 물질의 구조를 결정하는 데 성공한 것은 처음이었습니다.

그러나 생어 교수가 이룬 업적은 이보다 훨씬 중요합니다. 그의 성공적인 실험 과정은 다른 단백질 구조를 결정하려는 시도에 그대로 적용할 수 있습니다. 많은 연구자들이 이 연구에 종사하고 있으며 단백질이 생명 과정에서 핵심 물질로서 어떠한 역할을 하는지 그 조사 결과들이 현재 나타나고 있습니다.

프레더릭 생어 박사님.

중요한 과학적 발견은 시간이 무르익어서 많은 것들이 준비되기 시작하면 '하룻밤 사이' 라고 말할 정도로 눈 깜짝할 사이에 만들어지기도 합니다. 하지만 교수님의 발견은 그런 종류가 아니었습니다. 단백질 구조의 성공적인 결정은 문제의 최종적인 해결에 한 걸음씩 접근하면서 여러 해 동안 끈기 있게 열성적인 연구를 수행한 결과입니다. 교수님은 15년 전에 인슐린 분자의 구조를 찾기 시작했을 때 이미 풀어야 할 문제의 규모가 방대하다는 것을 알았습니다. 모든 과학적 세계처럼 말입니다. 그러나 교수님을 아는 사람들은 결국 성공하리라 확신했고 교수님의 실험실로부터 나오는 발표들이 우리들의 확신에 힘을 실었습니다. 방법을 정복하기 위해서는 사고력과 지식, 그리고 기술이 요구되는데, 이미 이것은 교수님이 다 가지고 있었습니다. 그러나 그와 같은 모험은 사교력과 지식, 기술만으로는 충분하지 않습니다. 계획한 일에 대한 전심전력의 노력이 없었다면 앞을 가로막는 온갖 장애를 이겨내기 어려웠을 것입니다. 여러 해 동안의 연구가 성공의 면류관을 가져온 것을 이제 뒤돌아보며 기뻐하시기 바랍니다. 그리고 교수님이 닦고 포장하여 만든 길을 많은 사람들이 생명의 핵심 물질에 대한 구조 원리를 찾기 위해 사용하고 있는 것을 보면 만족하실 것입니다. 그러나 교수님은 더욱더 앞을 내다보며 정진할 것으로 믿습니다. 노벨상은 성취한 업적에 대한 보상으로, 뿐만 아니라 미래의 연구에 대한 격려로 작용해야 한다는 것이 알프레드 노벨 박사의 의도였습니다. 우리는 교수님이 이런 의미에서 또한 노벨상을 받기에 충분한 수상자라고 확신합니다.

프레더릭 생어 교수님. 우리들의 축하를 받으시고, 이제 전하로부터 1958년 노벨 화학상을 받으시기 바랍니다.

스웨덴 왕립과학원 A. 티셀리우스

폴라로그래피의 발견과 개발

1959

야로슬라프 헤이로프스키 | 체코

:: 야로슬라프 헤이로프스키 Jaroslav Heyrovsky (1890~1967)

체코의 화학자. 제1차 세계대전 당시 군 병원에서 복무하였고, 이후 프라하 하를슈 대학교과 런던 대학교 유니버시티 칼리지에서 각각 박사학위와 과학박사학위(D.Sc.)를 취득하였다. 1926년에 하를슈 대학교 최초의 물리화학 교수로 임명 되었다. 물질의 정성, 정량 분석에 사용되는 분석법인 폴라로그래피를 발견함으로써 거의 모든 원소를 분석할 수 있게 되었다. 폴라로그래피는 현대 화학적 분석의 중요한 방법 중 하나로 화학, 의학 등 다양한 분야에서 쓰이게 되었다.

전하, 그리고 신사 숙녀 여러분.

분석화학은, 과학적이고 화학적인 연구가 요구되는 다른 분야뿐만 아니라 응용화학인 화학산업에서도 기초가 되는 과학입니다. 더군다나 그것은 다른 자연과학, 무기와 유기 둘 다를 위해서, 의료 연구를 위해서, 그리고 많은 인문과학, 심지어 법학을 위해서도 중요합니다.

분석가들이 얻으려고 애쓰는 것은 정확한 결과를 얻는 방법을 개발하는 것뿐만 아니라 더욱더 중요한 것은 실질적인 연구를 위해서 분석을 빠르게 수행할 수 있고, 가능한 한 적은 양의 시료를 사용해서 수행할 수 있으며, 여러 물질의 아주 적은 함량도 찾아내고 확인할 수 있게 하는 방법입니다.

폴라로그래피는 현대 분석가들이 사용할 수 있는 이러한 미량분석법 중의 하나입니다.

프라하의 보후밀 쿠세라 교수는 한때 젊은 야로슬라프 헤이로프스키에게 수은의 모세관현상에 관련된 특정 불규칙성을 연구하고 그 근본 원인을 밝히는 시도를 해 보라고 제안했습니다. 이 문제는 과학에 포함된 무수히 작은 문제들 중의 하나였습니다. 젊은 헤이로프스키는 유리 모세관을 통해 수은을 흐르게 하고 수은 방울의 무게를 쟀습니다. 느리고 지루한 방법이었습니다. 그는 대신에 모세관의 수은과 바닥에 모이는 수은 사이에 전압을 걸어 주고 이때 생기는 전류를 측정하기로 마음먹었습니다. 유리 모세관은 공기 중에서는 끊어지지 않으나 용액 중에서는 끊어지고, 이를 통해서 전류가 흐를 것입니다.

헤이로프스키 교수는 이 장치가 원래의 문제보다는 훨씬 더 중요한 무엇인가를 위해 사용될 수 있다는 것을 발견했습니다. 그것은 물에 용해되어 있는 다양한 물질들의 매우 적은 양을 확인하는 데 사용될 수 있으며, 더욱이 그 함량의 측정에도 사용될 수 있습니다.

중요하고 새로운 발견들은 예기치 않은 곳에서 이루어집니다. 훌륭한 팀들의 우리 시대의 눈부신 발전을 이루어 왔습니다. 어떤 사람들은 팀워크만이 가치가 있고, 홀로인 과학자는 요즈음엔 아무것도 할 수 없다고 말합니다. 팀워크는 효과적일 수 있고, 연구를 위한 하나의 목표를 설정할 수 있을 땐 효율적입니다. 그러나 새로운 발견은 뭔가 이상한 것을 알아챈 한 과학자에 의해서 이루어지거나, 또는 두 사람 정도에 의해서 각각, 그리고 다른 나라에서 이루어집니다. 그렇다면 미래의 팀 리더와 연구비를 주는 정부기관은 그를 너무 엄격하게 통제해서 그 일을 못하게 하지 말고, 하찮은 것들을 발견할 가능성에도 불구하고 예기치 않은 새로운 것을 우연히 발견할 기회를 주는 것이 중요합니다. 헤이로프스키 교수가 떨어지는 수은과 바닥에 모이는 수은 사이에 작은 전압을 걸었을 때, 그는 예전의 경험과 일치하게 전압이 어떤 고정된 값 이상으로 증가하면 전류가 단계별로 증가한다는 사실을 발견했습니다. 전에 사람들은 보통 백금 포일을 이용해서 용액 속으로 전류를 흘려 주었습니다. 그러나 여러 물질들이 고체 표면에 달라붙고 실험 과정을 방해했습니다. 반면 수은 방울은 몇 초 뒤에 떨어지고, 그러면 새로운 수은 방울이 만들어지기 때문에 이 방법은 용액에 비해 새롭고 깨끗한 표면을 항상 보장하고 교란을 피하게 합니다.

전류가 흐를 때 수은 방울 표면에서 화학반응을 진행하는 물질의 함량이 매우 적더라도 전류는 눈에 띄게 증가할 것입니다. 그 증가량은 무제한은 아니지만 함량에 비례합니다. 물질 특성에 따라 전압은 달라집니다. 그러므로 이 방법으로 우리는 용액 속에 어떤 물질들이 얼마나 존재하는지를 알 수 있습니다.

헤이로프스키 교수는 그의 일본인 동료인 시카타와 함께 걸어 준 전압에 따라 전류가 어떻게 변하는지 기록하는 기계를 만들었습니다. 이 기계 이름은 폴라로그래프이며, 전류의 변화를 나타내는 커브를 그리는데 이 커브로부터 여러 단계의 위치와 높이를 읽을 수 있었습니다. 약 10년이 지나고 나서야 이 방법은 헤이로프스키 교수의 실험실 밖에서 사용처를 발견했습니다. 예를 들면 사람들은 이 기계로 금속 시료의 불순물들을 쉽고 정확하게 찾을 수 있었습니다. 이 문제는 산업 공정에 대단히 중요했는데, 예전에는 아주 번거롭고 시간이 많이 걸리면서도 결과는 불확실했습니다.

헤이로프스키 교수와 공동 연구자들은 국내와 국외에서 이 방법의 이론적 근거들을 발견했고 점점 더 다양한 문제에 적용했습니다. 거의 모든 화학원소가 폴라로그래피법으로 분석될 수 있으며, 유기화학에서도 폴라로그래피법은 다양한 그룹의 물질들에게 똑같이 유용합니다.

헤이로프스키 교수는 또한 특별한 연구 조사를 위해 그 방법을 매우 공들여서 다듬었습니다. 예를 들면 수은 방울을 용액 속에 떨어뜨리는 대신 분사하는 것이 가능해지고, 기록은 오실로그래프(전류의 진동 기록 장치)에 의해 이루어집니다. 폴라로그래피를 말할 때 사람들은 우선 고전적인 폴라로그래프를 생각하는데 그 단계는 커브를 그립니다. 전 세계적으로 아주 많은 기계 제조업자들이 이 기록 장치를 생산하고 있으며, 이 장치들은 오늘날 모든 장비가 잘 갖추어진 분석실험실에서 발견됩니다. 현대 분석에 사용되는 특정한 다양한 기계들에 비해서 이 기계들은 적당한 가격으로 팔립니다. 세계에 흩어져 있는 수천 개의 폴라로그래프는 화학과 의학 연구를 용이하게 하고, 산업체 실험실에서는 이것들이 생활필수품 가격을 낮추고 물질 생산을 더 첨단화하는 데 드는 비용을 줄일 수 있습니다.

헤이로프스키 교수님.

교수님은 현시대 화학 분석에서 가장 중요한 방법 중의 하나를 발견했습니다. 교수님이 만든 기계는 극히 단순하며 단지 수은 방울을 떨어뜨릴 뿐입니다. 그러나 교수님과 공동 연구자들은 그것이 가장 다양한 목적을 위해 사용될 수 있다는 것을 보여 주었습니다.

몇 년이 지나서야 폴라로그래피법이 교수님의 나라 밖에서도 인지되었습니다. 그러나 그 후에 폴라로그래피법의 중요성은 갑자기 증가한 것이 아니라 꾸준히 계속해서 증가했으며 세계적으로 관심을 끌었습니다. 또한 교수님의 방법은 지속적으로 분석화학자들의 신뢰를 얻었습니다.

헤이로프스키 교수님. 스웨덴 왕립과학원을 대신해서 진심 어린 축하를 드립니다. 이제 앞으로 나오셔서 전하로부터 노벨 화학상을 받으시기 바랍니다.

스웨덴 왕립과학원 노벨 화학위원회 위원 A. 욀란데르

방사성 탄소연대측정법 개발

1960

윌러드 리비 | 미국

:: **윌러드 프랭크 리비 Willard Frank Libby (1908~1980)**

미국의 화학자. 1933년에 버클리 캘리포니아 대학교에서 박사학위를 취득한 후, 10여 년간 강사, 조교수, 부교수로 강의하였다. 1941년부터 맨해튼 계획에 참여하여 원자폭탄 제조를 도왔다. 1945년부터는 시카고 대학교 화학과 및 핵 연구소 교수로 재직하였고, 1954년에 미국 원자력 위원회 회원이 되었다. 그가 개발한 방사성 탄소연대측정법은 고고학, 인류학, 지구과학 연구에 중요한 수단이 되었다.

전하, 그리고 신사 숙녀 여러분.

올해 스웨덴 왕립과학원은 우리 생활수준에 직접적으로 많은 영향을 주지는 않았지만 다른 과학 분야에 넓고 깊은 지식을 제공한 과학적 업적에 노벨 화학상을 수여하기로 결정하였습니다. 윌러드 리비 교수는 시간측정기로써 ^{14}C를 사용하여 생물학적 기원 물질의 연대 결정방법을 개발하여 노벨상 수상자로 선택되었습니다. 그의 측정방법은 널리 사용되고 있고 고고학, 지질학, 지구물리학, 그리고 다른 과학 분야에 필수적인 것이 되었습니다. 이제까지 노벨상을 수상한 화학 분야를 살펴보면 흔한 경우는 아니지만, 이 방법은 다행히 매우 단순하여 모든 사람이 그 방법의 조건과 원리를 이해할 수 있습니다.

탄소의 한 종류인 ^{14}C는 14의 원자량을 갖는 탄소의 동위원소로 공기 중의 이산화탄소에서 발견되며, 바깥쪽 우주에서 오는 우주의 방사선에 의해 대기에 많이 형성됩니다. 이것이 생성되는 과정은 무시하더라도 새롭게 형성된 ^{14}C는 생성 순간에 높은 에너지를 가지고 있어 빠르게 이산화탄소로 산화되고 대기 중에 퍼져서 고르게 분포됩니다.

대기 중의 이산화탄소에서 ^{14}C의 비율은 아주 낮습니다. 약 1조 개 탄소원자들 중에 원자량 14를 가진 탄소는 단지 1개에 불과합니다. 그럼에도 불구하고 ^{14}C는 방사성 동위원소여서 방사선으로 명확히 구별되기 때문에 감도 좋은 장치로 이 비율을 정확히 결정할 수 있습니다. ^{14}C는 전자를 방출하면서 질소로 바뀌는데 붕괴는 아주 느린 과정이어서 이 원자들의 절반이 질소로 바뀌는 데 5,600년이나 걸립니다. 또 다른 5,600년 후에도 4분의 1이 여전히 남고, 또 같은 기간 후에 8분의 1이 남습니다. 그래서 ^{14}C가 5,600년의 반감기를 갖는다고 합니다.

우주방사선의 세기가 지난 몇 만 년 동안 일정하였다면 평균 수명이 대략 8,000년인 ^{14}C는 대기에서 뿐만 아니라 수권과 생물권에서 농도가 일정한 상태로 지속되어야 합니다. 활성 이산화탄소나 비활성 이산화탄소는 바다와 호수의 물속에 탄산염과 중탄산염으로 바뀌어 일정한 비율로 녹아 있고 나무와 식물이 그것을 흡수하며 결국 식물을 먹고사는 동물들에게 흡수되기 때문입니다. 그래서 모든 살아 있는 유기체의 활성탄소와 비활성탄소 사이의 비율은 공기에서와 같게 됩니다.

그러나 유기체가 죽으면 그 주변 환경과의 탄소 교환이 그치고 탄소

원자는 더 이상 교환될 수 없는 생체물질의 큰 분자로 빠르게 고착됩니다. 탄소원자의 방사능이 알려진 비율로 감소하기 때문에 이것이 약 500년에서 3만 년 전 사이에 발생하였다면 남아 있는 방사능을 측정하여 죽은 후에 경과한 시간을 결정할 수 있습니다.

1947년 리비 교수가 이 가설을 발표하고 그의 뛰어난 실험 기술로 이론의 타당성을 증명하는 데는 오래 걸리지 않았습니다. 최근 나무와 식물, 물개기름 등 죽은 생체물질들은 대기에서 ^{14}C의 생성과 분해의 비율로부터 죽은 시간을 계산할 수 있는 방사능을 나타냈습니다. 그것에 비해 석유 같은 화석물질은 완전히 비활성인데, 이것은 100만 년 전에 살았던 유기체로부터 기원한 것이기 때문입니다.

최초의 제어실험은 복잡한 과정을 통해 진행되었는데, 리비 교수는 약한 방사능 물질들에 대한 경험이 있었기 때문에 방사능을 측정하는 데 성공하였으며, 따라서 기본적인 농축실험 과정은 필요없게 되었습니다. 이 실험이 실패하였다면 그의 연대결정 방법은 과학의 발전에 중요한 도구로써 활용되지 못했을 것입니다.

이 정확한 방법으로 리비 교수와 공동 연구자들은 이집트의 무덤에서 발견된 숯과 나무를 측정하였습니다. 약 5,000년 전의 판관 헤마카 시대의 것부터 약 2,000년 전 프톨레마이오스의 시대에 속하는 것, 그리고 두 시대의 중간 것들의 연대를 측정하였습니다. 이집트 학자들은 이 방법으로 모든 무덤들이 언제 건축되었는지를 측정할 수 있었습니다. 리비 교수는 또한 나이테를 세어서 정확한 연대를 알고 있는, 수천 년된 삼나무와 미송의 줄기로부터 연대를 측정하여 그의 방법을 확인하였습니다. 이 제어실험으로부터 얻은 결과들이 리비방법의 신뢰도를 잘 보여 주었습니다.

이 방법은 또한 고고학자와 지질학자가 부딪치는 문제들을 풀기 위해 사용되었는데 중요한 결과들이 계속해서 빠르게 쏟아져 나왔습니다. 이집트의 학자들은 기원전 3400년에 시작한 첫 왕조보다 약 2,000년 더 이전까지 시간 측정을 하는 연대기를 만들었는데 이 방법이 실마리가 되었습니다. 또한 북유럽과 북미의 마지막 빙하시대가 11,000년 전에 동시에 있었고 상당히 넓게 퍼져 있었다는 것을 증명하였으며 이 지역에서 인류 최초의 거주지의 흔적이 약 1만 년 전으로 판명되었습니다. 한편 프랑스 남쪽 지방에서 빙하시대 도래 이전 혈거인들의 모닥불 숯에서 발견된 유물이 15,000년이나 된다는 것도 증명하였으며 이라크에서 발견된 유사한 것은 25,000년 전에 사람이 살았다는 증거를 보여 주었습니다. 이와 같은 결과들은 인간의 선사시대에 빛을 밝히는 연대결정 중에 단지 몇 가지를 언급한 것입니다.

고고학자들과 지질학자들이 위에서 언급한 시간대 안에서 물질의 연대를 측정할 때 이 방법을 자유자재로 사용할 수 있었습니다. 스웨덴에서는 꽃가루 분석과 점토층의 제라르 드 기어Gerard De Geer 계수방법이 잘 알려져 있는데, ^{14}C 방법은 이와 같은 방법들을 보완하고 더 정확하게 측정할 수 있습니다. ^{14}C 방법은 최근 바다 침전물의 연대를 측정하는 해양학에 응용하고 있습니다. 이것은 대양의 깊은 물이 전복되는 속도를 더욱 정확하게 결정하여 대양의 물 순환 등과 같은 물리해양학의 주된 문제를 해결하는 데 중요한 역할을 합니다.

리비 교수의 연대 측정방법이 알려지자 과학계에서 곧바로 관심을 가졌고, 오래지 않아 여러 나라에서 ^{14}C 실험실을 만들었습니다. 오늘날 약 40개의 연구 기관들이 이 분야 연구를 진행하고 있는데 그중 절반이 미국에 있습니다. 여기 스웨덴에도 그와 같은 연구 기관이 있으며 매우 의미 있는 결과를 보여 주고 있습니다. 매년 수천 개의 연대결정 결과가 발표되고 있으며 전 세계를 통하여 빠르게 알려지고 있습니다. 해가 거듭될수록 이 분야의 문헌이 늘어나고 있으며 매우 인상적인 결과들이 쏟아져 나오고 있습니다.

노벨상의 후보로 리비 교수를 추천했던 과학자 가운데 한 사람이 다음과 같이 그의 업적을 평했습니다.

> 화학에서 단 하나의 발견으로 인간이 연구하는 많은 분야에 그렇게 큰 파급효과를 준 적은 거의 없었다. 단 하나의 발견이 그처럼 공공의 이익을 널리 초래한 적은 거의 없었다.

리비 교수님.

교수님이 13년 전에 ^{14}C 방사능을 측정하여 생체물질의 연대를 결정한 것은 신선한 충격이었습니다. 여러 해 동안 약한 방사능 물질을 연구하여 얻은 교수님의 위대한 실험 기술이 전 세계 많은 연구 기관과 연구 분야에 없어서는 안 될 방법을 개발하는 데 결정적인 역할을 하였습니다. 고고학자, 지질학자, 지구물리학자, 그리고 다른 과학자들이 그들의 연구에 교수님의 큰 은혜를 입고 있습니다. 많은 사람들과 더불어 스웨덴 왕립과학원은 교수님이 이렇게 많은 과학 분야에 영향을 끼친 것에 감사를 드리고 교수님에게 올해 노벨 화학상을 수여하기로 결정하였습니다. 과학원을 대신하여 축하를 드리며, 이제 전하로부터 상을 받으시기 바랍니다.

스웨덴 왕립과학원 A. 웨스트그렌

식물의 탄소동화작용에 관한 연구

1961

멜빈 캘빈 | 미국

:: **멜빈 캘빈** Melvin Calvin **(1911~1997)**

미국의 생화학자. 1935년에 미네소타 대학교에서 박사학위를 취득하였고, 1947년에 캘리포니아 대학교 교수로 임명되었다. 로렌스 방사선연구소의 생유기화학분과 위원장을 거쳐 1960년부터 20년간 캘리포니아 대학교 화학생체역학 연구소 소장을 지냈다. 식물의 탄소동화작용에 있어 탄소의 경로를 규명함으로써 모든 생화학 반응 중 가장 근본적인 작용인 광합성의 규명에 기여하였다.

전하, 그리고 신사 숙녀 여러분.

성장하고 또 생명을 유지하기 위해서 살아 있는 모든 유기체에는 적당한 형태의 에너지 공급이 필요합니다. 이러한 점에서 이 행성 위에 존재하는 유기체는 근본적으로 두 개의 다른 군으로 분류될 수 있습니다. 사람을 포함한 모든 동물들, 그리고 하등 유기체들은 에너지가 풍부한 유기물질, 통속적인 표현을 빌리자면 칼로리가 있는 음식물의 공급이 필요합니다. 음식물에 들어 있는 에너지는 탄수화물, 지방 등의 생물학적

산화(연소)에 의해 이용이 가능합니다. 명백하게 이러한 형태의 유기체, 이른바 타가영양 유기체들은 그들의 외부에서 발생하는 유기물질의 공급에 절대적으로 의존합니다.

타가영양 유기체에 반대되는 것으로서 두 번째 군에 속하는 유기체들, 이른바 자가영양 유기체들은 녹색식물과 특정 박테리아들인데, 이것들에는 유기물질을 공급할 필요가 없습니다. 그들은 유기화합물을 합성하는데, 그 자체로는 아무런 칼로리가 없는 이산화탄소와 물과 같은 단순한 물질로부터 탄수화물을 합성합니다. 합성에 필요한 에너지는 유기체가 흡수한 빛에 의해 공급되며 이어서 빛에너지에서 화학에너지로 전환됩니다. 이산화탄소와 물이 탄수화물로 전환되는 반응의 순서를 탄소동화작용 또는 빛에너지의 역할을 고려하여 광합성이라 부릅니다.

광합성이 자가영양 유기체의 존재에 대한 설명을 제공할 뿐만 아니라 사람과 동물에게 먹이를 제공한다는 사실은 명백합니다. 달리 말해서 광합성은 지구상의 모든 생명체에게 절대적인 전제 조건이며 모든 생화학반응 중에서 가장 근본적인 것입니다. 지구상에 있는 식물과 미세유기체가 이산화탄소로부터 탄수화물로 초당 약 6,000톤의 탄소를 전환하며 이중 최소한 5분의 4는 바다에 있는 유기체에 의해 전환됩니다.

그렇게 중요하고 큰 규모의 반응이 초기 과학의 관심을 끈 것은 이해할 만합니다. 그러나 한 세기 이상 광합성 화학을 이해하는 과정은 매우 느렸는데 그 부분적 이유는 적절한 실험 방법이 없었기 때문입니다.

50년 훨씬 전에 광합성은 두 개의 상이한 단계인 명반응과 암반응으로 이루어져 있다는 사실이 알려졌습니다. 오늘의 노벨상 수상자인 멜빈 캘빈 박사는 광합성의 두 단계 화학에 관해 수년 동안 연구해 왔습니다. 두 번째 단계의 경우에는 이산화탄소로부터 동화생성물에 이르는 반응이라 할 수 있는데 캘빈 교수의 말을 인용하면 '광합성에서 탄소의 경로'에 관한 연구는 극히 난해한 문제를 완벽하게 밝히는 결과가 되었습니다.

성공은 빈틈없고 능숙하고 꾸준한 연구의 결과이며, 어느 정도는 과거에 단순히 불가능했던 조사를 가능하게 하는 특정한 현대적 실험 방법의 도입으로 용이해졌습니다. 그러한 두 가지 방법을 언급할 수 있는데, 폰 헤베시가 개발한 반입 분자를 동위원소로 표시하는 방법과 마틴과 싱이 개발한 크로마토그래피법이며, 이 방법들은 복잡한 혼합물에서 미량 화합물의 분리를 가능하게 합니다. 이 방법들을 비롯한 많은 다른 방법들을 천재적으로 조합해서 캘빈 교수는 식물이 취한 이산화탄소로부터 동화작용이 끝난 생성물에 이르기까지 탄소원자의 경로를 추적하는 데 성공했습니다. 탄소의 방사성 동위원소이고 다른 관계에 있어서도 잘 알려진 ^{14}C가 캘빈의 연구에서 특히 중요한 역할을 했습니다.

캘빈 교수의 대부분의 실험은 미시적 녹색 해초인 클로렐라 파이러로이도사를 이용하여 수행되었지만, 고등식물을 이용한 비교 실험은 탄소동화작용 메커니즘이 모든 식물에서 동일하다는 것을 밝혔습니다.

한 세기 이상 과학자들을 괴롭혔던 의문은 '동화작용의 1차 생성물은 무엇인가, 식물이 흡수한 이산화탄소에 제일 먼저 무슨 일이 일어나는가'였습니다. 캘빈 교수는 1차 반응은 전에 추정했던 것과 같은 이산화탄소의 환원이 아니라 식물에 있는 이산화탄소 수용체인 기질에 이산화탄소가 고정되는 것임을 보였습니다. 캘빈 교수는 이 고정반응에서 만들어진 생성물이 포스포글리세린산이라고 알려진 유기화합물임을 밝힐 수 있었습니다.

이 발견은 뒤 이은 연구에 매우 중요했습니다. 동화작용의 1차 산물은 전에 알려지지 않은 화합물이 아니라 탄수화물의 생물학적 분해에서 얻어지는 중간 산물로서 일찍부터 잘 알려진 화합물로 발혀졌습니다. 포스포글리세린산은 스톡홀름의 라그나르 닐손에 의해 일찍이 1929년 설탕의 분해산물로 확인하였습니다. 1차 동화산물이 포스포글리세린산이라는 캘빈 교수의 확인은 광합성과 탄수화물 대사 사이에는 전체적으로 긴밀한 관련이 있다는 아주 중요한 결론에 도달하였습니다.

캘빈 교수는 이어지는 연구에서 동화의 1차 산물과 최종 생성물인 여러 탄수화물 사이의 경로를 그렸습니다. 전에 이산화탄소의 환원으로 추정되었던 것이 포스포글리세린산의 환원으로 밝혀졌습니다. 포스포글리세린산이 탄수화물 수준으로 환원되기 위해서 식물은 환원제와 이른바 에너지가 풍부한 인산염 둘 다를 공급해야 합니다. 식물이 빛에너지를 이용하는 것은 이러한 공동인자들을 만들기 위해서입니다. 이것은 빛에너지가 동화작용에 직접 관여하는 것이 아니라는 것을 의미합니다. 즉 빛에너지는 동화작용에서 소모되는 공동인자들을 재생하기 위해서 사용됩니다.

위에 언급한 바와 같이 동화작용에서 1차 반응은 이산화탄소를 수용체에 고정하는 것이며, 그 수용체의 화학적 성질은 캘빈 교수에 의해 확립되었습니다. 예기치 않게도 이 수용체는 일종의 설탕인 리불로즈의 유도체로 밝혀졌는데, 전에는 아무도 이 물질에 관심을 갖지 않았습니다. 이산화탄소가 리불로즈 유도체에 고정되면 포스포글리세린산이 만들어집니다.

고정반응을 하는 동안 수용체가 소모되기 때문에 그것은 명백히 동화작용의 생성물로부터 재생되어야 합니다. 캘빈 교수는 이 재생 과정의 매우 복잡한 메커니즘을 밝혀냈습니다. 1차 산물과 수용체 사이에는 10

개의 중간 생성물이 있으며 이 생성물들 사이의 반응은 11개의 다른 효소가 촉진합니다.

멜빈 캘빈 교수님.

식물의 광합성에 관한 교수님의 연구는 최근까지 베일에 가려져 있던 생화학 분야에 빛을 비추었습니다. 교수님은 광합성에서 탄소의 경로를 여러 단계로 추적했고, 이 행성의 생명에 엄청나게 중요한 이 반응의 복잡한 순서를 선명하게 그려 냈습니다.

왕립과학원을 대신해서 진심어린 축하를 드리며, 이제 전하로부터 노벨 화학상을 받으시기 바랍니다.

스웨덴 왕립과학원 노벨 화학위원회 위원 K. 뮈르베크

구형 단백질 구조에 관한 연구

1962

막스 퍼루츠 | 영국　　**존 켄드루** | 영국

:: 막스 페르디난트 퍼루츠 Max Ferdinand Perutz (1914~2002)

오스트리아 태생 영국의 생화학자. 1940년에 케임브리지 대학교에서 박사학위를 취득하였으며, 1947년에 켄드루와 케임브리지 대학교에서 분자생물학 의학연구회 연합을 만들었다. 분자생물학연합 설립 초기부터 1962년까지 소장직을 맡았으며, 1962년부터 1979년까지 케임브리지 대학 임상의학대학에 있는 의학연구회의 분자생물학연구실 실장을 지냈다.

:: 존 카우더리 켄드루 John Cowdery Kendrew (1917~1997)

영국의 생화학자. 1949년에 케임브리지 대학교에서 박사학위를 취득하였으며, 1947년부터 1975년까지 페루츠와 함께 결성한 분자생물학 의학연구회 연합 부회장을 맡았다. 1960년에 영국 학술원 회원이 되었으며, 1963년에는 기사 작위를, 1965년에는 왕실 훈장을 받았다. 페루츠와 켄드루의 연구는 구형 단백질 구조의 배후 원리들을 규명하는 데 공헌하였다.

전하, 그리고 신사 숙녀 여러분.

1869년에 스웨덴 화학자인 크리스티안 빌헬름 블롬스트란드는 『오늘날의 화학』이라는 유명한 책에서 다음과 같이 썼습니다.

> 원자들을 벽돌로 사용하는 건축에서 우리가 화합물이라고 부르는 정교한 구조물을 그 방식 대로 성실하게 재현하는 것과 한 원자가 또 다른 원자에 연결되는 결합의 상대적 위치와 수를 결정하는 것, 간단히 말해 공간에 원자들의 분포를 결정하는 것이 화학자들의 중요한 임무입니다.

블롬스트란드는 이 책에서 원자로부터 어떻게 화합물이 형성되는지에 대한 지식, 즉 오늘날 흔히 '구조'라고 부르는 것에 관한 지식을 제공합니다. 더욱이 구조 결정은 화학의 가장 큰 임무였으며 다른 많은 기술들을 사용하여 접근해 왔습니다. 여러 이유 때문에 탄소화합물, 이른바 유기화합물의 구조 결정은 초기에 빠르게 발달하였습니다. 이 단계에서의 기술들은 일반적으로 순수화학에 속합니다. 사람들은 화합물의 반응으로부터 결론을 내리고, 그것의 분해 생성물을 연구하고, 그리고 더 단순한 화합물을 조합하여 원하는 물질을 합성하려 했습니다. 그러나 결국 도달한 구조는 개략적인 그림에 불과하였습니다. 즉 어떤 원자들이 주어진 원자에 결합되어 있다는 것을 밝혔지만 원자 간의 거리나 결합 각도에 대한 정확한 값을 얻지 못하였습니다. 그러나 화학결합의 최신 처리 방법과 구조 및 특성 간의 상호관계를 이끌어 내기 위해서는 위의 값들이 필요하고 그것은 오직 물리학의 기술을 이용하여 얻을 수 있습니다.

원자들의 상대적인 배치에 관한 현재의 지식에 공헌한 물리학은 엑스선 빔이 결정과 만났을 때 일어나는 현상에 근거합니다. 회절이라 부르는 이 현상은 결정이 일정한 방향으로 엑스선 빔을 내보냅니다. 이렇게 나온 빔을 반사라고 표현합니다. 이 같은 반사의 방향과 세기는 결정 내 원자들의 종류와 분포에 따르기 때문에 구조 결정에 사용될 수 있습니다. 막스 폰 라우에가 결정에 의한 엑스선 회절을 발견하였고 이것으로 1914년 노벨 물리학상을 받았던 것이 50년 전입니다. 이 업적은 엑스선 특성과 고체상태의 화합물 구조를 연구하는 데 무한한 가능성을 제시하였습니다.

구조결정의 초기 응용은 두 영국 과학자인 브래그 부자 의해 맨 처음 개발되었고 그들은 1915년에 노벨 물리학상을 받았습니다. 이 기술은 그 후에 상당히 개량되었고 더욱 복잡한 구조들을 밝히는 것도 가능할 것 같았습니다. 그러나 아주 단순한 구조 외의 물질은 구조를 밝히기가 몹시 어려웠습니다. 실험 자료로부터 그 화합물의 구조를 찾아내는 일반적이고 간단한 방법이 없었습니다. 더욱이 수학적 계산 과정에서 엄청난 시간을 소비하였습니다. 그러나 1940년대 중반쯤 너무 복잡해서 고전적인 화학 방법을 사용하는 모든 시도들로 해결하지 못했던 유기화합물의 엑스선 구조 결정이 가능한 시점에 다다랐습니다.

1937년 다른 어떤 방법도 더 이상 생각할 수 없었기 때문에 맥스 퍼루츠 교수는 엑스선 회절로 헤모글로빈 구조를 결정하는 것이 가능한지를 확인하기 위해 케임브리지에서 실험을 하였습니다. 지칠 줄 모르고 일하는 로렌스 브래그 경이 그의 아버지와 함께 일하기 시작하여, 1938년 케임브리지 내에 있는 캐번디시 실험실의 실장이 되었는데, 그는 퍼루츠 교수가 얻은 결과를 보고 진행에 대한 격려와 매우 효율적인 지원을 하였습니다. 헤모글로빈은 생명 과정에 중대한 역할을 하며 살아 있는 유기체에 기본적인 물질인 단백질에 속합니다. 헤모글로빈은 적혈구의 구성 요소여서 폐에서 산소를 흡수하고 난 후에 몸의 다른 조직에 산소를 전달하는 철을 포함합니다. 헤모글로빈의 분자는 거의 구모양이어서 구형단백질에 속합니다. 초기에 처음 시도하려는 물질로 선택된 이유는 좋은 결정으로 자랄 수 있다는 것과 헤모글로빈 분자가 단백질치고는 아주 작기 때문입니다. 약 10년 전에 존 켄드루 교수가 퍼루츠 교수 연구팀에 합류하였고 그에게 할당된 일은 미오글로빈의 구조를 결정하는 것이었습니다. 미오글로빈은 또 다른 구형단백질이며 헤모글로빈과 밀접한 관계가 있으나 4분의 1 정도의 크기를 가진 분자입니다. 이것은 근육에서 발견되며 그곳에 산소를 저장합니다. 특히 많은 양의 미오글로빈이 고래와 물개의 근육조직에서 발견되는데 이것은 잠수할 때 많은 양의 산소를 저장하는 것이 필요하기 때문입니다.

그러나 퍼루츠와 켄드루 교수는 상당한 어려움에 부딪쳤습니다. 아주 포괄적인 연구에도 불구하고 결과가 나오지 않았는데 1953년이 되어서야 퍼루츠 교수가 무거운 원자, 즉 수은 같은 원자를 헤모글로빈 분자 내의 일정한 위치에 결합시키는 데 성공하였습니다. 이것으로 회절무늬가 어느 정도 바뀌었고, 그 변화는 직접적인 구조 결정에 사용될 수 있었습니다. 방법은 원리적으로 이미 알려져 있었지만 퍼루츠 교수는 새로운 방식과 훌륭한 기술로 그것을 적용하였습니다. 켄드루 교수 또한 미오글로빈 분자 내에 수은이나 금 등의 무거운 원자를 집어 넣는 대체방법으로 성공했으며 유사한 방식으로 연구를 진행할 수 있었습니다.

이 기술의 필수조건은 무거운 원자를 첨가했을 때 결정분자 내에 있는 다른 원자들의 위치를 바꾸지 말아야 하는 것입니다. 여기서 분자가 실제로 바뀌지 않은 채로 남아 있는 것은 단순히 분자의 거대한 크기 때문입니다. 브래그는 이를 다음과 같이 적절하게 표현했습니다. "인도 대왕의 코끼리가 그 이마에 칠해진 금성을 하찮게 여기는 것처럼 분자는 대수롭지 않은 부착물에 별로 관심을 가지지 않는다."

그러나 헤모글로빈과 미오글로빈의 직접적인 구조 결정에 대한 경로가 열렸다 할지라도 여전히 처리해야 할 방대한 자료가 있었습니다. 두 분자 중 더 작은 미오글로빈은 약 2,600개의 원자들을 포함하고 대부분 이것의 위치는 알려져 있었습니다. 그러나 이 결과를 얻기 위해 켄드루 교수는 110개의 결정을 조사하고 약 25만 개의 엑스선 반사 세기를 측정하였습니다. 만약 그가 고성능 컴퓨터에 접근할 수 없었다면 계산은 실제로 가능하지 않았을 것입니다. 헤모글로빈 분자는 4배나 크고 구조는 아직 다 알려지지 않았습니다. 그러나 두 경우 모두 켄드루와 퍼루츠 교수는 좀 더 자세한 그림을 얻기 위해 훨씬 많은 수의 엑스선 반사 세기를 모았습니다.

켄드루와 퍼루츠 교수의 공헌으로 구형단백질들의 구조 뒤에 숨어 있는 원리들을 알아내는 것이 가능해졌습니다. 25년의 오랜 노고 끝에 신중한 실험 결과를 가지고 구조 결정의 목적을 이루어 냈습니다. 그러므로 우리는 그들이 연구를 이끌어 왔던 독창력과 기술뿐만 아니라 이겨 내기 어려운 난관을 극복한 인내와 끈기 때문에 두 과학자를 칭찬합니다. 이제 단백질 구조가 결정될 수 있다는 것을 알았으며 수많은 새로운 구조 결정이 퍼루츠와 켄드루 교수가 가르쳐 준 경로를 따라 수행될 것을 확신합니다. 살아 있는 유기체에 필수적인 물질들에 관하여 얻은 지식은 생명 과정을 이해하는 데 큰 기여를 하였습니다. 올해 노벨 화학상 수상자들은 알프레드 노벨 박사가 표명했던 조건, 즉 인류에게 가장 위대한 혜택을 제공한 자에게 상을 수여하라는 유지를 충족시킨 것이 분명합니다.

캔드루 박사님, 퍼루츠 박사님.

최근에 "오늘날 살아 있는 유기체를 공부하는 학생들은 정말로 새로운 세계의 문턱에 서 있다"라고 박사님 중 한 분이 말씀하셨습니다. 두 분은 이 새로운 세계의 문을 여는 데 매우 효율적으로 공헌했고, 그 세계를 처음으로 살짝 들여다본 사람들이었습니다. 박사님들은 체계적인 공동 연구를 통하여 구조의 엄청난 복잡성과 생물의 발생, 그리고 건강하거나 질병에 걸린 살아 있는 유기체의 활동을 이해하는 데 확고한 기초를 제공하였습니다.

그러므로 스웨덴 왕립과학원은 대단히 만족하며 두 분의 훌륭한 업적에 대해 올해 노벨 화학상을 수여하기로 결정하였습니다.

과학원을 대신하여 뜨거운 축하를 드리며 이제 전하로부터 1962년 노벨 화학상을 받으시기 바랍니다.

스웨덴 왕립과학원 G. 헤그

고분자 화학과 기술 분야 연구

1963

카를 치글러 | 독일

줄리오 나타 | 이탈리아

:: 카를 치글러 Karl Ziegler (1898~1973)

독일의 화학자. 1923년에 마르크부르크 대학교에서 박사학위를 취득하였으며, 이후 10년간 하이델베르크 대학교에서 강의하였다. 1936년에 할레 대학교의 교수 및 화학연구소 소장이 되었으며, 시카고 대학교의 객원교수가 되기도 하였다. 새로운 고분자 합성 방법을 발견함으로써 플라스틱 품질의 향상에 기여하였다.

:: 줄리오 나타 Giulio Natta (1903~1979)

이탈리아의 화학자. 1924년에 밀라노 공과대학에서 화학공학 박사학위를 취득하였다. 1933년 파비아 대학교 교수 및 동 대학 일반화학연구소 소장으로 임명되었다. 로마 대학교와 토리노 대학교의 교수 및 공업화학연구소 소장으로 재직하였다. 1938년부터는 밀라노 대학교로 돌아가 교수와 공업화학연구소 소장을 지냈다. 새로운 방법으로 거대 분자의 합성에 성공함으로써 플라스틱의 질적 향상에 공헌하였다.

전하, 그리고 신사 숙녀 여러분.

우리는 우리 시대에 전통적인 재료들이 새로운 것으로 점차 바뀌는 것을 목격해 왔습니다. 우리 모두는 플라스틱이 유리, 도자기, 나무, 금속, 뼈, 그리고 뿔을 대신할 수 있으며, 이 대용물들이 흔히 더 가볍고, 덜 깨지며, 모양을 만들고 작업하기가 더 쉽다는 것을 압니다. 사실 우리는 플라스틱 시대에 살고 있다고 말합니다.

플라스틱은 매우 큰 분자 또는 거대분자로 이루어져 있으며 종종 수천 개의 원자로 이루어진 긴 사슬을 만들기도 합니다. 플라스틱은 기본 단위를 구성하는 보통 크기의 분자들이 함께 결합되어 만들어집니다. 이러한 분자들은 반응성이 커야 하지만 그들을 결합하게 하기 위해서는 어떤 외부의 도움이 필요합니다. 이 외부의 도움은 가끔 자유 라디칼에 의해 공급되며 고분자화 반응을 유발하기 위해서 첨가되곤 합니다. '자유 라디칼' 이라는 용어는 정치적인 함축성을 나타낼 수도 있습니다. 실제로 자유 라디칼에는 혁명가와 많은 공통점이 있습니다. 그들은 에너지로 가득 차 있고, 제어하기가 어려우며, 예기치 못한 결과를 가져옵니다. 그래서 자유 라디칼 반응은 고분자 사슬에 곁가지 및 다른 예외성을 만들어 줍니다.

그러나 치글러 교수는 완전히 새로운 고분자 합성방법을 발견했습니다. 그는 유기금속 화합물을 연구하다가 만들기 쉬운 유기알루미늄 화합물이 특히 산업용 스케일의 반응에 적합하다는 것을 발견했습니다. 특이한 전기적 힘이 탄화수소 사슬에서 알루미늄과 탄소결합 주위에 작용합니다. 반응성이 큰 분자들은 끌려가서 탄소원자와 알루미늄원자 사이에 샌드위치가 되어 사슬의 길이를 증가시킵니다. 이 모든 일이 자유 라디칼 반응보다 훨씬 더 조용하게 일어납니다. 사슬이 충분히 길어지면 알루미늄을 떼내어 분자가 더 이상 자라지 못하게 합니다. 알루미늄 화합물과 다른 금속 화합물을 조합하면 치글러 촉매가 됩니다. 치글러 촉매는 고분자화 반응을 제어하고 원하는 길이의 분자사슬을 얻는 데 사용됩니다. 그러나 이 단계에 이르기까지는 많은 체계적인 실험과 참으로 우연한 발견이 필요했습니다. 치글러 촉매는 이제 널리 사용되는데 단순하고 합리적인 고분자화 과정을 거쳐 새롭고 더 좋은 합성 재료를 제공합니다.

고분자를 형성하기 위해 결합된 각각의 분자들은 가끔 결과물로 얻어진 사슬의 특정 부분에서 작은 곁작용기 또는 곁가지를 보여 주는데, 일반적으로 모든 탄소원자마다 하나씩 보여 줍니다. 그러나 이러한 곁작용기들이 왼쪽 또는 오른쪽으로 향할 수 있기 때문에 그 그림은 더욱 복잡합니다. 그 방향이 마구잡이로 분포되어 있을 때 사슬은 공간적으로 불규칙한 배치를 보입니다. 그러나 나타 교수는 특정 형태의 치글러 촉매가 입체규칙성을 갖는, 즉 공간적으로 균일한 구조를 갖는 거대분자를 만들게 한다는 사실을 발견했습니다. 그러한 사슬에서 모든 곁작용기들은 오른쪽 또는 왼쪽을 향하며 이러한 사슬들을 아이소택틱isotactic이라 부릅니다. 촉매의 미세구조가 고도로 불규칙할 텐데 어떻게 이런 것이 얻어질까요? 그 비밀은 금속원자의 분자 환경이 앞에 언급한 사슬에 새로운 단위가 결합할 때 곁작용기의 특정한 방향만을 허용하는 모양으로 형성되기 때문입니다.

아이소택틱 고분자는 아주 흥미로운 특성을 나타냅니다. 그래서 보통의 탄화수소 사슬이 지그재그 모양인 반면에 아이소택틱 사슬은 곁작용기들이 밖을 향하는 나선형을 형성합니다. 그러한 고분자들을 두 가지 예만 들자면, 가벼우면서 동시에 강한 천, 그리고 물 위에 뜨는 로프와 같은 기이한 합성 생성물이 됩니다.

자연은 셀룰로오스와 고무 같은 수많은 입체규칙성의 고분자를 생산합니다. 이러한 능력은 지금까지 효소라고 알려진 바이오 촉매로 작동되는 자연의 독점권으로 여겨졌습니다. 그러나 이제 나타 교수는 이 독점권을 종식시켰습니다.

알프레드 노벨 박사는 인생 말년에 인조 고무의 생산을 생각했습니다. 그때 이래로 고무와 비슷한 물질들이 많이 생산되었으나 치글러 촉매의 사용만이 자연 고무와 같은 물질을 생산할 수 있게 해주었습니다.

치글러 교수님.

유기금속 화합물에 관한 교수님의 뛰어난 연구는 예기치 않게 새로운 고분자화 반응을 개발해 냈고 그래서 새롭고 고도로 유용한 산업공정을 위한 길을 닦았습니다. 과학과 기술에 대한 교수님의 공헌을 인정하여 왕립과학원은 노벨상을 수여하기로 결정했습니다.

나타 교수님.

교수님은 새로운 방법으로 공간적으로 규칙적인 구조를 갖는 거대분자를 합성하는 데 성공했습니다. 교수님의 발견으로 과학적·기술적 결과가 막대해서 지금도 충분히 평가할 수 없을 정도입니다. 스웨덴 왕립과학원은 교수님에게 노벨상을 수여하여 감사를 표합니다. 저는 또한 어려움에 직면해서도 연구를 계속한 집념에 왕립과학원의 찬사를 전하고 싶습니다.

치글러 교수님, 나타 교수님. 이제 전하로부터 노벨상을 받으시기 바랍니다.

스웨덴 왕립과학원 노벨 화학위원회 위원 아르네 프레드가

엑스선 기술로 중요한 생화학 물질의 구조결정

1964

도로시 호지킨 | 영국

:: 도로시 메리 크로풋 호지킨 Dorothy Mary Crowfoot Hodgkin (1910~1994)

이집트 태생 영국의 화학자. 1934년에 옥스퍼드 대학교의 강사가 되었으며, 1960년부터 1977년까지 왕립학회 교수로 재직하였다. 1970년에 브리스틀 대학교 명예총장, 1977년에 옥스퍼드 윌프슨 칼리지 펠로우를 거쳐 옥스퍼드 대학교 명예교수로 임명되었다. 그가 엑스선 결정학 연구에서 행한 선도적 역할은 생화학과 의학의 문제 해결에 공헌하였다. 유기화학, 물리화학 등 타 분야와의 공동 연구로 페니실린의 구조결정에 성공하였으며, 결핍 시 악성 빈혈 질환을 낳는 비타민 B_{12}의 구조결정을 통하여 신진대사에 대한 비타민의 작용을 규명하는 데에도 기여하였다.

전하, 그리고 신사 숙녀 여러분.

여러 이유로 오늘날까지 기억에 남는 노벨상이 정확히 50년 전에 수여되었습니다. 막스 폰 라우에는 '결정에 의한 엑스선 회절의 발견'으로 1914년에 노벨 물리학상을 수상하였습니다. 여기서 발견된 현상은 도로시 메리 크로풋 호지킨 부인이 올해 노벨 화학상을 수상한 연구의 기초를 마련하였습니다.

폰 라우에의 발견 직후에 영국의 과학자인 브래그 부자가 화합물의 원자들이 결정에서 서로 어떻게 연결되고 위치하는지를 결정하기 위해서 엑스선 회절을 적용하기 시작했습니다. 달리 말하면 그들은 보통 화합물의 '구조'로 알려진 것을 밝히려 하였습니다. 브래그 부자는 이 분야에서 성공하여 1915년 노벨 물리학상을 공동으로 수상하였습니다.

화합물 구조에 관한 지식은 화합물의 특성과 반응을 해석하고 더 단순한 화합물로부터 어떻게 합성할지를 결정하는 데 필수적입니다. 우선 아주 단순한 구조적 문제들은 엑스선 회절로 해결할 수 있고 이 문제들은 거의 대부분 무기화학 분야에 속합니다. 탄소를 포함하는 유기화합물은 보통 아주 복잡한 구조를 가지며 현 단계에서는 구조를 밝히는 것이 매우 어렵습니다. 그러나 유기화합물의 원자들이 서로 어떻게 결합되어 있는지를 순수한 화학적 방법으로 결정하는 것은 어느 정도 가능하였습니다. 이때는 대개 19세기 후반에 발견된 탄소원자의 결합구조와 관련된 지식에 기초를 둡니다. 큰 분자들을 이미 구조가 알려진 성분분자들로 나누고 어떻게 이 성분분자들이 큰 분자 내에서 결합되어 있는지 아이디어를 얻었을 때 분자를 합성하여 구조를 확인할 수 있었습니다.

그러나 점차 크고 복잡한 분자들은 위의 '고전적'인 방법으로는 더 이상 구조를 확인할 수 없다는 결론에 도달했습니다. 이것은 살아 있는 유기체의 일부를 형성하고, 특히 생명 과정에 참여하는 수많은 분자들의 구조는 더욱 그렇습니다. 이 같은 경우에는 물리학의 도움이 필요했는데 맨 먼저 화합물 결정에 엑스선 회절을 사용하게 되었습니다. 엑스선 회절 발견 이후 이 구조결정 방법은 1940년에 들어 고전적인 방법으로 불가능하였던 유기화합물 구조를 밝히는 것이 가능할 정도로 발달하였습니다.

그러나 오늘날조차 엑스선 방법에 의한 구조결정이 실험 자료로부터 곧바로 구조를 밝히는 직접적인 경로를 제공하지는 못합니다. 복잡한 경우에 과학자들은 화학적인 지식, 상상력, 직관력과 같은 정신적인 노력으로 결과를 얻습니다. 게다가 실험자료는 흔히 상황에 따라 변하는 수학적 처리 방법을 사용해야 합니다. 거기다 구조가 더욱 복잡해지면 처리해야 하는 실험 자료의 크기가 더욱 커진다는 사실입니다. 아주 단순한 화합물에 대해서는 연필과 종이로 계산할 수 있습니다. 지금은 대부분 컴퓨터가 필요한데, 컴퓨터는 구조결정을 할 수 있는 엄청난 능력을 만들어 냈습니다. 그러나 실험자료를 단순히 집어넣고 최종 구조를 분석해 그림을 뽑아내는 것은 일반적으로 가능하지 않습니다. 자료를 취급하는 과학자의 능력이 여전히 아주 중요합니다. 이 관점에서 호지킨 부인은 특별한 기술을 보였습니다.

호지킨 부인은 주로 생화학 및 의학적으로 중요한 물질들의 수많은 구조결정을 행하였는데, 이 중 두 가지는 특별히 언급할 가치가 있습니다. 페니실린과 비타민 B_{12}인데 호지킨 교수의 노력으로 그 구조가 완벽하게 밝혀졌습니다.

제2차 세계대전 초기에 의학에서 페니실린을 시험해 보기 시작했는데, 페니실린의 특별한 항생적 특성이 막대한 수요를 창출했습니다. 그래서 페니실린 자체나 유사한 효과를 갖는 다른 화합물이 화학적으로 만들어질 수 있는지를 알아내려고 하였습니다. 이 목적을 달성하는 데는 페니실린의 구조와 성분을 결정하는 것은 필수적이었고 영국과 미국에 있는 수많은 화학자와 엑스선 결정학자들이 이 문제를 연구하게 되었습니다. 호지킨 부인은 엑스선 결정학 연구에 선도적인 역할을 하였고, 그녀의 노력은 만족할 만한 결과를 이끌어 냈습니다. 부인은 1942년에 연구를 시작했으며 4년의 집중적인 연구 끝에 구조를 밝혔습니다. 이 연구는 유기화학자, 엑스선 결정학자, 그리고 물리화학과 물리학의 다른 분야에 있는 과학자들 간의 긴밀한 공동 연구로 이루어졌습니다. 수많은 엑스선 결정학 방법들이 처음으로 여기에 사용되었습니다.

호지킨 부인의 페니실린 구조결정은 특별한 기술과 위대한 인내를 통해서 이루어졌습니다. 이 연구는 어려움이 상당히 컸는데 분자가 특별히 크기 때문만은 아니었습니다. 알려지지 않은 특징을 가지고 있었기 때문에 화학적 특성만으로는 연구에 충분한 길잡이가 되지 못했습니다.

1948년, 호지킨 부인은 그해에 분리된 비타민 B_{12}의 구조를 결정하기 위한 시도를 시작했습니다. 이 비타민은 동물의 소화과정에 활발한 역할을 하는 박테리아와 균에 의해 합성될 수 있습니다. B_{12}의 생산은 이 비타민이 특히 많이 필요한 반추동물에서 가장 뚜렷하게 나타납니다. 다른 고등동물, 예를 들면 사람은 B_{12}의 생산이 적기 때문에 이미 만들어진 B_{12}가 포함된 음식을 충분히 섭취해야 합니다. 식생활에서 B_{12}가 부족하거나 소화관 벽을 통한 이 비타민의 흡수 능력이 감소되면 인간은 치명적인 악성빈혈 상태에 빠지게 됩니다. 이 병은 아주 소량의 B_{12}를 주사하여 막을 수 있습니다. B_{12}가 대사과정에서 어떤 역할을 하는지 아직 명확하진 않지만 구조를 자세히 아는 것은 필수적입니다.

8년간의 연구 끝에 1956년 호지킨 부인과 그녀의 동료들은 B_{12}의 구조를 밝혔습니다. 이전에는 그처럼 큰 분자의 정확한 구조를 결정하는 것이 가능하지 않았으며 그 결과는 엑스선 결정학 기술의 승리로 여겨집니다. 그리고 호지킨 부인의 승리이기도 합니다. 그녀의 기술과 특별한 직관력 없이는 목표에 결코 도달하지 못했을 것입니다. 이 연구 결과로 나타난 B_{12} 구조에 대한 자세한 지식으로 어떻게 이 비타민이 몸의 신진대사를 지원하는지를 이해하게 되었고, 합성 가능성을 갖게 되었습니다. 그러나 당분간은 박테리아 발효하여 생산해야 됩니다.

호지킨 교수님.

교수님은 여러 해 동안 엑스선 회절 기술로 결정구조를 결정하는 데 노력을 경주하였습니다. 교수님은 주로 생화학과 의학에 매우 중요한 수많은 구조문제를 해결하였습니다만 눈에 띄는 역사적인 발견이 두 개 있습니다. 처음 것은 결정학의 새로운 연대에 장대한 시작을 알리는 페니실린의 구조결정입니다. 두 번째, 비타민 B_{12}의 구조결정은 화학적 · 생물학적인 결과의 중요성이라는 측면과 함께 구조의 엄청난 복잡성이라는 측면에서 모두 엑스선 결정분석의 개가입니다.

엑스선 결정학, 화학, 의학 등 많은 분야에서 일하고 있는 과학자들은 항상 교수님의 연구에 나타나 있던 타고난 직관력으로 얻어진 위대한 결정과 기술에 감탄합니다.

과학에 대한 교수님의 봉사를 인정하여 스웨덴 왕립과학원은 올해 노벨 화학상을 수여하기로 결정하였습니다. 과학원의 뜨거운 축하를 전하게 되어 영광이며, 이제 전하로부터 노벨상을 받으시기 바랍니다.

스웨덴 왕립과학원 G. 헤그

유기합성 기술의 뛰어난 연구

1965

로버트 우드워드 | 미국

:: 로버트 번스 우드워드 Robert Burns Woodward (1917~1979)

미국의 화학자. 1937년에 매사추세츠 공과대학에서 박사학위를 취득하고, 1937년과 1938년에 하버드 대학교에서 박사후과정 연구원으로 지낸 후 조교, 부교수 등을 거쳐 1950에 교수로 임명되었다. 노벨상 외에도 왕립학회 데이비 메달(1959), 피우스 11세 금메달(1961), 국립 과학메달(1964) 등 많은 상을 받았다. 말라리아 약인 퀴닌, 알칼로이드 리저핀 등의 합성을 비롯하여 테토로도톡신의 구조를 밝혀내고 폴리펩티드의 합성에 독창적인 방법을 개발하는 등 유기화학 분야의 발전에 공헌하였다.

전하, 그리고 신사 숙녀 여러분.

오늘날에는 천연물 화학에 대한 관심이 높아 다소 복잡하고 유용한 새로운 물질들에 끊임없는 발견과 조사가 이루어지고 있습니다. 우리는 분자의 골격인 '구조'를 결정하기 위한 매우 강력한 도구를 가지고 있으며, 이 도구는 종종 물리화학에서 빌려 오기도 합니다. 1900년의 유기화학자가 지금 사용되는 방법들에 관해 듣는다면 대단히 놀랄 것입니다.

그렇지만 일이 더 쉬워졌다고는 할 수 없습니다. 끊임없이 개선되는 도구와 방법들은 더욱더 어려운 문제, 그리고 한계가 없는 듯이 보이는 복잡한 물질들을 구성하는 자연의 능력을 공략하게 하기 때문입니다.

복잡한 물질의 조사 과정에서 연구자는 조만간 화학적 방법으로 물질을 만드는 합성 문제에 직면하게 됩니다. 연구자는 여러 가지 동기를 가질 수 있습니다. 아마도 그가 알아낸 구조가 맞는지 확인하고 싶을 것이고, 우리가 알고 있는 지식과 물질의 화학적 성질을 개선하고 싶을 것입니다. 만일 그 물질이 실질적으로 중요하다면, 그는 합성된 화합물이 값싸고 천연물보다 더 쉽게 만들어지기를 원할 것입니다. 분자구조에서 일부 미세한 것을 변형하는 일이 바람직할 수도 있습니다. 의학적 중요성을 갖는 항생제는 가끔 미생물, 곰팡이나 병균으로부터 최초로 분리됩니다. 그러면 비슷한 효과를 갖는 몇 개의 관계 화합물들이 존재하게 됩니다. 그것들은 다소 효능이 있을 수도 있고 일부는 뜻하지 않은 부작용이 있을 수도 있습니다. 미생물이 만든 화합물은 그들의 생존을 위한 노력에서 얻어진 무기이므로 의학적 관점에서 최선이라는 것은 결코 확실하지도 가능하지도 않습니다. 이 화합물을 합성할 수 있다면 미세구조를 변형하고 가장 효과적인 치료약을 만드는 것도 가능할 것입니다.

그러나 복잡한 분자의 합성은 아주 어려운 일입니다. 모든 작용기와 모든 원자가 적절한 위치에 있어야 하는데, 이것이 말 그대로 쉬운 일이 아닙니다. 가끔 유기합성은 정확한 과학인 동시에 섬세한 예술이라고 말합니다. 여기서 자연은 경쟁 상대가 없는 거장입니다. 그러나 올해의 수상자인 우드워드 교수는 훌륭한 이인자라고 저는 감히 말하겠습니다.

우드워드 교수는 실질적으로 불가능하다고 여겨지는 합성 과제를 특별히 좋아합니다. 여기서 저는 그의 가장 유명한 업적 몇 가지를 간단히 언급하겠습니다. 문제의 물질 중 일부는 일간지 칼럼을 통해 잘 알려져 있습니다. 우드워드 교수는 제2차 세계대전 중에 퀴닌을 합성했는데, 이는 잘 알려진 말라리아 약입니다. 나중에 스테로이드인 콜레스테롤과 코르티손이 뒤를 이었습니다. 관계되는 물질인 라노스테롤은 아마 덜 유명할지는 모르지만 과학적 관점에서는 매우 중요합니다. 10여 년 전에 유명한 독성 물질인 스트리키닌의 합성이 대단한 반향을 불러일으켰습니다. 더욱 놀라운 것은 아마도 의학적으로 대단한 중요성을 갖는 알칼로이드인 레세르핀reserpine의 합성일 것입니다. 알칼로이드 화합물의 몇 가지 다른 예를 들 수 있는데, 이상한 이름과 재미있는 특성을 가진 물질로 리세르그산, 에르고노빈, 엘립티신, 콜히친이 있습니다.

항생제 분야에서 우드워드 교수의 업적은 무엇보다도 아우레오마이신과 테라마이신의 구조를 밝힌 것이 두드러집니다. 그는 또한 테라사이클린이라고 불리는 물질에 대한 합성 방법을 밝혀냈습니다.

아주 주목할 만한 업적은 태양광 에너지를 흡수하고 전환하는 녹색식물 색소이며 지구상의 유기생명체에게 반드시 필요한 클로로필을 합성한 것입니다. 이 결과 클로로필 분자에 관한 지식이 굉장히 풍부해졌습니다.

우드워드 교수의 연구는 합성에만 국한되지 않습니다. 그는 중요한 화합물들의 많은 구조를 밝혀냈는데, 예를 들면 많은 일본인의 목숨을 빼앗은 복어의 독인 테트로도톡신의 구조를 밝히고, 폴리펩타이드의 합성에 독창적이고 유망한 방법을 개발했습니다. 그는 또한 자연계의 합성 활동, 즉 살아 있는 유기체 내에서의 복잡한 분자합성에 관해 아주 재미있는 아이디어를 개발했습니다. 이 이론은 표지된 분자를 이용한 실험으로 확증되었습니다.

우드워드 교수의 연구는 유기화학의 넓고 다양한 분야를 다루고 있습니다. 주요 특징은 문제가 극히 어려웠고, 그 문제들이 매우 훌륭하게 해결된 것입니다. 그는 최대한의 이론적 지식을 가지고 결코 실패하지 않는 실질적 판단과 천재적인 영감으로 문제들을 공략했습니다. 그는 명백한 방식을 사용해 실질적으로 가능한 한계를 넓혀 왔습니다. 고무적인 예로써 그는 오늘날의 유기화학에 심오한 영향을 끼쳤습니다.

우드워드 교수님.

유기화학 분야에서 교수님의 유명한 업적들을 간단히 소개하였습니다. 사람들은 종종 교수님이 유기화학에 불가능은 없다는 것을 보여 주었다고 이야기합니다. 약간은 과장일 수도 있겠지요. 그러나 교수님은 정말 화려하게 가능성의 영역을 넓히고 확장해 왔습니다. 사람들은 또한 교수님이 마법사처럼 뛰어나다고 말합니다. 오래전에는 화학이 신비한 과학으로 분류되었다는 것을 우리는 알고 있습니다. 어쨌든 교수님은 마술에 의해 과학적 명성을 얻은 것이 아니라 심오한 강도로 화학적 통찰을 하고 엄밀한 전문가적 계획에 따른 실험을 거쳐 과학적 명성을 얻었습니다. 이러한 면에서 교수님은 오늘날의 유기화학자 중에서 독보적인 위치를 차지하고 있습니다. 왕립과학원은 화학에 기여한 교수님의 공로와 유기합성 분야의 뛰어난 업적에 대해 올해의 노벨상을 수여하기로 결정하였습니다.

영광스럽게도 제가 과학원의 진심어린 축하를 전해 드리게 되었습니다. 이제 전하로부터 수상을 하시겠습니다.

스웨덴 왕립과학원 노벨 화학위원회 위원 아르네 프레드가

분자의 화학결합 및 전기적 구조에 관한 연구

1966

로버트 멀리컨 | 미국

:: 로버트 샌더슨 멀리컨 Robert Sanderson Mulliken (1896~1986)

미국의 화학자이자 물리학자. 매사추세츠 공과대학, 케임브리지 대학교에서 공부하였으며, 1921년에 시카고 대학교 물리학 교수 로버트 A. 밀리컨의 지도 아래 박사학위를 취득하였다. 1928년에 시카고 대학교 부교수로 임명되어 1931년부터 30년간 교수로 재직하였다. 제2차 세계대전 동안에는 시카고 대학교에서 원자폭탄을 개발하기 위한 플루토늄 계획에 참여하기도 하였다. 작은 분자로부터 얻은 실험적인 정보를 이론적인 계산과 조합하여 작은 분자들의 특성을 계산할 수 있는 분자궤도함수 방법을 개발함으로써 화학결합의 메커니즘을 푸는 데 기여하였다.

전하, 그리고 신사 숙녀 여러분.

자연을 지칭하는 그리스어는 φυσιζ(피시스)이고 자연과학은 φυσικη(피지케)입니다. 후에 자연과학 속에 다양한 분야들이 생겨났고, 생물학, 지질학, 화학, 물리학과 같은 수많은 작은 영역으로 나뉘게 되었습니다. 이렇게 나뉜 각각의 영역은 확장되었고 각각 독특한 분야로 발달하였습니다. 이를 보면 개개의 자연과학 영역들은 팽창하는 우주의 일부분처럼 계속 분기하는 것 같습니다. 그러나 각 분야에 대한 지식이 점점 깊어짐에 따라 각기 다른 분야의 기초적인 관점들을 수렴하게 되었습니다. 특히 물리와 화학은 서로 밀접한 연관을 맺고 있는 분야입니다. 물리화학이나 화학물리라는 표현을 보면 과학 간에 뚜렷한 경계선을 긋는 것이 가능하지 않음을 알 수 있습니다.

화학결합의 특성에 관한 문제가 확실히 이 경계 지대에 속합니다. 우리는 화학결합으로 분자 내의 원자들이 서로 간의 결합을 유지하는 힘을 설명합니다. 이미 1812년에 베르셀리우스는 이 힘이 원자의 양전하와 음전하로부터 생긴다고 제안했습니다. 20세기 초반 러더퍼드가 각 원자는 양전하를 띤 무거운 핵과 같은 양의 음전하를 가진 이동속도가 빠른 전자들로 구성되어 있다는 것을 발견했을 때 이 아이디어는 더욱 확실해졌습니다. 이 발견은 1916년에 루이스로 하여금 화학결합은 결합된 원자 간에 존재하는 두 전자들로 이루어진 쌍에 의한 것이라는 가설을 세우게 했습니다. 루이스의 이론은 물리학적으로는 의심스러웠지만 화학 분야의 발달에 거대한 영향을 끼쳤습니다. 1927년 하이틀러와 런던이 양자역학의 도움으로 루이스 쌍이론을 물리학적인 면에서 더욱 만족스러운 형태로 만드는 데 성공하면서 이 분야의 연구에 신기원을 이루었습니다. 이 이론은 1954년 노벨 화학상을 받은 폴링이 크게 발전시켰으며, 이론의 응용효과로 화학적 사고의 지평을 넓혔습니다.

그러나 기존 형태의 전자쌍이론이나 양자역학적인 전자쌍이론으로는 만족스러운 답을 얻지 못하는 몇 개의 화학적 의문들이 있습니다. 불포화화합물과 관련된 많은 문제들이 이런 의문에 속합니다. 화학결합의 성질과 관련된 불분명한 이론을 확실히 하기 위해 완전히 새로운 통로가 필요할 즈음 물리학에서 새로운 움직임이 일어나기 시작했습니다.

먼저 원자들이 어떻게 복잡한 분자들로 결합될 수 있는지를 이해하기 위해서는 고립된 원자에 대한 명확한 개념을 갖는 것이 필요합니다. 노벨 물리학상 수상자인 닐스 보어가 이론화학의 기초적인 문제에 대한 해결책을 제공하였습니다. 그는 1922년에 원자에 있는 전자들이 핵으로부터 다양한 거리에 위치한 각각의 전자각에 할당되는 방식으로 움직인다는 것을 밝혔습니다. 핵에서부터 최외각에 배치된 전자들이 가장 느슨하게 결합되어 있고 이러한 전자들은 원소의 화학 특성과 주로 관계됩니다.

원자에 대한 보어의 원리는 1925년에 이미 로버트 멀리컨 교수에 의해 분자 문제에 적용되었습니다. 그는 원자에서의 건축원리와 유사한 원리를 분자에 적용하였는데, 원자에서의 건축원리와 다른 점은 분자의 전자각들이 여러 원자핵을 둘러싸고 있다는 점입니다. 전체 분자로 퍼져 있는 전자운동을 멀리컨 교수가 이론적으로 설명하였고 후에 분자궤도함수라고 불렀습니다. 1926년 현대 양자역학의 획기적인 발전 후 10년 동안 이 아이디어는 주로 헌트와 멀리컨 교수를 비롯한 다른 과학자들에 의해 다시 공식화되고 더욱 발전되었습니다. 분자궤도함수 방법은 화학결합의 성질을 원리적으로 새롭게 이해하는 관점을 제공합니다. 이전의 아이디어는 결합이 원자들 사이의 상호작용에 의존한다는 화학적인 견해로부터 시작했습니다. 그러나 분자궤도함수 방법은 분자의 모든 원자핵들과 전자들 사이의 양자역학적 상호작용으로부터 출발하였습니다. 이 새로운 관점은 많은 분자들의 특성과 반응을 명백하게 설명하였습니다. 분자궤도함수 방법은 분자들의 화학결합과 분자구조를 정성적으로 이해하는 데 대단히 중요한 공헌을 하였습니다.

그러나 여러 결합들에 대하여 정성적인 그림만으로는 충분하지 않으며 실험과 비교하기 위한 정량적이고 이론적인 결과가 필요합니다. 작은 분자에서조차 많은 전자들이 포함되기 때문에 더 확장된 정량적인 계산은 현대 컴퓨터가 도래한 이후인 지난 10년동안 가능하였습니다. 멀리컨 교수는 일찍이 이 장비가 제공하는 새로운 가능성을 깨달았습니다. 시카고에 있는 멀리컨 교수와 그의 동료들은 분자궤도함수 방법을 컴퓨터 언어에 맞추기 위해 많은 노력과 열정을 바쳤습니다. 화학적 효과를 나타내는 양의 정확한 계산은 여러 이유에서 어려운 숫자 문제입니다. 그럼에도 불구하고 멀리컨 교수의 실험실에서는 이론값이 실험값에 비해 단지 몇 퍼센트밖에 차이가 나지 않는 정도의 정확도를 가지고 분자궤도함수 방법으로 작은 분자들의 분자 특성을 계산하는 데 성공하였습니다. 이 결과 자체도 아주 흥미롭지만 나아가 화학결합의 성질에 관한 중요한 보완적 정보를 얻어낼 수 있었습니다. 게다가 이 결과들은 실험할 수 없거나 실험하기 어려운 작은 분자들을 조사할 수 있다는 새로운 가능성을 보였습니다. 여기서 언급한 실험하기 어려운 분자들의 예로는 화학반응의 중간상태의 물질들과 우주 연구에 아주 중요한 분자들이나 분자 토막들을 들 수 있습니다.

또한 큰 분자에 대해서 이론적으로 중요한 결과를 얻을 수 있었습니다. 이 경우에 완전히 이론적이고 정량적인 계산을 하는 것은 가능하지 않습니다. 그러나 멀리컨 교수는 작은 분자로부터 실험적인 정보를 이론적인 계산과 조합하여 특별한 방법의 일반적인 체계를 개발하였습니다. 이와 같은 종류의 계산은 여러 결합과 측정들을 해석하는 데 유용하게 쓰입니다. 이 방법은 작은 분자들처럼 실험적으로 접근할 수 없지만 생명 과정에 중요한 화합물들에 관한 정보를 얻는 데 사용하고 있습니다.

그 경우에 이론적인 결과들은 측정치와 직접 비교할 수 없으나 새로운 종류의 실험을 통하여 정보를 얻게 됩니다.

많은 과학자들이 수많은 시간을 투자하고 엄청난 노력을 한 후에야 분자궤도함수 방법으로 물질의 정확한 연결을 조사하는 데 적합한 장비를 발견하게 되었습니다. 로버트 멀리컨 교수는 지금까지 계속 이 업적의 선구자입니다.

멀리컨 교수님.

교수님이 전자가 분자 내에서 활동하는 것을 조사하기 시작한 지 40년 이상이 지났습니다. 물리법칙의 깊은 이해와 전자 행동의 제어를 통해 교수님은 분자 특성에 대한 이해의 폭을 넓혔습니다. 특히 분자궤도함수 방법의 개발은 화학결합의 메커니즘을 푸는 확실한 열쇠를 제시하였습니다. 방법의 가능성에 대한 교수님의 철저한 통찰력과 개발을 이끄는 끝없는 열정이 화학 문제들에 적용할 수 있는 정확하고 정량적인 응용들을 이끌어 냈습니다. 이 업적으로 교수님은 분자 특성의 이론적인 연구에 대한 흥미로운 가능성의 길을 열었습니다.

왕립과학원을 대신하여 진심으로 축하를 드리며, 이제 전하로부터 노벨 화학상을 받으시기 바랍니다.

스웨덴 왕립과학원 잉가 피셔얄마르스

초고속 화학반응에 관한 연구

1967

만프레트 아이겐 | 독일　**로널드 노리시** | 영국　**조지 포터** | 영국

:: 만프레트 아이겐 Manfred Eigen (1927~2019)

독일의 물리학자. 괴팅겐에 있는 게오르크 아우구스트 대학교에서 물리학과 화학을 공부하여 1951년에 박사학위를 취득한 후 물리화학 연구소 조교를 지냈다. 1953년에 괴팅겐에 있는 막스 플랑크 물리화학 연구소 연구원이 되었으며, 1964년에는 연구책임자, 이후 소장이 되었다. 다양한 방법을 사용하여 평형상태에 있는 많은 고속 반응들을 연구하였다.

:: 로널드 조지 레이퍼드 노리시 Ronald George Wreyford Norrish (1897~1978)

영국의 화학자. 케임브리지 대학교에서 박사 과정을 이수하고, 엠마뉴엘 칼리지에서 연구원으로 지냈다. 1937년에 케임브리지 대학교 화학과 물리화학 교수로 임용되어 1965년까지 재직하였다. 조지 포터와 함께 순간 펄스를 이용하여 화학 반응을 중지시키면서 단계적인 변화과정을 연구하는 데 성공하였다.

:: 조지 포터 George Porter (1920-2002)

영국의 화학자. 리즈 대학교에서 공부한 후 1949년부터 케임브리지 대학교에서 노리시 교수의 지도 아래 연구하였다. 1955년부터 셰필드 대학교 화학과 교수로 재직하였으며,

1966년에 영국왕립연구소 소장 및 풀러좌 화학 교수로 임명되었다. 1972년에 기사 작위를 받았다.

전하, 그리고 신사 숙녀 여러분.

과거의 화학자들은 자연 생성물로부터 유용한 물질을 만들어내는 방법에 관심이 있었습니다. 예를 들면 광석 및 그 부류로부터 금속을 만드는 것입니다. 당연한 일로서, 어떤 화학반응은 빨리 일어나는 반면 어떤 화학반응들은 아주 느리게 진행한다는 것을 알게 되었습니다. 그러나 반응속도에 관한 체계적인 연구는 19세기 중반까지는 거의 없었습니다. 1884년에 네덜란드의 화학자 반트 호프가 화학반응이 종종 따르는 수학적 법칙을 요약했습니다. 이 일이 다른 업적과 함께 1901년 최초의 노벨 화학상을 반트 호프에게 안겨 주었습니다.

거의 모든 화학반응은 반응물이 가열되면 더 빨리 진행됩니다. 반트 호프와 1903년 세 번째로 노벨 화학상을 받은 스반테 아레니우스 두 사람 모두 반응속도가 온도에 따라 어떻게 증가하는지를 기술하는 수학적 법칙을 확립했습니다. 이 식은 두 분자가 충돌하면 보통은 다시 분리되고 아무 일도 일어나지 않으나 충돌이 충분히 격렬해지면 분자들이 붕괴되고 그 구성 원자들이 재결합하여 새로운 분자들이 만들어진다는 가정으로 설명될 수 있습니다. 또한 분자들은 보통 속도로 서로를 향해서 움직이지만, 한 분자에 있는 원자들은 격렬하게 진동을 해서 심각한 충돌이 없어도 분자가 붕괴될 수 있는 가능성을 상상할 수 있습니다. 그렇다면 고온이 두 가지를 의미한다는 것을 이미 깨달은 것입니다. 즉 분자들은 더 빨리 움직이고 원자들은 더 격렬하게 진동한다는 것입니다. 또한 반응

속도를 측정할 수 있게 되어, 충돌의 단지 미미한 부분이 반응결과물로 전환된다는 것을 깨닫게 되었습니다.

옛날에 측정할 수 있던 빠른 반응은 어느 정도일까요? 물질들이 먼저 섞여야 하고 그다음 특정 시간에 시료를 취하여 분석해야 한다는 점을 고려할 때, 반응속도는 제한적일 수밖에 없습니다. 최상의 경우는 색과 같은 물리적 성질 변화를 관찰할 수 있어서 시료를 취할 필요가 없는 경우입니다. 화학자들은 시계와 측정기기를 읽어야 하고 그다음에 논문을 낼 것입니다. 행동이 빠른 사람이라면 몇 초 내에 반감기를 갖는 반응을 관찰할 수 있을 것입니다.

사람이 측정할 수 있던 느린 반응은 어느 정도일까요? 이것은 젊은이가 박사학위를 받는 데 얼마나 긴 시간을 헌신할 것인가에 따라 결정된다고 아이겐 교수가 말했습니다. 실질적인 최대치로 반응의 반이 3년 뒤에 완성된다면 그것은 약 1억 초에 해당합니다. 당연히 훨씬 더 느린 반응도 있습니다.

물론 많은 반응들이 측정을 무시할 만큼 엄청나게 빠른 속도로 진행됩니다. 예를 들면 산과 염기 사이의 반응속도를 아무도 측정하지 못했습니다. 이러한 경우에는 격렬한 충돌 없이도 분자들이 반응하는 것으로 이해됩니다. 분자가 많을 때의 반응에 대해 한 단계씩 순서를 추정하는 방식으로 연구한 결과 반응속도가 사용된 물질의 양에 종종 의존한다는 것이 밝혀졌습니다. 이러한 단계들 중 하나가 매우 느려서 반응의 전체 과정을 지배하는 반면, 다른 단계들은 측정할 수 없이 빠릅니다. 독일의 화학자인 막스 보덴슈타인은 금세기 초에 그러한 반응들을 많이 연구했습니다.

주요한 발전은 1923년 영국인 하트리지와 러프턴에 의해 이루어졌는데, 이들은 분리된 튜브를 통해서 보낸 두 용액이 만나서 섞이게 한 후, 그 혼합물을 외계 튜브로 빨리 보내서 그 안에서 일어나는 반응을 관찰할 수 있게 하였습니다. 이 방법은 반응시간을 1,000분의 1초까지 측정할 수 있게 했습니다. 그러나 여전히 더 빠르게 진행하는 반응들이 많이 있습니다. 이러한 반응들은 물질들이 충분히 빠르게 섞일 수 없다는 단순한 이유 때문에 이 방법은 사용할 수 없습니다.

질산이 다수의 물질과 반응할 때 갈색 기체인 이산화질소가 생성됩니다. 이 기체는 특별한 성질이 있는데 갈색 분자가 쌍을 이루어서 크기를 두 배로 늘린다는 가정을 함으로써 설명할 수 있습니다. 이 반응이 아무도 측정에 성공하지 못한 고속반응의 전형적인 예입니다.

1901년에 발터 네른스트와 박사과정 학생이 여러 가지 기체에서 소리의 속도를 조사했는데 그중에 이산화질소가 있었습니다. 그는 단분자와 쌍을 이룬 분자 사이의 평형이 소리의 진동보다 훨씬 더 빨리 이루어진다는 것을 발견했습니다. 그러나 그는 가청음파 이상의 충분히 높은 음조를 사용하면 음속이 변형되리라는 것을 알고 있었습니다. 다른 사람 아닌 바로 알베르트 아인슈타인이 1920년에 이 현상에 관한 이론적 연구를 수행했습니다. 그러나 여러 해가 지나고 나서야 이를 측정할 수 있는 기기가 고안되었습니다. 소리는 기체에 흡수된다는 점 때문에 복잡성이 내포되어 있습니다. 그럼에도 이 원리는 중요합니다. 여기서 근본적인 것은 두 가지를 섞기보다는 평형상태의 화학계로부터 출발하여 평형을 깨뜨리는 것인데, 이 경우에는 소리를 구성하는 응축과 감쇠에 기체를 노출시키는 것입니다.

빛이 화학반응을 야기한다는 사실은 아득한 옛날부터 알려져 왔습니다. 그러므로 빛은 색을 바래게 하고 은염을 변하게 하는데 이 작용이 바로 사진술의 기초입니다. 화학반응을 일으키는 빛의 능력은 분자의 빛 흡수에 의존하는데, 빛을 흡수한 분자는 들떠서 반응할 수 있게 됩니다. 분자가 얻은 에너지 상태의 조사는 50여 년 전에 시작되었습니다. 발견의 하나는, 분자 내의 원자가 수십억 분의 1초의 속도로 진동했다는 것입니다. 화학반응은 불가피하게 더 오래 걸리는데 그동안 원자들이 해리하고 새로운 분자로 재결합할 수 있어야 합니다. 이러한 목적을 위해서 필요한 시간은 보통 100억 분의 1초입니다. 달리 말해서 이것이 가장 빠른 화학반응 시간입니다. 이 시간들은 하트리지와 러프턴이 그들의 방법으로 측정할 수 있었던 시간의 1,000만 분의 1에 해당합니다.

1967년 노벨 화학상은 반응속도 연구라는 거대한 분야를 열었습니다. 수상자들은 제가 금방 말씀드린 원리를 적용하였습니다. 즉 평형상태에 있는 계로부터 시작해서 갑자기 하나 또는 다른 방법으로 평형을 깨뜨렸습니다.

만일 분자가 빛을 흡수해서 반응할 수 있더라도 그것은 보통 너무 빠릅니다. 따라서 어떤 분석방법으로도 어느 한 순간에 그들의 존재를 밝힐 수 있는 활성화된 분자를 증명할 수 없습니다.

1920년대 이래로 노리시 교수는 반응속도를 연구해 왔습니다. 그는 이 분야에서 지도적 과학자 중의 한 사람입니다. 조지 포터라는 젊은 동료가 1940년대 말에 그의 팀에 합류했습니다. 그들은 섬광 램프를 이용하기로 했습니다. 여러분은 사진사가 섬광 램프를 사용하는 것을 보셨을 겁니다. 유일한 차이점은 그들이 램프를 수천 배 더 강력하게 만들었다는 것입니다. 실제로 뒤이은 세밀한 조정을 통해 겨울 오후 종무시간 전 스톡홀름 전체에 전등을 켜고 공장을 돌리는 전체 효과, 즉 60만 킬로와트보다 더 큰 효과를 갖는 램프를 만들었습니다. 그러나 한 가지 문제가 있었습니다. 램프의 이 거대한 효과가 100만 분의 1초 이상 지속되지 못한다는 것입니다. 여전히 이러한 방식으로 섬광 램프 옆에 있는 튜브에서 대부분의 물질은 아니지만 많은 것이 활성화된 형태로 전환되거나 분자가 붕괴되어 높은 활성을 갖는 원자단을 만들어 냅니다. 그러면 이 새로 형성된 분자들을 분광학적으로 연구할 수 있게 됩니다. 그러나 이 분자들은 매우 쉽게 반응하기 때문에 연구가 극히 빠르게 행해져야 합니다. 현대의 전자장비는 이 빠른 과정을 기록할 수 있습니다.

노리시와 포터 교수가 개발한 새로운 방법은 분자의 행동에 극적인 변화를 줍니다. 대조적으로 아이겐 교수는 분자들을 더 관대하게 다루었습니다. 1953년 그와 두 동료는 많은 수의 염 용액에서 소리가 흡수되는 연구를 발표했습니다. 그들 연구의 이론적인 면은 이 흡수가 어떻게 용액 속에서 일어나는 빠른 반응속도를 측정하는 데 이용될 수 있는지를 보여 주었습니다. 황산마그네슘 용액은 해리되지 않은 염 분자뿐만 아니라 마그네슘과 황산 이온을 포함하고 있습니다. 평형은 약 10만 분의 1초 후에 형성됩니다. 이것이 1초에 10만 번 진동하는 소리를 용액이 흡수하게 합니다.

아이겐 교수는 몇 가지 방법을 개발했습니다. 가령 초산용액이 고긴장 전기펄스에 놓이면 수용액의 경우보다 더 많은 분자들이 해리됩니다. 이것은 일정한 시간이 걸립니다. 전기펄스를 끄면 용액은 이전의 평형상태로 돌아갑니다. 이것 또한 일정 시간이 걸립니다. 이 이완과정을 기록할 수 있습니다.

고긴장 펄스를 적용해서 야기되는 충격전류는 용액을 1 내지 2도 가량 데울 것입니다. 모든 화학평형은 온도가 변하면 약간 움직입니다. 그리고 가열 후에 새로운 평형이 빠르게 정착되는 것을 기록할 수 있습니다.

아이겐 교수는 또한 평형상태에 있는 용액에서 빠른 반응을 시작하기 위해 다른 방법들을 조건으로 지정했습니다.

전기분해에 의한 해리 평형에 관한 연구가 1880년대에 스반테 아레니우스에 의해 이미 시작된 반면, 이렇게 평형이 확립된 반응속도를 측정하는 것은 이제야 가능합니다. 가장 단순한 것부터 생화학자가 연구하는 가장 복잡한 것까지 온갖 종류의 분자를 포함하는 많은 수의 극히 빠른 반응들을 이제 연구할 수 있습니다.

비록 아이겐 교수가 노리시와 포터 교수가 사용한 것과는 다른 방식으로 반응연구를 시작했지만 두 연구팀에서 사용한 빠른 반응을 기록하는 기기는 대략 비슷합니다.

아이겐 교수, 노리시 교수, 포터 교수가 개척해 놓은 방법을 사용하는 화학자들에게 가장 중요한 것은 그 방법의 유용성입니다. 전 세계의 많은 실험실에서 이제 이 방법을 사용해서 지금까지 꿈도 꾸지 못했던 결과들을 얻고 있습니다. 그래서 이 방법은 화학 발전의 가능성에서 심각하게 느끼던 틈을 채워 주었습니다.

만프레트 아이겐 교수님.

비록 화학자들이 순간적인 반응에 관해 오래 이야기해 왔지만 그들에겐 실제 반응속도를 측정할 아무런 방법도 없었습니다. 산과 염기의 중화와 같이 반응속도가 빠른 매우 중요한 반응들이 많이 있습니다. 교수님 덕분에 이제 화학자들은 이렇게 빠른 과정을 추적할 수 있는 전 영역의 방법을 갖추게 되었습니다. 따라서 화학적 지식의 커다란 틈이 이제 메워졌습니다.

스웨덴 왕립과학원의 진심어린 축하를 전해 드립니다.

로널드 노리시 교수님, 조지 포터 교수님.

광반응은 200년 이상 화학자들의 연구 대상이었습니다. 그러나 활성화된 분자의 거동에 관한 자세한 지식은 빈약하고 대부분 부족했습니다. 두 분의 섬광 광분해 반응은 여러 상태의 분자와 그들 사이의 에너지 전달에 관한 연구에 강력한 도구를 제공했습니다.

스웨덴 왕립과학원의 진심어린 축하를 전해 드립니다. 노리시 교수님, 포터 교수님. 전하로부터 노벨 화학상을 받으시기 바랍니다.

스웨덴 왕립과학원 노벨 화학위원회 위원 H. A. 욀란데르

비가역과정 열역학에 기초를 이루고 그의 이름을 딴 역관계reciprocal relation 발견

1968

라르스 온사거 | 미국

:: **라르스 온사거 Lars Onsager (1903~1976)**

노르웨이 태생 미국의 화학자. 1926년부터 스위스 취리히 연방공과대학의 페트루스 드비예의 지도 아래 공부한 후, 미국 볼티모어 존스홉킨스 대학교와 브라운 대학교에서 강의하였다. 1935년에 예일 대학교에서 박사학위를 취득하였으며, 1945년에 이론화학 교수로 임용되었다. 뜨거운 물체에서 차가운 물체로의 열전도, 혼합, 확산 등 고전열역학으로 규명할 수 없는 현상들에 대하여 비가역과정 열역학을 제시하여 규명함으로써 물리 및 화학 분야의 발전에 기여하였다.

전하, 그리고 신사 숙녀 여러분.

비가역 열역학의 기초가 되고 본인의 이름을 딴 역관계의 발견으로 라르스 온사거 교수는 올해 노벨 화학상을 받게 되었습니다. 상을 받게 된 동기를 들으면 사람들은 즉시 온사거 교수의 공헌이 어려운 이론 분야와 관계된다는 강한 인상을 받게 됩니다. 좀 더 면밀히 살펴보면 이것이 정말로 사실이라는 것을 알게 됩니다. 온사거 교수의 역관계는 물리와 화학 사이의 경계 분야에 있는 복잡한 문제들에 대하여 적당한 관계식을 만들어 보편적인 자연법칙으로 설명할 수 있었습니다. 우리는 짧은 역사적 검토를 통해 이 사실을 확인할 수 있습니다.

1929년 온사거 교수는 코펜하겐에서 열린 스칸디나비아 과학학회에서 그 발견의 기초를 발표하였습니다. 또한 1931년 널리 알려진 잡지 《피지컬 리뷰》에 「비가역 과정의 역관계」라는 제목으로 두 부분에 발표하였습니다. 두 논문의 크기가 각각 22쪽과 15쪽을 넘지 않는 간결한 발표였습니다. 쪽수로 따지자면 이 업적은 노벨상을 받은 연구 내용 중 가장 짧은 것 가운데 하나입니다. 사람들은 이 업적의 중요성이 바로 과학계에 명백하게 전해지리라 예상하였으나 온사거 교수는 그 시대를 훨씬 앞서가고 있었습니다.

그래서 30여 년 전에 발표된 역관계는 오랫동안 거의 아무런 관심을 받지 못했습니다. 제2차 세계대전 후에 좀 더 널리 알려지기 시작하였고 지난 10년 동안 역관계는 물리와 화학뿐만 아니라 생물과 기술 분야의 수많은 응용으로 비가역 열역학이 빠르게 발달하는 데 중요한 역할을 하였습니다. 그래서 우리는 이번 수상을 노벨재단의 일반 규정이 아닌 특별 규정이 적용되는 경우로 선정하였습니다. 특별 규정에는 "그 중요성이 최근에야 완전히 인식된 경우에는 과거에 이룩한 업적으로 상을 받을 수 있다"라고 적혀 있습니다.

우리가 거의 모든 일반적인 과정들이 비가역적이고 그것들 자체가 되돌아갈 수 없다는 것을 깨닫는다면 비가역 열역학의 위대한 중요성은 명백해질 것입니다. 뜨거운 물체에서 차가운 물체로의 열전도, 혼합, 혹은 확산을 예로 들 수 있습니다. 가장 쉬운 예로 우리가 차가운 설탕 덩어리를 뜨거운 차에 녹일 때 이 과정은 저절로 일어납니다.

고전열역학을 이용하여 그와 같은 과정을 다루는 초기의 시도들은 거의 성공하지 못했습니다. 고전열역학이라는 자체의 이름에도 불구하고 역학과정을 다루는 방법에는 적당하지 않았습니다. 그 대신에 정적 상태와 화학평형의 연구에는 완벽한 도구였습니다. 이 과학은 19세기와 금세기 초에 발달되었습니다. 그 시대의 많은 과학자들이 비가역적 열역학에 관한 연구를 포기하였습니다. 그러던 중에 열역학 제3법칙이 나타나기 시작했고 이 과학의 기초를 형성하였습니다. 이것은 일반적으로 가장 잘 알려진 자연법칙입니다. 제1법칙은 에너지 보존법칙이고 제2법칙과 제3법칙은 열역학과 통계학을 연결하는 중요한 양적 엔트로피를 정의합니다. 통계적인 방법으로 분자들의 불규칙한 운동을 연구한 것이 열역학 발달에 결정적이었습니다. 통계열역학에 중요한 공헌을 하였던 미국 과학자 윌러드 기브스를 기념하여 특별 교수직에 그의 이름을 붙였는데 온사거 교수가 현재 그 직위에 있습니다.

온사거 교수의 역관계는 비가역 과정의 열역학 연구를 가능하게 한 진보된 법칙이라고 말할 수 있습니다.

조금 전에 이야기한 설탕과 차의 경우에 확산 과정에서 일어나는 현상에서 흥미로운 것은 설탕과 열의 이동입니다. 그 과정들이 동시에 일어날 때 서로에게 영향을 줍니다. 즉 온도 차이는 열의 흐름뿐만 아니라 분자들의 흐름에도 영향을 주는 원인이 됩니다.

온사거 교수는 흐름을 설명하는 식이 적당한 형태로 쓰여지면 이 식의 계수들 간에 단순한 관계가 존재한다는 것을 그의 연구를 통하여 증명하였습니다. 이 관계들, 즉 역관계가 비가역 과정들에 대한 완벽한 이론적 설명을 가능하게 합니다.

역관계의 증명은 정말 훌륭하였습니다. 온사거 교수는 한 시스템에서 요동의 통계적인 계산과 기계적인 계산으로부터 출발하였는데, 이것이 시간에 대해 대칭인 운동의 단순한 법칙에 기초가 될 수 있었습니다. 더욱이 그는 요동에서 평형으로의 복귀가 앞서 언급한 이동식에 따라 일어난다는 독립된 가정을 만들었습니다. 아주 능숙한 수학적 분석과 함께 거시적이고 미시적인 개념의 조합으로 현재 온사거의 역관계라 불리는 상관관계를 얻었습니다.

라르스 온사거 교수님.

교수님은 물리와 화학 분야에서 과학의 발달에 이정표가 되는 수많은 공헌을 하였습니다. 예를 들면 강전해질 용액의 전도도에 대한 식, 유명한 이징Ising 문제의 해결, 상변화의 이론적 처리, 그리고 액체 헬륨에서 소용돌이의 정량화 등입니다. 그러나 역관계의 발견은 특별한 위치를 차지하여 금세기에 이루어진 과학의 위대한 진보 중의 하나입니다.

왕립과학원의 축하를 교수님께 전하게 되어 영광이며, 이제 전하로부터 1968년 노벨 화학상을 받으시기 바랍니다.

스웨덴 왕립과학원 S. 클리에손

특정 유기화합물의 3차원적 형태결정에 대한 연구

1969

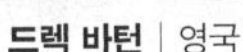

드렉 바턴 | 영국

오드 하셀 | 노르웨이

:: 드렉 헤럴드 리처드 바턴Derek Harold Richard Barton(1918~1998)

영국의 유기화학자. 1942년에 런던의 과학기술 임페리얼 칼리지에서 유기화학으로 박사학위를 취득하였고 1945년에 화학과 강사가 되었다. 1949년부터 1년간 하버드 대학교 객원교수로 활동하였고, 1950년부터 런던 대학교 버크백 칼리지와 글래스고 대학교를 거쳐, 1957년에 임페리얼 칼리지 교수로 임명되었다. 1972년에 기사 작위를 받았다. 스테로이드 핵의 형태에 관한 연구로 형태 분석의 선도적 원리를 이끌었다.

:: 오드 하셀Odd Hassel(1897~1981)

노르웨이의 유기화학자. 오슬로 대학교에서 공부하였으며, 1924년에 베를린 대학교에서 박사학위를 취득하였다. 1926년부터 오슬로 대학교에서 물리화학 및 전기화학을 강의하였으며, 1934년부터는 물리화학과 학과장으로 재직하였다. 사이클로헥산 계 및 데칼린에 관한 연구를 통하여 이후 연구의 방향을 제시하였다.

전하, 그리고 신사 숙녀 여러분.

지구상에 생명체가 존재하기 위한 기본적인 조건 중 하나는 탄소원자가 실질적으로 무한정하게 서로 결합할 수 있는 능력입니다. 탄소원자들은 사슬을 만드는데, 종종 가지가 많이 달린 사슬을 만들기도 하고 또한 고리와 그물망을 만들기도 합니다. 따라서 탄소화합물의 수는 매우 많은데, 몇 년 전에 그 수가 200만이었습니다만 날마다 많은 새로운 화합물들이 발견되고 만들어집니다. 하나의 살아 있는 유기체를 구성하고 작용하게 하는 데 다수의 다른 물질들이 필요하다는 것은 분명합니다.

그러나 가끔 유기화합물이라고 불리는 탄소화합물의 구조는 보다 단순한 원리에 지배됩니다. 하나의 유기물 분자를 묘사하기 위해서 우리는 먼저 조성, 즉 평면도라고 할 수 있는 것을 필요합니다. 다음으로 배치, 즉 오른쪽이냐 왼쪽이냐를 결정짓는 것입니다. 장갑이나 신발과 같이 비대칭 대상물의 경우에는 오른쪽 형태와 왼쪽 형태가 존재해야 하는데 비대칭 분자의 경우에도 마찬가지입니다. 그렇다면 오늘 여기서 관심을 갖는 형태conformation란 무엇일까요?

분자는 일반적으로 경직되어 있지 않습니다. 어느 정도의 유연성이 있는데 아마도 이것을 나긋나긋함 또는 느슨함이라고 부를 수 있을 것 같습니다. 어떤 거리와 각도는 변하지 않으며 사슬은 끊어지지 않지만, 다른 방식으로 굽거나 돌거나 비틀어질 수 있습니다. 고리모양의 분자에서는 유연성이 더 제한적입니다. 3, 4, 5개의 원자로 만들어진 작은 고리는 더욱 단단하고 평면 모양입니다. 6개의 탄소원자로 된 고리는 특정한 유연성을 제공하며 더 큰 고리는 다소 느슨합니다. 몇 개 고리의 네트워크로 구성된 복잡한 분자는 때론 더욱 단단합니다. 고리들은 서로 방해하거나 맞물립니다. 형태란 모양을 뜻하는데 분자가 유연성을 나타내는 모양이라고 추정할 수 있습니다. 형태분석이란 느슨한 분자들의 행동방식을 다루는 것이라고 말할 수 있습니다.

은유적으로 표현하자면 분자는 가장 편안한 방식으로 스스로를 재배치한다고 말할 수 있습니다. 분자는 붐비는 것과 긴장을 피하고, 어떤 그룹들은 서로 끌어당기거나 밀친다는 것을 고려해야 합니다.

가끔 많은 수의 형태가 가능합니다. 그러나 일부 형태가 다른 형태보다 더 안정합니다. 이런 형태들은 통계적으로 선호됩니다. 6개의 탄소원자로 된 고리는 의자형과 보트형이라고 알려진 2개의 형태를 갖는데, 이 두 형태는 서로 쉽게 바뀝니다. 실온에서 분자는 그 형태를 1초에 약 100만 번 바꿉니다. 그러나 한 가지 형태가 확실히 많이 존재합니다.(약 99퍼센트) 하셀 교수는 이 계에 관한 근본적인 연구를 수행하여 탄소원자에 결합된 무겁거나 부피가 큰 그룹들이 고리에 대해서 또는 서로에 대해서 어떻게 그들의 자리를 차지하는가를 보였습니다.

형태는 분자들의 반응 모드에 매우 중요합니다. 반응성이 큰 그룹들은 접근이 용이할 수도 있고 다른 그룹들에 의해 다소 막혀 있을 수도 있습니다. 그러므로 형태를 안다는 것은 특정 분자의 반응방식을 설명하거나 예측하는 데 대단히 중요합니다. 실험에서 성공 가능성이 있는가를 아는 것은 매우 좋은 일입니다.

3차원 기하구조는 그다지 재미가 없으므로 제가 특정한 예를 들어 자세히 토론하고 형태분석에 사용되는 물리 화학적 방법을 설명하는 것은 그만두는 편이 좋을 듯합니다.

과학적 사고의 개발에 여러 분야에서의 기여도와 사고 요소들을 추적하는 것이 일반적입니다. 그러나 가끔 다른 생각과 제안으로부터 지혜롭게 합성된 결정적 진보는 남들보다 뛰어난 한두 사람의 과학자에 의해 이루어질 수 있습니다. 6개 원자로 이루어진 고리에 관한 하셀 교수의 정밀한 실험은 계속 정밀도를 높이면서 3차원에서의 동적 화학에 튼튼한 기초를 놓았습니다. 바턴 교수는 살아 있는 자연에서 중요한 역할을 하는 많은 복잡한 고리 계에 관한 더 넓은 시각을 열고 결과를 추론함으로써 이를 일반화했습니다. 단지 스테로이드 고리 계만 언급하자면, 소화에 필요한 담즙산, 성호르몬, 코르티손, 디지털리스 글리코시드와 콜레스테롤, 또한 거품을 형성하는 사포닌, 그리고 감자 싹과 두꺼비의 특별한 독에서 발견되는 스테로이드 고리들을 들 수 있습니다.

바턴 교수님.

'스테로이드 핵의 형태'라는 고전적 연구에서 교수님은 형태분석의 선도적 원리를 이끌어 냈습니다. 이 논문에서 교수님은 또한 하셀 교수의 괄목할 만한 연구에 관심을 가졌는데 이것이 입체화학의 미묘한 면을 멋지게 조명했습니다. 교수님의 아이디어는 곧 받아들여졌고 오늘날 유기화학에서 기초적인 역할을 하고 있습니다. 저명한 동료 과학자들에 의하면, 교수님의 논문은 반트 호프와 르 벨의 이론 이래로, 즉 1874년 이래로 입체화학에서 최초의 진정한 발전을 대표한다고 합니다. 저는 이에 대해 전혀 이의가 없습니다.

화학에 기여한 공로를 인정해서 왕립과학원은 교수님께 노벨상을 수여하기로 결정했습니다. 과학원의 진심어린 축하를 전해 드리게 되어 영광입니다.

하셀 교수님.

그리 오래되지 않은 시기에 유기화학자들은 자유회전에 관해 말했습니다. 점차 그들은 회전이 제한적이며 이 사실이 중요하다는 것을 알게 되었습니다. 많은 과학자들이 개발에 기여했지만 우리는 교수님의 사이

클로헥산 계에 관한 연구가 상당히 중요하다고 생각합니다. 데칼린에 관한 연구에서 교수님은 또한 다중고리 계를 향해 중요한 한 걸음을 내디뎠고 개발의 방향을 제시했습니다. 화학에 기여한 공로를 인정해서 왕립과학원은 교수님께 노벨상을 수여하기로 결정했습니다. 과학원의 진심 어린 축하를 전해 드리게 되어 영광입니다.

바턴 교수님, 하셀 교수님. 전하께서 수여하시는 노벨상을 받으시기 바랍니다.

스웨덴 왕립과학원 노벨 화학위원회 위원 아르네 프레드가

당뉴클레오티드의 발견과 탄수화물의 생합성에서 그 역할 연구

1970

루이 를루아르 | 아르헨티나

:: **루이 페데리코 를루아르 Luis Federico Leloir (1904~1999)**

프랑스 태생 아르헨티나의 생화학자. 1932년에 부에노스아이레스 대학교에서 의학 박사학위를 취득한 후 1936년에 케임브리지 대학교 생화학연구소에서 연구하였으며, 1944년에는 미국 세인트루이스에 있는 칼 F. 코리의 연구실에서 연구 조교로 활동하였다. 1947년 부에노스아이레스 대학교에 생화학연구소를 설립하였다. 한 당이 또 다른 당으로 변형되는 반응에 있어서 알려지지 않은 물질이 반드시 참여한다는 점을 발견함으로써 합성반응에 대한 기존의 가정을 반박하였을 뿐만 아니라 막대한 수의 대사적 반응들을 규명할 수 있는 실마리를 제공하였다.

전하, 그리고 신사 숙녀 여러분.

1970년 노벨 화학상은 생화학에 기반이 되는 중요한 업적을 쌓은 루이스 를루아르 박사에게 수여됩니다. 를루아르 박사는 탄수화물의 생합성에서 당뉴클레오티드의 존재와 그 기능을 발견하여 노벨상을 받게 되었습니다.

모든 사람들이 알고 있듯이 탄수화물은 식물에서 녹말이나 셀룰로오스처럼, 그리고 동물에서 글리코겐처럼 고분자량의 탄수화물(다당류)뿐만 아니라 무수한 당과 당유도체를 포함하는 자연적으로 발생하는 물질들의 포괄적인 그룹을 말합니다. 다당류분자는 수많은 당이나 혹은 당과 비슷한 단위로 구성되어 있습니다.

탄수화물은 생물학에서 매우 중요합니다. 왜냐하면 지구에서 생명이 살 수 있게 만드는 유일한 반응, 즉 녹색식물의 동화작용이 당을 만드는데 이것이 모든 탄수화물뿐만 아니라 간접적으로는 살아 있는 유기체를 구성하는 성분의 근본이기 때문입니다.

살아 있는 유기체의 신진대사와 음식물에서 당과 녹말 같은 탄수화물의 중요한 역할은 잘 알려져 있습니다. 탄수화물의 생물학적 분해(연소)는 모든 유기체에게 여러 생명과정에서 필요한 에너지의 상당한 부분을 공급하고 있습니다. 그러므로 오랫동안 탄수화물과 그 신진대사가 생화학과 의학 분야의 포괄적이며 성공적인 연구 주제였다는 사실은 놀라운 일이 아닙니다. 이러한 문제들을 연구하는 동안 를루아르 교수는 지금 노벨상을 받게 되는 발견을 이루게 됩니다.

이 발견이 이루어지기 전에 탄수화물의 생화학에 대한 이해는 상당히 한쪽으로 치우쳐 있었습니다. 연소 과정을 포함하여 탄수화물을 분해하는 생물학적 과정들은 수십 년 동안 잘 알려져 있었습니다. 여기에 포함된 반응들과 촉매들의 발견으로 여러 해 동안 많은 노벨 화학상이 수여되었고 생리의학 분야에서도 많이 수여되었습니다. 그러나 모든 유기체 내에서 일어나는 수많은 합성반응에 관한 지식은 상당히 단편적이었는데 이것은 우리가 확인되지 않은 의심스러운 가설에 의지해야만 했기 때문입니다. 즉 이전까지 합성반응은 잘 알려진 분해반응의 역반응이라고 가정했던 것입니다. 를루아르 교수의 업적은 이 문제에 대한 우리들의 생각에 큰 혁명을 불러일으켰습니다.

1949년 를루아르 교수는 개발의 기초가 되는 중요한 발견을 발표합니다. 그는 한 당이 또 다른 당으로 변형되는 어떤 반응에서 알려지지 않은 물질이 반드시 참여한다는 것을 발견하였습니다. 그는 이 물질을 분리하고 그것의 화학적 성질을 측정하였습니다. 측정한 결과 뉴클레오티드에 결합된 당의 일부분을 포함하고 있으며 아직 알려지지 않은 형태의 화합물이라는 것이 밝혀졌습니다. 지금은 이 형태의 화합물을 당뉴클레오티드라고 부릅니다. 변형반응이 당에서 일어나지 않고 대응하는 당뉴클레오티드에서 일어나는 것을 를루아르 교수가 입증하였습니다. 단순하게 설명하자면 뉴클레오티드와의 결합이 반응을 일으키는 당의 일부분을 활성화시킨다고 할 수 있습니다.

발견의 두드러진 특징은 어떤 한 반응에 대한 설명이 아니라 막대한 수의 대사 반응들을 모두 풀 수 있는 열쇠를 발견한 것인데, 이는 를루아르 교수의 빠른 이해력에 기인한 것입니다. 그는 풀리지 않는 문제들이 잔뜩 쌓여 있는 연구 분야에 비밀통로가 있다는 것을 재치 있게 깨달았습니다. 그는 초기 발견 이후 지난 20년 동안 감탄할 정도로 이 분야에서 훌륭하게 연구를 수행하였습니다.

다른 과학자들도 를루아르 교수가 발견한 연구의 본질적인 중요성을 빠르게 터득하였습니다. 그들은 거대한 분야가 이제 과학적 연구로 접근할 수 있음을 깨닫고 를루아르 교수가 열어 놓은 경로를 따라 연구를 시작하였습니다. 를루아르 교수의 발견만큼 생화학연구에 중대한 영향을 끼친 발견이 거의 없다는 것은 의심할 여지가 없습니다. 그의 발견은 전 세계적으로 생화학 연구를 시작하게 하였고 그후 이 학문 분야를 계속 성장시키고 있습니다. 를루아르 교수는 이 분야의 선구자이며 안내자입니다. 그는 이어지는 연구들의 경로와 목적을 결정하는 모든 주요한 발견들을 이루었습니다.

를루아르 교수는 처음 분리한 당뉴클레오티드 외에 같은 형태의 여러 물질들이 자연에서 발생하는 것을 발견하였고 다른 연구자들도 많은 물질들을 발견하였습니다. 오늘날 다양한 반응에 필수적인 100개 이상의 당뉴클레오티드가 알려졌고 그 특성들이 잘 밝혀져 있습니다. 이런 물질 중에 어떤 것은 처음 분리된 것과 유사한 작용을 하는데 이것은 단순한 당이 다른 당이나 당유도체로 변형하기 때문입니다.

다른 당뉴클레오티드가 단순한 당이나 당유도체로 구성된 화합물의 생물학적 합성에서 또 다른 기능을 가진다는 를루아르 교수의 발견은 아주 중요합니다. 를루아르 교수는 이 모든 합성이 필수적인 전이반응이라는 것을 증명해 보였는데, 예를 들면 당뉴클레오티드에서 당의 일부분은 크기가 커진 수용분자로 전이합니다. 아마도 를루아르 교수가 찾아낸 가장 놀라운 발견은 고분자량의 다당류 합성도 이 방식으로 이루어진다는 것입니다.

다당류 생합성에서 당뉴클레오티드의 기본적인 역할에 대한 최초의 예는 1959년 글리코겐에서 발견되었습니다. 초기에 가정을 의심하였듯이 다당류 생합성은 생물학적 분해의 역반응이 아니라는 사실이 명백해졌습니다. 자연에서 합성과 분해는 전혀 다른 독립적인 과정들을 거치며 이뤄집니다. 후에 똑같은 중요한 원칙이 물질의 다른 그룹들, 예를 들면 단백질과 핵산에도 적용된다는 것을 보였습니다.

를루아르 교수의 업적과 그의 발견으로 고무된 다른 사람들의 연구 업적을 통해 이전에는 모호하였던 생화학의 넓고 중요한 영역에 위대한 지식이 얻어졌습니다. 그러므로 생리학과 의학 분야에 널리 끼친 를루아르 교수의 위대한 업적을 쉽게 인정할 수 있습니다.

스웨덴 왕립과학원 칼 뮈르베크

자유 라디칼의 구조에 관한 연구

1971

게르하르트 헤르츠베르크 | 캐나다

:: 게르하르트 헤르츠베르크 Gerhard Herzberg (1904~1999)

독일 태생 캐나다의 물리학자. 1928년에 다름슈타트 공과대학에서 H. 라우 교수의 지도 아래 박사학위를 취득하였으며 1928년부터 1930년까지 괴팅겐 대학교와 브리스톨 대학교에서 박사후과정을 이수하였다. 1930년에 다름슈타트 공과대학 강사가 되었으며, 1945년부터 미국 위스콘신 주 윌리엄스베이에 있는 여키스 천문대에서 일한 후, 캐나다 오타와에 있는 국립연구심의회에서 일하였다.

전하, 그리고 신사 숙녀 여러분.

올해의 노벨 화학상 수상자인 게르하르트 헤르츠베르크 박사는 세계 최초의 분자분광학자로 알려져 있으며 오타와에 있는 그의 연구소는 분자분광학 연구로 어디에도 뒤지지 않는 중심이 되는 곳입니다. 비록 탁월하더라도 한 개인이 이러한 방식으로 과학 분야에서 일반적인 중요성을 갖는 연구의 한 분야 전체에서 지도자가 될 수 있다는 것은 아주 이례적인 일입니다. 한 저명한 영국의 화학자도 이와 같은 일을 수행한 연구

기관은 케임브리지의 캐번디시 실험실과 코펜하겐의 보어 연구소뿐 이라고 말한 적이 있습니다.

헤르츠베르크 교수는 물리학자로 시작했으며, 분자분광학에 관한 그의 첫 논문은 1920년대 말에 게재되었습니다. 과학자들은 분자가 어떻게 빛에너지를 흡수하는지 측정합니다. 빛에너지는 양자화되어 있기 때문에 이러한 측정은 분자 내의 에너지에 관한 정확한 정보를 제공합니다. 이러한 정보로부터 분자의 크기, 모양, 그리고 다른 특성들을 추론할 수 있습니다. 이러한 계산은 양자역학에 의한 물질의 기술에 근거해야 합니다. 1920년과 1930년대는 이 주제에 관한 물리학의 역사에 가장 흥분되는 시기로 기록됩니다. 이를 설명하기 위한 헤르츠베르크 교수의 이론적 통찰력과 결합된 정교한 실험적 조사는 분자분광학의 빠른 발전에 결정적 역할을 했으며 한편으로는 양자역학의 발전에 기여했습니다.

혹자들은 원래 물리학자였고 천체물리학자로 유명한 헤르츠베르크 교수가 왜 최종적으로는 노벨 화학상을 받게 되었는지 의아할 것입니다.

그 이유는 1950년경에 분자분광학이 매우 발전해서 화학적 관심이 큰 복잡한 계까지도 연구할 수 있게 되었기 때문입니다. 이는 자유 라디칼에 관한 헤르츠베르크 교수의 선구적 연구로 눈부시게 논증되었습니다. 라디칼의 성질에 관한 지식은 화학반응이 어떻게 진행되는지를 이해하는 데 근본적으로 중요합니다.

화학반응이 일어나기 위해서 출발물질 분자는 특정 방식에 따라 조각으로 끊어지고 재배치되어 새로운 분자를 형성해야만 합니다. 이러한 조각들 또는 중간생성물들을 자유 라디칼이라 부릅니다.

자유 라디칼은 수명(1초의 수백만분의 1)이 짧기 때문에 연구하기가 매우 어렵습니다. 그러므로 헤르츠베르크 교수는 예외적인 실험기술을 반복해서 증명하기 위해 수많은 실험을 수행했고 마침내 필요한 분광학 기술을 개발하였습니다.

헤르츠베르크 교수는 지금까지 자유 라디칼의 성질에 관한 정밀한 실험을 30개 이상의 자유 라디칼에 관해 방대하게 수행했는데, 그중에는 유기화학반응에 잘 알려진 메틸과 메틸렌 라디칼에 관한 것도 있습니다. 그의 흥미진진한 발견들 중에서 라디칼은 에너지가 증가함에 따라 급격히 그 모양을 바꾼다는 사실을 언급해야겠습니다. 예를 들면 메틸렌은 바닥상태에서는 선형이지만 더 높은 에너지 상태에서는 굽어 있습니다. 가장 중요한 결과들 중 많은 것이 단지 몇 년의 연구로 성취되었고, 가장 흥분되는 결과들 중 몇 가지는 1960년대 말에서야 이루어졌습니다. 그러므로 올해의 노벨상은 진정으로 최근의 큰 관심 분야에 기여한 상이라는 것을 말씀드리고 싶습니다.

헤르츠베르크 박사님.

저는 이 자리에서 분자분광학 분야에서 이룬 박사님의 위대한 공헌, 그리고 특히 자유 라디칼에 관한 박사님의 선구적 연구에 관해 말씀드렸습니다. 박사님이 제시한 아이디어와 결과들, 특히 그중에서도 양자역학적으로 분자의 성질을 설명한 것은 화학의 거의 모든 분야에서 과학적 발전을 불러왔습니다.

스웨덴 왕립과학원을 대신해서 축하의 말씀을 전합니다. 이제 전하로부터 직접 노벨상을 받으시기 바랍니다.

스웨덴 왕립과학원 스티그 클라에손

아미노산 서열과 생체활성형태의 연관성 연구 | 앤핀슨
리보뉴클레아제 내 활성센터의 화학구조와 촉매활동 간의 연관성 연구 | 무어, 스테인

1972

크리스천 앤핀슨 | 미국 **스탠퍼드 무어** | 미국 **윌리엄 스테인** | 미국

크리스천 베이머 앤핀슨 Christian Boehmer Anfinsen (1916~1995)

미국의 생화학자. 1943년에 하버드 대학교에서 박사학위를 취득하였으며, 하버드 대학교 및 노벨 의학연구소 등에서 활동하였다. 리보뉴쿨레아제 내에 아미노산의 직선적 서열이 효소의 생물학적으로 활성적인 형태를 결정한다는 선구적 연구 성과를 낳았다.

스탠퍼드 무어 Stanford Moore (1913~1982)

미국의 생화학자. 1938년에 위스콘신 대학교에서 박사학위를 취득하였으며, 뉴욕에 있는 록펠러 의학연구소 연구원 및 교수로 활동하였다.

윌리엄 하워드 스테인 William Howard Stein (1911~1980)

미국의 생화학자. 1938년에 뉴욕에 있는 컬럼비아 의과대학에서 박사학위를 취득하였으며, 뉴욕에 있는 록펠러 의학연구소 연구원 및 교수로 활동하였다. 무어와 함께 리보뉴클레아제의 촉매 활동에 있어 기초적인 연관 관계, 화학적 구조와 촉매활동 간의 관계를 규명하였다.

전하, 그리고 신사 숙녀 여러분.

우리는 생명의 핵심물질을 효소라고 부릅니다. 우리가 이곳에서 노벨상 시상식의 훌륭함을 즐기면서 앉아 있다든지, 일을 한다든지 혹은 우리가 기쁨이나 슬픔을 느끼고 있을 때에도, 우리 인간이 하는 모든 행위는 효소반응에 의해서 일어납니다. 우리가 생명이라고 설명하는 현상은 서로 연결된 효소과정들의 네트워크입니다. 화학적 용어로 효소는 촉매, 즉 자기 자신을 써버리지 않고 화학반응을 가속시키는 물질입니다. 촉매반응의 개념은 150년 전 놀라운 직관력을 가진 스웨덴의 위대한 화학자 옌스 야코브 베르셀리우스가 소개하였는데, 그는 살아 있는 생명체의 조직이 촉매활동을 한다고 제안하였습니다. 한 세기가 지나서야 과학자들은 특정 물질, 즉 효소와 촉매효과를 연관시키기 시작했습니다. 올해 세 명의 노벨 화학상 수상자인 크리스천 앤핀슨, 스탠퍼드 무어, 그리고 윌리엄 스테인 교수는 우리가 분자 수준에서 효소활동의 문제점에 접근할 수 있도록 효소 리보뉴클레아제로 기초 연구를 수행하였습니다.

화학적 관점에서 효소는 단백질입니다. 그것은 긴 사슬로 서로 연결되어 있는 20개의 다른 아미노산으로 구성되어 있습니다. 단백질이 단지 20개의 구성 단위임에도 불구하고 수천 개의 효소가 있으며 이 각각은 자체의 특성을 가집니다. 사슬에서 아미노산의 숫자와 서열이 바뀔 수 있기 때문에 상당한 양의 변이가 가능하게 됩니다. 리보뉴클레아제는 아미노산 서열이 완벽하게 결정된 첫 번째 효소였는데 이것은 앤핀슨, 무어, 스테인 교수의 공헌 덕택입니다.

모든 살아 있는 유기체는 효소 자체의 고유한 형태가 있습니다. 그것은 자기 복제를 할 수 있고 그 자손은 같은 효소를 가집니다. 여기서 중요한 질문은 세대에서 세대로 효소형태가 보존되기 위해 전달해야 하는 정보의 출처에 관한 것입니다. 우리는 DNA라 불리는 특정 분자가 유전형질의 운반책이라는 것을 압니다. 유전형질은 효소의 합성을 조절하는 DNA에 의해 발현됩니다. DNA는 특정 단백질분자를 구성하는 아미노산 서열을 결정함으로써 이 일을 해냅니다. 그러나 활동적인 효소는 단지 아미노산의 긴 사슬로만 이루어져 있는 것이 아니라 분자가 구 형태를 이루면서 사슬 모양으로 접혀 있습니다. 무엇이 펩타이드 사슬의 특정한 접힘에 대한 정보의 출처일까요? 앤핀슨 교수의 연구 대상은 바로 이 질문이었습니다. 일련의 명쾌한 실험을 통해 그는 필요한 정보가 펩타이드 사슬 안에 있는 아미노산의 직선적인 서열에 내재되어 있어서 DNA에서 발견되는 것 외에는 더 이상의 유전적 정보가 필요하지 않다는 것을 밝혔습니다.

무어 교수와 스테인 교수의 공헌은 리보뉴클레아제와 관련된 또 다른 근본적인 질문, 즉 그것의 촉매활동에 대한 기초와 연관됩니다. 반응하는 물질, 즉 기질은 일반적으로 그것의 활성센터로 불리는 곳에서 효소와 결합됩니다. 그렇게 형성된 복합물에는 효소와 기질 간의 상호작용이 있는데 이것이 기질의 반응성을 변화시킵니다. 활성센터나 그것의 화학그룹을 알 수 없다면, 효소구조에 관한 지식은 이 상호작용을 이해하는데 거의 도움이 되지 않습니다. 무어, 스테인 교수는 활성센터가 자유로운 형태의 똑같은 아미노산에 비해 훨씬 높은 반응성을 가진 아미노산을 포함한다는 중요한 원칙을 발견했습니다. 이 높은 반응성이 효소의 촉매활동에 직접적으로 영향을 끼치는데 무어 교수와 스테인 교수는 화학적 변형에 의해 활성센터에 있는 두 아미노산을 표시할 수 있다는 것을 발견하였습니다. 이 방법을 통해 긴 펩타이드 사슬 내의 아미노산의 위치를 명확하게 결정할 수 있었습니다. 이와 같은 연구를 통하여 무어 교수와 스테인 교수는 효소의 삼차원 구조가 결정되기에 앞서 긴 리보뉴클레아제 내 활성센터의 자세한 그림을 제공할 수 있었습니다.

앤핀슨 박사님.

저는 효소 리보뉴클레아제 내의 아미노산 서열이 효소의 생물학적 활성 형태를 결정한다는 박사님의 선구적인 연구를 설명하였습니다. 이 발견은 활성효소분자가 살아 있는 세포 내에 형성되는 방식에 대한 이해와 밀접한 관계를 가집니다.

무어 박사님, 그리고 스테인 박사님.

저는 효소 리보뉴클레아제에서 화학구조와 촉매활동 사이의 관계를 이해시킨 두 분의 기초적인 공헌을 요약해 보았는데, 특히 효소의 활동센터에 두 개의 특정 히스티딘 잔기residues의 편재를 설명하는 연구를 강조하였습니다. 왕립과학원이 앤핀슨 박사와 함께 두 박사님께 올해 노벨 화학상을 수여하기로 결정한 것은 바로 이 선구적인 실험들 때문입니다.

앤핀슨 박사님, 무어 박사님, 그리고 스테인 박사님.

왕립과학원을 대신하여 진심으로 축하드리며 이제 황태자 전하로부터 노벨상을 받으시기 바랍니다.

스웨덴 왕립과학원 보 맘스트룀

샌드위치 화합물 화학에 관한 선구적 연구

1973

에른스트 피셔 | 독일　**제프리 윌킨슨** | 영국

:: 에른스트 오토 피셔 Ernst Otto Fisher (1918~2007)

독일의 이론화학자. 1952년에 뮌헨 공과대학에서 박사학위를 취득하였고, 1954년부터 강의를 시작하여 1957년에 교수로 임명되었다. 이후 무기화학 교수 겸 무기화학 연구소 소장을 지냈다. 유기금속에 있어 새로운 화학결합과 구조의 원리를 발견하여 화학의 발전에 기여하였다.

:: 제프리 윌킨슨 Geoffrey Wilkinson (1921~1996)

영국의 화학자. 1941년에 런던 대학교 임페리얼 과학기술대학 졸업 후 버클리에 있는 캘리포니아 대학교, 매사추세츠 공과대학, 하버드 대학교에서 강의하다가 1955년에 모교의 무기화학과 교수로 임용되었다. 1976년에 기사 작위를 받았다.

전하, 그리고 신사 숙녀 여러분.

역사적으로 인간에게는 다른 직업이나 다른 환경을 가진 사람들에 대한 고정관념이 있습니다. 이러한 고정관념이 위험하다는 것에 모두 동의

하시리라 생각합니다만 아직도 지적인 사람들에게서조차 그들이 가진 고정관념의 증거를 흔히 볼 수 있습니다. 화학자가 무슨 일을 하며 어떻게 일하는지에 관해 널리 퍼져 있는 생각은 아마도 그 흔한 고정관념보다는 덜 위험할 것입니다. 그러나 화학자 자신에게 오해는 종종 참기 어렵습니다. 우선 화학자는 항상 새로운 개념의 발견보다는 기술적 개발을 위해 일하고 있다고 생각되고 있습니다. 동시에 실질적인 응용을 포함한 화학의 전 분야는 수백 년 동안 진실을 향한 편견 없는 추구의 토대 위에 확고하게 자리 잡고 있습니다. 화학자는 또한 연구에 관한 한은 최소한 환상이 아닌 지적 과정을 사용하여 추론한다고 인식하고 있습니다. 그러나 화학의 역사는 화려하고 상상적인 특징으로 가득 차 있습니다. 더군다나 중요한 사실은 논리적 추론과 지식의 사용을 환상 및 영감과 조화시키지 않고서는 그들의 발견이 결코 이루어질 수 없다는 것입니다. 케스틀러는 이따금 과학적 활동이 예술적 창조의 과정과 밀접하게 관련이 있다고 하였습니다. 이 주장에는 적어도 낱알 하나 만큼의 진실이 분명히 존재합니다.

올해의 노벨 화학상 수상자인 피셔 교수님과 윌킨슨 교수님에 관해서는 이러한 견해를 주장하는 것이 타당해 보입니다. 두 분이 규명한 사실은 보려고만 하면 세상의 모든 화학자들에게 다 보였습니다. 그러나 올바른 설명이 없었습니다. 일단 옳은 가정이 환상이나 영감으로 떠오르면 그것은 쉽게 논리적 귀납에 의해 단순한 과정이 됩니다. 저는 물론 그들이 전 노벨상 수상자인 우드워드와 함께 어떤 화합물은 새로운 개념, 이름하여 샌드위치 화합물의 도입이 없이는 이해될 수 없다는 결론에 도달한 방법에 관해 이야기하고 있습니다. 샌드위치 화합물이라는 표현은 이 화합물의 구조에 기인하는데, 하나의 금속원자가 두 개의 납작한 분자 사이에 샌드위치처럼 끼여 있는 것입니다. 이제 화학이라는 과학은 물론 섬광처럼 보이는 영감 이상의 것을 포함합니다. 피셔와 윌킨슨 교수는 집중적인 실험적 노력을 기울여서 샌드위치 화합물의 개념을 확인하고 개발하는 데 주저함이 없었습니다. 그들은 처음에 개발된 페로센 ferrocene(벤젠처럼 우드워드에 의해 명명됨)과 비슷한 많은 수의 화합물을 성공적으로 합성함으로써 이 일을 해냈습니다. 그러나 이 화합물들은 철 이외의 다른 금속 그리고 페로센에서 발견된 사이클로펜타다이엔일 기 이외의 다른 납작한 분자들을 사용해서 합성되었습니다. 다른 것들 중에서 피셔 교수는 두 벤젠 분자 사이에 있는 크로뮴의 샌드위치 화합물을 합성해서 화학자들을 놀라게 했습니다. 합성 노력이 더욱 진전되어 납작한 분자는 금속원자의 한쪽에 그리고 카보닐, 메틸, 에틸과 같은 작은 분자들은 다른 쪽에 있는 열린 샌드위치 구조도 만들었습니다. 아마도 가장 흥미로운 개발은 금속원자 레늄과 수소 사이에 직접 화학결합을 갖는 샌드위치 화합물을 만들었을 때일 것입니다.

새로운 결합과 샌드위치 화합물에 적용되는 구조원칙을 발견하고 확인한 것이 두 노벨상 수상자들의 뛰어난 업적입니다. 기초화학 영역 내에서는 모든 발견이 잠재적 응용성을 갖는 것이 사실입니다. 샌드위치 화합물의 안정성이라는 바로 그 환경이 이론적인 토론에 이르게 했고, 이 토론이 또한 촉매에 관한 이론과 응용연구에 있어서 중요한 진보를 이루는 역할을 했습니다. 우리는 아직 샌드위치 화합물이 장래에 가질 실질적 중요성도, 또 샌드위치 화합물이 최종적으로 생물계에서 발견될 것인지도 예측할 수 없습니다. 그러나 한 가지 분명한 것은 미래 샌드위치 화합물 분야의 모든 연구자들이 피셔 교수와 윌킨슨 교수의 이름에 친숙해질 것이라는 점입니다.

피셔 교수님.

완전히 새로운 화학결합과 구조의 원리에 관한 발견은 항상 화학의 역사에서 중요한 위치를 차지해 왔습니다. 교수님은 이 발견에 뛰어난 공헌을 하였습니다. 스웨덴 왕립과학원의 진심어린 축하를 전해 드립니다.

윌킨슨 교수님.

완전히 새로운 형태의 화학결합과 구조의 발견은 화학의 역사에서 항상 이정표로 여겨 왔습니다. 교수님은 결정적인 방법으로 그러한 발견에 기여했습니다. 스웨덴 왕립과학원의 진심어린 축하를 전해 드립니다.

피셔 교수님, 윌킨슨 교수님.

이제 전하께서 수여하시는 노벨 화학상을 받으시기 바랍니다.

스웨덴 왕립과학원 잉바르 란드크비스트

고분자 물리화학의 발전에 기여

1974

폴 플로리 | 미국

:: 폴 존 플로리 Paul John Flory (1910~1985)

미국의 물리화학자. 1934년에 오하이오 주립대학교에서 박사학위를 취득한 후 스탠더드 석유개발회사와 굿이어타이어 사에서 일하였으며 1948년부터 코넬 대학교에서 강의하였다. 1961년부터 스탠퍼드 대학교 화학과 교수로 재직하였고, 1976년에 명예교수로 임명되었다. 셀룰로오스, 알부민, 핵산을 비롯하여 모든 플라스틱과 합성섬유를 포함하는 고분자 물리화학 연구에 선도적인 역할을 하였다. 특히 플로리온도와 플로리 만능상수를 정의함으로써 고분자화학 분야의 발달에 기여하였다.

전하, 그리고 신사 숙녀 여러분.

올해 노벨 화학상은 고분자 물리화학에 기초를 세우는 데 공헌한 폴 플로리 교수에게 수여됩니다.

고분자는 셀룰로오스, 알부민, 핵산 같은 생물학적으로 중요한 물질과 모든 플라스틱 및 합성섬유를 포함합니다. 흔히 고분자는 사슬분자라고 부르는데 이것은 진주 목걸이에 비유할 수 있습니다. 고분자는 긴 원자사슬로 구성되어 있어서 1억 배로 확대하면 진주 목걸이처럼 보이고 진주들은 사슬에 있는 원자들을 나타냅니다. 이 사슬은 오늘밤 이 자리에 참석한 사람들이 착용한 목걸이들을 합친 것보다 훨씬 깁니다. 고분자의 대표적인 모델을 얻기 위해서는 이 시상식장 안의 모든 목걸이를 한 개의 사슬로 길게 연결해야 합니다. 사람들은 이 분자에 대한 이론을 개발하는 것이 상당히 어렵다는 것을 쉽게 인정합니다. 왜냐하면 사슬이 쭉 뻗어 있든지 감겨 있든지 간에 그 자체의 형태가 설명하기 어려운 특성을 나타내기 때문입니다. 이 분자이론에는 통계학적 설명이 반드시 요구되는데 플로리 교수가 그 이론의 개발에 주된 공헌을 하였습니다. 그러나 문제는 더욱 난해해집니다. 어떻게 다른 용매 속에 있는 다른 분자들을 서로 비교할 수 있을까요?

예를 들면 사슬분자들을 다른 용매에 녹였을 때 그들은 용액 내에서 반발력과 친화력 사이의 상호작용에 따라 다른 정도로 구부러지게 됩니다. 좋은 용매에서는 사슬분자들이 쭉 펴지게 됩니다. 반대로 나쁜 용매에서는 사슬분자들은 코일 형태가 될 것입니다.

플로리 교수는 좋은 용매 속에서 쭉 펴진 사슬분자들의 용액을 선택하여 천천히 용액을 식혀감에 따라 분자들이 더 이상 녹을 수 없을 때까지 점점 구부러지게 되는 것을 보였습니다. 그래서 친화력과 반발력이 균형을 이루는 중간 온도가 틀림없이 존재한다는 것을 알았습니다. 플로리 교수는 이 온도를 일반적으로 분자들의 특성 평가를 위해 사용할 수 있는 일종의 표준조건으로 가정하여 세타theta온도라고 이름지었습니다. 이상기체법칙을 따르는 대응되는 온도가 실제 기체에도 존재하는데 이 온도는 기체법칙을 발견한 로버트 보일의 이름을 따서 보일온도라고 부릅니다. 마찬가지로 고분자에 대한 세타온도를 흔히 플로리온도라고 합니다. 플로리 교수는 기체상수와 비교될 만큼 중요한, 플로리의 만능상수라 부르는 사슬분자에 대한 상수를 정의하였습니다.

돌이켜보면 우리는 중요한 과학적 발견에 관하여 흔히 그 업적이 매우 단순하다고 느낍니다. 그러나 곧 이 발견들에는 새롭고 아직 연구되지 않은 영역에 대한 뛰어난 통찰력이 있다는 사실을 알게 됩니다. 플로리 교수의 과학적 발견의 특징은 플로리온도와 플로리 만능상수와 관련된 것뿐만 아니라 다른 중요한 연구들과도 관련되어 있습니다. 예를 들면 결정화 이론과 고무탄성에 대한 중요한 공헌뿐 아니라 사슬분자가 합성되었을 때 반응메커니즘과 형성된 사슬길이 사이의 연관성을 조사한 것 등입니다. 이와 같은 업적은 플라스틱 산업의 기술 발달에 매우 중요합니다.

최근 플로리 교수는 사슬결합의 회전적 특성과 사슬분자 형태 간의 연관성 연구를 이론과 동시에 실험으로 진행하였습니다. 이것이 생물학적 거대분자와 합성한 사슬분자, 둘 다를 이해하는 데 기본적인 정보를 제공합니다.

플로리 교수가 과학자로 활동하던 당시에 고분자화학은 구식의 실험 관찰에서 크게 발달한 과학으로 탈바꿈하였습니다. 이와 같은 발전은 대학과 세계적인 대기업 연구소 내 연구그룹들의 주된 공헌에서 기인합니다. 플로리 교수는 이러한 기간 동안 과학자로서의 독보적인 위치를 증명해 보임으로써 그 분야의 선두적인 연구자로 남아 있었습니다.

플로리 교수님.

저는 고분자화학과 특히 교수님이 소개한 플로리온도와 플로리 만능상수에 대한 개념과 중요성에 대해 간략히 설명하였습니다.

왕립과학원을 대신하여 교수님에게 진심으로 축하를 드리며 이제 전하로부터 노벨상을 받으시기 바랍니다.

스웨덴 왕립과학원 스티그 클라에손

효소-촉매반응의 입체화학 연구 | 콘퍼스
유기분자와 유기반응의 입체화학 연구 | 프렐로그

1975

존 콘퍼스 | 영국

블라디미르 프렐로그 | 스위스

:: 존 워컵 콘퍼스 John Warcup Cornforth (1917~2013)

오스트레일리아 태생 영국의 화학자. 어릴 때부터 진행성 청력장애가 있었고 나중에는 청력을 완전히 잃었다. 1941년에 옥스퍼드 대학교에서 박사학위를 취득했으며, 1946년부터 1962년까지 런던에 있는 국립의학연구소에서 일하였다. 1965년에 워릭 대학교 부교수로 임용된 이후 1982년까지 서식스 대학교 객원 및 연구 교수로 재직하였다. 1977년에 기사 작위를 받았다. 동위원소의 성질을 이용하여 효소 반응에 관하여 연구함으로써 반응 메커니즘의 규명에 기여하였다.

:: 블라디미르 프렐로그 Vladimir Prelog (1906~1998)

스위스의 화학자. 1929년에 프라하에 있는 화학공과대학에서 박사학위를 취득하였으며, 1935년부터 자그레브 대학교에서 강의하였다. 1942년에 취리히에 있는 연방 공과대학 강사 및 교수로 자리를 옮겼으며, 1957년부터 1965년까지 유기화학연구소 소장을 지냈다. 분자의 기하학적 모양 및 반응 경로에 미치는 영향에 관하여 연구함으로써 입체화학 분야, 나아가 유기화학 분야의 발전에 기여하였다.

전하, 그리고 신사 숙녀 여러분.

올해의 노벨 화학상 수상자는 두 분 다 기하학적 관점 특히 입체화학적 관점에서 반응메커니즘을 연구했습니다. 화학 실험에서 화합물들이 혼합되면 무슨 일인가 일어나고, 마침내 한 가지 이상의 다른 화합물을 분리할 수 있게 됩니다. 정말로 무슨 일이, 왜, 어떻게 일어났을까요? 이 상황은 누군가가 고전 비극 「햄릿」을 첫 장면과 마지막 장면만을 축약해 보여 준 것과 같습니다. 주요 인물들이 소개되고 무대가 닫힙니다. 다시 커튼이 올라갈 때 여러분은 무대 위에 몇 명의 사망자와 한두 명의 생존자를 보게 됩니다. 물론 관람객은 그 사이에 무슨 일이 일어났는지 알고 싶어 할 것입니다.

제가 지금 말씀드린 것은 특히 효소반응에 해당합니다. 많은 반응들이 살아 있는 모든 유기체 안에서 영구히 지속됩니다. 우리가 반응을 관찰하지 않더라도 반응은 진정으로 우리 모두와 관련이 있다고 할 수 있습니다. 화학자가 정말 무슨 일이 일어났는지 알려고 할 때, 가끔은 선택의 문제에 부딪칩니다. 오른쪽일까, 왼쪽일까? 일상생활도 마찬가지입니다. 노르툴Norrtull을 타고 스톡홀름을 출발하면 곧 지선 도로가 있는 곳에 도착합니다. 왼쪽 지선은 오슬로로 가고 오른쪽 지선은 순스발 혹은 원하면 하파란다로 갑니다.

콘퍼스 교수님은 많은 것 외에도 여섯 분자의 메발론산mevalonic acid으로부터 탄화수소 스쿠알렌squalene의 생합성을 연구했습니다. 이 탄화수소는 여러 면에서 생명 유지에 중요한 스테로이드 생성에 필수적입니다. 스쿠알렌의 합성은 14단계로 일어나며 각 단계에서 효소는 적절한 방법을 찾아야 합니다. 이것은 2^{14}(16384)가지의 다른 방식이 있고 그중 오로지 하나만 스쿠알렌이 된다는 것을 의미합니다. 만일 효소가 첫 번째 단계에서 실수를 한다면(실제로 그런 일은 없습니다), 최종 결과는 분명 스쿠알렌이 아닌 고무 또는 다른 것이 될 것입니다. 이러한 목적에 정통한 그는, 보통 수소, 중수소, 그리고 방사능이 있는 수소 등 동위원소의 성질을 사용했습니다. 마지막으로 언급한 동위원소는 단지 흔적량을 사용할 수 있습니다. 이것은 참여하는 분자의 100만 분의 1이 방사능을 낸다는 것을 의미합니다. 비슷한 방식으로 콘퍼스 교수는 몇 개의 생물학적으로 중요한 반응을 연구했습니다. 반응메커니즘과 관련된 모든 문제는 그 시점에서는 풀리지 않지만 반응 도중에 매우 중요한 단계를 구성합니다.

프렐로그 교수는 입체화학의 여러 분야에서 연구를 해왔는데, 분자의 기하학적 모양과 이것이 반응 경로에 미치는 영향에 관련된 문제를 연구하였습니다. 훌륭한 일련의 연구가 '중간 고리'를 다루고 있는데 이것은 8~11개의 탄소원자로 된 고리를 포함하는 분자입니다. 이러한 고리는 경직된 것이 아니라 움직입니다. 멀리 떨어진 듯이 보이는 고리의 부분이 서로 가까이 접촉해서 예기치 않은 반응이 일어나기도 합니다. 프렐로그 교수는 탄소 동위원소를 사용해서 그러한 반응을 밝혀낼 수 있었습니다.

많은 연구들이 키랄분자 사이의 반응을 다룹니다. 키랄이라는 용어는 손을 의미하는 고대 그리스어에서 유래합니다. 분자들이 비대칭이고 오른손과 왼손처럼 2개의 다른 형태로 존재합니다. 분자들이 너무 작아서 볼 수는 없지만 다른 종류의 키랄분자 사이의 반응을 연구해서 많은 지식을 얻을 수 있습니다.

프렐로그 교수는 또한 효소화학의 발전에 중요한 공헌을 했습니다. 작은 분자의 효소반응 특히 산화와 환원 과정을 연구했습니다. 실험은 효소와 다른 분자들이 기하학적으로 서로 어떻게 들어맞는가에 따라 대체로 성공적이었습니다. 잘 정의된 모양을 갖는 여러 작은 분자를 가지고 체계적인 실험하여 효소분자의 활성 부분에 관한 지도를 만들 수 있었습니다. 이 결과는 최근 한 특정한 실험에서 엑스선 법을 이용하여 스웨덴 과학자가 검증하였습니다.

프렐로그 교수는 또한 천재성과 통찰력으로 입체화학, 그중에서도 크고 복잡한 분자의 키랄 조건에 관한 근본 개념을 토론하고 분석했습니다.

콘퍼스 교수님.

효소반응은 항상 마술 같은 분위기, 즉 마법을 지녀왔습니다. 물론 이것은 정말 무슨 일이 일어나는지에 관한 우리의 지식이 불완전한 데서 기인합니다. 그러나 이 마술 같은 분위기는 점점 걷히고 있으며, 수소의 동위원소를 이용한 교수님의 공헌이 가장 두드러진 발전을 의미하고 있습니다. 키랄 메틸기를 가진 화합물을 다룬다는 것은 최고의 지적 표준을 성취한 것입니다.

또한 심각한 신체적 장애에도 불구하고 기술과 인내심을 가지고 연구해 온 그 솜씨와 지구력에도 찬사를 보내고 싶습니다. 아마도 그것은 콘퍼스 부인의 결코 굴하지 않는 도움과 지지가 없었더라면 불가능했을 것입니다. 오늘 같은 날 그분의 노고를 잊어서는 안 된다고 생각합니다. 화학과 자연과학 전반에 기여한 공로를 인정하여 스웨덴 왕립과학원에서는 교수님께 노벨상을 수여하기로 결정하였습니다. 과학원의 진심어린 축하를 전해 드리게 되어 영광입니다.

프렐로그 교수님.

저는 여기서 입체화학에 관한 교수님의 위대한 업적을 짧게 요약하려

합니다만 쉽지 않은 일입니다. 교수님의 찬란한 실험은 오늘날 유기화학의 영역을 넓히는 데 기여하였습니다. 종종 교수님의 업적을 다른 연구에 확장시켜서, 많은 화학자들이 지금까지 교수님이 시작한 이 영역의 연구를 하고 있습니다. 또한 교수님은 입체화학의 기본원리, 특히 이성질체의 개념을 설명하고 확립하였습니다.

화학의 발전에 기여한 공로를 인정하여 왕립과학원에서는 교수님께 노벨상을 수여하기로 결정하였습니다. 과학원의 진심어린 축하를 전해드리게 되어 영광입니다.

콘퍼스 교수님, 프렐로그 교수님.

이제 나오셔서 전하께서 수여하시는 노벨상을 받으시기 바랍니다.

스웨덴 왕립과학원 아르네 프레드가

보란의 구조에 대한 연구

1976

윌리엄 립스콤 | 미국

:: **윌리엄 넌 립스콤 William Nunn Lipscomb (1919~2011)**

미국의 물리 · 무기화학자. 1946년에 캘리포니아 공과대학교에서 박사학위를 취득하였으며, 미네소타 대학교 강사를 거쳐 1959년에 하버드 대학교 화학과 교수로 임명되어 1962년에는 화학과 학과장이 되었다. 붕산과 붕사를 형성하는 원소인 붕소의 수소화합물에 대한 총칭인 보란의 구조 및 결합상태에 대해 실험적인 방법과 이론적인 방법으로 연구함으로써 보란화학의 발전에 기여하였다.

전하, 그리고 신사 숙녀 여러분.

올해 노벨 화학상은 화학결합의 문제를 밝히는 보란의 구조에 대하여 연구한 윌리엄 립스콤 교수에게 수여됩니다.

노벨 화학상이 발표된 지 이틀 후에 스웨덴 신문은 유명한 스웨덴 만화가가 그린, 나이든 부부가 텔레비전 앞에 앉아 있는 만화를 실었는데 제목은 다음과 같이 쓰여 있었습니다.

"여보, 보란을 본 적이 있어요?"

이 질문은 정말로 적당한 표현입니다. 이 부부는 결코 보란을 본 적이 없습니다. 보란은 자연에 존재하지 않으며 화학실험실 말고는 어디서도 거의 발견할 수 없습니다.

보란이라는 이름은 붕산과 붕사를 형성하는 원소인 붕소의 수소화합물에 대한 총칭입니다. 수많은 보란 및 이와 관련된 화합물이 알려져 있으며 립스콤 교수가 연구한 물질이 바로 이것입니다. 1880년대에 붕소와 어떤 금속 사이의 합금이 산에 의해 분해될 때 형성되는 기체혼합물에 이와 같은 화합물이 존재한다는 것을 알게 되었습니다. 그러나 독일의 화학자 알프레드 스토크가 소량의 순수한 보란을 만드는 데 성공한 것은 1912년쯤이었습니다.

그러나 보란의 구조 및 결합상태는 1950년까지 알려지지 않았으며, 그것들이 문제가 많다는 생각은 터무니없는 것이 아니었습니다. 보란으로 실험하는 연구는 매우 어려웠습니다. 대부분의 경우 보란은 불안정하고 화학적으로 격렬하게 반응하여 아주 낮은 온도에서 연구해야만 했습니다. 그리고 보란의 구조와 결합상태가 다른 화합물에 비해 알려진 것과는 상당히 다른 것이 심각한 문제였습니다. 예를 들면 스토크는 보란 분자가 한 경우에는 붕소원자 2개와 수소원자 6개로 되어 있고 또 다른 경우에는 붕소원자 10개와 수소원자 14개로 구성되어 있는 것을 발견하였습니다. 그러나 이 분자들이 어떻게 서로 결합되어 있는지, 즉 분자의 모양을 결정하고 분자 안의 원자가 어떤 결합 성질을 갖는지를 알려고 하면서 사람들은 오랫동안 어둠 속을 헤맸습니다. 어떤 사람은 이 결합이 탄소의 수소화합물, 예를 들면 액화된 석유기체 내에 있는 탄화수소 원자들의 결합과 유사하다고 가정하였습니다. 여기서 두 이웃하는 원자 사이의 결합은 보통 2 개의 전자, 즉 하나의 전자쌍을 포함합니다. 그러나 붕소는 탄소처럼 많은 결합전자를 가지고 있지 않아 모든 결합이 이와 같은 형태가 될 수 없습니다. 2개 전자가 3개 원자와 함께 공동으로 결합되어 있으며, 그래서 이 전자부족을 설명할 수 있는 새로운 형태의 결합이 1949년에 제안되었지만 1954년이 되어서야 립스콤 교수의 연구로부터 보란화학의 문제들이 만족스럽게 풀리기 시작했습니다.

립스콤 교수는 상상할 수 있는 결합형태의 분자 내에서 가능한 조합에 대한 숙달된 계산을 통하여 이 문제를 공략했고 그의 동료들과 함께 엑스선 방법을 사용하여 보란분자들의 기하학적 모양을 결정하였습니다. 진보된 이론적인 계산을 통해 결합상태를 밝히는 것 이상으로 훨씬 많은 진전이 있었습니다. 그래서 여러 상태에서 그들의 반응과 분자들의 안정도를 예측할 수 있게 되었고 이것이 보란화학의 획기적인 발달에 공헌하게 되었습니다. 립스콤 교수가 수행한 이 연구들은 본래 전기적으로 중성인 보란분자들에만 적용되는 것이 아니고 보란과 관련된 다른 분자들과 전하를 띤 분자들, 즉 이온에도 적용됩니다.

한 연구자가 거의 초기부터 시작해서 큰 연구 분야의 지식을 계속 쌓아 나가는 것은 드문 일인데, 윌리엄 립스콤 교수는 그렇게 하였습니다. 그는 이론과 실험 연구를 통하여 지난 20년 동안 보란화학의 특성을 연구하고 미래 발전에 매우 중요한 체계를 만드는 왕성한 성장을 이루었습니다.

립스콤 교수님.

교수님은 일찍이 실용적으로 잘 알려지지 않은 화학 분야의 아주 어려운 문제를 모범적인 방식으로 공략했습니다. 교수님은 실험적인 방법과 이론적인 방법을 모두 사용하면서 선두에 서서 일하고 있으며, 교수님의 결과와 견해가 보란화학의 최근 발달을 지배하고 있다는 사실로부터 교수님의 연구가 성공하였음을 알 수 있습니다.

과학에 대한 교수님의 공로를 인정하여 스웨덴 왕립과학원은 올해 노벨 화학상을 수여하기로 결정하였습니다. 과학원의 뜨거운 축하를 전하게 되어 무한한 영광이며, 이제 전하로부터 상을 받으시기 바랍니다.

스웨덴 왕립과학원 군나르 헤그

비평형 열역학, 특히 소산 구조론 연구

1977

일리야 프리고지네 | 벨기에

:: **일리야 프리고지네Ilya Prigogine (1917~2003)**

러시아 태생 벨기에의 물리화학자. 러시아에서 태어난 후 1942년에 브뤼셀에 있는 프리 대학교에서 박사학위를 취득하였으며 1947년에 교수로 임명되었다. 1959년에 브뤼셀에 있는 국제 솔베이연구소 소장이 되었으며 1967년부터 미국 오스틴에 있는 텍사스 대학교 통계역학 및 열역학센터 소장을 지냈다. 평형에서 아주 먼 상태의 비평형 열역학에 관한 이론을 개발하였다. 그의 연구는 과학에 새로운 연관성을 부여하여 화학, 생물, 사회과학 등과의 연관성을 갖도록 만들었다.

전하, 그리고 신사 숙녀 여러분.

올해의 노벨 화학상을 수상하게 된 일리야 프리고지네 교수의 발견은 과학이론의 가장 정교한 지류 중 하나이며 엄청난 실용성이 있는 열역학 분야입니다.

열역학의 역사는 19세기 초로 거슬러 올라갑니다. 원자설의 수용으로, 이 모든 것이 존 돌턴의 연구 덕택인데, 우리가 열이라고 부르는 것이 단순히 물질의 가장 작은 요소들의 움직임이라는 견해가 널리 수용되기 시작했습니다. 그 다음엔 증기 엔진의 발명으로 열과 역학적인 일 사이의 상호작용에 관한 정확한 수학적 연구가 더욱 필요하게 되었습니다.

과학 연대기뿐만 아니라 중요한 단위의 용어로 이름을 남긴 몇 명의 뛰어난 과학자들이 19세기에 열역학이 빠르게 발전하는 데 기여했습니다. 원자량의 단위에 그 자신의 이름을 붙인 돌턴 말고도, 자신들의 이름을 힘, 에너지, 그리고 절대온도 0도에서 계산된 절대온도에 남긴 와트Watt, 줄Joule, 그리고 켈빈Kelvin이 있습니다. 중요한 업적들이 또한 헬름홀츠Helmholtz, 클라우지우스Clausius, 그리고 기브스Gibbs에 의해 이루어졌는데, 이들은 원자와 분자의 운동에 통계역학적 접근을 적용하여 우리가 통계열역학이라고 부르는 열역학과 통계역학의 합성 분야를 만들어 냈습니다. 그리고 그들의 이름이 몇 개의 중요한 자연법칙에 붙여졌습니다.

이러한 발전 과정에서 금세기 초에 하나의 결론이라 할 수 있는 어떤 것이 나타났고, 열역학은 진화가 완전히 이루어진 과학의 지류로 여겨지기 시작했습니다. 그러나 그것은 제한적이기 일쑤였습니다. 대부분의 경우에 그것은 가역반응, 즉 평형상태를 통해서 일어나는 과정만을 다룰 수 있었습니다. 열과 전기를 동시에 전달하는 열전기쌍과 같이 단순한 비가역 계조차도 온사거가 1968년 노벨 화학상을 받은 역관계를 개발할 때까지는 만족스럽게 다루어지지 않았습니다. 이 역관계는 비가역과정의 열역학 개발에 커다란 진보였습니다. 그러나 이것은 평형에 가까운 계에만 적용될 수 있는 선형근사를 전제로 하였습니다.

프리고지네 교수의 위대한 공헌은 평형에서 아주 먼 상태의 비선형 열역학에 관한 만족할 만한 이론을 성공적으로 개발한 것입니다. 이 과정에서 그는 완전히 새롭고 예기치 못한 형태의 현상과 구조를 발견했습니다. 그 결과 이 일반화된 비선형 비가역 열역학은 이미 넓고 다양한 분야에서 놀라운 활용성을 보여 주었습니다.

프리고지네 교수는 질서구조, 예를 들면 생물계가 무질서 상태로부터 어떻게 만들어지는지를 설명하는 문제에 특히 매료되었습니다. 온사거의 관계식이 이용되더라도 열역학에서 평형에 관한 고전 원리는 여전히 평형에 가까운 선형 계는 항상 교란에 대해 안정한 무질서 상태로 된다는 것을 보여 주며, 질서구조가 생기는 것을 설명할 수 없습니다.

프리고지네 교수와 그의 조수는 비선형 반응속도법칙을 따르는 계, 즉 주변 환경과 접촉하고 있어서 에너지 교환이 일어나는 열린 계open system를 선택하여 연구했습니다. 만일 이러한 계들이 평형에서 아주 멀리 벗어나면 완전히 다른 상황이 됩니다. 즉 시간과 공간에서 질서를 보이며 교란에 대해 안정한 새로운 계로 됩니다. 프리고지네 교수는 이러한 계를 소산계dissipative system라고 불렀습니다. 왜냐하면 이 계는 환경과의 열 교환 때문에 일어나는 소산과정에 의해서 만들어지고 유지되며, 열 교환이 끝나면 사라지기 때문입니다. 이 시스템은 환경과 공생관계에 있다고 할 수 있습니다.

교란에 대해 안정한 소산구조를 연구하기 위해서 프리고지네 교수가 사용한 방법은 대단히 중요합니다. 예를 들면 그것은 도시의 교통란, 곤충 사회의 안정성, 질서정연한 생물학적 구조의 발전, 그리고 암세포의 성장과 같이 변화하는 문제들의 연구를 가능하게 합니다.

몇 년 동안 프리고지네 교수의 연구를 보조했던 분들 중에서 세 분, 글란스도르프, 레페버, 그리고 니콜리스는 과학 발전에 중요하고 창의적인 공헌을 했음을 여기서 특별히 밝힙니다.

결국 비가역적 열역학에 관한 프리고지네 교수의 연구는 과학을 근본적으로 변형하고 새로운 생명력을 불어넣어 주었으며, 과학에 새로운 연관성을 부여하고 화학, 생물, 그리고 사회과학 분야 사이의 틈을 연결하는 이론을 창조했습니다. 그의 연구는 또한 그에게 '열역학의 시인' 이라는 별명을 갖게 한 우아함과 광휘로 인해 돋보입니다.

프리고지네 교수님.

교수님이 비선형, 비가역적 열역학에서 이룬 위대한 공헌을 간단히 말씀드렸습니다. 스웨덴 왕립과학원의 진심어린 축하를 전해 드리게 되어 영광입니다. 이제 전하께서 수여하시는 노벨상을 받으시기 바랍니다.

스웨덴 왕립과학원 스티그 클라에손

생물학적 에너지이동 과정의 공식화

1978

피터 미첼 | 영국

:: 피터 데니스 미첼 Peter Dennis Mitchell (1920~1992)

영국의 화학자. 1951년에 케임브리지 대학교에서 박사학위를 취득하였다. 1955년부터 건강 악화로 1963년에 물러날 때까지 에든버러 대학교 동물학과에서 화학과 생물학 주임으로 활동하였다. 이후 1964년부터는 글린 연구소의 책임연구원을 지냈다. 산화 및 광합성 인산화 반응에 있어서 전자이동이 ATP 합성과 연결되는 메커니즘에 대하여 화학삼투 가설이라는 독창적인 이론을 제기하고 관철시켰다.

전하, 그리고 신사 숙녀 여러분.

피터 미첼 교수가 올해 노벨 화학상을 받을 것은 최근 생체공학에서 자주 언급되는 생화학의 한 분야와 관련 있는데, 이 생체공학은 살아 있는 세포에 에너지를 공급하는 화학과정을 연구하는 것입니다.

모든 살아 있는 유기물은 생존하기 위해 에너지가 필요합니다. 근육 운동, 사고과정, 성장, 그리고 재생은 모두 에너지를 요구하는 생물학적 활동의 예입니다. 오늘날 우리는 모든 살아 있는 세포가 적당한 촉매를 통해 환경으로부터 에너지를 만들어 내고, 이 에너지를 생물학적으로 유용한 화합물 형태로 바꾸어 에너지가 필요한 여러 과정에 사용한다는 것을 알고 있습니다.

녹색식물을 비롯한 광합성 유기체는 지구 위에 모든 생명을 위한 일차적인 에너지를 햇빛에서 직접 얻어내어 이산화탄소와 물을 유기화합물로 바꾸는 데 필요한 에너지로 사용합니다. 모든 동물과 많은 박테리아를 포함하는 그 밖의 유기체는 그들의 환경에서 영양분으로 먹는 유기화합물에 의존합니다. 이 화합물은 세포호흡이라 부르는 과정을 통해 대기에 있는 산소를 이용하여 에너지를 방출하면서 이산화탄소와 물로 산화됩니다.

호흡과 광합성은 모두 연속적인 산화-환원(혹은 전자이동) 반응을 포함하는데, 여기서 에너지가 방출되고, 이 에너지는 아데노신 다이포스페이트ADP와 무기인산염으로부터 아데노신 트라이포스페이트ATP를 합성하는 데 사용됩니다. 이 과정들을 보통 산화 및 광합성 인산화 반응이라고 부르는데, 두 과정 모두 전형적으로 세포막과 관련됩니다. 더 고등한 세포에서는 미토콘드리아와 엽록체라고 부르는 막으로 둘러싸인 특별한 세포기관에서 일어나는 반면, 박테리아에서는 두 과정 모두 세포막과 관련되어 있습니다.

ATP는 살아 있는 세포의 보편적인 에너지 화폐와 같습니다. 이 물질은 다양한 효소들에 의해 나누어지는데, 이때 방출된 에너지는 에너지가 필요한 여러 과정에 사용됩니다. 그래서 산화 및 광합성 인산화 반응을 통하여 생성되는 ATP가 살아 있는 세포의 에너지 공급원으로서 기본적인 역할을 하게 됩니다.

이 개념은 1950년대 중반쯤 널리 알려졌지만 전자이동이 산화 및 광합성 인산화 반응에서 ATP 합성과 연결되는 정확한 메커니즘은 알려지지 않았습니다. 이에 대한 많은 가설이 세워졌는데, 그중 대부분은 전자이동과 ATP 합성시스템 사이에 중간물질이 존재하며 이것은 잘 정의된 구조를 갖는 '에너지가 풍부한' 화합물이라는 것이었습니다. 그러나 많은 실험을 통한 집중적인 노력에도 불구하고 이와 같은 가정에 대한 아무런 실험적 증거를 얻을 수 없었습니다. 더욱이 이 가설들은 산화 및 광합성 인산화 반응에 필요한 막에 대한 합리적인 설명을 하지 못했습니다.

이런 상황에서 피터 미첼 교수는 1961년 화학삼투 가설을 주장하였습니다. 이 가설의 기본적 생각은 전자이동과 ATP 합성 효소가 잘 배열된 막에 자리 잡고 있어서 막을 통과하는 양전하를 띤 수소이온, 즉 양성자의 방향적 이동과 기능적으로 연결되어 있다는 것입니다. 즉 전자이동이 막을 가로질러서 전기화학적인 양성자의 차이를 만들어 내는데 이것이 ATP 합성의 추진력으로 작용하는 것입니다. 이때 양성자 차이를 만들기 위해서는 막 자체가 양성자를 통과시키지 말아야 하며, 이것으로 산화 및 광합성 인산화 반응에서 막 구조가 필요하다는 가설을 설명할 수 있습니다.

화학삼투 가설은 이례적이고 상당한 물의를 일으켰으며 거의 실험적 증거에 기초하지 않아 그 분야의 많은 연구자들에게 조건부로 받아 들여졌습니다. 그러나 바로 이런 특징 때문에 가설은 수많은 연구 활동을 자극하였으며 지난 10년 동안 화학삼투는 문헌과 학회에서, 그리고 전 세계의 여러 실험실에서 생명공학 분야의 주요 문제가 되었다고 해도 과언이 아닙니다. 그 결과 제니퍼 모일 박사와 공동 연구를 진행하였으며 미첼 교수 자신의 실험실과 그의 가설을 강력하게 지지하는 다른 실험실로부터 수많은 실험 데이터가 모아졌습니다. 사실 화학삼투 가설의 기본적인 가정은 오늘날 실제적으로 증명되었다고 생각하며 이것이 세포생명공학의 기본적인 이론을 만들었습니다.

전자이동과 ATP 합성시스템에 의해 양성자가 반응하고 위치를 변경하는 자세한 메커니즘을 이해하는 데에는 더 많은 연구가 필요합니다. 그러나 양성자 운동력에 의한 전송, 혹은 최근 미첼이 '양성자흐름 proticity'(전기electricity에서 유추한 말)이라고 부르는 것의 원리는 산화 및 광합성 인산화 반응에 포함된 것 이상의 넓은 생물학적 과정에 활용되는 것이 이미 확실해졌습니다. 박테리아 세포의 영양분 섭취, 이온과 대사산물의 세포 간 이동, 생합성을 위한 환원력의 생성, 생물학적 열 생산, 박테리아 운동, 그리고 주화성 등은 양성자흐름으로 일어난다고 알려진 것으로 에너지를 필요로 하는 생물학적 과정의 좋은 예입니다.

마지막으로 이 연구의 실용적인 측면을 언급하겠습니다. 막에 결합된 에너지 전달 효소는 아주 잘 구성되어 있어 전기화학적 퍼텐셜을 생성할 수 있다는 발견이 가장 실제적인 관심사입니다. 엽록체, 미토콘드리아, 그리고 박테리아는 자연발생적인 태양전지와 연료전지로 고려될 수 있는데, 현재 에너지 기술 분야의 좋은 모델로 그리고 미래에는 실용화된 도구로 사용될 수 있을 것입니다. 다시금 자연은 발명에서 인간을 앞서고 있으며, 자연은 수백만 년의 경험으로 삶을 위해 매일 사투하는 우리를 돕고 있음을 확인할 수 있습니다.

미첼 교수님.

교수님은 창의력과 용기 그리고 인내를 가지고 생화학의 고전적 분야 중 하나에 혁신을 일으켰습니다. 교수님의 화학삼투이론은 생명공학의 근본적인 문제에 대하여 새로운 통찰력을 일깨워 준 획기적인 발견이었습니다. 앞으로 세부적인 사항들이 조정되고 완성되어야 하지만 교수님이 세운 구조물은 굳건할 것입니다.

교수님의 뛰어난 업적에 대하여 스웨덴 왕립과학원의 축하를 전하게 된 것은 저에게 큰 기쁨이며 영광입니다. 이제 전하로부터 1978년 노벨 화학상을 받으시기 바랍니다.

스웨덴 왕립과학원 라르스 에른스테르

유기물질 합성에 붕소와 인 화합물 도입

1979

허버트 브라운 | 미국

게오르크 비티히 | 독일

:: **허버트 찰스 브라운 Herbert Charles Brown (1912~2004)**

영국 태생 미국의 화학자. 1938년에 시카고 대학교에서 박사학위를 취득한 후, 1943년까지 시카고 대학교에서, 1947년까지 디트로이트 웨인 주립대학교에서 강의하였다. 1947년에 퍼듀 대학교 교수로 임용되었으며, 1978년에는 명예교수가 되었다. 수소화 붕소화합물 및 유기붕소화합물의 발견과 이용을 통하여 유기화학 분야에 공헌하였다.

:: **게오르크 비티히 Georg Wittig (1897~1987)**

독일의 화학자. 1926년에 마르크부르크 대학교에서 박사학위를 취득한 후, 1932년까지 화학을 강의하였다. 이후 브라운슈바이크 공과대학, 프라이부르크 대학교, 튀빙겐 대학교 등에서 강의하였다. 1956년에 하이델베르크 대학교의 교수로 임용되었으며, 1965년에 명예교수가 되었다. 그의 이름을 딴 비티히 반응은 유기화학 분야에서 가장 중요한 반응 중 하나가 될 만큼 중대한 발견이었다.

전하, 그리고 신사 숙녀 여러분.

화학은 자연과학이지만 자연에 있는 대상의 연구에만 온전히 헌신하지는 않습니다. 화학이라는 예술은 또한 화학자의 편에서 여러 화합물을 만들거나 합성하는 능력을 포함합니다. 이것은 특히 탄소화합물의 경우에 그러한데 이와 관련된 화학을 유기화학이라 부릅니다. 탄소 원자는 다른 탄소원자들과 결합하고 있으며, 이것은 하나의 분자 내에서 몇 번이고 한없이 되풀이될 수 있는듯 합니다. 그러므로 변화의 가능성은 엄청납니다. 화학자들은 200만 개 이상의 유기화합물을 합성했습니다. 화합물을 합성하는 능력은 화학을 매우 풍성하게 했고 대단한 실용적 결과를 가져왔습니다. 합성 의약품, 비타민, 그리고 미생물, 곤충, 잡초 등에 위해한 살충제의 사용으로 수백만 명의 목숨이 구조되고 많은 고통을 덜어 주었으며 세계적으로 기근이 감소하였습니다. 더 의미 있는 진보는 실용적으로 중요한 분야에서 기대되는데, 특히 기존의 것보다 환경을 덜 파괴하는 살충제의 개발과 관련된 분야에서 기대됩니다.

응용 연구뿐만 아니라 기초 연구에도 오늘날 유기화학자들에게 가장 중요한 과업 중의 하나는 생리활성을 갖는 화합물을 합성하는 것입니다. 이것을 위해서 탄소원자를 서로 결합하고 여러 방법으로 유기화합물을 변형하는 방법이 필요합니다. 위대한 많은 화학자들이 그런 방법을 개발하는 데 생애를 바쳤습니다. 화학의 역사에서 단지 한두 번의 새로운 합성방법이 중요하게 간주되어 그 창시자들이 노벨상을 받았습니다. 이런 일이 다시 발생했는데, 바로 올해 브라운 교수와 비티히 교수가 유기합성에 중요한 시약으로 각각 붕소와 인화합물을 개발하여 노벨 화학상을 받게 되었습니다.

허버트 브라운 교수는 여러 붕소화합물과 그들의 반응을 체계적으로 연구했습니다. 그는 여러 붕소 수소화합물을 이용해서 여러 가지 특정 환원반응들이 어떻게 일어나는지를 보였습니다. 가장 단순한 화합물 중 하나인 테트라하이드로붕소산 나트륨은 가장 많이 사용되는 반응 시약의 하나가 되었습니다. 그가 발견한 유기붕소화합물은 유기합성에 가장 많이 사용되는 시약이 되었습니다. 이러한 화학을 이용해서 재배치 반응, 이중결합에의 첨가반응, 탄소원자끼리의 결합반응에 새로운 방법이 발견되었습니다. 게오르크 비티히 교수는 유기화학에 중대한 공헌을 했습니다. 그것은 비티히 반응이라는 그의 이름을 딴 합성방법의 발견입니다. 비티히 반응에서 인 일리드는 그가 발견한 일종의 화합물인데, 카보닐화합물과 반응을 합니다. 기group의 상호교환이 일어나고 결과적으로 이중결합으로 연결된 2개의 탄소원자를 포함하는 화합물이 만들어집니다. 생리활성을 갖는 많은 천연화합물들이 이러한 결합이기 때문에 이 훌륭한 방법은 널리 사용되었고 그 예가 비타민 A의 산업적 합성입니다.

브라운 교수님.

교수님이 이룬 수소화 붕소화합물 및 유기붕소화합물의 발견과 이용은 화학자들에게 유기합성의 새롭고 강력한 도구를 제공하였습니다. 스웨덴 왕립과학원의 진심어린 축하를 전해 드립니다.

비티히 교수님.

교수님이 개발한 반응 그 자체뿐만 아니라 비티히 반응이라고 불리는 모든 반응들이 유기화학에서 가장 중요한 반응 가운데 하나가 되었습니다. 이것은 특히 여러 생리활성분자의 합성에 적합합니다. 스웨덴 왕립과학원의 진심어린 축하를 전해 드립니다.

브라운 교수님, 비티히 교수님. 이제 전하로부터 노벨상을 받으시기 바랍니다.

스웨덴 왕립과학원 벵트 린드베르그

혼성 DNA와 관련된 핵산의 생화학적 기초 연구 | 버그
핵산 염기서열 결정에 공헌 | 길버트, 생어

1980

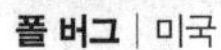

폴 버그 | 미국　**월터 길버트** | 미국　**프레데릭 생어** | 영국

:: 폴 버그 Paul Berg (1926~2023)

미국의 생화학자. 1952년에 웨스턴리저브 대학교에서 박사학위를 취득한 후, 코펜하겐의 세포생리학 연구소와 세인트루이스의 워싱턴 대학교에서 연구하였다. 1959년에 스탠퍼드 대학교 외과대학 교수로 임용되었으며, 1970년에 윌슨좌 교수가 되었다. 혼성 DNA 분자를 제조하고 이를 바이러스 염색체 연구에 적용함으로써 유전물질화학 분야의 발전에 기여하였다.

:: 월터 길버트 Walter Gilbert (1932~)

미국의 분자 생물학자. 하버드 대학교에서 물리학과 화학을 전공하였으며, 1957년에 케임브리지 대학교에서 수학 박사학위를 취득하였다. 1958년부터 하버드 대학교에서 강의하면서 물리학 조교수, 생물물리학 부교수, 생화학 교수를 역임했다.

:: 프레데릭 생어 Frederick Sanger (1918~2013)

영국의 생화학자. 1943년에 케임브리지 대학교에서 박사학위를 취득한 후, 생화학 연구를 계속하였다. 1951년부터는 의학연구협회의 후원을 받아 연구하였다. 1958년에는 인슐린 분자의 51개 아미노산의 정확한 연결 형태를 규명한 공로로 노벨 화학상을 받았다. DNA와 RNA 분자의 뉴클레오티드 서열을 결정하는 방법을 개발하였다.

전하, 그리고 신사 숙녀 여러분.

인간의 육체와 영혼은 우리가 아는 한 가장 복잡하고 정교한 화학 장비입니다. 생명의 가장 단순한 형태인 박테리아조차 우리가 지구나 그 밖의 우주에서 발견하는 생명 없는 물질과 비교했을 때 거의 측정할 수 없을 정도로 복잡한 시스템입니다. 현대 생물학에서 생명력은 존재하지 않으며 살아 있는 유기체는 모두 죽은 원자로 구성되어 있다고 가르쳐 왔습니다. 이것은 모든 생물학의 문제를 생화학으로 축소하는 것으로, 바람직하지 않으며 가능하지도 않다는 것을 의미합니다. 우주에서 우리 자신의 위치를 이해하기 위해서는 사회과학, 적어도 문학이 제공하는 더 유연한 자료가 필요합니다. 그러나 화학적인 용어나 분자적인 용어로 생명 과정을 설명하는 것이 생화학자의 지적 호기심을 만족시키려는 의도가 아니라는 것을, 금세기에 보여 준 생화학적 기초연구와 의학적 진보 사이의 긴밀한 관계가 증명합니다.

생명의 기계장치는 생물학적 거대분자의 두 그룹인 핵산과 효소형태 단백질 사이의 독특한 상호작용으로 만들어져 있는데 이는 생명, 운동성, 느낌, 재생 등 여러 가지를 표현하는 일종의 오케스트라라고 할 수 있습니다. DNA는 세포의 염색체 내에서 유전적 특징을 운반하는데 세포가 어떤 효소를 생산할지를 결정함으로써 화학적 기계장치를 지배합니다. 우리는 뉴클레오티드라고 부르는 DNA 구성단위들의 서열이 세포가 생산하는 특정 효소의 구조를 결정한다는 것을 일찍이 노벨상을 받았던 연구를 통해 알고 있습니다.

올해 노벨 화학상을 받는 폴 버그, 월터 길버트, 그리고 프레더릭 생어 교수는 그들의 방법론적인 공헌을 통해 유전적인 물질의 화학적 구조와 생물학적 기능 사이의 관계에 대하여 더욱 깊게 이해할 수 있도록 하였습니다. 버그 교수는 혼성 DNA 분자를 처음 제조하였고 이 분자는 다른 종의 DNA 일부분을 포함하는데, 예를 들면 박테리아 염색체의 일부와 결합한 인간의 유전자입니다. 버그 교수는 바이러스의 염색체를 상당히 자세하게 분석하기 위해서 자신의 방법을 사용하였습니다.

길버트와 생어 교수는 DNA에서 구성단위의 정확한 서열을 결정하기 위하여 분리방법을 독립적으로 개발하였습니다. 게다가 길버트 교수는 박테리아 염색체 내에 있는 DNA 일부분을 연구하였는데, 이 DNA는 세포 내 유전정보의 전사를 조절하는 것입니다. 예를 들면 생어 교수는 작은 바이러스의 완전한 뉴클레오티드 서열을 결정하였는데 이것의 DNA는 5,375개 이상의 구성단위로 이루어져 있습니다.

이것은 2년 전 "신은 과학자들이 시험관에 어떤 괴물을 키우고 있는지 안다"라는 큰 제목으로 스웨덴 신문에 실렸던, 그리고 오늘 상을 받게 된 바로 그 연구입니다. 스웨덴 왕립과학원은 인류에 가장 위대한 혜택을 제공한 업적에 상을 수여해야 한다는 노벨의 유지와 그들의 선택을 어떻게 조율할 수 있었을까요? 버그 교수에 의해 시작된 후 혼성 DNA의 논란은 새로운 기술이 가지고 있는 가능한 위험을 과학자 자신들이 경고하면서 시작되었습니다. 그러나 계속된 연구는 위험에 대한 걱정이 기우였다는 것을 보여 주었습니다. 그리고 혼성 DNA 기술은 뉴클레오티드 순서를 결정하는 방법을 제공하였고 DNA분자가 세포의 화학적 기계장치를 지배하는 방식에 대한 이해를 넓히는 데 아주 중요한 도구가 되었습니다. 세 연구자들의 결과는 이미 새로운 기초지식의 형태뿐만 아니라 중요한 기술적인 응용의 형태로도 인류에게 혜택을 주었는데, 예를 들면 박테리아의 도움으로 인간 호르몬을 생성하는 것입니다. 긴 안목으로 보면 버그 교수, 길버트 교수, 그리고 생어 교수의 방법은 암의 특성을 이해하려는 우리의 노력에 중요한 의미를 주는데, 이런 병에서는 세포의 성장과 분열에 관련된 유전물질의 조절이 제대로 작동하지 않기 때문입니다.

버그 박사님, 길버트 박사님, 그리고 생어 박사님.

저는 지금 생명의 생화학적 관점에서 유전물질 화학에 대한 교수님들의 기초적인 공헌을 조명하였습니다. 특히 버그 박사님이 처음 혼성 DNA 분자를 제조하고 그 기술을 바이러스 염색체를 연구하는 데 적용했다는 것을 언급하였습니다. 길버트 박사님과 생어 박사님이 DNA 내 뉴클레오티드 블록의 서열을 결정하기 위하여 필요한 분리 방법을 독립적으로 개발하고 바이러스와 박테리아 DNA를 연구하기 위해 이 기술을 사용했다는 것을 설명하였습니다. 이와 같은 선구적인 공헌에 대해 왕립과학원은 올해 노벨 화학상을 버그 박사님과 두 박사님께 수여하기로 결정하였습니다.

버그 박사님, 길버트 박사님, 그리고 생어 박사님.

왕립 과학원을 대신하여 진심으로 축하를 드리며 이제 전하로부터 상을 받으시기 바랍니다.

스웨덴 왕립과학원 보 맘스트룀

화학반응 경로에 관한 이론

1981

후쿠이 겐이치 | 일본

로알드 호프먼 | 미국

:: 후쿠이 겐이치 福井謙 (1918~1998)

일본의 화학자. 1941년에 교토 제국대학교를 졸업한 후 방위성 연료연구소에서 연구원으로 일하였다. 1943년부터 교토 대학교에서 강의하였으며, 1951년에 연료화학과 교수로 임용되어 1982년까지 재직하였다. 가장 높은 에너지를 갖는 몇 개의 궤도함수만이 반응의 프런티어를 지배한다고 하는 프런티어 궤도함수를 발견하고 이용함으로써 많은 유기화학 법칙을 발견하였다.

:: 로알드 호프먼 Roald Hoffmann (1937~)

폴란드 태생 미국의 화학자. 1962년에 하버드 대학교에서 박사학위를 취득한 후, 로버트 우드워드와 공동 연구를 하여 우드워드-호프만 규칙을 발견하기도 하였다. 1965년에 코넬 대학교의 교수가 되었다. 후쿠이의 궤도함수 대칭이론을 계속 개발함으로써 화학 반응 관련 분야의 발전에 기여하였다.

전하, 그리고 신사 숙녀 여러분.

올해의 노벨 화학상 수상자는 화학반응이론을 연구했습니다. 화학반응은 우리의 일상생활을 가득 채우고 있습니다. 숨쉴 때마다 우리 몸에서 일어나는 끝없이 많은 반응은 말할 것도 없거니와 자동차에 시동을 걸거나 스토브 위에 요리를 하면서 우리 모두는 끊임없이 화학반응을 시작하고 있습니다.

화학반응으로 새로운 화합물이 생겨납니다. 새로운 화합물을 만들기 위해서 디자인하는 것도 가능합니다. 그러나 이러한 디자인은 마이크로 수준에서 반응이 이해되고 분자의 전이를 지배하는 법칙이 발견되고 나서야 믿을 만해졌습니다.

분자는 전자의 도움으로 서로 결합해 있는 원자들로 이루어져 있습니다. 원자핵과 전자들은 쉬지 않고 끊임없이 움직입니다. 전자의 경로는 보통 궤도함수라고 불립니다. 이러한 궤도함수의 형태가 원자 사이의 결합을 결정합니다.

반응에서 분자들은 서로 충돌합니다. 충돌하는 동안 전자는 새로운 원자핵의 영향을 받고 궤도함수가 변합니다. 어떤 결합은 끊어지고 새로운 결합이 생겨나기도 하여 결국 새로운 분자가 생성됩니다.

그렇다면 충돌하는 동안 일어나는 사건의 순서를 결정하는 것은 무엇일까요? 하나의 결정인자는 에너지입니다. 새로운 분자는 원래의 것보다 낮은 에너지 준위에서 발견됩니다. 가끔씩은 변화가 어렵지 않게 진행됩니다. 반응 착화합물은 단순히 에너지 언덕을 미끄러져 내려옵니다. 그러나 일반적으로 어떤 장애가 극복되어야 합니다. 에너지 언덕을 내려오기 전에 먼저 올라가는 것이 필수적입니다. 그렇다면 문제는 높은 장벽을 통과하는 가장 낮은 경로를 찾아내는 것입니다. 흔히 출발물질과 생성물질에 관해서, 그리고 출발점과 최종 목적지의 에너지 계곡에 관해서는 많은 것이 알려져 있습니다. 그러나 그 사이에 있는 봉우리의 성질에 관해서는 알려진 것이 거의 없습니다. 올해의 화학상 수상자는 장애물을 예견하고 최종 목적지로 가는 최선의 길을 찾도록 우리를 도왔습니다. 장벽은 전자궤도함수가 바뀌어야 한다는 사실에 있습니다.

자, 모든 분자에는 각각의 궤도함수를 갖는 많은 수의 전자가 있습니다. 1950년대 초에 후쿠이 겐이치 교수는 장벽 문제를 극히 단순화해서 가장 높은 에너지를 갖는 단지 몇 개의 궤도함수만이 반응의 프런티어를 지배한다는 사실을 발견했습니다. 그래서 이것을 프런티어 궤도함수라고 불렀습니다. 그의 이론을 이용해서 후쿠이 교수는 많은 유기화학반응 법칙을 알아냈습니다. 예를 들어 나프탈렌은 염료산업에서 중요한 출발물질 중 하나인데, 오랫동안 나프탈렌 분자의 다른 위치에 있는 수소원자는 모두 다르게 반응한다는 아리송한 사실이 통용되었습니다. 이에 대한 최초의 설명이 후쿠이 교수의 이론이었습니다.

많은 분자에는 입체적 대칭성이 없지만 그 분자 및 그 분자의 거울상 이미지는 오른손과 왼손이 다르게 작용하는 것처럼 매우 다른 효과를 갖습니다. 오른손 손바닥은 왼손 손바닥과 쉽게 포개질 수 있지만, 다른 사람의 오른손 손바닥과는 포개질 수 없습니다. 보통 화학반응은 오른-분자와 왼-분자의 혼합물을 생산하지만, 우리 몸은 단지 한 가지 분자만을 생산합니다. 그러므로 몸에서 작용할 비타민이나 약을 합성하려면 오른-분자 또는 왼-분자만 생산하는 합성방법을 사용해야 합니다. 그러한 방법이 이론과 실험의 절묘한 조합을 통해서 발견되었습니다. 비타민 B_{12}를 합성하는 문제는 여러 사람 중에서도 뛰어난 분자설계사인 하버드 대학의 우드워드 교수에 의해 해결이 시작되었습니다. 또한 이론가인 로

알드 호프만 교수가 있습니다. 호프만 교수와 우드워드 교수는 함께 궤도함수의 에너지뿐만 아니라 궤도함수의 대칭성이 반응에 결정적이라는 것을 발견했습니다. 그래서 우드워드-에센모저의 비타민 B_{12} 합성이 이루어졌습니다.

호프만 교수는 궤도함수 대칭이론을 계속 개발해서 다양하게 다른 특성을 갖는 합성반응에서 탁월하게 실용적인 도구가 되도록 했습니다. 동시에 후쿠이 교수는 프런티어 궤도함수이론이 입체화학이라는 복잡한 문제를 해결하는 또 하나의 강력한 방법이라는 것을 보였습니다. 이와 같이 이론가인 후쿠이 교수와 호프만 교수는 화학실험을 디자인하는 조건을 급격히 변화시켰습니다.

후쿠이 교수님, 호프먼 교수님.

두 분은 각각 독립적으로 화학반응의 중요한 이론을 개발했습니다. 프런티어 궤도함수와 궤도함수의 대칭성 보존에 관한 개념은 충돌하는 분자 사이의 상호작용에서 완전히 새로운 측면을 밝혀냈습니다. 교수님들은 극적인 단순화를 통해서 아름다운 일반화를 이끌어 냈습니다. 교수님들의 이론적 연구로부터 화학실험을 디자인하기 위해 극히 중요한 새로운 도구가 출현했습니다. 교수님들의 탁월한 업적을 인정해서 스웨덴 왕립과학원은 올해의 노벨 화학상을 수여하기로 결정하였습니다.

왕립과학원의 진심어린 축하를 전해 드립니다. 이제 전하께서 수여하시는 노벨상을 받으시기 바랍니다.

스웨덴 왕립과학원 잉가 피셔 알마루스

결정학적 전자현미경 개발과 핵산-단백질 복합체의 구조 규명

1982

아론 클루그 | 영국

:: **아론 클루그Aaron Klug(1926~2018)**

리투아니아 태생 영국의 화학자. 1953년에 케임브리지 대학교 트리니티 칼리지에서 박사 학위를 취득하였다. 1958년에 버크벡 칼리지의 바이러스구조 연구소 소장이 되었다. 1962년에 케임브리지 대학교 의학연구회 회원이 된 후, 1978년에는 구조연구 분과 공동 책임자가 되었다. 회절방법의 원리와 전자현미경의 독창적인 조합을 기초로 하여 생물학적 시스템에서 분자집합체의 구조를 연구하기 위한 방법을 개발하였으며, 이를 통하여 생화학에 관련된 중요한 원리들을 발견하였다.

전하, 그리고 신사 숙녀 여러분.

생명은 규칙적이고 죽음은 무질서합니다. 기본적인 자연의 법칙은 우주에서 자발적인 화학변화가 혼돈으로 가는 경향이 있다고 말합니다. 그러나 생명은 진화를 겪는 수십억 년 동안 이 법칙을 반박하는 것 같습니다. 태양으로부터 나오는 에너지의 도움으로 우주에서 발견된 가장 복잡한 시스템, 즉 살아 있는 유기체가 생성되었습니다. 살아 있는 물체는 큰 유기체의 기관에서부터 세포의 가장 작은 구성원에 이르기까지 모든 수준에서 잘 정돈된 화학적인 조직체로서의 특징을 나타냅니다. 꽃이나 새의 절묘한 형태를 즐길 때 우리가 경험하는 아름다움은 분자구조에서의 미세한 아름다움의 반영입니다.

생명의 화학적인 정렬은 어떤 신비스러운 생명력으로 유지되는 것은 아닙니다. 생명의 비밀은 오히려 원자와 분자들의 매우 구조적인 조직이 가진 화학적 특성에서 발견됩니다. 현대 구조화학은 과학의 신비한 문을 여는 도구를 제공합니다.

물질이 결정형태로 얻어질 수 있다면 화학물질의 구조, 즉 한 분자에서 모든 원자의 정확한 공간 위치가 결정될 수 있습니다. 결정 안에 있는 원자들의 주기적인 배열로부터 엑스선이 산란될 때 특정 패턴이 형성되는데 이것을 사진으로 기록할 수 있고 복잡하지만 수학적 분석의 도움으로 원래 구조를 설명할 수 있습니다. 엑스선 회절법으로 불리는 이 방법의 원리는 금세기 초부터 알려졌는데 그 발견에 1915년 노벨 물리학상이 수여되었습니다. 그러나 생명의 건축벽돌인 거대분자의 구조를 결정짓는 기술이 개발되는 데는 거의 반세기가 소비되었습니다. 1962년에 생명의 핵심물질인 단백질과 핵산의 분자구조를 연구했던 과학자들에게 노벨 의학상과 노벨 화학상이 수여되었습니다.

핵산, 즉 DNA는 세포 내에 있는 유전적 특징을 전달하는 집배원입니다. 결국 DNA는 세포의 화학적인 기계장치를 지시하기 위하여 필요한 모든 정보를 가지고 있고, 그래서 세포가 어떤 단백질을 만들어야 할지를 결정하게 됩니다. 단백질은 어떤 화학반응을 진행하는 능력으로 세포의 화학적인 형태를 차례로 결정합니다. 그래서 생명을 핵산과 단백질 상호작용의 결과로 생각할 수 있습니다.

거대 단백질들은 모이려는 경향이 있고 그 생물학적 기능은 주로 복잡한 분자 집합체와 연관됩니다. 예를 들면 세포핵의 염색체에서 유전물질이 염색질 형태로 존재하는데, 이것은 DNA와 수천 개의 단백질분자들의 거대 집합체입니다. 살아 있거나 죽은 물체의 경계를 나타내는 바이러스에서는 핵산과 단백질들로 이루어진 좀 더 단순한 집합체가 있습니다. 바이러스는 그 자체의 세포가 없는 유전 물질이라고 말할 수 있는데, 바이러스의 구조를 통하여 더 진보한 유기체 내에 있는 유전적 물질의 복잡한 조직에 대한 실마리를 얻을 수 있습니다.

큰 분자집합체의 경우에는 엑스선 회절로 구조결정을 할 수 있는 그러한 형태를 얻기 어렵습니다. 올해 노벨 화학상을 받는 에런 클루그 교수는 생물학적 시스템에서 분자집합체의 구조를 연구하기 위한 방법을 개발하였습니다. 그의 기술은 회절방법의 원리와 전자현미경의 독창적인 조합에 기초를 두고 있습니다. 전자현미경은 세포의 구조적인 부분들을 설명하기 위해 오랫동안 사용되었으나 사진에서 대비가 약해서 분해능에 한계를 갖습니다. 클루그 교수가 대비 면에서는 약하지만 엄청난 양의 구조적인 정보가 사진에 포함되어 있다는 것을 보였는데, 사진의 수학적 처리로 이 구조적인 정보들을 유용하게 만들 수 있었습니다.

구조화학의 다른 방법들과 조합된 이 기술을 가지고 클루그 교수는 무엇보다도 먼저 바이러스와 세포핵의 염색질을 조사했습니다. 그의 바이러스 연구는 세포 내의 복잡한 분자집합체가 그들의 일부분으로부터 저절로 이루어진다는 사실에 따라 중요한 생화학 원리를 밝혀냈습니다. 염색질 연구는 DNA 안의 유전정보를 읽는 구조적인 제어에 대한 실마리를 제공하였습니다. 이것은 더 이상 유전물질이 세포의 성장과 분열의 제어를 하지 못하는 암의 특성을 이해하는데 매우 중요할 것으로 생각됩니다.

클루그 박사님.

지금까지 저는 우주, 즉 살아 있는 유기체에서 발견되는 대부분 잘 알려진 화학시스템에서 복잡한 성분의 화학적 구조를 결정하기 위한 중요한 도구를 제공한 교수님의 결정학적 전자현미경의 독창적인 개발에 대해 설명하였습니다. 교수님은 결정학적 전자현미경을 바이러스와 세포핵 내 DNA와 단백질 사이의 복잡한 분자 집합체인 염색질의 조사에 활용하였으며, 교수님의 구조결정 결과는 중요한 생화학 원리를 확실하게 하였습니다. 왕립과학원은 이와 같은 기초적인 공헌에 대해 올해 노벨화학상을 수여하기로 결정하였습니다.

과학원을 대신하여 진심으로 축하를 드리며, 이제 전하로부터 상을 받으시기 바랍니다.

스웨덴 왕립과학원 보 맘스트룀

금속 착물의 전자이동반응 메커니즘 연구

1983

헨리 타우비 | 미국

:: 헨리 타우비 Henry Taube (1915~2005)

캐나다 태생 미국의 화학자. 1940년에 버클리 캘리포니아 대학교에서 브레이 교수의 지도 아래 박사학위를 취득하였다. 1942년에 미국 시민이 된 후 뉴욕 이타카에 있는 코넬 대학교와 시카고 대학교에서 강의를 하였고, 1962년부터 1986년까지 스탠퍼드 대학교 교수로 재직하였다. 수용액에서 금속 이온과 물분자의 화학결합에 관한 연구를 비롯하여, 이를 전자배열과 관련하여 설명하는 방법을 고안하는 등 그의 일련의 연구는 무기화학 분야의 발전에 기여하였다.

전하, 그리고 신사 숙녀 여러분.

헨리 타우비 교수는 금속 착물의 전자이동 반응 메커니즘을 연구한 공로로 1983년 노벨 화학상을 받게 되었습니다. 저는 이 짧은 시간을 타우비 교수의 풍성한 과학적 업적을 이야기하는 데 보내지는 않겠습니다. 대신 하나의 화학반응을 선택해서 이 반응 및 유사한 반응들을 바라보는 방식이 타우비 교수 덕분에 얼마나 급격히 변했는가를 보여 드리겠습니다.

화학은 빠르게 늙는 과학입니다. 50년 전에 발표된 대부분의 화학 연구는 기초이건 응용이건 간에 오늘날에는 잊혀졌습니다. 그것들이 잘못되었기 때문이 아니라 화학을 바라보는 우리의 시각이 그동안 많이 변했기 때문입니다. 그러나 몇 개의 연구는 화학의 근본관계에 관한 우리의 개념을 확고하게 했기 때문에 여전히 생명력이 있습니다.

이러한 형태의 연구는 그 시대에 상을 받아야 한다는 것이 알프레드 노벨 박사의 유지 속에 분명히 있습니다. 새로운 사고방식이 상이 수여될 당시에는 그 유용성을 직접 지적하기 어려울지는 몰라도 결국에는 응용화학에 매우 중요하다는 사실을 기억할 수 있습니다. 1903년에 노벨상을 받은 스반테 아레니우스로 시작해서 타우비 교수가 어떻게 새로운 사고방식의 소유자 반열에 들게 되었는지 보여 드리겠습니다. 아레니우스는 수용액에서 소금이 중성분자가 아니라 양이온과 음이온으로 존재한다는 것을 동시대의 화학자들에게 확신시켰기 때문에 노벨상을 받았습니다. 제가 논할 반응은 아레니우스에 따르면 다음과 같이 묘사될 수 있습니다.

> 3가 코발트이온은 2가 크롬이온을 산화시켜서 2가 코발트이온과 3가 크롬이온을 형성한다. 전체 결과는 2개의 양으로 하전된 이온들 사이의 전자이동이다.

아레니우스는 용액에 있는 이온의 성질에 관해 더 이상 분자 수준에서 조사하지는 않았습니다.

그것은 또 다른 노벨상 수상자인 알프레트 베르너(1913)에 의해 용액 속에서 금속이온이 일정 수의 이웃하는 음이온 또는 중성분자로 둘러싸

아레니우스

$$Co^{3+} + Cr^{2+} \rightarrow Co^{2+} + Cr^{3+}$$

베르너

$$Co^{III}(NH_3)_5Cl^{2+} + Cr^{II}(H_2O)_6^{2+} \rightarrow$$
$$\rightarrow Co^{II}(NH_3)_5H_2O^{2+} + Cr^{III}Cl(H_2O)_5^{2+}$$

타우비

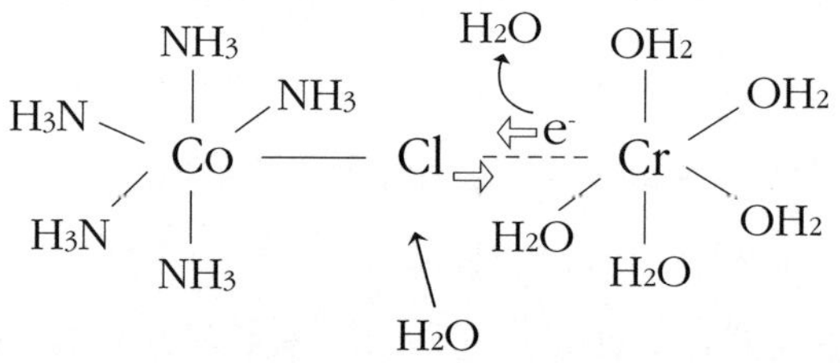

NH_3 H_2O OH_2
H_3N NH_3 e^- OH_2
Co — Cl --- Cr
H_3N NH_3 H_2O H_2O OH_2
H_2O

여 있다는 것이 증명되어 결정적으로 더 진보하게 되었습니다. 그는 또한 이웃하는 물질들이 특정한 방식으로 배열되어 있다고 주장했습니다. 예를 들어 이웃하는 것이 6개라면 팔면체의 꼭지점에 각각 위치하는 것입니다. 지금 논의하고 있는 반응에 대해 오늘날 우리가 알고 있는 것을 베르너가 알고 있었더라면 그는 그 조건을 다음과 같이 표현했을 것입니다.

코발트 3가 이온은 활성 암모니아와 하나의 염화이온에 둘러싸여 있고, 이 염화이온은 6개의 물 분자로 둘러싸여 있는 2가 크롬이온과 반응하고 있다. 반응을 통해서 5개의 암모니아분자와 1개의 물분자로 둘러싸인 2가 코발트이온과, 활성 물분자와 하나의 염화이온으로 둘러싸인 3가 크롬이온이 생성된다. 그러므로 전자이동은 코발트에서 크롬으로 염화이온의 이동과 관련이 있다.

이 묘사는 확실히 훨씬 더 복잡하고, 반응 전과 후의 조건에 대해 선명한 그림을 그릴 수 있게 합니다. 그러나 이것은 반응이 어떻게 진행되었는지에 관해 아무것도 말해 줄 수 없습니다.

타우비 교수는 이제 한 단계 더 진전시켰습니다. 그리고 반응이 어떻게 진행되는지를 정확하게 보여 주었습니다. 첫 단계는 두 금속이온 사이에 가교 역할을 하는 염화이온을 통해서 코발트이온이 크롬이온과 커다란 착물을 형성하는 것입니다. 이것은 가교 역할을 하는 염화이온에게 자리를 내주기 위해서 물분자 하나가 크롬이온을 떠나는 것을 필요로 합니다. 따라서 크롬이온은 활성 물분자와 가교 역할을 하는 염화이온에 둘러싸이게 됩니다. 코발트이온을 2가로, 크롬이온을 3가로 만드는 전자 이동이 일어나는 것은 오로지 이 가교가 형성될 때입니다. 마침내 가교가 끊어지고 염화이온은 3가의 크롬이온을 따라갑니다. 그동안 코발트이온은 염화이온을 대신할 물분자를 하나 취해야 합니다. 일련의 인상적인 연구 조사를 통해서 타우비 교수는 아이디어를 개발하고 다듬었습니다. 그것은 장차 화학 패러다임 세트의 자연스런 한 부분이 될 것이며, 화학 패러다임은 헨리 타우비 교수의 공로로 인해 결정적으로 풍부해졌습니다.

헨리 타우비 교수님.

저는 이 짧은 시간에 무기화학 분야에서 교수님의 탁월한 기여를 일일이 제시하기보다는 교수님이 노벨상을 받게 된 연구의 핵심 업적 중의 하나에 대한 개념적인 중요성을 보여 주려고 노력했습니다. 왕립과학원의 축하를 전해 드리게 되어 영광입니다. 이제 전하께서 수여하시는 노벨상을 받으시기 바랍니다.

스웨덴 왕립과학원 잉바르 린드크비스트

고체기질 위에서의 화학합성 방법론 개발

1984

브루스 메리필드 | 미국

:: **브루스 메리필드 Bruce Merrifield (1921~2006)**

미국의 생화학자. 1943년에 로스앤젤레스에 있는 캘리포니아 대학교를 졸업하였다. 1949년에 생화학 박사학위를 취득한 후 록펠러 의학연구소 연구원으로 활동하였다. 1960년대에 고체 기질위에 펩타이드를 합성하는 혁신적인 방법을 개발하였으며, 이는 생화학 분야를 비롯하여 분자생물학, 의학, 약학 분야의 진보를 앞당겼다.

전하, 그리고 신사 숙녀 여러분.

살아 있는 유기체에서 일어나는 화학반응은 저절로 일어나는 것이 아니라 반드시 촉매가 참여해야 진행됩니다. 단백질이라고 불리는 이 촉매들은 펩타이드라는 아미노산 사슬로 구성되어 있습니다. 수많은 호르몬과 여러 생명과정을 조절하는 그 밖의 물질도 펩타이드입니다. 자연적으로 발생하는 약 20가지의 아미노산이 펩타이드에서 발견되지만 사슬이 매우 길 수 있기 때문에 가능한 변이의 수는 사실상 무한정으로 많습니다.

오늘날 우리는 수많은 단백질과 펩타이드들의 구조를 알고 있습니다. 이와 같은 지식 분야에 대한 중요한 공헌은 1958년 노벨상을 받은 프레더릭 생어, 1972년 노벨상 수상자인 스탠퍼드 무어와 윌리엄 스타인에 의해 이루어졌습니다. 스웨덴 연구자인 페르 에드만이 또한 매우 중요한 연구를 하였는데, 그는 불행하게 젊은 나이에 타계하였으며 현재 일반적으로 사용하는 펩타이드의 조절된 분해방법을 개발하였습니다.

펩타이드의 화학적 합성은 중요합니다. 합성에 사용되는 원리는 단순한데 1902년에 완전히 다른 발견으로 노벨상을 받은 에밀 피셔에 의해 상당히 오래전에 개발되었습니다. 간단하게 표현하면 이 원리는 다이펩타이드를 만들기 위해 적당히 개조한 2개의 아미노산을 함께 결합하는 것입니다. 이 다이펩타이드는 트라이펩타이드를 만들기 위해 세 번째 개조한 아마노산과 결합하고 더 긴 것도 이와 같은 방식입니다.

원리는 간단하지만 수많은 각각의 단계가 포함되어 있어 펩타이드를 합성하는 것은 실제로는 어렵습니다. 각 단계 후에 원하는 생성물을 부산물과 반응이 일어나지 않은 출발물질로부터 분리해야 되기 때문에 시간이 걸리는 작업이고 생성물의 손실을 포함하게 됩니다. 빈센트 뒤 비뇨가 처음으로 노나펩타이드인 옥시토신, 즉 펩타이드 호르몬을 합성한 것은 1955년 노벨상을 받을 정도로 위대한 진보였습니다. 100개 혹은 그 이상의 아미노산 잔기를 포함하는 펩타이드를 합성하는 데 유사한 접근법을 사용하는 것은 아주 많은 노력과 화학물질이 필요한 엄청난 일입니다. 이 일은 히말라야의 높은 산꼭대기를 오르는 일에 비유할 수 있는데, 처음에 많은 장비를 갖춘 대형 원정대가 출발하여 베이스 캠프를 치고 나면 마지막에 가볍게 장비를 갖춘 몇 명의 등반가가 정상에 오르는 것과 같습니다.

그러므로 1960년대 고체 기질 위에 펩타이드를 합성하였던 메리필드 교수의 개발은 그 분야에서 혁신적인 것이었습니다. 그는 첫 아미노산을 작은 구모양의 플라스틱 물질, 즉 녹지 않는 고분자에 붙였습니다. 연속적으로 다른 아미노산들을 차례차례 첨가하여 펩타이드 사슬이 완전히 합성된 후에 고분자로부터 사슬을 떼어 냈습니다. 이 방법의 장점은 상당합니다. 예를 들면 각각의 합성 단계 후에 생성물의 복잡한 정제과정을 펩타이드가 붙어 있는 고분자를 단순히 씻는 것으로 대체하여 생성물의 손실이 거의 없었습니다. 동시에 각각의 단계에서 수율이 99.5퍼센트 혹은 그 이상으로 증가하였는데 이 목표는 기존의 방법으로 도저히 이룰 수 없지만 수많은 단계를 포함한 합성에서는 꼭 필요한 것이었습니다. 마침내 이 방법을 자동화할 수 있었고 자동화된 펩타이드 합성장치가 상용화되었습니다.

현재는 이 방법을 사용하여 단백질, 펩타이드 호르몬, 그와 유사한 화합물뿐만 아니라 다른 크기의 수많은 펩타이드들을 합성하고 있습니다. 그중 기념비적인 어느 업적은 메리필드 교수와 공동 연구자들이 124개의 아미노산을 포함하는 리보뉴클리아제, 즉 활성효소를 합성한 것입니다.

출발물질로 고체 기질에 붙인 화합물을 가지고 여러 단계 합성을 진행하는 접근 방식은 다른 분야에도 사용되었습니다. 이것 중에서 가장 중요한 것은 의심할 여지없이 혼성 DNA 연구에 필요한 올리고뉴클레오티드의 합성입니다. 이것으로 원하는 생성물의 합성을 프로그램화할 수 있는 자동화된 장치가 제작되었습니다. 메리필드 교수 혼자 이 분야에서 일한 것은 아니지만 그의 아이디어가 새로운 응용 분야를 찾아낸 것은 분명합니다.

메리필드 교수님.

고체 기질 위에 화학합성을 실행한 교수님의 방법론은 유기합성에서 완전히 새로운 접근방식입니다. 그것은 펩타이드, 단백질 그리고 핵산화학 분야에 새로운 가능성을 창조해 냈습니다. 생화학, 분자생물학, 의학, 그리고 약학에 상당한 진보를 가져왔으며, 또한 신약개발과 유전자 기술에 실질적으로 매우 중요한 방법입니다.

스웨덴 왕립과학원을 대신하여 진심으로 축하를 드리며, 이제 전하로부터 상을 받으시기 바랍니다.

스웨덴 왕립과학원 벵트 린드베리

분자의 결정구조를 직접 알아내는 방법 개발

1985

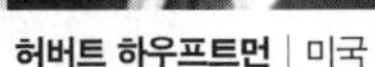

허버트 하우프트먼 | 미국　　**제롬 칼** | 미국

:: 허버트 애런 하우프트먼 Herbert Aron Hauptman (1917~2011)

미국의 수학자이자 결정학자. 공동 수상자 제롬 칼과 함께 뉴욕시티 대학교에서 공부한 후, 1939년에 컬럼비아 대학교에서 석사학위를, 1955년에 메릴랜드 대학교에서 박사학위를 취득하였다. 제2차 세계대전 후 워싱턴에 있는 해군연구소에서 칼과 결정구조에 관하여 공동으로 연구하였다. 1970년 버팔로 의료재단 결정학 그룹에 들어간 후, 1972년에 연구소장이 되었다.

:: 제롬 칼 Jerome Karle (1918~2013)

미국의 결정학자. 1937년에 하우프트먼과 함께 뉴욕시티 대학교를 졸업한 후 1943년 미시간 대학교에서 물리화학 박사학위를 취득하였다. 1943년에 아내 이자벨라 칼과 함께 맨해튼 계획에 참여하였으며, 제2차 세계대전 후 해군연구소에서 하우프트먼과 함께 연구하였다. 하우프트먼과 함께 엑스선 구조결정학의 직접법을 개발함으로써 분자구조를 더 빠르고 자세하게 연구할 수 있게 되었다.

전하, 그리고 신사 숙녀 여러분.

요즘의 젊은이들은 원자나 분자 같은 것이 존재한다는 것을 아주 자연스럽게 알게 됩니다. 그들은 수업 중에 분자모델을 보기도 하고, 분자를 명백히 존재하는 어떤 것으로 경험하기도 합니다. 인류가 본능적으로, 감정적으로, 또는 논리적으로 분자가 존재해야 한다는 결론에 도달하는 데는 수천 년이 걸렸습니다. 인류는 또한 분자의 모양과 성질에 관해 알게 되었습니다.

이러한 노력은 19세기 말에 세 건의 비범한 이론에서 정점에 달했습니다. 정사면체 탄소원자의 의미에 관한 반트 호프의 개념, 케쿨레에 의한 벤젠 구조의 형상화, 베르너에 의한 팔면체와 정사면체 또는 사각 평면 구조를 갖는 많은 금속착화합물의 묘사 등이 그것입니다. 이러한 개념들의 편리성은 금세기에 이러한 업적들이 얼마나 많은 신기원을 이루어 냈는가로 충분히 확인되었습니다.

그러나 20세기가 되어서야 과학자들은 분자구조를 완벽하게 결정하는 방법을 발견했습니다. 여기서 구조란 원자 사이의 결합 길이뿐만 아니라 원자의 기하학적 배열까지를 의미합니다. 이 방법 중 가장 중요한 것이 엑스선 구조결정학입니다.

조사과정에서 엑스선은 결정과 부딪치도록 배열됩니다. 방사된 빛은 이제 특정 방향으로 산란되고 이 빛의 세기는 각각의 산란된 엑스선을 측정한 것입니다. 이 실험은 1914년에 이 발견으로 노벨 물리학상을 받은 막스 폰 라우에가 처음으로 이 실험을 하였습니다. 브래그 부자는 단순한 화합물의 구조를 최초로 알아내서 1915년 노벨 물리학상을 받았습니다.

그러나 결정구조를 알아내는 것은 몇 가지 가정과 추측이 없이는 불가능했습니다. 왜냐하면 다르게 산란된 엑스선들의 상phase이 다르다는 것이 알려지지 않았기 때문입니다. 구조결정학자들은 시행착오 방법을 사용해야 했습니다.

몇 가지 방법의 개선이 이루어진 이래로 엑스선 구조결정학은 오랫동안 페니실린이나 비타민 B_{12}와 같이 큰 유기분자의 구조를 결정한 위대한 과학적 업적이었습니다. 1964년에 이르러서야 도로시 호지킨이 이러한 구조결정으로 노벨 화학상을 받았습니다.

그러므로 허버트 하우프트먼과 제롬 칼 교수가 1950년부터 1956년까지 방법상의 문제를 해결해서 더 이상 가정 없이 실험 결과로부터 직접 구조를 결정할 수 있는 일반적 방법을 발견했다고 주장하는 일련의 논문을 발표했을 때, 그것은 대단한 관심과 함께 많은 반대와 비판적 토론에 직면했습니다. 하우프트먼과 칼 교수는 두 개의 확고한 사실 위에서 그들의 방법을 설계했습니다. 하나는 분자에서 전자밀도는 결코 음일 수가 없다는 것, 즉 전자가 존재하거나 아니면 없다는 것입니다. 다른 사실은 통계적 방법을 적용할 수 있을 만큼 실험결과의 수가 충분히 많았다는 것입니다. 최근의 연구 결과는 그들이 옳았다는 것을 보여 주었고, 컴퓨터의 사용으로 그들의 방법은 더욱 빠르고 효율적이 되었습니다. 이 방법은 이제 너무나 효율적이어서, 1964년에 노벨상을 받을 구조결정을 지금은 똑똑한 초보자도 수행할 수 있을 정도가 되었습니다.

동시에 화학 및 생화학 반응에 참여하는 분자의 정확한 구조를 아는 것이 화학자에게는 점점 더 중요해졌습니다. 화학이 진정한 의미의 분자 시대로 접어든 것은 불과 10년 전이라고 과장 없이 말할 수 있습니다. 원하는 구조와 성질을 갖는 분자를 만들 수 있고, 점점 더 많은 반응에 대한 분자 메커니즘이 알려져 있습니다.

수학자 허버트 하우프트먼 교수와 물리학자 제롬 칼 교수에게 화학 분야 노벨상을 수여하게 된 것은 그들의 연구가 화학에 이처럼 중요하기 때문입니다. 달리 표현하자면 수상자들의 상상과 천재성이 일반 구조결정에서 수많은 연습 과정을 불필요하게 만들었습니다. 반면 그들은 화학자가 그들의 상상과 천재성을 이용할 수 있는 많은 기회를 주었습니다.

허버트 하우프트먼 교수님, 제롬 칼 교수님.

교수님이 이룬 엑스선 구조결정학의 직접법 개발은 화학자에게 분자 구조를 더 빠르고 더 자세하게 연구할 수 있는 효율적인 도구를 제공했고, 따라서 화학반응 연구에도 효율적인 도구를 제공했습니다. 과학원의 진심 어린 축하를 전해 드립니다. 이제 나오셔서 전하께서 수여하시는 노벨상을 받으시기 바랍니다.

스웨덴 왕립과학원 잉바르 린드크비스트

기초화학반응의 동역학에 공헌

1986

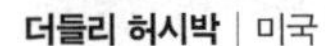

더들리 허시박 | 미국 **리위안저** | 미국 **존 폴라니** | 캐나다

:: 더들리 로버트 허시박 Dudley Robert Herschbach (1932~)

미국의 화학자. 스탠포드 대학교에서 1954년에 수학 학사학위를, 1955년에 화학으로 석사학위를 취득한 후, 1958년에 하버드 대학교에서 에드가 브라이트 윌슨의 지도 아래 화학물리학 박사학위를 취득하였다. 1976년에 하버드 대학교 교수로 임용되었다. 분자빔 산란기술을 응용하여 교차 분자빔 기술을 발명함으로써 화학반응을 자세하게 조사할 수 있게 되었다.

:: 리위안저 李遠哲 (1936~)

타이완 태생 미국의 화학자. 국립 타이완 대학교를 졸업하고 국립 칭화 대학교에서 석사학위를 취득하였으며, 1965년에 버클리에 있는 캘리포니아 대학교에서 박사학위를 취득하였다. 1967년부터 하버드 대학교에서 허시박과 함께 연구하였으며, 1975년에 버클리 대학교 화학 교수로 임용되었다. 허시박의 기술을 발전시킴으로써 더 크고 복잡한 분자에 관한 연구가 가능해졌다.

:: **존 찰스 폴라니 John Charles Polanyi (1929~)**

캐나다의 화학자. 국외로 추방된 헝가리 가정의 화학자 미하일 폴라니의 아들로 태어났다. 1952년에 맨체스터 대학교에서 박사학위를 취득한 후, 캐나다 국립 연구소에서 박사후과정을 이수하였다. 1956년부터 토론토 대학교에서 강의하여 1974년에 교수로 임용되었다. 적외선 화학발광 기술을 개발함으로써 화학 반응 중 발생하는 과잉 에너지의 규명에 기여하였다.

전하, 그리고 신사 숙녀 여러분.

타오르는 불꽃, 이것은 우리를 매혹시키고 경이롭게 만드는 일상의 작은 기적입니다. 화학반응은 열과 빛을 만들어 역사시대 이래로 인류의 환경을 변화시키고 북쪽지방에서도 문명이 발달하도록 하였습니다. 그러나 동시에 화학적인 변형은 부산물을 만들어 대기를 서서히 변화시키고 지구의 기후에 영향을 주게 될 것입니다.

타는 불꽃은 자연과학의 관점에서 보면 호기심을 끄는 복잡한 현상입니다. 공기 중의 산소분자가 유기분자 내의 탄소 및 수소와 반응하여 불완전하고 반응성 있는 다양한 생성물이 만들어집니다. 원자들은 그들의 어미분자들로부터 떨어져 나오고, 한 반응의 생성물은 또 다른 반응의 반응물이 됩니다. 그래서 수십 혹은 수백 개의 분자반응이 동시에 일어나게 되는데 이와 같은 변환 과정을 자세히 밝히는 것이 과학적인 도전입니다.

연구를 위해서 불꽃에서 일어나는 많은 화학반응 중에 한 개를 선택했다고 가정해 봅시다. 피상적으로 이 반응은 아주 단순하고 이해하기 쉽게 보일 수도 있습니다. 그러나 좀 더 자세히 살펴보면 자연에는 이해하기 어려운 복잡성이 팽배해 있다는 것을 발견합니다. 그래서 매우 친밀한 분자들의 화학반응을 상세하게 연구하고 싶어 하는 사람들에게는 예상치 못한 많은 어려움이 기다리고 있습니다. 어떤 반응은 과학자들이 '피코세컨드' 라고 불리는 시간대, 즉 극히 짧은 1초의 100만분의 1의 또 100만분의 1 크기에 걸쳐 일어나는 분자 드라마입니다. 그처럼 짧은 시간에 일어나는 것에 대한 자세한 정보를 얻는 것이 어떻게 가능하겠습니까? 우리 지식의 대부분은 반응시스템을 신중하게 단순화시키고 반응조건을 엄격하게 조절하여 얻고 있습니다. 더욱이 우리 지식은 상당히 간접적이며 반응결과와 초기상태의 상세한 분석에 기초를 둔 것입니다. 이것은 마치 탐정소설의 독자들이 용의자의 범죄를 증명하기 위한 수단으로 사용하는 '정황증거' 의 개념과 대등한 것입니다.

그래서 문제에 직면한 과학자를 『햄릿』의 첫 장면과 마지막 장면만으로 줄인 요약만을 구경하는 사람들에 비유하여 왔습니다. 이 연극에서 주요 인물들이 소개되고 장면을 바꾸기 위해 커튼이 내려진 뒤 다시 올려졌을 때 우리는 무대 위에 상당한 수의 주검과 몇 명의 살아남은 자들을 보게 됩니다. 연극을 처음 보는 사람들이 그 사이에 무슨 일이 일어났는지를 확실하게 아는 것은 쉽지 않습니다.

올해 노벨 화학상 수상자들은 그들의 훌륭한 업적을 통해 화학반응에서 일어나는 사건들에 관한 우리들의 지식을 넓히는 데 기여하였습니다. 그들은 분자나 원자 빔을 공간의 한 위치에서 만나게 하여 분자 사이의 반응을 낮은 압력에서 연구하였습니다. 여기서 사용한 분자나 원자의 에너지를 조절하여 형성된 생성물의 특성, 즉 화학성분, 충돌위치로부터 각 분포도, 속도, 그리고 회전 및 진동 에너지를 연구하였습니다. 이런 종류의 실험을 통해서 올해 노벨 수상자는 시작 장면과 끝 장면 사이에 일어나는 분자 드라마에 대하여 아주 자세한 그림을 그릴 수 있었습니다.

얻어진 많은 결과들이 기대치 않았던 놀라운 것들이었으며 이론학자들이 고려해야 하는 기본적인 자료의 출처를 마련하였습니다. 그들의 과학적 업적은 매우 순수한 기초화학 연구이면서 기초 연소 연구에서부터 인류의 최고 관심사인 성층권과 대류권 관련 화학에 이르기까지 수많은 분야에 아주 중요합니다.

허시박 교수님, 리 교수님, 그리고 폴라니 교수님.

화학반응들을 분자 수준에서 자세히 밝힌 교수님들의 훌륭한 업적은 화학의 영역에 대한 지식을 크게 진보시켰습니다. 문제에 대한 접근은 달랐지만 교수님들의 목표는 같았습니다. 교수님들은 아주 감탄할 만한 방식으로 특이한 실험적 기술과 깊은 이론적 통찰력을 조합하였습니다. 화학과 자연과학에 대한 헌신을 인정하여 왕립과학원은 교수님들께 올해 노벨 화학상을 수여하기로 결정하였습니다.

허시박 교수님, 리 교수님, 그리고 폴라니 교수님,

과학원의 축하를 전하게 되어 무한한 영광이며, 이제 전하로부터 노벨상을 받으시기 바랍니다.

스웨덴 왕립과학원 스투레 포르센

다른 분자와 구조-선택적으로 결합할 수 있는 분자 개발

1987

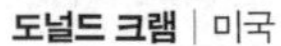

도널드 크램 | 미국

장마리 렌 | 프랑스

찰스 페더슨 | 미국

:: 도널드 제임스 크램Donald James Cram(1919~2001)

미국의 화학자. 1947년에 하버드 대학교에서 유기화학 박사학위를 취득하였으며, 같은 해 로스앤젤레스에 있는 캘리포니아 대학교에 교수로 임용되어 1956년에 정교수가 되었다. 페더슨의 업적인 크라운 에터 화합물에서 더 나아가 화합물의 차원을 한 단계 높임으로써 생무기 및 생유기화학 분야 발전에 기여하였다.

:: 장마리 렌Jean-Marie Lehn(1939~)

프랑스의 화학자. 1963년에 스트라스부르 대학교에서 박사학위를 취득하였으며, 1964년에 하버드 대학교에서 박사후과정을 이수하였다. 1970년에 루이파스퇴르 대학교, 1979년에 콜레주 드 프랑스 교수로 임용되었다. 초분자 화학의 초석을 놓음으로써 유기합성 분야의 발전에 공헌하였다.

:: 찰스 존 페더슨Charles John Pedersen(1904~1989)

미국의 화학자. 한국의 부산에서 노르웨이인 아버지와 일본인 어머니 사이에서 태어났으며, 22세 때 미국으로 건너가 오하이오에 있는 데이턴 대학교에서 화학공학을 공부하였다.

매사추세츠 공과대학에서 유기화학 석사학위를 취득한 후, 박사 과정으로 진학하지 않고 1927년부터 E. I. 듀퐁 드 느무르 사의 화학 연구원으로서 42년간 일하였다. 1960년대에 크라운 에테 화합물을 합성함으로써 이후 유기합성 기술의 발전에 영향을 주었다.

전하, 그리고 신사 숙녀 여러분.

모든 생명 과정에서 필수적인 것은 분자들이 반응하기 위해서 서로를 인지하고 결합할 수 있어야 한다는 것입니다. 이것을 분자들이 착화합물을 형성한다고 말합니다. 음식물에 있는 단백질은 효소라고 불리는 다른 단백질과 결합하고, 이 효소는 단백질의 분해를 촉매, 즉 가속화합니다. 다른 화합물들은 나트륨, 칼륨과 같은 이온을 인지하고 살아 있는 세포의 안과 밖으로 전달합니다. 침입자에 대한 생물적 방어는 항체의 형성에 기초하는데, 항체는 적인 항원을 인지하여 무해한 착화합물을 형성함으로써 침입자를 무력화시킵니다. 우리의 생명, 의식, 본능은 여러 가지 수용기가 인지하는 신호물질에 의해 지배됩니다.

이러한 생물적 인지는 매우 특수하고 선택적입니다. 1902년 노벨 화학상을 받은 위대한 화학자 에밀 피셔는 그것을 다음과 같이 말했습니다.

"두 분자가 열쇠와 자물쇠처럼 꼭 맞아야 합니다."

그러나 자물쇠는 항상 단백질 또는 핵산과 같은 고분자량의 매우 복잡한 분자입니다.

유기화학자들은 매우 큰 생물분자의 몇 퍼센트가 정말로 원하는 결과를 얻기 위해서 필요한 것일까를 오랫동안 고민해 왔습니다. 분자의 얼마 정도가 정말로 반응이 일어나기 위한 열쇠가 들어갈 구멍 또는 틈을 만들기 위해서 필요할까요? 유기화학자들은 실험실에서 생물분자를 모방한 분자를 만드는 꿈을 꾸어 왔습니다. 즉 화학적 진화가 수백 년간 진행된 효소와 똑같은 촉매효과를 갖는 분자를 만드는 꿈을 꾸어 왔습니다.

이 목표를 향한 획기적 발견이 1960년대에 찰스 페더슨 씨가 고리 내에 18개 내지 40개의 탄소와 산소원자로 이루어진 고리화합물을 합성했을 때 이루어졌습니다. 분자의 모양이 왕관과 비슷해서 그는 이 새로운 화합물을 크라운 에터ether라고 불렀습니다. 그는 이 화합물이 매우 특이하고 예기치 못한 성질을 갖는다는 것을 보였습니다. 예를 들면 이 분자들은 알칼리 금속이온인 리튬, 나트륨, 칼륨, 루비듐, 세슘과 안정한 착화합물을 형성하는데, 이들은 이전에는 결합을 만들기가 매우 어려운 이온들이었습니다. 이 구형 이온들 중에서 리튬이 가장 작고 세슘이 가장 큽니다. 합성된 크라운의 크기에 따라서 예를 들면 칼륨은 내부에 꼭 끼워지는데 반해 세슘은 너무 커서 잡히지 않습니다.

지난 수십 년 동안 유기합성 기술의 폭발적 발전이 1965년 로버트 우드워드, 1979년 허버트 브라운과 조지 비티히, 1984년 브루스 메리필드에게 수여된 노벨 화학상에 반영되었는데, 도널드 크램 교수와 장마리 렌 교수가 유기물 양이온 뿐만 아니라 무기물 양이온과 더 선별적으로 결합할 수 있는 구멍과 틈을 갖는 복잡한 분자를 매우 기술적으로 디자인할 수 있게 해주었습니다. 다른 합성분자들은 중성분자뿐만 아니라 여러 가지 음이온에도 결합할 수 있습니다. 분자의 거울상 형태를 구별할 수 있는 분자까지도 합성되었습니다. 반응과정에서 효소 역할을 하고 여러 형태의 화학반응을 강력하게 가속하는 분자를 합성하는 것도 가능해졌습니다. 생체막을 통해 이온을 운반하는 다른 유기화합물도 합성되었습니다. 이들의 침투 연구를 통해 수상자들은 착화합물 합성을 지배하는 인자들, 착화합물의 화학적, 물리적 성질에서 일어나는 변화들, 그리고 이것들이 다른 목적을 위해서 실제로 어떻게 사용될 수 있는지를 밝혀냈습니다.

수상자들은 그들의 연구를 통해서 오늘날 가장 팽창하는 화학 연구 분야의 하나에 초석을 놓았습니다. 크램 교수는 주인-손님 화학이라는 용어를 만들었고 반면에 렌 교수는 이를 초분자화학이라 명명했습니다. 그들의 연구는 배위화학, 유기합성, 분석화학, 생무기와 생유기화학 발전에 매우 중요했습니다. 고도로 특수화된 효소보다 더 우수하고 더 다양한 촉매인 슈퍼분자를 만드는 것이 이제 더 이상 공상과학소설에 나오는 이야기가 아닙니다. 꿈은 곧 현실이 될 것입니다. 그들의 연구를 통해서 크램 교수, 렌 교수, 그리고 피더슨 씨는 길을 보여 주었습니다.

크램 교수님, 렌 교수님, 페더슨 씨. 저는 짧은 시간 동안 분자인지 분야에서 교수님들의 근본적인 연구 및 그 결과가 분석화학, 유기합성, 배위화학, 생무기화학, 생유기화학과 같은 화학의 많은 분야에 끼친 영향과 중요성에 대해 설명했습니다. 교수님들은 유기합성의 대부로서 한 세기 이상 전에 프랑스의 대학 교수 마르슬랭 베르틀로가 "화학은 그 대상을 창조한다"라고 한 명언을 현실로 보여 주셨습니다.

스웨덴 왕립과학원은 교수님들의 화학에 기여한 중대한 공로를 인정하여 올해의 노벨 화학상을 수여하기로 하였습니다. 과학원의 진심 어린 축하를 전해 드리게 되어 영광입니다. 이제 전하께서 수여하시는 노벨상을 받으시기 바랍니다.

스웨덴 왕립과학원 살로 그로노비츠

광합성반응센터의 삼차원 구조 결정에 기여

1988

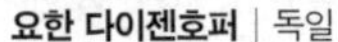

요한 다이젠호퍼 | 독일 **로베르트 후버** | 독일 **하르트무트 미헬** | 독일

:: 요한 다이젠호퍼 Johann Deisenhofer (1943~)

독일의 생화학자. 뮌헨 공과대학에서 물리학으로 석사학위를, 1974년에 실험 물리학으로 박사학위를 취득하였다. 1971년부터 막스 플랑크 생화학연구소에서 연구하였다. 1988년에 댈러스에 있는 하워드 휴스 의학연구소 과학 부원 및 텍사스 사우스웨스턴 의과대학 교수가 되었다.

:: 로베르트 후버 Robert Huber (1937~)

독일의 생화학자. 1960년에 뮌헨 공과대학에서 박사학위를 취득하였다. 1971년에 독일 마르틴스리트에 있는 막스 플랑크 생화학연구소 연구원이 되었다. 1976년에는 뮌헨 공과대학의 교수로 임용되었다. 다이젠호퍼와 후버와 함께 광합성 박테리아에서 발견되는 단백질 복합체의 구조에 관하여 연구함으로써 광합성의 메커니즘에 대한 이해를 넓혔다.

:: 하르트무트 미헬 Hartmut Michel (1948~)

독일의 생화학자. 1977년에 뷔르츠부르크 대학교에서 박사학위를 취득한 후 1979년부터 1987년 막스 플랑크 생화학연구소에서 연구원을 지냈다. 1987년에 프랑크푸르트 막스 플랑크 생물리학연구소 소장이 되었다. 1986년에는 독일에서 가장 영예로운 상의 하나인 라이프니치 독일 학술연구 재단상을 수상하기도 하였다.

전하, 그리고 신사 숙녀 여러분.

태초에 빛이 있었습니다. 이 빛은 지구 위에 생명의 탄생에 중요한 역할을 하였고 오늘날 햇빛은 우리 행성에 서식하는 생명체를 위해 절대적으로 필요한 전제 조건입니다. 태양빛은 식물의 녹색 잎에서 화학에너지로 바뀌는데 이것이 녹색식물 자체의 영양분뿐만 아니라 녹색 풀을 먹고 사는 소들의 영양분과 소의 고기를 먹고 우유를 마시는 우리들의 영양분, 그리고 그 밖의 먹이사슬을 통해 연결됩니다.

생명 과정에 필요한 에너지는 공기 중에 있는 산소에 의해 당과 지방이 연소되면서 상당한 양이 방출됩니다. 영양분이 다 소모되면 녹색식물의 광합성을 통해 다시 재생산되기 때문에 이 과정은 무한정으로 계속될 수 있습니다. 식물은 광합성에서 두 개의 단순한 분자, 즉 이산화탄소와 물로부터 복잡한 영양물질을 만들기 위해 산소를 내보내는 것과 함께 태양에너지를 사용합니다. 살아 있는 유기체 내 세포들의 호흡에서 이 영양분은 이산화탄소와 물로 다시 바뀌고, 그래서 태양에 의해 진행되는 연속적인 순환과정이 이루어집니다.

광합성뿐만 아니라 호흡에서도 전자들은 마치 전류처럼 높은 곳에서 더 낮은 에너지 준위로 떨어집니다. 그러나 그것들은 전선을 통해 흐르는 것이 아니라 철과 같은 금속을 포함하고 있는 수많은 복잡한 단백질들 사이를 이동합니다. 단순한 금속화합물들 사이에서 일어나는 전자이동의 원리는 1983년 노벨 화학상 수상자인 헨리 타우비가 자세히 분석하였습니다. 오늘날 화학 연구의 중요한 목표는 더욱 복잡한 생화학 과정을 설명하기 위해서 이 같은 공헌들을 확장해 나가는 것입니다.

전자이동을 중개하는 단백질은 생체막에 결합되어 있는 거대한 분자 집합체로 구성되어 있습니다. 전자이동에서 에너지가 방출되고 이것이 살아 있는 세포의 절대적인 에너지 저장분자인 ATP를 만들기 위해서 사용됩니다. ATP 형성은 1978년 노벨 화학상 수상자인 피터 미첼이 밝힌 메커니즘에 따라 일어납니다.

그러나 삼차원 구조를 자세하게 결정하기 위한 형태로 막에 결합된 단백질을 준비하는 것은 오랫동안 불가능했습니다. 1984년 이전에는 단지 몇 개의 막 단백질들에 대하여 희미한 구조적인 사진들이 있었습니다. 이는 1982년 노벨 화학상을 수상한 영국의 아론 클루그가 개발한 전자현미경의 도움으로 얻은 결과입니다. 그러나 1982년에 하르트무트 미헬 교수가 체계적인 실험으로 박테리아에서 광합성반응센터를 매우 정렬된 결정으로 만드는 데 성공하면서 상황은 크게 바뀌었습니다. 이렇게 만든 결정을 가지고 1982년부터 1985년까지 요한 다이젠호퍼 교수, 그리고 로베르트 후버 교수와 함께 공동 연구를 하게 되었으며, 원자 수준까지 자세하게 반응센터의 구조를 결정하였습니다.

그래서 상을 받게 된 구조결정은 지구의 생물권에서 가장 중요한 화학반응인 광합성에 포함된 기본적인 반응을 이해하는 데 크게 기여하였습니다. 그러나 이것은 광합성연구와 거리가 먼 분야에도 중요합니다. 광합성과 호흡작용에 연관된 각 결합 단백질은 세포에 영양분 전달, 호르몬 활동, 혹은 신경 임펄스 등 생체의 중추작용과 관련되어 있습니다. 이 과정에 참여하는 단백질은 생체막에 고정되고 반응센터의 구조는 그런 단백질의 구조적 원리를 나타냈습니다. 미헬 교수의 방법론적 성과는 다른 많은 막단백질에서도 자세한 구조를 결정할 수 있기 때문에 중요합니다. 분자 크기에서 보면 아주 먼 거리인데, 어떻게 생물학적 전자이동이 1조분의 1초 내에 일어날 수 있는지를 이해하는 데 필수적인 도구를 반응센터구조가 이론화학자에게 제공한 사실은 아주 중요합니다. 좀 더 멀리 내다보면 그와 같은 연구로부터 인공적인 광합성과 같은 중요한 에너지 기술을 이끌어 낼 수 있습니다.

다이젠호퍼 박사님, 후버 박사님, 그리고 미헬 박사님.

지금까지 저는 교수님들이 완성한 광합성반응센터의 구조 규명이 지구에서 가장 중요한 화학반응을 이해하는 데에 얼마나 큰 기여를 했는지를 설명하였습니다. 그러나 이것은 막단백질의 구조적 원리를 밝히고 생체시스템에서 빠르게 움직이는 전자이동의 기본을 이해하기 위한 중요한 도구를 이론화학자에게 제공하기 때문에 광합성과 거리가 먼 분야에서도 중요한 의미를 가집니다. 이같은 기초적인 공헌을 인정하여 스웨덴 왕립과학원은 교수님들께 올해 노벨 화학상을 수여하기로 결정하였습니다.

과학원을 대신하여 진심으로 축하를 드리며, 이제 전하로부터 상을 받으시기 바랍니다.

스웨덴 왕립과학원 보 맘스트룀

RNA의 촉매적 성질 발견

1989

시디니 올트먼 | 미국

토머스 체크 | 미국

:: 시드니 올트먼 Sidney Altman (1939~2022)

캐나다 태생 미국의 분자생물학자. 매사추세츠 공과대학 및 컬럼비아 대학교에서 물리학을 공부한 후, 1967년에 콜로라도 대학교에서 생물물리학 박사학위를 취득하였다. 1971년에 예일 대학교 생물학과 조교수로 임용되어 1980년에 정교수가 된 후 1989년에 퇴직하였다. RNaseP라고 명명된 효소가 작용하기 위해서는 단지 RNA를 필요로 한다는 점을 보임으로써 기존의 생화학적 입장을 뒤집어 놓았다.

:: 토머스 로버트 체크 Thomas Robert Cech (1947~)

미국의 생화학자이자 분자생물학자. 1975년에 버클리에 있는 캘리포니아 대학교에서 박사학위를 취득한 후, 1977년까지 매사추세츠 공과대학에서 박사후과정을 이수하였다. 1978년부터 콜로라도 대학교에서 화학 및 생화학을 강의하였으며 1983년에 정교수가 되었다. 미숙한 RNA로부터 자체촉매 작용에 의하여 잘라진 핵산 조각을 발견함으로써 올트먼과 더불어 새로운 기초 및 응용화학 분야의 연구에 기여하였다.

전하, 그리고 신사 숙녀 여러분.

박테리아, 식물, 동물, 그리고 인간과 같이 살아 있는 유기체를 구성하는 세포는 화학적 관점에서 보면 기적으로 생각됩니다. 생물학적 과정을 유지하기 위해 필요한 수천 가지의 다른 화학반응들이 육안으로 보이지 않는 이러한 생명의 단위체에서 모두에게 각각 그리고 동시에 일어나고 있기 때문입니다. 세포의 작용을 유지하는 많은 구성요소 가운데서는 두 그룹의 분자들이 특별히 중요한데, 유전정보를 운반하는 핵산과 효소로 작용하는 능력을 통해 세포대사를 촉매하는 단백질이 그것입니다.

유전정보는 그 약칭인 DNA로 더 잘 알려진 디옥시리보핵산에 화학적 암호처럼 프로그램되어 있습니다. 그러나 세포는 DNA 분자의 유전암호를 직접 해독할 수 없습니다. 암호가 효소의 도움을 받아서 다른 형태의 핵산인 리보핵산 또는 RNA로, 전이되었을 때에만 세포에 의해 해석될 수 있고 단백질을 생산하는 틀로 사용될 수 있습니다. 달리 말하면 유전정보는 DNA의 유전암호에서 RNA로 그리고 마침내 단백질로 전달되며, 이어서 단백질은 여러 작용을 갖는 세포와 기관을 만듭니다. 이것이 바로 개구리가 되새와 다르게 보이고, 산토끼가 고슴도치보다 더 빨리 달릴 수 있는 분자적 관점의 이유입니다.

생명현상은 효소가 없다면 불가능합니다. 효소의 임무는 생물의 세포에서 일어나는 화학반응의 다양성을 촉매하는 것입니다. 촉매란 무엇이고, 무엇이 촉매 작용을 화학에서 그토록 중요한 개념으로 만들었을까요? 실질적인 개념은 새로운 것이 아닙니다. 촉매의 개념은 스웨덴 과학자 옌스 야코브 베르셀리우스가 1835년에 일찌감치 정의했는데, 그는 촉매를 잠자고 있는 화학반응에 생명을 불어넣어 줄 수 있는 분자로 묘사했습니다. 베르셀리우스는 화학 반응이 일어나기 위해서는 반응물 외에 가끔은 보조물질인 촉매가 필요하다는 사실을 발견했습니다.

산소와 수소로 이루어져 있는 일반적인 물을 예로 들어 봅시다. 이 두 물질은 서로 쉽게 반응하지는 않습니다. 대신에 적은 양의 금속 백금이 물의 생성을 가속화하거나 촉매하기 위해서 필요합니다. 아마도 오늘날 촉매라는 용어는 자동차 배기정화와 관련해서 가장 흔히 사용되는데, 여기서 금속 백금과 로듐이 오염물질인 질소산화물의 분해를 촉매합니다.

제가 앞에서 말씀드린 바와 같이, 살아 있는 세포는 또한 촉매작용을 필요로 합니다. 예를 들어 녹말을 글루코스로 조각내기 위해서는 어떤 특정 효소가 필요하고, 글루코스를 태워서 세포에 필요한 에너지를 공급하기 위해서는 다른 효소가 필요합니다.

녹색식물에서는 대기의 이산화탄소를 녹말과 셀룰로스 같은 복잡한 탄소화합물로 바꿀 수 있는 효소가 필요합니다. 1980년대 초반에 과학자들 사이에서 일반적으로 인정된 견해는 효소가 단백질이라는 것이었습니다. 단백질이 생물 촉매 능력을 독점하고 있다는 생각이 뿌리 깊었고 그래서 생화학이라는 기초교리가 탄생했습니다.

이러한 시각이 오늘 바로 이 발견에 노벨 화학상을 수여해야 한다고 판단하게 만들었습니다. RNaseP라고 명명된 효소가 작용하기 위해서는 단지 RNA를 필요로 한다는 것을 시드니 올트먼 교수가 밝혔을 때, 그리고 미숙한 RNA로부터 자체촉매작용으로 잘린 핵산 조각을 토머스 체크 교수가 발견했을 때, 단백질만이 유일하게 생물 촉매 능력이 있다는 교리는 진정으로 수면 아래로 가라앉았습니다.

그들은 RNA가 촉매 능력을 가질 수 있으며 효소로서 작용할 수 있다는 것을 보였습니다. 촉매 RNA의 발견은 대단히 경이로웠고, 실제로 상당한 회의론에 직면하기도 했습니다. 최근 10년 내라면 감히 누가, 과학자들이 생명의 전제 분야를 이해하는 데 있어서 그러한 근본요소를 놓칠 수 있다고 의심할 수 있겠습니까? 올트먼과 체크 교수의 발견은 화학 교과서와 생물 교과서의 서론을 다시 써야 한다는 것을 의미할 뿐만 아니라 새로운 사고방식의 전파와 새로운 생화학연구로의 초대를 의미합니다.

RNA에 촉매성질이 있다는 발견은 또한 수십억 년 전에 지구상에서 시작된 생물학적 과정과 방식에 새로운 시각을 줍니다. 연구자들은 무엇이 최초의 생물분자인지 궁금해 했습니다. 유전암호인 DNA 분자가 단백질 효소의 도움이 있어야만 재생산과 해독이 가능하고, 또 단백질은 DNA로부터의 유전정보에 의해서만 생산될 수 있다면 도대체 생명은 어떻게 시작되었을까요?

닭과 계란 중에서 어느 것이 먼저일까요? 올트먼과 체크 교수는 이제 그 잃어버린 고리를 찾아냈습니다. 아마도 제일 먼저 나타난 것은 RNA 분자일 것입니다. 이 분자는 생명기원 분자가 필요로 하는 성질을 가지고 있습니다. 유전암호도 될 수도 있고 동시에 효소도 될 수 있기 때문입니다.

올트먼 교수님, 체크 교수님.

교수님들은 RNA가 살아 있는 세포에서 형질유전뿐만 아니라 바이오 촉매 역할을 하는 분자라는 예기치 못한 발견을 했습니다. 이 발견은 생화학에서 가장 기본이 되는 교리와 상충되어 처음에는 과학 공동체 회의론에 봉착했습니다. 그러나 교수님들의 개인적 결단과 실험기술이 모든 저항을 극복해 냈고, 이제 교수님들의 촉매 RNA 발견은 미래의 기초 및 응용 화학 연구에 새롭고 흥미로운 가능성을 열고 있습니다.

교수님들의 지대한 공로를 인정하여 스웨덴 왕립과학원에서는 노벨 화학상을 수여하기로 결정하였습니다. 스웨덴 왕립과학원의 진심 어린 축하를 전해 드리게 되어 영광입니다. 이제 전하께서 수여하시는 노벨상을 받으시기 바랍니다.

스웨덴 왕립과학원 베르틸 안데르손

유기합성 이론과 방법론 개발

1990

일라이어스 코리 | 미국

: 일라이어스 제임스 코리 Elias James Corey (1928~)

미국의 화학자. 1951년에 매사추세츠 공과대학에서 박사학위를 취득한 후, 샘페인어배나에 있는 일리노이 대학교에서 1959년까지 강의하였다. 1959년부터 하버드 대학교 화학과 교수로 재직하였다. 기존의 유기합성 이론에 대한 더 정확하고 논리적인 분석을 통하여 이전에 불가능했던 생물학적으로 중요한 천연물 제조를 가능하게 만들었다. 그로 인하여 화합물을 사용한 약품들의 상업적 통용 또한 가능하게 되었다.

전하, 그리고 신사 숙녀 여러분.

유기합성, 즉 단순하고 값싼 출발물질로부터 복잡한 유기화합물의 제조는 우리가 살고 있는 화학 시대의 필수조건 중 하나입니다. 1820년대까지도 설탕, 장뇌, 모르핀 같은 유기천연물은 특별한 생명력을 타고났기 때문에 실험실에서는 만들 수 없다고 믿었습니다. 1828년 독일의 화학자 프리드리히 뵐러가 무기 사이안산암모늄염에서 유기화합물인 요소 urea를 만들어 이 같은 정설을 깼습니다. 오늘날에는 자연으로부터 분리해 낸 것과 삼차원 구조가 정확히 같은 가장 복잡한 천연물을 합성할 수 있습니다. 올해의 노벨 수상자는 이 영역에 엄청나게 중요한 공헌을 하였습니다.

이 개발에도 불구하고 합성된 것보다 천연물에 어떤 특별한 장점이 있을 거라는 착각이 여러 해 동안 여전히 무성하였습니다. 그러나 감귤류 과일에서 분리되었거나 화학공장에서 합성되었거나 비타민 C는 언제나 똑같은 비타민 C입니다.

100년 이상 유기합성의 발달은 페인트와 염료, 약품과 비타민, 수확을 증가시키는 살충제와 제초제, 인류에게 옷을 선사하는 플라스틱과 섬유 등의 제조에 효율적인 공업적 방법을 제공하였습니다. 유기합성은 높은 삶의 질과 건강, 그리고 문명 세계의 장수에 기여해 왔습니다. 유기합성에 대한 공헌을 노벨 화학상으로 흔히 보답받는 것은 마땅한 일입니다.

복잡한 유기화합물의 합성은 흔히 예술적 창조의 요소를 보입니다. 많은 초기의 합성은 다소 직관적으로 이루어져서 합성의 설계를 파악하기가 어려웠습니다. 화학자에게 어떻게 출발물질 및 원하는 결과를 훌륭하게 이끄는 반응을 정확하게 선택했는지 묻는 것은 아마도 피카소에게 왜 그런 그림을 그렸는지를 묻는 것처럼 의미가 없을 것입니다.

합성설계의 과정은 각 면에 40개 말을 사용하는 삼차원 체스게임에 비교되어 왔습니다. 그러나 합성의 문제는 이보다 훨씬 더 어려울 수도 있습니다. 35,000개 이상의 유용한 합성 방법이 그 가능성 및 한계와 함께 화학 문헌에 나와 있습니다. 더욱이 합성중에 실험 절차를 변경할 수 있는 새로운 방법이 나타나는데, 이것은 체스게임 중에 새로운 이동을 허용하는 것과 같습니다.

1960년 초 코리 교수는 역합성 분석이란 용어를 만들고 그 개념을 개발해 냈습니다. 그는 자신이 만들고자 하는 분자, 즉 표적분자의 구조로부터 시작해서 그것을 어떻게 더 작은 부분으로 쪼개는지와 어떤 중요한 결합을 깨야 하는지에 대한 법칙을 세웠습니다. 이와 같은 방식으로 후에 합성과정에서 끼워 맞출 수 있는 덜 복잡한 형태의 건축물들을 얻어냈습니다. 이 건축물들을 합성하는 방법이 이미 문헌에 서술되어 있거나 아니면 상업적으로 얻을 수 있는 단순한 화합물에 이를 때까지 같은 방식으로 분석하였습니다. 코리 교수는 정확하고 논리적인 역합성 분석이 컴퓨터 프로그래밍과 잘 맞는 것을 보였고, 빠르게 발전하는 이 분야의 선두 주자로 자리매김 하였습니다

코리 교수는 유기합성 이론의 명석한 분석을 통해 이전에 단순한 논리적 원칙을 따라서는 획득하기 아주 어려웠던 총체적인 합성, 즉 100개 이상 자연적으로 발생하고 생물학적으로 활성화된 화합물의 총체적인 합성을 수행할 수 있었습니다. 유기합성 중 단지 몇 개의 업적만 여기서 언급하도록 하겠습니다. 1978년 그는 아주 중요한 식물 호르몬으로 복잡한 구조의 지베렐린산을 만들었습니다. 또한 은행나무에서 추출되는 활성물질이며 중국에서 민간약재로 사용하는 징코라이드 B를 합성하였습니다.

코리 교수의 가장 중요한 합성은 프로스타글란딘과 관련 화합물에 관한 것입니다. 아주 불안정한 이 화합물은 생식, 혈액응고, 그리고 면역체계에서 정상적이거나 병적인 과정에 다양한 조절기능을 가집니다. 그 중요성은 프로스타글란딘과 생물학적으로 밀접한 활성화합물의 발견에 대해 수네 베리스트룀, 벵트 사무엘손, 존 베인 교수에게 1982년 노벨 생리의학상이 수여된 것으로 증명되었습니다.

코리 교수는 대단한 기술로 수많은 화합물의 전합성total synthesis을 수행하였습니다. 이 중요한 약품들이 상업적으로 통용되도록 공헌한 코리 교수에게 감사드립니다.

코리 교수는 전합성을 성공적으로 이루기 위해 약 50개의 완전히 새롭고 매우 향상된 합성반응을 개발하였습니다. 최근 다양한 유기금속 시약을 체계적으로 사용하여 여러 면에서 합성기술에 혁신을 일으켰습니다. 또한 아주 효과적인 효소들을 많이 소개했는데 이 효소는 중요한 합성반응에서 표적물질의 한 가지 거울상 이성질체만을 만들어 냅니다. 지금은 유기합성 실험실에서 평범한 일이 되어 버린 포괄적이고 각양각색인 방법들을 이전에는 어떠한 화학자도 개발하지 못했습니다.

코리 교수는 밀접하게 연결된 세 가지 업적으로 상을 받게 되었습니다. 역합성 분석과 새로운 합성반응을 개발하고, 이로서 이전에 얻는 것이 불가능하다고 생각했던 생물학적으로 중요한 천연물 제조에 성공한 것입니다. 코리 교수의 공헌으로 합성의 기술이 과학으로 바뀌었습니다.

코리 교수님.

지난 몇 분 동안 유기합성의 이론과 방법론에 대한 교수님의 광대한 영향을 설명하였습니다. 화학에 대한 교수님의 지대한 공헌을 인정하여 스웨덴 왕립과학원은 올해 노벨 화학상을 수여하기로 결정하였습니다. 스웨덴 왕립과학원의 축하를 전하게 되어 무한한 영광이며, 이제 전하로부터 노벨상을 받으시기 바랍니다.

스웨덴 왕립과학원 살로 그로노비츠

고분해능 핵자기공명분광학 개발

1991

리하르트 에른스트 | 스위스

:: **리하르트 로베르트 에른스트 Richard Robert Ernst (1933~2021)**

스위스의 화학자. 1962년에 취리히 연방공과대학에서 박사학위를 취득한 뒤 1963년부터 미국의 NMR분광기 제조업체인 배리언 사에서 연구하였다. 1968년에 취리히 연방공과대학으로 돌아와 강의하기 시작하였으며, 1976년에 정교수로 임용되었다. 푸리에 변환과 펄스기법을 NMR 분광법에 도입함으로써 미량 물질이나 핵자기 원소에서 나오는 약한 신호 등도 연구할 수 있게 하였다. 또한 다양한 영역으로 응용되어 구조생물학을 비롯하여 현대 화학, 나아가 자연과학 전체의 실험 방식에 영향을 주었다.

전하, 그리고 신사 숙녀 여러분.

1991년 노벨 화학상은 분광학에서 중요한 방법의 하나인 핵자기공명분광학 방법론을 개발한 업적에 수여됩니다. 과학자들은 이 분광법을 NMR이라고 줄여서 부르며, 이 방법이 현대 화학에서 가장 중요한 분광법이라는 데 이의를 제기할 사람은 없을 것입니다. NMR 분광법은 용액 속에 있는 크고 작은 분자들의 구조에 대한 상세한 연구를 가능하게 하며 분자들의 움직임과 상호간 작용에 관한 놀랄 만한 정보를 제공합니다.

'방법론 개발' 이라는 표현, 즉 새로운 이론적 혹은 실험적 도구의 출현이나 기존의 도구에 대한 획기적인 개선을 뜻하는 이 표현에 관하여 좀 더 설명할 필요가 있습니다. 역사적으로 화학의 발전 과정, 또는 자연과학 전반을 돌이켜보면 방법론의 개발이 종종 과학의 진보에 거대하고 아주 극적인 영향을 준다는 것을 알 수 있습니다. 예를 들어 현미경의 발명을 생각해 보십시오. 원시적인 돋보기 두 개 또는 세 개를 조합하여 탄생한 이 기구는 미세구조라는 새로운 세계를 전례 없이 상세하게 관찰할 수 있도록 하였습니다.

아주 작은 곤충의 해부학적 구조도 상세하고 놀라울 정도로 섬세하게 관찰할 수 있게 되었습니다. 살아 있는 모든 생명체의 구획된 세포조직을 발견하게 되었던 것입니다. 드디어 미생물, 효모 세포, 세균(박테리아) 등을 발견하였으며, 이는 미생물학이라는 새로운 과학 분야를 열게 되어 병의 원인을 합리적으로 설명하고 치료법과 예방법을 찾아내는 단계로 발전할 수 있었습니다. 이 예는 과학에서 방법론 개발의 중요성을 충분히 설명하고 있습니다.

올해 수상자를 선구적인 인물로 만든 이 방법론은 푸리에 변환과 펄스기법을 NMR 분광법에 도입함으로써 그 감도를 10배에서 100배까지 증가시켰습니다. 여러분은 푸리에 변환과 펄스기법이 도대체 무엇인지 몰라 머리를 가로저을 것입니다. 제가 비유하여 설명하겠습니다. 먼저 분광법이란 화합물을 포함하고 있는 시료에서 나오는 신호를 검출하는 것이라는 점을 기억하기 바랍니다.

여러분이 지금 피아노가 얼마나 잘 조율되어 있는지에 궁금하다고 가정합시다. 전통적인 '구식의' 방법은 각 건반을 차례차례 두드리고 그 진동수를 기록하는 것입니다. 자, 현대식 피아노에는 88개의 건반이 있고 모든 건반을 하나씩 차례로 점검하려면 어느 정도 시간이 걸리게 되죠. 가령 10분, 즉 600초가 소요된다고 가정해 보죠. 이제 같은 결과를 얻는 훨씬 빠른 방법이 있는데, 여러분의 두 팔을 쫙 펼쳐서 모든 건반을 동시에 누르는 것입니다. 여러분은 바로 펄스실험을 한 것입니다. 들리는 음이 거북하지만 모든 건반의 음색이 그 속에 모두 들어 있다는 것을 기억하십시오. 하지만 어떻게 그 불협화음 속에서 각각의 음색을 분리해 낼 수 있을까요? 여러분은 수학적 분석을 사용할 수 있는데 이 방법이 짐작하는 대로 푸리에 변환법입니다.

오늘날의 빠른 컴퓨터는 1초 이내로 이 분석을 마칠 수 있고, 컴퓨터의 출력물은 분리된 각 건반의 음입니다. 따라서 푸리에 변환법이라는 이 새로운 방법으로는 피아노 한 대의 조율을 점검하는 데 600초가 아니라 6초가 소요되어 시간을 획기적으로 줄이게 됩니다. 물론 구식 방법으로 한 대의 피아노를 점검할 시간에 이 새로운 방법으로 100대를 점검할 수 있다지만 왜 그렇게 서둘러야 하는지 의아할 것입니다. 그러나 절약된 시간을 다음 목적으로, 감도를 증가시키는 데 사용할 수 있습니다.

비유를 계속하자면, 음의 크기가 작아 주변의 소음 때문에 음을 듣기 힘든 피아노를 담당하게 되었다고 가정해 봅시다. 여러분이 6초에 한 번씩 100번에 걸쳐 그 피아노의 모든 건반을 동시에 두드리고 그 결과를 합한다면 이 피아노의 낮은 신호를 검출할 수 있습니다. 과학자들이 사용하는 용어로 말하면 신호 대 잡음 비를 10배 증가시키는 것입니다.

푸리에 변환 NMR은 1970년에 도입되면서 NMR 기법을 화학에 응용하는 데 지대한 공헌을 하였습니다. 이제 이 방법을 사용하여 미량 물질이나 ^{13}C와 ^{15}N과 같이 존재비가 낮은 핵자기원소에서 나오는 약한 신호를 연구할 수 있게 되었습니다. 지금까지 NMR 기술의 아킬레스 건은 감도가 낮다는 것이었으나 이제 그 장애물이 거의 완벽하게 제거된 것입니다.

그 이후 NMR 분야의 혁신적인 개발은 하나 이상인 둘, 셋 또는 그 이상의 진동수 차원을 도입한 것이며, 올해의 노벨상 수상자가 이 신기술 개발에 선구적인 역할을 하였습니다. 이차원 NMR의 경우 다양한 길이와 간격의 펄스로 화합물 '피아노'를 두드립니다. 이 기술은 화학자들이 NMR 스펙트럼으로부터 관심이 가는 많은 특성인자들을 훨씬 손쉽게 찾아낼 수 있게 해주며, 엄청나게 복잡하고 해석하기 어려운 스펙트럼을 쫙 펼쳐 주어 분석하기 쉽게 해줍니다. 마치 그림자 윤곽보다는 이차원 지도가 더 우수한 것과 같습니다.

이차원 NMR은 분자 내에서 어느 원자들이 화학결합으로 가깝게 연결되어 있는지, 어느 원자들이 공간상 거리가 가까운지, 어느 원자가 화학반응에 관여하는지, 그리고 그 이상의 정보를 얻을 수 있습니다. 완전히 새로운 영역의 실험이 가능해졌으며 다차원 NMR의 응용 영역은 대단히 넓어졌습니다. 이 새로운 방법의 등정으로 최근 10년간 진행된 구조생물학 연구에 NMR의 활용이 필수 요건이 되었습니다.

에른스트 교수님.

교수님은 현대 화학의 연구방법에 지속적인 영향을 준 지난 20년 동안의 NMR 분광법 연구에 중요한 방법들을 개발하여 연구에 선도적인 역할을 하였습니다. 교수님은 감탄할 만큼 우수한 실험 기법과 이론적 영감을 접목하였습니다. 스웨덴 왕립과학원에서는 화학과 자연과학 전체에 기여한 교수님의 공로를 인정하여 올해의 노벨 화학상을 수여하기로 결정했습니다.

에른스트 교수님. 과학원의 진심어린 축하를 전해 드립니다. 이제 앞으로 나오셔서 전하로부터 노벨상을 받으시기 바랍니다.

스웨덴 왕립과학원 스투레 포르센

화학시스템에서 전자이동반응 이론에 공헌

1992

루돌프 마커스 | 미국

:: **루돌프 루디 아서 마커스 Rudolph Rudy Arthur Marcus (1923~)**

캐나다 태생 미국의 화학자. 1946년에 맥길 대학교에서 박사학위를 취득한 후 오타와 국립연구소에서 박사후과정을 이수하였다. 1951년부터 브루클린 과학기술대학에서 강의하기 시작하였으며, 일리노이 대학교를 거쳐 1978년부터 캘리포니아 공과대학 교수로 재직하였다. 물리화학의 고전적 이론에 기초하여 두 철이온의 전자 교환에 대한 수학적 모델을 제시하였다. 이후 다른 종류 분자들 간의 전자이동에 관한 이론으로 확장하는 등 모든 화학 분야에 새로운 실험 프로그램을 만들었다.

전하, 그리고 신사 숙녀 여러분.

화학시스템에서 전자이동반응 이론에 대한 공헌으로 루돌프 마커스 교수에게 1992년 노벨 화학상을 수여합니다. 우리는 그의 업적에 대한 배경을 이해하기 위해 화학이 지금과 완전히 달랐던 1950년대로 거슬러 올라가야 합니다. 그 당시에는 화합물의 구조를 결정하는 것이 어려웠고, 화학반응속도의 이론적 계산은 더욱더 어려웠습니다.

반응속도는 화학의 기본 개념입니다. 혼합된 화합물들은 각기 다른 속도로 변화하거나 화학반응을 합니다. 오늘날 우리는 10^{15}분의 1초부터 수천 년 사이의 어떠한 시간 크기를 사용해서든지 반응속도를 측정할 수 있습니다. 노벨상 수상자인 스웨덴의 스반테 아레니우스는 19세기 말에 반응시스템이 에너지 장벽을 넘기 위한 필요조건으로 화학반응 속도를 설명할 수 있음을 보였습니다. 이 장벽의 크기는 실험적으로 결정하기 쉬웠으나 그것을 계산하는 것은 만만치 않은 문제였습니다.

1945년 이후에 반응속도를 결정하는 새로운 기술, 즉 방사성 지시제 기술이 개발되었습니다. 분자 안에 한 원자를 방사성 동위원소로 치환하여 반응의 새로운 형태를 연구할 수 있게 하였습니다. 그와 같은 반응은 산화상태가 다른 두 금속이온 사이에 전자가 이동하여 일어나는데, 예를 들면 수용액 상태에서 2가 철이온과 3가 철이온 사이의 전자이동입니다. 이것은 그 분야의 화학자가 전혀 예상할 수 없는 여러 시간에 걸쳐 일어나는 느린 반응으로 밝혀졌습니다. 원자핵과 비교해서 전자는 매우 가벼운 입자인데 두 철이온 사이에서 전자이동이 느리게 일어나는 것을 어떻게 설명할 수 있을까요?

이 문제는 1950년대에 격렬한 논쟁을 일으켰습니다. 마커스 교수는 미국의 화학자 윌러드 리비가 전자이동반응 학회에서 프랑크-콘돈 원칙으로 잘 알려진 분광학적 원칙을 두 분자 사이의 전자 움직임에 적용할 수 있다고 발표한 논문을 우연히 읽으면서 이 문제에 흥미를 갖게 되었습니다. 마커스 교수는 수용액에서 2가 철과 3가 철 사이에 느린 전자이동을 설명하려면 에너지 장벽을 만들어야 된다는 것을 깨달았습니다. 두 철이온이 전자를 교환하기 위해서는 그것 주변에 있는 수많은 물분자들이 재배열되어야 합니다. 이것이 일시적으로 시스템의 에너지를 증가시키고 어떤 한 순간에 전자는 프랑크-콘돈 원리의 규정을 위배하지 않고 움직일 수 있습니다.

1956년 마커스 교수는 물리화학의 고전 이론에 기초하여 이와 같은 형태의 반응에 대한 수학적 모델을 발표하였습니다. 그는 이온반지름, 이온전하와 같은 단순한 값을 사용하여 에너지 장벽의 크기를 계산할 수 있었습니다. 후에 다른 종류 분자들 사이의 전자이동에 적용하는 이론으로 확장하였으며 '이차방정식'과 '교차방정식'으로 알려진 단순한 수학적 표현을 유도해 냈습니다. 이를 실험적으로 확인할 수 있었으며 모든 화학 분야에 새로운 실험 프로그램을 만들어 냈습니다. 마커스 이론은 녹색식물에서 빛에너지의 획득, 생물학적 시스템에서 전자이동, 무기유기의 산화환원반응, 그리고 광화학 전자이동과 같은 아주 다양한 현상을 이해하는 데 지대한 공헌을 하였습니다.

이차방정식은 반응의 추진력이 크면 클수록 전자이동반응이 더욱 느리게 일어날 수 있다는 것을 예측하게 합니다. 이와 같은 현상은 '반전영역'이라고 명명되었는데 스키를 타는 사람이 더 가파른 경사에서 더욱 느리게 내려가는 자신을 발견하는 것처럼 이 현상은 화학자에게 예상치 못한 것입니다. 1965년 마커스 교수는 한 화학발광반응(저온빛)을 반전영역의 한 예라고 제안했습니다. 그리고 1985년에 그가 증명한 반응의 더 많은 예들을 제시할 수 있었습니다. 이것으로 그의 이론 중 가장 사실 같지 않은 예측을 증명해 냈습니다.

마커스 교수님.

저는 지금 몇 분 동안 교수님의 이름을 딴 전자이동이론의 기원을 좇아 설명하였습니다. 교수님의 이론은 생화학, 광화학, 무기물질, 그리고 유기물질의 전자이동반응의 이해를 도와 화학 전체에 공헌하였습니다.

또한 교수님의 업적의 지속적인 영향력을 증명하는 많은 새로운 연구 프로그램이 개발되었습니다. 화학에 대한 공헌을 인정하여 스웨덴 왕립과학원은 올해 노벨 화학상을 교수님에게 수여하기로 결정하였습니다.

마커스 교수님. 스웨덴 왕립과학원의 축하를 전하게 되어 무한한 영광이며, 이제 전하로부터 노벨상을 받으시기 바랍니다.

스웨덴 왕립과학원 레나르트 에베르손

중합효소 연쇄반응법 개발 | 멀리스
올리고뉴클레오티드에 기초한 위치선택적 돌연변이 유도와 이를 통한 단백질 연구 | 스미스

1993

캐리 멀리스 | 미국

마이클 스미스 | 캐나다

:: 캐리 뱅크스 멀리스Kary Banks Mullis (1944~2019)

미국의 생화학자. 1973년에 버클리에 있는 캘리포니아 대학교에서 박사학위를 취득하였다. 1979년부터 1985년까지 세투스 사에서 DNA를 화학적으로 연구한 후, 1986년에 시트로닉스 사의 분자생물학 연구 책임자가 되었다. PCR 방법을 발명해 위치 선택적 돌연변이의 유도를 비롯하여 유전자 복제와 배열의 효율성을 높임으로써 법의학 등 DNA 관련 분야의 발전에 기여하였다.

:: 마이클 스미스Michael Smith (1932~2000)

영국 태생 캐나다의 화학자. 1956년에 맨체스터 대학교에서 박사학위를 취득하였다. 그 후 캐나다 밴쿠버에 있는 브리티시컬럼비아 대학교에서 박사후과정을 이수하였으며, 1987년에 생물공학연구소 소장이 되었다. 1970년대에 돌연변이를 만드는 일반적 방법을 개발함으로써 단백질 공학의 연구에 공헌하였다.

전하, 그리고 신사 숙녀 여러분.

유전물질은 모든 살아 있는 유기체가 가진 고유의 기능을 하며 크고 복잡한 DNA 분자로 구성되어 있습니다. 각 DNA 분자는 수억 개의 원자로 구성되어 있습니다. 오랫동안 이 분자들은 화학 실험실에서 다룰 수 있는 영역 밖에 있었고, 그 조작은 살아 있는 세포의 복잡한 기작을 통해서만 가능하다고 믿어 왔습니다. 올해의 노벨상 수상자인 캐리 멀리스 교수와 마이클 스미스 교수는 살아 있는 세포 밖에서 어떤 유전자든 증폭시키고 선택적으로 변화시킬 수 있는 연구 도구를 제공함으로써 이 관념을 급격히 변화시켰습니다.

이 개발과 관련된 개념적 골격은 DNA의 이중나선구조 발견에 기초하고 있는데 이 발견으로 노벨 생리의학상이 1962년에 프랜시스 크릭, 제임스 왓슨, 그리고 모리스 윌킨스에게 수여되었습니다. DNA 분자의 네 가지 구성요소인 뉴클레오티드는 분자를 따라서 특정한 방법으로 배열되는데 이에 대응되는 단백질분자에서 아미노산 서열 암호를 형성합니다. 이 유전정보는 DNA 분자의 두 가닥에서 서로 상보적으로 존재합니다. 그래서 한 가닥은 다른 가닥을 합성하기 위한 틀이 될 수 있습니다. 돌연변이는 뉴클레오티드의 순서가 바뀌었을 때 발생합니다. 살아 있는 세포에서 그러한 돌연변이는 무작위적으로 발생합니다. 그러므로 진화란 하나의 시행착오 과정이라 할 수 있습니다. 하나의 유전자에 대해서 이 뉴클레오티드의 모든 가능한 조합 중 한 조각이, 생명체가 지구상에 존재해 온 35억 년 동안 만들어지고 시험되었다는 것을 쉽게 계산할 수 있습니다. 결과적으로 우리가 현존하는 유전자를 취하고 증폭하고 유전자에 적절한 변화를 가하는 지식과 방법을 가지게 된다면 신기하고 재미있는 단백질분자를 고안할 수 있는 기회가 열리는 것입니다.

1970년대에 마이클 스미스 교수는 하나의 유전자에서 무작위가 아니라 뉴클레오티드의 서열로부터 미리 정한 특정 위치에 돌연변이를 만드는 일반적인 방법을 개발했습니다. 이 위치 선택적 돌연변이 유도방법은 단백질분자의 성질을 연구할 수 있는 완전히 새로운 기회를 열었습니다. 즉 단백질분자들이 촉매로서, 혹은 막을 통한 신호전달자로서 어떻게 작용하는지, 어떤 요인들이 단백질을 특정 삼차원 구조로 접히게 하고 세포 내의 다른 분자들과 상호작용하게 하는지를 연구할 수 있게 되었습니다. 이러한 단백질 공학은 또한 현대 바이오기술과 의약 디자인에도 중요합니다. 신기한 항체가 개발되어 특정 암세포를 죽일 수 있게 되었습니다. 필수 아미노산이 풍부한 단백질을 생산하는 식물을 시험재배하고 있는 중이며, 장차 이 방법이 고기와 동등한 영양 가치를 갖는 밀이나 옥수수 가루를 생산하게 할지도 모릅니다.

1985년 캐리 멀리스 교수가 오늘날 PCR이라고 널리 알려진 중합효소 연쇄반응을 제시할 때까지 특정 유전자의 분리와 증폭은 위치선택적 돌연변이 유도와 함께 DNA 기술에서 커다란 난제 중 하나로 남아 있었습니다. PCR 방법으로 복잡한 유전자 전체 배경 내의 특정 DNA 조각을 시험관 안에서 증폭하고 분리할 수 있게 되었습니다. 이 반복 과정에서 복제된 특정 DNA 조각의 수가 한 주기 동안 두 배로 증가합니다. 한두 시간 내에 20주기 이상을 반복할 수 있고 100만 개 이상의 복제 조각을 만들 수 있습니다.

PCR 방법은 이미 생물학 기초 연구에 커다란 영향을 주었습니다. 위치선택적 돌연변이 유도뿐만 아니라 유전자의 복제와 배열이 용이해지고 더 효율적으로 되었습니다. 단지 DNA 조각이 들어 있는 고대 화석을 가지고도 PCR 방법으로 유전과 진화의 관계를 쉽게 연구할 수 있습니다. PCR을 바이오기술에 적용한 예는 매우 많습니다. 의약 디자인 분야에서 필수불가결한 연구 도구가 된 것 말고도 이제 PCR 방법은 HIV를 포함한 바이러스나 박테리아 감염 진단에 사용하고 있습니다. 이 방법은 감도가 매우 좋아서 피 한 방울이나 머리카락 한 가닥의 DNA 내용을 분석하는 법의학에도 사용되고 있습니다.

캐리 멀리스 박사님, 그리고 마이클 스미스 교수님.

두 분의 뛰어난 업적에 대해 스웨덴 왕립과학원의 진심 어린 축하를 전해 드립니다. 이제 전하께서 수여하시는 노벨상을 받으시기 바랍니다.

스웨덴 왕립과학원 카를이바르 브렌덴

카보양이온 화학에 공헌

1994

게오르크 올라 | 미국

:: 게오르크 앤드루 올라 George Andrew Olah (1927~2017)

헝가리 태생 미국의 화학자. 부다페스트 공과대학에서 화학을 전공하다가 1956년에 헝가리 혁명을 피해 영국으로 탈출한 뒤 미국으로 이주하였다. 1965년부터 케이스 웨스턴리저브 대학교에서 강의하기 시작하였으며, 1977년에 서던캘리포니아 대학교의 교수가 되었다. 노벨상을 비롯하여 미국화학회 석유화학상(1964), 합성유기화학상(1979), 애덤스상(1989)을 받았다. 높은 농도의 수명이 긴 카보양이온을 만드는 방법을 창안함으로써 구조, 안정도, 반응 등 카르보양이온의 과학적 연구에 크게 기여하였으며, 유기화학 전반에 영향을 주었다.

전하, 그리고 신사 숙녀 여러분.

단순하고 값싼 출발물질로부터 복잡한 유기화합물을 합성하는 것은 우리가 살고 있는 화학시대, 즉 현대 문명의 필수조건 중 하나입니다. 유기합성은 신약, 비타민, 섬유, 플라스틱, 살충제, 제초제, 도료, 페인트,

그리고 연료를 얻기 위한 효율적인 방법을 제공합니다. 출발물질 분자들이 서로 반응해서 특징적인 생성물 분자가 만들어질 때 반응이 어떻게 진행되었는지 자세히 이해하는 것은 화학자에게 매우 중요합니다. 이것이 반응의 메커니즘을 결정하는 과정입니다. 기술적으로 중요한 생성물을 만들 때 메커니즘에 관한 지식은 더 좋은 물질을 더 저렴한 방법으로 개발할 수 있게 합니다. 제 은사이신 고故 아르네 프레드가 교수님은 1975년 이 연단에서 "메커니즘을 모르는 것은 〈햄릿〉의 처음과 끝 장면만 보는 것과 같다"고 말씀하셨습니다. 그렇게 되면 햄릿 연극은 별로 가치가 없다고 생각하게 되며 사람들은 실제로 무슨 일이 일어났는지 의아해 할 것입니다.

많은 경우, 반응은 아주 짧은 수명을 가진 중간물질을 통하여 진행됩니다. 반응성 있는 중간물질의 한 형태를 '카보양이온'이라고 부릅니다. 전하를 띤 원자나 원자그룹들이 무기화학에서는 흔합니다. 우리 모두 소금에 대해 잘 알고 있는데, 이것은 양전하를 띤 나트륨이온(양이온)과 음전하를 띤 염화이온(음이온)으로 되어 있습니다. 수많은 유기화합물 중 특히 탄소와 수소, 단지 두 원소로 이루어진 탄화수소는 그렇지 않은 경우입니다. 카보양이온은 두 가지 특성을 가지며 유기합성 화학에서 빈번히 사용하는 반응의 중간물질이라는 언급이 많이 있었습니다. 그런 경우에 중간물질은 10억분의 1초, 혹은 그보다 극히 짧은 수명을 가져야 하고 반응성이 높기 때문에 농도가 매우 낮아야 했습니다. 카보양이온의 존재는 반응속도 측정과 공간에서 원자의 배열을 관찰하는 실험을 하는 중에 알려졌습니다. 카보양이온을 확인할 목적으로 여러 가지 독창적인 실험이 수행되었습니다. 그러나 아무도 이 카보양이온을 볼 수 없었으며 인간의 시력을 확장시킨 고성능 현미경이나 분광학적 방법으로도 볼 수 없었습니다. 결국 카보양이온의 존재에 대한 증거는 없었고, 다시말해 그것들은 인간의 지각과 상관없이 실제로 존재하는 것이거나 혹은 실험적 결과를 설명하기 위해 인간의 상상력이 만든 것이었습니다.

분광학적 방법으로 카보양이온을 측정할 수 없기 때문에 여러 과학자들은 자신의 실험을 각각 다르게 해석했으며 1960년대와 1970년대 유기화학에서는 과학 논쟁이 일어났습니다.

게오르크 올라 교수는 명석한 일련의 실험을 통하여 이 문제를 풀었습니다. 그는 높은 농도의 수명이 긴 카보양이온을 만드는 방법을 창안해 내어 분광학적 방법으로 그들의 구조, 안정도, 반응을 연구하였습니다. 이것은 양이온과 반응하지 않는 특별한 용매를 사용함으로써 가능하였습니다. 낮은 온도의 이 같은 용매에서 초강산의 도움으로 카보양이온이 만들어질 수 있다는 것을 관찰하였는데 이 산은 진한 황산보다 10^{18}배 더 강한 것입니다. 올라 교수의 선구적인 업적이 있어 그의 뒤를 따르던 과학자들이 카보양이온의 구조와 반응성에 관한 자세한 지식을 얻을 수 있었습니다. 올라 교수의 발견은 카보양이온의 과학적 연구에 엄청난 혁신을 일으켰고 그의 연구는 유기화학의 모든 현대 교과서에서 주요한 위치를 차지하게 되었습니다.

올라 교수는 두 그룹의 카보양이온을 발견하였는데, 3가 이온인 카베늄이온은 양의 탄소원자가 3개 원자로 둘러싸여 있는 것이고, 카보늄이온은 양의 탄소원자 5개 원자로 둘러싸여 있는 것입니다. 논란의 여지가 있는 다섯 축의 카보양이온의 존재가 과학 논쟁의 이유였습니다. 올라 교수는 다섯 축의 카보양이온이 존재한다는 명백한 증거를 제시하여 유기화합물 내의 탄소가 기껏해야 네 개의 축, 혹은 최대한 네 개의 원자와 결합하고 있다는 정설을 뒤집었습니다. 이것은 1860년대 케굴레 시대 이래로 구조적 유기화학의 주춧돌 가운데 하나가 되었습니다.

올라 교수는 초강산이 아주 강해서 포화 탄화수소에 양성자를 제공할 수 있고 다섯 축의 카보늄이온은 반응이 더 진행된다는 것을 밝혔습니다. 이 사실은 석유화학에서 가장 중요한 반응을 잘 이해하도록 공헌하였습니다. 그의 발견은 연소 엔진에서 사용되는 낮은 옥탄가를 갖는 선형의 알케인을 높은 옥탄가를 갖는 가지친 알케인으로 만드는 이성질체화 방법을 개발하도록 하였습니다. 더욱이 가지친 알케인은 공업적 합성에서 출발물질로서 중요합니다. 올라 교수는 초강산의 도움으로 건물 벽돌처럼 기본적인 물질인 메테인을 가지고 더 큰 탄화수소를 만드는 것이 가능함을 보였습니다. 또한 초강산 촉매를 사용하여 아주 온화한 조건에서 중유를 열분해하고 석탄을 액화하는 것을 가능하게 하였습니다.

올라 교수님.

저는 지금 몇 분 동안 카보양이온의 구조, 안정성, 그리고 반응에 대한 기본적인 연구를 통하여 물리유기화학에 끼친 교수님의 광대한 영향을 설명하였습니다. 교수님의 중요한 공헌을 인정하여 스웨덴 왕립과학원은 올해의 노벨 화학상을 수여하기로 결정하였습니다. 스웨덴 왕립과학원의 축하를 전하는 것이 저에게는 영광이며 즐거움입니다. 이제 전하께서 수여하시는 노벨상을 받으시기 바랍니다.

스웨덴 왕립과학원 살로 그로노비츠

오존의 생성과 분해에 관한 연구

1995

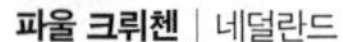
파울 크뤼첸 | 네덜란드 **마리오 몰리나** | 미국 **셔우드 롤런드** | 미국

:: 파울 요제프 크뤼첸 Paul Jozef Crutzen (1933~2021)

네덜란드의 화학자. 1968년에 스톡홀름 대학교에서 박사학위를 받고, 1973년에 과학 박사학위(D.Sc.)를 취득하였다. 1980년에 막스 플랑크 화학연구소의 연구원이 되었고, 1983년에는 소장이 되었다. 이후 시카고 대학교와 캘리포니아 대학교에서 강의한 후 1993년에 마인츠 대학교의 명예교수가 되었다. 1970년에 연소 과정에서 생성되는 질소산화물이 성층권에서의 오존 고갈 속도에 영향을 줄 수 있음을 밝혔다.

:: 마리오 조제 몰리나 Mario Joje Molina (1943~2020)

미국의 화학자. 1972년에 버클리에 있는 캘리포니아 대학교에서 박사학위를 취득하였다. 1973년에 박사후과정으로 공동 수상자이기도 한 롤런드 교수와 함께 연구를 시작하여 프레온가스로 인해 성층권의 오존이 파괴될 수 있음을 규명하였다. 1989년에 매사추세츠 공과대학의 교수가 되었다.

:: 프랭크 셔우드 롤런드 Frank Sherwood Rowland (1927~2012)

미국의 화학자. 1952년에 시카고 대학교에서 박사학위를 취득한 후, 프린스턴 대학교와 캔자스 대학교에서 강의하였다. 1964년에 어바인에 있는 캘리포니아 대학교의 화학 교수로 임용되었으며, 1973년부터 당시 박사후과정 연구원이었던 몰리나와 함께 연구하였다. 오존 파괴에 대한 공동 연구는 몬트리올 의정서라는 국제협약을 체결하는 데 영향을 주었다.

전하, 그리고 신사 숙녀 여러분.

우리 인류는 30년 전에 처음으로 우주에서 지구를 바라볼 수 있었습니다. 흰 구름, 푸른 바다, 초록 식물과 갈색 토양, 그리고 산을 보았습니다. 우주로부터 우리는 총체적으로 지구를 보고 연구할 수 있게 되었으며, 우리의 삶의 영역인 생물권이 영향을 주고받는다는 것을 알게 되었습니다. 과학의 임무 중 하나는 이런 일이 어떻게 일어나는지 기술하고 설명하는 것입니다. 1995년 노벨 화학상 수상자 파울 크뤼첸, 마리오 몰리나, 셔우드 롤런드 교수는 지구 대기에서 일어나는 화학반응에 관한 연구 중에서 이 우주적 관점을 택했습니다.

태양은 생명의 근원입니다. 태양은 거의 모든 유기생명체 에너지의 근원이지만 단지 태양광의 일부만이 유익합니다. 생명체에 해로운 자외선도 방출하기 때문인데, 많은 사람들이 과도한 일광욕으로 고통을 받는 것이 그 예입니다. 우리에게 친숙한 형태의 생명 현상은 녹색식물에서 대기 중의 이산화탄소를 생체물질과 산소로 전환하는 광합성입니다. 생물권이 오늘날과 같은 대기 조성을 만드는 데는 수억 년이 걸렸습니다. 상층 대기 또는 성층권에서는 태양빛이 산소를 오존으로 전환할 수 있으며, 15킬로미터 내지 50킬로미터 높이에서 오존 농도가 가장 높습니다. 이 오존층이 태양에서 나오는 자외선을 매우 효과적으로 흡수해서 지구 표면에 도달하는 해로운 자외선을 감소시킵니다. 그리고 이것이 효과적인 광합성을 가능하게 합니다. 이것이 생물권화학과 대기화학 사이에 있는 자동제어 메커니즘의 한 예입니다. 이것이 깨지면 지구상의 모든 생명체에 심각한 결과를 초래할 수도 있습니다.

올해의 노벨상 수상 주제는 대기화학 연구에 대한 업적입니다. 오존이 어떻게 생성되고 분해되는지, 그리고 이 과정이 대기권에 있는 인간 활동의 산물인 화학물질에 어떻게 영향을 받는지를 연구하였습니다. 1970년에 파울 크뤼첸 교수는 연소 과정에서 생성되는 질소산화물이 성층권에서 오존이 고갈되는 속도에 영향을 미칠 수 있다는 것을 밝혔습니다.

그는 웃음가스라고 널리 알려진 아산화질소, 토양에서 미생물 대사과정에서 생성되는 아산화질소가 같은 효과를 줄 수 있다고 하였습니다. 또한 하층 대기에서 생성되는 오존에 관해서도 연구했는데, 오존은 스모그의 구성물질로 대기오염 물질, 특히 자동차 및 다른 연소시스템의 배기가스가 태양광을 받아서 만들어집니다. 성층권의 오존은 생명체에 필수불가결하지만 대류권의 오존은 매우 독성이 있으며 적은 양일지라도 대부분의 유기체에게 해롭습니다.

1974년 마리오 몰리나 교수와 셔우드 롤런드 교수는 염화불화탄소(CFC 또는 프레온)의 광화학적 분해반응으로 생성되는 염소화합물이 성층권의 오존을 파괴한다는 것을 밝혔습니다. 그들은 이 복잡한 과정에 관한 자세한 가설을 제시했습니다.

세 과학자의 발견은 현대 기술의 산물과 유난히 관련이 깊습니다. 초음파 항공기는 성층권에 질소산화물을 방출합니다. 자동차 및 고정식 연소공장은 하층 대기에 질소산화물을 방출합니다. 냉장고, 에어컨에서 나오는 프레온가스와 에어로졸 스프레이 형태의 분무제는 쓰고 버리는 문화와 결합되어 대기에 대량의 염소화합물을 방출합니다. 올해 노벨 화학상 수상자가 제시한 발견은 정치적으로나 산업적으로 엄청난 영향을 주었습니다.

그들이 많은 분야 특히 경제적으로 중요한 분야에서 나오는 환경 유해물질을 부정적인 것으로 분명하게 규정했기 때문입니다. 그들도 또한 그들이 세운 초기 가설의 핵심을 확인하는 혹독한 심사를 받았습니다. 그 명백한 결과의 하나가 '몬트리올 의정서'로 알려진 CFC 제조와 사용을 규제하는 국제협약입니다.

성층권 오존량의 변화를 가장 잘 보여 주는 예는 1985년 조셉 파먼과 그의 동료들이 남극에서 수행한 관찰입니다. 그들은 남극에서 극야(남극의 밤)가 지나고 봄이 왔을 때(해가 떴을 때) 극지에서 오존이 급격하게 고갈되는 것을 관찰했습니다. 오존량은 그 다음에 이어지는 극지방의 여름부터 겨울까지 정상 수준으로 축적되었고 다시 이 과정이 반복되었습니다. 이 반복되는 오존 구멍은 완전히 예기치 못한 것이었습니다. 마침내 과학적 설명이 이루어졌는데, 주로 올해 노벨 화학상 수상자들의 중요한 기여와 수전 솔로몬의 연구를 통해서였습니다.

크뤼첸 교수님, 몰리나 교수님, 그리고 롤런드 교수님.

교수님들은 지구 대기에서 일어나는 균일 화학반응 및 불균일 화학반응의 중요성을 보여 주었습니다. 교수님들은 이러한 데이터를 대기에서 일어나는 대규모 운송과정과 결합하는 모델을 개발하였고, 이 모델이 인류의 활동에서 비롯된 여러 물질의 방출 결과를 평가하기 위한 예측 도구로 어떻게 이용될 수 있는지를 보여 주었습니다. 그리하여 근본적인 화학 현상뿐만 아니라 인간 행동의 대규모적이고 때로는 부정적인 결과를 명쾌하게 설명하였습니다. 알프레드 노벨 박사의 유지를 빌리자면,

교수님들의 업적은 대단히 '인류에게 유익한' 것이었습니다.

스웨덴 왕립과학원의 축하를 전해 드리게 되어 영광입니다. 이제 전하께서 수여하시는 노벨상을 받으시기 바랍니다.

스웨덴 왕립과학원 잉마르 그렌테

풀러렌의 발견

1996

로버트 컬 | 미국

해럴드 크로토 | 영국

리처드 스몰리 | 미국

:: 로버트 플로이드 컬 Robert Floyd Curl Jr. (1933~2022)

미국의 화학자. 1957년에 버클리에 있는 캘리포니아 대학교에서 박사학위를 취득하였으며, 1958년에 라이스 대학교의 교수로 임용되었다. 60개의 탄소원자가 봉합되어 껍질 모양으로 이루어진, 새롭고 안정된 탄소 형태인 플러렌을 발견하였다. 플러렌의 발견은 탄소의 생성에 관한 다양한 가설을 제기할 수 있게 하였다.

:: 해럴드 월터 크로토 Harold Walter Kroto (1939~2016)

영국의 화학자. 1964년에 셰필드 대학교에서 박사학위를 취득한 후, 캐나다 국립학술연구원과 미국의 벨 연구소에서 박사후과정을 이수하였다. 1967년에 서식스 대학교에서 강의를 시작하여 1985년에 정교수가 되었다. 1991년부터 2001년까지 왕립학회 연구교수로 재직하였다.

:: 리처드 에레트 스몰리 Richard Errett Smalley (1943~2005)

미국의 화학자. 1973년에 프린스턴 대학교에서 박사학위를 취득한 후, 시카고 대학교에서 박사후과정을 이수하였다. 1976년에 텍사스 휴스턴에 있는 라이스 대학교의 교수가 되었다. 플러렌의 발견을 통하여 물리와 화학 영역에서 지식을 확장시켰을 뿐만 아니라, 자연을 바라보는 관점 자체에도 영향을 주었다.

전하, 그리고 신사 숙녀 여러분.

우리는 화학원소에 대해 필요한 가치가 있는 것은 이미 다 알고 있고, 특히 가장 완벽하게 연구된 원소 중 하나인 탄소에 관한 한 더 이상 중요한 발견은 있을 수 없다고 생각합니다. 탄소는 선사시대 이래로 그을음, 석탄, 그리고 숯으로 알려져 왔습니다. 18세기 말에는 흑연과 다이아몬드가 탄소의 또 다른 형태라는 사실이 밝혀졌습니다. 탄소는 수없이 많은 방법으로 사용됩니다. 예를 들면 연료로써 석탄을 대량으로 연소하고, 제철공정에서 코크스를 사용하고, 그리고 윤활제, 연필, 브레이크 라이닝 등에 흑연을 사용하고 있습니다. 다이아몬드로 불리는 탄소의 희귀한 형태는 미적 기능 이외에도 수많은 다른 용도로 쓰이고 있습니다. 일반적인 자동차 타이어는 3킬로그램의 카본블랙을 포함하며, 활성화된 탄소는 아주 다양한 분야에서 유용하게 쓰입니다. 그래서 탄소는 모든 생활의 기초이며 우리 모두에게 매우 중요합니다.

그러므로 올해 화학상 수상자인 로버트 컬, 해럴드 크로토, 그리고 리처드 스몰리 교수가 대학원생인 제임스 히드와 숀 오브리엔과 함께 60개의 탄소원자가 봉합된 껍질 모양으로 이루어진 새롭고 안정된 탄소형태를 발견했다고 1985년에 발표한 일은 과학계에 더할 나위 없는 감동과 반향을 불러일으켰습니다. 그들은 이 새로운 탄소분자를 벅민스터풀러렌buckminsterfullerene이라고 이름지었습니다. 이는 1967년 몬트리올 세계박람회에서 국제적으로 유명해진 미국 건물 '최단선 돔geodesic dome'

의 고안자인 미국 건축가 벅민스터 풀러의 이름을 딴 것이었습니다. 벅민스터풀러렌에 있는 탄소원자가 어떻게 서로 연결되어 있는지 이해하려면 축구공이나 유럽 축구공 표면의 무늬를 연상할 필요가 있습니다. 이 공은 12개의 검은색 오각형과 20개의 흰색 육각형이 서로 같은 도형끼리는 접하지 않는 형태로 꿰매 있어서 60개 꼭지점을 가진 대칭적 구조가 됩니다. 이제 60개 꼭지점 각각에 탄소원자를 위치시키면 벅민스터풀러렌이 어떤 모양인지 알 수 있습니다. 비록 축구공보다 3억분의 1 정도로 작지만 말입니다.

벅민스터풀러렌, 즉 C_{60}의 발견은 레이저로 50억 분의 1초 안에 탄소의 아주 적은 양을 기화시키는 첨단 장비의 사용으로 이루어졌습니다. 뜨거운 탄소기체가 농축되면 여러 개의 탄소원자를 포함하는 덩어리(클러스터)들이 형성되는데 60개의 탄소원자들을 가진 덩어리가 가장 많이 발견됩니다. 이 다양한 탄소분자들은 C_{60}과 같은 안정성을 보였으며 또한 봉합된 형태로 생각되었습니다. 이 모든 덩어리들의 총체적인 이름이 풀러렌스였습니다. 칼륨이나 세슘과 같은 금속원자가 안쪽 공간에 들어 있는 풀러렌스를 만드는 것도 가능했습니다. 이 실험에서 문제가 되는 것은 제안된 구조를 정확하게 증명할 수 있을 만큼 충분한 양의 풀러렌스를 얻을 수 없다는 사실입니다. 따라서 1985년부터 1990년까지 과학적 논쟁이 들끓었지만, 그러한 심한 비판에도 불구하고 풀러렌스 발견자들은 인내심과 독창력 그리고 열의를 가지고 그들의 가설을 꿋꿋하게 지켜 냈습니다. 1990년에야 물리학자 도널드 휴프먼과 볼프강 크레치머가 어느 실험실에서나 빠르고 값싸게 재현할 수 있는 방법을 이용하여 1그램 정도의 C_{60}을 만들 수 있었습니다. 이렇게 만든 것을 가지고 구조결정 장치를 사용하여 C_{60}이 정말로 발견자들이 가정한 구조를 가지고 있는지를 증명해 보였습니다. 화학자들은 풀러렌스 화학을 연구하기 위해 빠르게 모여들었습니다. 그리고 풀러렌스 화학과 풀러렌스 물리에 관련된 다양한 응용성을 시험해 볼 수 있었습니다.

풀러렌스가 왜 이토록 중요하고 흥미로운지를 이해하려면 다른 형태의 탄소구조를 살펴보아야 합니다. 흑연은 서로의 위에 쌓아 올린 매우 크고 평평한 망상구조를 이루면서 함께 결합된 탄소원자로 구성되어 있습니다. 반면에 다이아몬드는 끝없는 삼차원의 망상조직으로 결합된 탄소원자로 구성되어 있습니다. 둘 다 우리가 보통 거대분자라고 부르는 것들의 예입니다. 이와 같은 형태의 탄소를 사용하여 적용할 수 있는 화학은 상당히 제한적이며 다이아몬드 경우에는 무척 비쌉니다. 그러나 풀러렌은 화학적으로 반응할 수 있고 수많은 방식으로 변형될 수 있는 봉합된 작은 분자구조를 가집니다.

올해 노벨 화학상은 모든 자연과학에 대하여 함축적 의미를 갖습니다. 붉은색의 거대 별들과 우주의 기체구름에서 탄소의 움직임을 이해하려는 열정이 연구의 씨앗으로 처음 뿌려졌습니다. 그리고 풀러렌스의 발견이 화학과 물리의 영역에서 우리의 지식을 확장시키고 생각을 변화시켰으며, 우주에서 탄소의 생성에 대한 새로운 가설을 가능하게 하였고, 지질층에서 적은 양의 풀러렌스를 발견할 수 있도록 하였습니다. 아마도 풀러렌스는 이전에 믿었던 것보다 훨씬 많은 양이 지구에 존재하고 있을 것입니다. 대부분의 불꽃에서 나오는 그을음에는 적은 양의 풀러렌스가 있는 것으로 알려졌습니다. 다음에 촛불을 켤 때는 이 점을 기억하십시오.

대칭 개념은 자연과학과 사상의 역사에서 중요한 역할을 해 왔습니다. 이 개념은 많은 중요한 이론을 이끌어 왔고 과학적 사고에 강력한 추진력이 되어 왔습니다. C_{60}의 아름다운 구조에 매료당하는 느낌은 인간이 자연현상을 골똘히 생각하던 때부터 이어져 온 것입니다. 플라톤은 티마이오스 「대화편」에서 불, 흙, 공기, 물이라는 네 개의 기본적인 입자에 대한 이론을 설명하였습니다.

> 그다음으로 우리는 서로 다르지만 그중 어떤 것은 다른 것으로 전환될 수 있는 네 개의 가장 아름다운 물체가 무엇인지 결정해야 합니다. 우리는 흙과 불, 관계된 원소들, 그리고 중간원소들의 참된 기원을 알게 될 것입니다. 그러면 이보다 더 잘 구별되는 물체의 종류가 존재한다고 생각지 않을 것입니다.

그는 정사면체(불), 정육면체(흙), 정팔면체(공기), 정이십면체(물), 즉 다섯 정다면체 중에 네 개에 대해 서술하였습니다. 그리고 십이면체는 우주를 의미하는데, 왜냐하면 가장 완벽한 형태인 구에 가장 가깝기 때문입니다. 구에 가장 근접하면서 우리가 가질 수 있는 매우 아름다운 물체이기 때문에 플라톤은 확장된 십이면체인 C_{60}의 구조를 꼭 발견하려 하였습니다.

컬 교수님, 크로토 교수님, 그리고 스몰리 교수님.

교수님들은 탄소원소의 새로운 형태, 풀러렌스의 발견으로 1996년 노벨 화학상을 받게 되었습니다. 스웨덴 왕립과학원을 대신하여 축하 드리는 것이 저에게는 특권이며 큰 기쁨입니다. 이제 전하로부터 노벨상을 받으시기 바랍니다.

스웨덴 왕립과학원 레나르트 에베르손

ATP 합성의 기초가 되는 효소메커니즘 규명 | 보이어, 워커
이온전달효소 Na^{+}, K^{+}-ATP아제의 최초 발견 | 스코우

1997

폴 보이어 | 미국

존 워커 | 영국

옌스 스코우 | 덴마크

:: 폴 디로즈 보이어 Paul Delos Boyer (1918~2018)

미국의 화학자. 1943년에 위스콘신 대학교에서 박사학위를 취득하였다. 1963년에 로스앤젤레스 캘리포니아 대학교 화학과 및 생화학과 교수로 임용되었으며, 1965년부터 18년 동안 분자 생물학 연구소의 설립 감독으로 활동하였다. ATP 합성효소가 세포 내에서 합성을 촉진하는 메카니즘을 분자기계에 비유하여 설명하였다.

:: 존 어니스트 워커 John Ernest Walker (1941~)

영국의 분자생물학자. 1969년에 옥스퍼드 대학교에서 박사학위를 취득한 후 매디슨에 있는 위스콘신 대학교에서 강의하였다. 1982년 케임브리지 대학교 의학연구위원회 분자생물학 실험실 선임연구원이 되었고, 1995년에는 런던 왕립학회 회원이 되었다. ATP효소의 구조를 확립함으로써 보이어가 제시한 메커니즘을 증명하였다.

:: 옌스 크리스티안 스코우 Jens Christian Skou (1918~2018)

덴마크의 화학자. 1954년에 오르후스 대학교에서 박사학위를 취득한 뒤 1977년부터

1988년까지 생물물리학 교수로 재직하였다. 살아 있는 세포에서 이온 균형을 유지하는 효소를 발견함으로써, 근육 수축, 신경충격 전달, 소화 등 생명작용에 필수적인 이온펌프의 작용을 규명하는 데 기여하였다.

전하, 그리고 신사 숙녀 여러분.

생명은 에너지를 필요로 합니다. 우리가 움직일 때에는 근육에 에너지가 필요하고, 생각할 때에도 에너지가 필요합니다. 새로운 생물학적 분자를 만들어 내기 위해서도 에너지가 필요합니다. 올해의 노벨 화학상 수상자 세 분은 각각 다른 방법으로 살아 있는 유기체가 어떻게 에너지를 얻고 이용하는지를 밝혀냈습니다. 이 발견들의 공통요소는 아데노신 삼인산ATP 분자인데, 이 불가사의한 ATP 분자는 단순한 박테리아에서부터 민들레, 참새 혹은 인간에 이르기까지 모든 유기체에서 에너지를 저장하고 운반할 수 있습니다. 많은 양의 ATP가 합성되고 소비되어야 합니다. 매일 성인 한 사람이 대략 자기 몸무게에 상당하는 만큼의 ATP를 전환하며, 육체적으로 격렬한 활동을 할 경우에는 몇 배 더 많은 ATP를 전환합니다.

지구상의 모든 에너지의 근원은 태양입니다. 녹색식물은 태양빛을 흡수해서 광합성이라는 과정을 통해 화학에너지로 전환합니다. 광합성 과정에서는 이산화탄소와 물이 당, 녹말 그리고 다른 복잡한 탄소화합물로 전환됩니다. 인간이나 동물과 같은 유기체들은 이러한 탄소화합물을 에너지원으로 사용하는데, 산소의 도움으로 이러한 탄소화합물을 태워서 에너지를 얻습니다. 이것이 바로 우리가 숨을 쉬는 이유입니다. 그러므로 자연은 그 에너지 공급원으로 태양광발전과 화력발전의 조합을 선택했다고 할 수 있습니다. 비록 이 두 가지 에너지 전환시스템이 순수하게 기술적인 의미에서 서로 다르게 보일지 모르지만 여러 면에서 이들은 살아 있는 세포 내에서 같은 방식으로 작동합니다. 가장 중요한 유사성은 방출된 에너지가 ATP 분자의 도움을 받아 이용된다는 것입니다.

1978년 노벨 화학상 수상자인 피터 미첼에 의하면 광합성과 세포호흡에서 방출된 에너지가 양으로 하전된 수소이온의 흐름을 개시합니다. 그러면 이 수소이온은 ATP 합성효소라 불리는 막에 결합된 효소의 도움으로 ATP 합성을 유도합니다. 올해 수상자 중 두 분, 폴 보이어와 존 워커 교수는 이 중요한 효소에 관해 연구해 왔으며, 이 효소가 아주 독특한 방식으로 작용한다는 것을 밝혔습니다.

많은 연구 업적 중에서도 그들은 ATP 합성효소가 분자기계에 비유될 수 있다는 것을 보였으며, 분자기계의 회전 뒤틀림축이 '생물학적 전기'인 수소이온의 흐름에 의해 단계적으로 작동한다는 것을 밝혔습니다. 회전축의 비대칭성 때문에 효소의 3개 하위 단위는 각각 다른 형태와 작용을 하는 것으로 추정했습니다. 즉 제1형태에 아데노신이인산ADP과 인산 형성구역이 연결되고, 제2형태에서 이 두 분자가 화학적으로 결합해서 새로운 ATP 분자가 합성되며, 제3형태에서 합성된 ATP 분자가 방출되는 것입니다. 다시 축이 뒤틀릴 때 3개 하위 단위가 형태를 바꾸고 또 상호작용을 하여 새로운 ATP 분자가 합성되고 이 과정이 계속 반복됩니다.

1970년대 후반에 보이어 교수가 이 '결합 변화 메커니즘'을 제안하였으나 1994년에 이르러서야 비로소 그의 독창적인 모델이 연구원들 사이에서 인정을 받게 되었습니다. 그 해 8월에 워커 교수와 동료들은 효소 결정의 엑스선 분석으로얻은 ATP 합성효소의 3차원 이미지를 발표했습니다. 이 엑스선 이미지는 수백만 배 확대된 것인데, 비대칭적으로 늘어난 단백질분자가 모두 서로 다른 형태를 보이는 세 개의 다른 단백질 단위와 어떻게 상호작용하는지를 보여 주었습니다. 워커 교수는 마침내 분자기계의 자세한 청사진을 공개했고, ATP 합성에 관한 보이어 교수의 이론이 옳다는 것을 증명했습니다.

이제 ATP 합성에 관한 이야기는 그만하고, ATP의 사용에 초점을 맞추겠습니다. 1957년 옌스 스코우 교수는 나트륨, 칼륨-ATP아제(또는 Na^+, K^+-ATPase)라 불리는, 살아 있는 세포에서 적절한 이온 균형을 유지하는 효소를 발견했습니다. 이 효소도 기술적으로 유사하게 묘사될 수 있습니다. 즉 이것은 칼륨이온을 세포 안으로 운반하는 동안 나트륨이온을 반대방향인 세포 밖으로 운반하는 생물학적 펌프로 작용합니다. 이것은 많은 양의 에너지를 필요로 하는 과정이며, 인체에서 생성된 ATP의 3분의 1까지 Na^+, K^+ 펌프를 작동하기 위해 쓰일 수도 있습니다. 오늘날 우리는 스코우 교수의 선구적 연구로 발견된 많은 다른 이온펌프들을 알고 있습니다. 이러한 모든 이온펌프들은 신경충격 전달, 근육수축과 소화 같은 여러 가지 중요한 생명 작용에 필수적입니다. 심장약, 궤양 약과 같은 많은 의약품의 효과가 세포 이온펌프의 작용과 관계가 있습니다.

스코우 교수의 발견은 기초 연구가 얼마나 예측 불가능한지를 명백하게 보여 주고 있습니다. 여러 가지 염이 바닷게의 조직에 미치는 영향을 연구한, 조금은 기이해 보였던 그의 실험이, 40년 뒤의 산업공정에, 그리고 새로운 의약품의 생산에 이처럼 중요해질 줄을 1957년에는 어느 누구도 상상할 수 없었습니다. 새로운 돌파구를 여는 획기적인 연구와 그 응용은 고객의 주문으로 이루어질 수 있는 것이 아닙니다. 그것은 호기심, 뛰어난 과학적 재능, 그리고 미래 예측 능력이 조합되어 나타나는 것입니다.

보이어 박사님, 스코우 박사님, 그리고 워커 박사님.

저는 지금까지 ATP 신진대사 효소학에 관한 박사님들의 선구적 연구가, 살아 있는 세포가 에너지를 저장하고 이용하는 방식에 대해 설명했습니다. 박사님들의 연구는 인류에게 혜택이 되는 생의학적 응용의 기초를 제공했을 뿐만 아니라 효소작용에 관한 새로운 원리를 밝혀내고 새로운 화학적 연구 분야를 열었습니다. 화학에 기여한 박사님들의 공로를 인정하여 스웨덴 왕립과학원에서는 여러분께 올해의 노벨 화학상을 수여하기로 결정하였습니다.

과학원의 진심 어린 축하를 전해 드립니다. 이제 전하로부터 노벨상을 받으시기 바랍니다.

스웨덴 왕립과학원 베르틸 안데르손

밀도함수론 개발 | 콘
양자화학 계산방법 개발 | 포플

1998

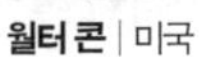

월터 콘 | 미국

존 포플 | 영국

:: 월터 콘 Walter Kohn (1923~2016)

오스트리아 태생 미국의 물리학자. 1948년에 하버드 대학교에서 물리학 박사학위를 취득한 뒤 1960년부터 1979년까지 샌디에이고에 있는 캘리포니아 대학교에 재직하면서 에너지와 전자밀도를 결정할 수 있는 일련의 방정식들을 세울 수 있는 방법인 밀도함수론을 개발하였다. 1979년부터 산타바버라에 있는 캘리포니아 대학교 이론물리학연구소 소장으로 일했고, 1984년부터 교수로 재직하였다.

:: 존 앤소니 포플 John Anthony Pople (1925~2004)

영국의 수리화학자. 1951년에 케임브리지 대학교에서 박사학위를 취득하였다. 1964년부터 1986년까지 피츠버그에 있는 카네기멜런 대학교에서 교수로 재직하였으며, 1993년에는 노스웨스턴 대학교의 교수가 되었다. 2003년에 기사 작위를 받았다. "가우시안"이라는 컴퓨터 프로그램을 개발함으로써 양자역학식을 푸는 더욱 더 정교한 이론적 모델을 제시하였으며, 이후 가우시안은 화학 및 생화학 분야에서 활발하게 사용되고 있다.

전하, 그리고 신사 숙녀 여러분.

인간은 실로 대단합니다. 자연을 탐구함으로써 혼란으로부터 질서를 이끌어 냈습니다. 수학이라는 언어를 만들어서 자연에 관한 인간의 지식을 간단한 몇 개의 문장으로 수식화할 수 있게 하였습니다. 이 문장들은 자연과 물질에 관한 우리의 지식을 집약적으로 요약 서술해 줄 뿐만 아니라 예측하는 데에도 사용할 수 있습니다. 컴퓨터 시뮬레이션으로 날씨를 예측하고, 다리의 구조적 안정성이나 비행기의 공기역학적 특성을 계산할 수 있습니다. 오늘 우리는 수학이 화학에 도입되어 이론적 계산을 통해 화학의 다양한 현상을 예측할 수 있도록 된 사실을 경축할 것입니다. 월터 콘 교수와 존 포플 교수는 각각 이런 발전에 중요한 기여를 해왔습니다.

원자는 핵과 전자들로 이루어져 있으며, 전자의 운동은 양자역학법칙으로 기술할 수 있습니다. 70년 전에 이 법칙이 완성되자마자 연구자들은 이 법칙 속에 화학결합에 대한 설명이 포함되어 있음을 간파했습니다. 즉 양자역학 식들을 풀 수 있다면 원자들이 어떻게 결합하여 분자를 형성하는지를 설명할 수 있을 것이고, 분자들이 왜 그런 형태인지, 어떤 특성이 있는지, 그리고 다른 분자들과 어떻게 반응하는지를 모두 설명할 수 있다는 것을 알고 있었습니다.

그러나 그 계산을 해내는 것은 쉽지 않았습니다. 식들은 너무 복잡해서 가장 간단한 경우에만 풀 수 있었습니다. 따라서 양자역학을 화학현상에 적용하는 연구의 발전은 속도가 매우 더뎠으며, 과학자들이 컴퓨터를 사용하기 시작한 1960년대 초반이 되어서야 이 분야의 발전이 가속되기 시작했습니다. 존 포플 교수는 이런 발전의 초창기에 컴퓨터의 잠재력을 이해한 과학자들 중 한 명이었습니다. 그는 분자의 구조나 화학

결합 에너지 등 중요한 특성들을 계산할 수 있는 효과적인 방법이 개발된다면, 그리고 보통의 화학자들이 손쉽게 그 방법을 사용할 수 있게 된다면, 양자화학이 화학에서 매우 중요한 역할을 하게 될 것임을 알고 있었습니다. 존 포플 교수의 결정적인 개발과 거듭된 개선으로 이 조건이 충족되었습니다. '가우시안' 이라는 이름의 컴퓨터 프로그램이 그것입니다. 이 프로그램에는 더욱더 정교한 근사법으로 양자역학 식들을 푸는 이론적 모델이 포함되어 있습니다. 오늘날 포플 교수의 방법을 전 세계의 대학과 산업체에서 수천 명의 과학자들이 화학과 생화학의 다양한 문제를 연구하는 데 사용하고 있습니다.

존 포플 교수가 개발한 방법은 양자역학 식의 근사해를 찾는 것으로, 모든 전자의 움직임을 기술하는 이른바 파동함수 자체를 구하는 것입니다. 월터 콘 교수는 1964년과 1965년에 두 개의 기념비적인 논문을 통해 양자역학 식의 근사해를 구하는 또 다른 방법을 제시하였습니다. 그는 양자역학 시스템의 에너지와 전자밀도가 1대 1의 상관관계를 가지고 있음을 밝혔습니다. 모든 전자들의 위치 좌표들로 표시되는 파동함수에 비해 단지 하나의 위치 좌표로 표시되는 밀도함수가 도입됨으로써 문제가 훨씬 다루기 쉬워졌습니다. 또한 그는 에너지와 전자밀도를 결정할 수 있는 일련의 방정식들을 세울 수 있는 방법을 개발하였습니다. 지난 10년 동안 밀도함수론이라고 부르는 접근 방법이 폭넓은 계산 도구로 발전하여 왔으며 화학에서 많은 응용 예를 가지고 있습니다. 이 방법은 계산이 간단하기 때문에 파동함수에 기반을 둔 방법보다 더 큰 분자들에 적용될 수 있습니다. 그리고 밀도함수이론으로 효소의 화학반응 메커니즘을 연구할 수 있었는데, 예를 들면 광합성에서 물이 산소로 변하는 것입니다.

특별한 사정 때문에 월터 콘 교수님은 오늘 우리와 함께하지 못했습니다. 대신 내년도 시상식에서 뵐 수 있기를 희망합니다.

존 포플 교수님.

지금까지 저는 콘 교수님이 어떻게 화학에 새로운 혁명을 불러왔는지 간단히 설명드렸습니다. 교수님은 양자화학 분야에서 매우 중요한 기여를 했습니다. 그 결과 오늘날의 화학자들과 생화학자들이 새로운 연구 도구를 가지게 되었으며, 분자 수준에서 화학현상을 연구할 수 있게 되었습니다. 이것은 실로 대단한 성과입니다. 스웨덴 왕립과학원을 대신해서 축하의 말씀을 드립니다. 이제 전하로부터 노벨상을 수상하시기 바랍니다.

스웨덴 왕립과학원 비에른 루스

펨토 초 분광기를 이용한 화학반응의 전이상태 연구

1999

아메드 하산 즈웨일 | 미국

:: 아메드 하산 즈웨일 Ahmed Hassan Zewail (1946~2016)

이집트 태생 미국의 화학자. 알렉산드리아 대학교에서 석사학위를 취득하였으며, 1973년에 펜실베이니아 대학교에서 박사학위를 취득하였다. 캘리포니아에 있는 버클리 대학교에서 박사후과정을 이수하였으며, 1976년부터 캘리포니아 공과대학에서 강의하였다. 반응분자가 전이 상태라고 불리는 메타포어를 통과할 때의 상태를 실시간으로 관찰하는 것을 가능하게 해주는 펨토화학이라는 분야를 창시하였다. 그로 인하여 분자 내에서 원자의 실제 움직임을 연구할 수 있게 되었다.

전하, 그리고 신사 숙녀 여러분.

우리 화학자들은 분자와 그들의 고유한 성질을 이해하고, 분자들이 만날 때 무슨 일이 일어날 것인지 예측합니다. 즉 분자들이 서로 약하게 끌릴지 아니면 정열적으로 반응해서 새로운 분자를 생성할지 예측합니다. 크게는 생명이라 불리는 복잡한 화학을 이해하려고 합니다. 지식의 혁명을 통해서 분자는 오늘날 생물학과 약학에서부터 환경과학 및 기술에 이르는 모든 분야의 중심입니다.

화학의 진수는 화학반응, 즉 원자 간의 화학결합이 끊어지고 형성되는 것입니다. 그러면 화학반응은 어떻게 일어날까요? 우리 모두는 화학반응이 각기 다른 속도로 진행된다는 것을 알고 있습니다. 못이 녹스는 데 걸리는 시간과 다이너마이트가 폭발하는 데 걸리는 시간을 비교해 보십시오. 알프레드 노벨 박사는 반응속도가 중요하다는 것을 알고 있었습니다. 다이너마이트는 너무 빨리 반응해서 대포에 사용될 수 없습니다. 대포 자체가 폭발해 날아갈 것입니다.

그는 또한 고온에서 화학반응이 더 빨리 진행한다는 것을 알고 있었으나 그 이유는 알지 못했습니다. 이것은 웁살라에 있는 물리화학 강사 스반테 아레니우스에 의해 밝혀졌습니다. 네덜란드의 과학자 야코뷔스 반트 호프에 의해 영감을 받은 아레니우스는 반응속도에 관한 최초의 이론 및 반응속도의 온도 의존성을 보이는 반응속도식을 제시했습니다. 이 반응속도식은 이제 100년 이상 사용되고 있습니다. 아레니우스 자신은 다른 업적으로 1903년에 노벨 화학상을 받았습니다.

과학은 항상 점점 더 작고 점점 더 빠른 사건을 이해하려고 노력해 왔습니다. 아레니우스 시대 이래로 점차 빨라지는 반응속도를 측정하기 위한 많은 방법이 개발되었습니다. 이들 중 많은 수가 노벨상을 받았습니다. 그러나 최근까지 어느 누구도 반응분자가 전이상태라 불리는 메타포를 통과할 때 반응분자에 실제로 무슨 일이 일어나는지 관찰할 수 없었습니다. 메타포는 결합이 끊어지고 형성되는 일종의 반응 중간상태입니다. 이것이 인류에게 비밀로 남아 있었습니다.

분자는 분자 내에 있는 원자들이 움직이는 정도의 빠른 속도로 전이상태를 통과합니다. 분자는 매초 1,000미터의 속도로 움직입니다. 거의 총알만큼 빠릅니다. 그리고 분자 안에서 원자들이 조금 움직이는 데 걸리는 시간은 보통 수십 펨토 초(1펨토 초 = 10^{-15}초)입니다. 이렇게 빠른 현상을 볼 수 있다고 믿는 사람은 거의 없었습니다.

그러나 이것이 바로 아메드 즈웨일 교수가 해낸 연구입니다. 12년 전 그가 발표한 연구 결과는 펨토화학이라는 과학 분야를 탄생시켰습니다. 이것은 반응 도중의 분자를 촬영하고 전이상태의 극히 짧은 순간을 포착하기 위해서 세상에서 가장 빠른 카메라를 사용하는 것으로 비유할 수 있습니다. 그의 '카메라'는 10여 펨토 초 동안 지속되는 빛을 사용하는 레이저 기술입니다. 강한 레이저 광선에 의해 반응이 개시되면, 그 현상을 추적하기 위한 일련의 뒤따르는 광선들에 의해 반응이 연구됩니다. 이 실험의 성공 열쇠는 최초의 펨토 초 광선이 시료 내에 있는 모든 분자들을 일시에 여기시켜서 그 원자들이 규칙적으로 진동하게 하는 것입니다.

첫 번째 실험은 단순한 반응에서 어떻게 결합길이가 늘어나고 결합이 끊어지는지를 느린 영상으로 보여 주었으나, 곧 복잡한 반응에 관한 연구가 뒤따랐습니다. 그 결과는 종종 놀라웠고 반응 도중 원자들의 움직임은 예상했던 것과 다르다는 것을 알게 되었습니다. 즈웨일 교수가 빠른 레이저 기술을 사용한 것은 갈릴레이가 망원경을 사용한 것에 비유될 수 있습니다. 갈릴레이는 천체에서 빛나는 모든 것에 그의 망원경을 들이댔습니다. 즈웨일 교수는 문자 그대로 분자의 세계에서 움직이는 모든 것에 그의 펨토 초 레이저를 들이댔습니다. 그는 자신의 망원경을 과학의 미개척 분야로 향하게 한 것입니다.

아메드 즈웨일 교수는 분자의 생애에서 결정적인 순간, 즉 화학결합이 끊어지고 형성되는 순간을 정확히 보여 주는 실험을 수행한 최초의 화학자로서 노벨 화학상을 수상하게 되었습니다. 그는 아레니우스 이론 뒤에 있는 실제 세계를 볼 수 있었습니다.

화학반응의 진행 과정을 자세히 이해하고 예측하는 것은 대단히 중요합니다. 펨토화학은 화학의 전 분야뿐만 아니라 재료과학(미래의 전자공학)과 생물학 같은 인접 분야에도 응용될 수 있습니다. 레티날 분자가 그 예인데, 빛이 이 분자를 비틀어지게 하면 신경신호가 뇌로 보내진다는 것이 발견되었습니다. 이 반응은 단 200펨토 초가 걸리는데 이것이 빛에 대한 눈의 민감도를 설명해 줍니다.

펨토 화학은 우리가 화학반응을 바라보는 방식을 급격히 변화시켜 왔습니다. 수백 년 동안 전이상태를 둘러싸고 있던 안개가 걷혔습니다.

즈웨일 교수님.

저는 이 자리에서 교수님의 선구적 연구가 과학자들이 화학반응을 바라보는 방식을 어떻게 근본적으로 변화시켰는지를 설명하려고 노력했습니다. 이들을 전이상태인 메타포라는 용어로만 기술하던 제약에서 벗어나 이제 우리는 분자 내에서 원자의 실제 움직임을 연구할 수 있습니다. 우리는 이것들을 제시간에 논할 수 있고, 우리가 상상하는 방식으로 배치할 수 있습니다. 이것들은 더 이상 볼 수 없는 것이 아닙니다.

스웨덴 왕립과학원의 진심어린 축하를 전해 드립니다. 앞으로 나오셔서 전하로부터 1999년 노벨 화학상을 받으시기 바랍니다.

콘 교수님.

교수님은 계산양자화학에 대한 공로로 존 포플 교수와 함께 작년도 노벨상을 받으셨습니다. 계산양자화학은 또한 금년 노벨상에 있어서도 근본적으로 중요한 역할을 했습니다. 여러 상태의 에너지 계산과 분자구조가 실험의 설명에 결정적이었기 때문입니다.

스웨덴 왕립과학원의 진심어린 축하를 전해 드립니다. 앞으로 나오셔서 전하로부터 1998년 노벨 화학상을 받으시기 바랍니다.

스웨덴 왕립과학원 벵트 노르덴

전도성 고분자의 발견과 개발에 공헌

2000

앨런 히거 | 미국

앨런 맥더미드 | 미국

시라카와 히데키 | 일본

:: 앨런 히거 Alan Jay Heeger (1936~)

미국의 물리학자. 1961년에 버클리 대학교에서 물리학 박사학위를 취득하였다. 1982년부터 캘리포니아 대학교 산타바버라 분교 물리학부에서 강의하였으며, 1987년에 고분자연구소 및 물리재료학부 교수가 되었다. 맥더미드와 시라카와와의 공동 연구는 전도성 고분자에 대한 선구적인 업적을 낳았다.

:: 앨런 그레이엄 맥더미드 Alan Graham MacDiarmid (1927~2007)

뉴질랜드 태생 미국의 화학자. 1953년에 위스콘신 대학교에서, 1955년에 케임브리지 대학교에서 박사학위를 취득하였다. 1955년부터 펜실베이니아 대학교에서 강의를 시작하여 1964년에 정교수가 되었다. 1975년 시라카와를 만난 후 히거도 합류시켜서 공동 연구를 시작하였다. 노벨상을 비롯해 1999년 미국화학회상 재료화학부문 등 많은 상을 받았다.

:: 시라카와 히데키 白川英樹 (1936~)

일본의 화학자. 1966년에 도쿄 공업대학교에서 공학 박사학위를 취득한 후 같은 학교의 자원화학연구소 연구원이 되었다. 1979년부터 쓰쿠바 대학교 물질공학계 조교수로 임용되었으며, 1982년에 정교수가 되어 1999년까지 재직하였다. 일본고분자학회 및 일본화학회 회원으로도 활동하였고, 노벨상을 비롯하여 2000년에는 고분자과학공적상을 수상하기도 하였다.

전하, 그리고 신사 숙녀 여러분.

화학! 우리들은 흔히 화학을 시험관, 악취 나는 실험실, 폭발 등과 연관시킵니다. 알프레드 노벨 박사의 다이너마이트도 그런 환경에서 태어났습니다. 다른 어떤 과학보다 화학이 새로운 지식의 개발에서 안전하며 예측할 수 있는 이론과 폭발적이며 경이로운 현실 사이를 불꽃 튀게 넘나드는 것으로 특징지어 왔습니다. 우리가 우연히 가치 있는 것을 발견했을 때 우리는 '뜻밖의 발견'이라고 이야기합니다. '뜻밖의 발견'은 세렌딥의 세 왕자에 관한 이야기에서 유래된 것으로, 세 왕자가 세상을 돌아다니면서 겪는 것으로부터 중대한 결론을 이끌어 내는 능력을 갖게 된다는 이야기입니다. 올해의 노벨 화학상은 매우 중요한 연구 분야에서 기대치 않은 발견을 이룬 세 명의 과학자에게 수여됩니다.

먼저 아주 초기로 거슬러 올라가 봅시다. 1967년 일본에서는 한 과학자 그룹이 아세틸렌을 플라스틱으로 중합하는 연구를 하고 있었습니다. 아세틸렌이라는 물질은 스웨덴 공학자인 구스타프 달렌이 깜박이는 부표 형태로 어둠 속에서 선원들을 위한 빛으로 이용할 수 있게 했던 기체입니다.(1912년 노벨 물리학상) 중합은 수많은 작은 분자들이 반응하여 긴 사슬, 즉 고분자를 형성하는 과정입니다. 지글러 교수와 나타 교수는 에틸렌이나 프로필렌을 플라스틱으로 중합하는 기술로 1963년 노벨 화학상을 받았습니다. 일본 과학자들은 아세틸렌을 중합시키기 위하여 이와 똑같은 촉매를 사용하였습니다. 하루는 이 실험실의 방문연구원(전 한국 원자력 연구소 방사선 연구실장 변형직 박사)이 실험 방법에 적혀 있는 것보다 더 많은 양의 촉매를 넣었습니다. 사실은 1,000배나 더 많은 양이었습니다. 만약 여러분이 수프에 타바스코 소스 몇 방울이 아니라 한 병을 다 집어넣었을 때, 저녁식사에 초대된 손님들이 얼마나 놀랄지 상상해 보시기 바랍니다. 촉매를 많이 넣은 결과는 역시 과학자들을 놀라게 하였습니다. 보통 얻어지는 아무 쓸모없는 검은색 폴리아세틸렌 분말 대신 아름답게 빛나는 은색의 필름이 얻어졌습니다.

단지 모양만 금속 같았고 그 물질은 전기가 통하지 않았습니다. 10년 후 물리학자 앨런 히거와 화학자 앨런 맥더미드, 그리고 시라카와 히데키가 공동 연구로 은색의 필름을 가지고 실험을 진행시키면서 돌파구가 생겼습니다. 그들은 아이오딘 증기를 사용하여 필름을 산화시켰습니다. 드디어 해냈습니다. 플라스틱의 전도도가 1,000만 배나 증가했습니다. 플라스틱 필름이 금속처럼 전도성이 생겼습니다. 이것은 다른 사람들에게 뿐아니라 연구자들에게도 놀라운 발견이었습니다. 왜냐하면 전기선을 플라스틱으로 싸는 것처럼 우리가 금속과 플라스틱을 함께 사용하는 이유는 그것이 절연체였기 때문입니다.

발견자들은 일어난 현상들을 곰곰이 생각하기 시작했습니다. 플라스틱이 전기가 통하기 위해서는 어쨌든 전자가 쉽게 이동하는 금속을 닮아야만 합니다. 폴리아세틸렌은 단일결합과 이중결합이 번갈아 연결된 탄소원자로 마치 줄에 매달린 구슬과 같습니다. 전기적 전도성을 일으키는 것은 이중결합의 전자들입니다. 그러나 이와 같은 현상은 아이오딘을 사용하여 고분자 사슬이 약간 산화되었을 때만 일어납니다. 왜 그럴까요? 아이오딘은 탄소원자에서 한 개의 전자를 제거하고 전기적 구조에서 구멍을 만듭니다. 이웃하는 원자로부터 전자가 빈 구멍으로 뛰어들어오고 또 다시 새로운 구멍이 생기게 됩니다. 전자가 부족한 구멍은 양전하에 해당되고 사슬에 따라 구멍이 이동하여 전류를 발생시킵니다.

플라스틱의 유연성과 가벼움을 금속의 전기적 특성과 합칠 수 있다는 흥미로운 생각은 온 세계의 과학자들을 흥분시켜 물리학과 화학의 경계에 있는 새로운 연구 분야를 만들었습니다. 처음 발견된 이래로 여러 가지 이론적 모델과 새로운 전도성 혹은 반도체성 고분자들이 1980년대에 줄을 이었습니다. 오늘날 우리는 여러 가지 가능한 응용들을 볼 수 있습니다. 미래의 이동전화 액정이나 평면 텔레비전 화면을 만드는 데 사용할 수 있는 전기적으로 발광하는 플라스틱은 어떻습니까? 아니면 반대로 전류를 만들기 위해 빛을 사용하는 것으로 환경친화적인 전기를 만드는, 대면적의 접히지 않는 태양전지 플라스틱이 있습니다. 우리가 연소엔진을 대체하고 환경 친화적인 전기모터 자동차를 만들기 위해서는 가벼운 재충전용 건전지가 필요합니다. 이것이 전도성 고분자를 사용할 수 있는 또 다른 응용분야입니다.

전도성 고분자의 개발과 병행하여 '분자 전자공학'이라 불리는 분야의 발달이 진행 중입니다. 이 분야에서는 분자들이 우리가 막 노벨 물리학상에서 들었던 집적회로와 똑같은 일을 수행합니다. 차이점은 분자 전자공학은 무엇과도 비교할 수 없을 정도로 작게 만들 수 있다는 것입니다. 세계 도처에 있는 실험실에서 과학자들은 미래의 전자공학을 위한 분자개발에 심혈을 기울이고 있습니다. 시험관과 플라스크 속에서, 그리고 이론과 실험을 넘나들며 우리는 언젠가 또다시 기대치 않은 환상적인 어떤 것에 의해 놀라게 될 것입니다. 그러나 이것은 다른 이야기이고, 또 다른 노벨상이 될 것입니다.

히거 교수님, 맥더미드 교수님, 그리고 시라카와 교수님.

교수님들은 전도성 고분자에 대한 선구적인 연구 업적으로 노벨 화학상을 수상하게 되었습니다. 폴리아세틸렌이 어떻게 전도성을 띨 수 있는지에 대한 교수님들의 우연한 발견이 자신들과 다른 사람들이 연구하고 있는 이론과 실험적으로 매우 중요한 연구 분야에 엄청난 발달을 가져왔습니다. 전 세계에 있는 화학자와 물리학자가 공동 연구로 고무되었으며, 인류에게 커다란 혜택을 지속적으로 가져다 줄 것을 의심하지 않습니다.

왕립과학원을 대신하여 교수님들께 축하를 드리며 이제 나오셔서 전하로부터 2000년 노벨 화학상을 받으시기 바랍니다.

스웨덴 왕립과학원 벵트 노르덴

키랄 촉매에 의한 수소화반응 | 놀스, 노요리
키랄 촉매에 의한 산화반응 | 샤플리스

2001

윌리엄 놀스 | 미국 **노요리 료지** | 일본 **배리 샤플리스** | 미국

:: 윌리엄 스탠디시 놀스William Standish Knowles (1917~2012)

미국의 화학자. 1942년에 컬럼비아 대학교에서 박사학위를 취득한 후 세인트루이스에 있는 몬산토 사에서 1986년까지 연구원으로 일하였다. 1968년에 최초로 키랄 촉매에 의한 수소화 반응이 가능하다는 것을 보였으며, 이를 파킨스씨 병의 치료제 엘-도파의 대량 생산으로 연결시켰다.

:: 노요리 료지野依良治 (1938~)

일본의 화학자. 1967년에 교토 대학교에서 박사학위를 취득하고 1970년에 하버드 대학교에서 박사후과정을 이수하였다. 1972년부터 나고야 대학교 이학부 교수로 재직하였면서 놀스의 연구에서 더 나아가 선택적이고 일반적인 키랄 수소화 촉매를 개발하였다.

:: 칼 배리 샤플리스Karl Barry Sharpless (1941~)

미국의 화학자. 1968년에 스탠퍼드 대학교에서 박사학위를 취득한 후 하버드 대학교에서 박사후과정을 이수하였다. 매사추세츠 공과대학 및 스탠퍼드 대학교에서 교수로 재직하였다. 1990년에 캘리포니아 라욜라에 있는 스크립스 연구소 석좌교수가 되었다. 산화반응의 키랄 촉매를 개발함으로써 궤양과 고혈압 약의 생산에 기여하였다.

전하, 그리고 신사 숙녀 여러분.

과학은 흥미진진합니다. 여기 이 단상 옆에, 그리고 뒤에 계신 모든 분들과 함께 적어도 저는 그렇게 생각합니다. 인간으로서 우리는 호기심을 가지고 있습니다. 과학의 도움으로 우리는 호기심을 풀고 경이로움을 발견할 수 있습니다. 과학은 정말 흥미진진합니다. 그러나 과학을 전공하지 않은 사람에게 무엇인가를 설명할 때면 이런 말을 듣습니다. 그것이 흥미로울지는 모르지만 어디에 씁니까? 올해 노벨 화학상의 경우에는 이런 문제가 없습니다. 이 질문에 답하기가 매우 쉽기 때문입니다. 오늘날 많은 약물들이 금년 수상자가 발견한 지식에 바탕을 두고 있습니다. 즉 분자의 거울상 이미지에 근거하고 있습니다.

올해 노벨 화학상은 서로 거울상인 두 가지 형태로 존재하는 분자들에 관한 것입니다. 이런 분자들을 키랄이라고 하며, 손을 의미하는 그리스어 키라cheir에서 유래하였습니다. 우리의 두 손은 생명과 관련된 대부분의 분자들처럼 키랄입니다. 즉 오른손은 왼손의 거울상입니다. 우리 몸의 세포에서는 거울상 형태 중 오로지 한 가지만 관찰됩니다. 효소, 항체, 호르몬, 그리고 DNA 등이 그 예에 해당됩니다.

따라서 세포기작에서 중요한 역할을 하는 다른 수용체와 마찬가지로 우리 몸의 세포에 있는 효소는 키랄입니다. 이것은 효소가 거울상 형태 중의 하나에 선택적으로 결합한다는 것을 의미합니다. 키랄분자의 두 가지 형태는 종종 세포에 전혀 다른 효과를 줍니다. 예를 들면 우리 코에 있는 수용체는 거울상 대칭성에 민감합니다. 리모넨 물질의 한 가지 형태는 레몬 냄새가 나는 반면 그 거울상 물질은 오렌지 냄새가 납니다. 대부분의 약물들은 키랄분자들로 구성되어 있고, 종종 거울상 형태 중에서 한 가지 형태만 효험이 있습니다. 다른 형태는 유해할 수도 있습니다. 예를 들면 탈리도미드thalidomide라는 약이 이 경우에 해당되는데, 이 약은 1960년대에 임산부에게 처방되었습니다. 한 가지 거울상 형태는 메스꺼움을 없애 주는 데 반해 다른 한 가지는 너무 늦게 발견되었는데 치명적인 해(기형아 출산)를 줄 수 있었습니다.

그래서 가능한 한 순수하게 각각의 거울상 형태를 생산하는 것은 매우 중요합니다. 실험실에서 화합물을 합성할 때 같은 양의 두 가지 거울상 형태가 만들어지는 것이 일반적입니다. 올해 노벨 화학상 수상자는 한 가지 형태만 합성할 수 있는 키랄 촉매를 개발했습니다. 촉매란 그 자체는 소비되지 않고 반응을 빠르게 진행시키는 물질입니다.

1968년 윌리엄 놀스는 최초로 키랄 촉매에 의한 수소화 반응이 가능하다는 것을 보였습니다. 그것은 즉각 많은 연구자들을 독려한 시기 적절한 발견이었습니다. 놀스는 즉시 그 자신 및 다른 사람들의 기초 연구 결과를 활용해서 의약 엘-도파L-DOPA의 대량생산 방법을 개발했습니다. 엘-도파는 파킨슨병의 치료제입니다. 이 병으로 심한 고통을 겪던 제 부친을 포함해서 수백만 명의 환자들이 이 약으로 고통을 덜었습니다.

이 연구를 더욱 발전시켜서 오늘날의 더 선택적이고 일반적인 키랄 수소화 촉매를 개발한 사람이 노요리 료지 교수입니다. 그의 촉매분자 한 개는 수백만 개의 생성물 분자를 만들어 낼 수 있습니다. 노요리 교수의 방법은 실질적으로 매우 중요한데, 특히 여러 항생제의 대량 생산에서 그러합니다. 중요하지만 불행하게도 매우 뉴스가 될 만한 활용 예입니다.

배리 샤플리스 교수는 다른 형태의 반응인 산화반응의 키랄 촉매를 개발해 왔습니다. 그의 키랄 촉매에 의한 에폭시화 반응과 이수산화 반응은 복잡한 분자를 설계할 수 있는 새로운 가능성을 열었습니다. 이러한 반응들은 특히 산업체에서, 예를 들면 가장 심각한 두 가지 질병, 궤양과 고혈압 약의 생산에 널리 사용되어 왔습니다.

수상자들의 발견이 산업에 미치는 역할에 특별히 초점을 맞추어 말씀드렸으나 이들의 발견은 또한 학문적으로 극히 중요한 도구가 됩니다. 이 분야의 연구는, 화학뿐만 아니라 재료과학, 생물, 그리고 의약의 빠른 발전에 기여하고 있습니다.

알프레드 노벨 박사는 유언에서 이 상이 '인류에게 지대한 공헌을 한' 사람에게 수여되어야 한다고 명시하여 과학의 유익한 면을 강조했습니다. 따라서 올해 노벨 화학상은 과학이 무엇에 유익한가에 대해 쉽게 답을 해줄 뿐만 아니라 알프레드 노벨박사의 정신에 온전히 부합되는 상이기도 합니다.

놀스 박사님, 노요리 박사님, 그리고 샤플리스 박사님.

저는 이 자리에서 박사님들이 이룩한 발견과 그로 인한 과학의 진보를 간단히 설명했습니다. 교수님들의 업적이 인류에 미친 유익한 결과는 이미 풍성합니다. 그리고 키랄 촉매 분야에서 후학들의 연구로 크게 확산될 것을 확신합니다.

스웨덴 왕립과학원의 진심 어린 축하를 전해드립니다. 앞으로 나와 주십시오. 이제 전하께서 노벨상을 수여하시겠습니다.

스웨덴 왕립과학원 페르 알베리

연성탈착 이온화 질량분석법 개발 | 펜, 다나카
생체고분자 삼차원구조를 결정하는 NMR 개발 | 뷔트리히

2002

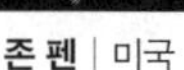
존 펜 | 미국

다나카 고이치 | 일본

쿠르트 뷔트리히 | 스위스

:: 존 버넷 펜 John Bennett Fenn (1917~2010)

미국의 분석화학자. 1940년에 예일 대학교에서 박사학위를 취득하였으며, 1967년부터 20년 동안 교수로 재직하였다. 1994부터 2002년까지 리치몬드에 있는 코먼웰스 대학교 화학과 연구교수로 재직한 후 명예교수가 되었다. 전기장 내에 단백질 수용액을 분사하는 것이 가능함을 발견하여 단백질에 대한 정밀한 탐구에 기여하였다.

:: 다나카 고이치田中耕一 (1959~)

일본의 계측공학자. 1983년에 도호쿠 대학교를 졸업한 후, 정밀기기 업체인 시마즈 제작소에 입사하였다. 최초로 학사학위 학력만으로 노벨 화학상을 받았다. 시료에 레이저 펄스를 쏘는 방법을 개발함으로써 단백질의 분해 없이 질량을 정확히 측정할 수 있게 되었다.

:: 쿠르트 뷔트리히 Kurt Wüthrich (1938~)

스위스의 고분자생물학자. 1964년에 바젤 대학교에서 박사학위를 취득한 후, 1964년부터 1967년까지 같은 학교와 미국 버클리에 있는 캘리포니아 대학교에서 박사후과정을 이수하였다. 1969년부터 취리히에 있는 스위스 연방공과대학 고분자 생물리학과에서 교수로 재직하였다. NMR의 개발을 통하여 분자구조를 밝히는 데 기여하였다.

전하, 그리고 신사 숙녀 여러분.

단백질이 없는 생명체를 상상할 수 있을까요? 단백질은 우리 세포 안에 대부분의 일을 하는 거대한 분자입니다. 인간을 포함하여 모든 살아 있는 유기체는 다양한 종류의 단백질로 이루어진 방대한 대열입니다. 그들은 부지런한 일벌처럼 주어진 일을 열심히 수행합니다. 일벌이 꽃에서 일을 하듯 단백질은 우리 몸 안에서 일을 하고 있습니다.

세포 안의 부지런한 일꾼들에 관해 더 알기 위해, 그리고 그들이 하는 일을 이해하기 위해서 우리는 그것들이 어떻게 생겼는지 알고 싶어 합니다. 올해 노벨 화학상 수상자는 우리가 거의 믿을 수 없는 새로운 방식을 통하여 단백질과 같은 거대분자들의 그림을 그리고 무게를 잴 수 있는 방법을 개발하였습니다.

저는 생화학이 이제 새로운 시대의 문턱에 접어들었다고 확신합니다. 우리는 수많은 유기체의 완벽한 유전인자를 알아내기 시작했습니다. 조만간 우리는 한 세포에서 동시에 활동하는 수천 개의 단백질을 모두 조사할 수 있을 것입니다. 이러한 새로운 시대에 2002년 노벨상 수상자의 발견은 아주 중요합니다.

20세기가 시작된 이래로 질량분석기는 작은 분자들을 확인하는 화학자의 연장세트가 되었습니다. 그러나 여러 해 동안 거대 단백질의 분자량을 정확히 측정하는 것은 화학자들의 꿈이었습니다. 이와 같은 이유 때문에 존 펜 교수와 다나카 고이치 씨가 각자의 방식으로 깨지지 않은 단백질을 질량분석기에 통과시키는 데 성공하면서 이 분야에 작은 혁명을 일으켰습니다. 펜 교수는 공중에 떠 있는 전하를 띤 방울들을 얻기 위해서 전기장 내에 단백질 수용액의 분사가 필요함을 발견하였습니다. 물은 증발되고 방울은 그들이 띤 전하에 의해 흩어지면서 점점 작아지게 됩니다. 마침내 순수한 단백질분자만 남게 됩니다.

그때 그들의 질량은 주어진 거리를 통과하는 데 걸린 시간을 측정하여 결정하게 됩니다. 이것의 원리는 무거운 분자일수록 움직이는 데 시간이 많이 걸린다는 것입니다. 다나카 씨의 특별한 방식은 시료에 레이저 펄스를 쬐는 것입니다. 그는 적당한 파장의 레이저로 단백질 자체는 분해되지 않으면서 주변으로부터 떨어져 나오게 하여 전하를 띤 입자 상태로 자유롭게 날아가도록 하였습니다. 그 질량 또한 비행 시간을 측정하여 결정할 수 있었습니다.

지금까지 소개한 것이 올해 화학상의 절반에 관한 것입니다. 이제 나머지 반에 대하여 이야기하려 합니다. 이번에는 날아다니는 단백질에 관한 것이 아니라 헤엄치는 단백질에 관한 것입니다. 쿠르트 뷔트리히 교수는 발전된 핵자기공명, 즉 NMR을 사용하여 이제 수용액 속에 있는 단백질분자의 삼차원 구조를 결정할 수 있습니다.

NMR은 화학자들이 분자구조를 밝히는 최고의 방법 중 하나이며 20세기 중반 이래로 작은 분자들의 연구에 광범위하게 사용되어 왔습니다. 그러나 단백질과 같은 거대분자에 적용하는 것은 심각한 문제가 있었습니다. NMR의 특징은 분자 중에 있는 각각의 수소핵으로부터 각기 다른 신호를 볼 수 있다는 것입니다. 그러나 단백질은 수천 개의 수소핵으로 구성되어 있는데 어떤 신호가 어떤 핵에 속하는지를 어떻게 가려 낼 수 있겠습니까?

뷔트리히 교수는 각 신호들을 특정 수소핵과 어떻게 일치시키는지를 체계적으로 결정하는 방법을 고안해 냈습니다. 그는 적절한 조정을 통하여 수많은 수소핵 간의 거리들을 결정할 수 있었습니다. 이와 같은 결과들이 단백질분자의 삼차원 구조를 계산할 수 있도록 하였습니다. 이것은 당신의 집과 관련된 많은 길이들을 알고 있을 때 집의 그림을 그릴 수 있는 것과 같은 이치입니다.

뷔트리히 교수의 발견에 감사를 드립니다. 왜냐하면 이제 우리가 세포에서처럼 물에 둘러싸여 있는 자연환경에서의 단백질을 묘사하고 연구하는 데 NMR을 사용할 수 있기 때문입니다.

그럼 단백질이 없는 생명체란 무엇일까요? 생화학자의 시각에서 세상을 보았을 때 저의 대답은 '아무것도 아니다' 라는 것입니다. 다음 질문입니다. 올해의 노벨상 수상자가 우리에게 선사한 도구가 없었다면 생화학자로서의 인생은 어땠을까요? 질문에 대한 제 대답은 훨씬 더 어렵고 또한 침체되었을 거라는 것입니다. 그래서 저는 2002년 노벨 화학상 수상자에게 이렇게 말하는 것으로 결론을 맺고 싶습니다. 세 분의 놀라운 공헌에 감사드립니다. 여러분은 우리들의 세포 안에서 끊임없이 일어나는, 우리가 생명이라고 부르는 화학적인 경이로움을 더 잘 이해할 수 있도록 하였습니다.

펜 박사님, 다나카 씨, 그리고 뷔트리히 박사님.

여러분은 생체 고분자의 구조분석과 확인을 위한 방법 개발에 선구적인 공헌을 하였습니다. 질량분석기와 NMR을 단백질과 같은 거대분자의 자세한 연구에 활용한 여러분의 업적은 생명 과정의 탐구를 위한 새로운 도구를 우리들에게 제공하였습니다. 화학 발전에 대한 세 분의 업적을 인정하여 스웨덴 왕립과학원은 올해 노벨 화학상을 수여하기로 결정하였습니다.

과학원을 대신하여 축하의 말씀을 전하며, 이제 전하로부터 상을 받으시기 바랍니다.

스웨덴 왕립과학원 아스트리드 그레스룬드

세포막의 물 통로 발견 | 에이그리
이온 통로의 구조 및 메커니즘 연구 | 매키넌

2003

피터 에이그리 | 미국 **로더릭 매키넌** | 미국

:: 피터 에이그리 Peter Agre (1949~)

미국의 의학 박사이자 분자생물학자. 1970년에 오그스버그 대학교에서 화학으로 학사 학위를 받고, 1974년에 존스홉킨스 대학교 의과대학에서 박사학위를 취득하였다. 1984년부터 존스홉킨스 대학교 약학연구원 생화학 교수로 재직하였다. 세포막에 있는 물 통로를 발견함으로써 세포막 생화학에 있어 새로운 연구 분야를 열었다.

:: 로더릭 매키넌 Roderick Mackinnon (1956~)

미국의 화학자. 1978년에 브랜다이스 대학교에서 생화학을 공부하였으며, 1982년에 터프츠 대학교 의과대학에서 의학 박사학위를 취득하였다. 1986년 브랜다이스 대학교에서 박사후과정을 이수하였다. 1996년 록펠러 대학교 교수 및 분자 신경생물학과 생물리학 연구소 소장으로 임용되었다. 이온 통로의 3차원 구조 결정을 통하여 이온 수송에 관한 생화학적 기초를 세우는 데에 기여하였다.

전하, 그리고 신사 숙녀 여러분.

알프레드 노벨 박사의 시대에는 학술원에서 최근의 과학적 진보에 관한 공개 시범을 하여 대중을 교육하고 즐겁게 했습니다. 불행하게도 이러한 전통은 거의 잊혀졌습니다. 그러니 우리 잠시만이라도 과학의 대중적 시범을 재현해 봅시다.

제가 하려는 시범은 간단한데, 노벨상 축하연에 딱 어울리는 이것을 여러분이 직접 하시는 겁니다. 생각하는 것, 그러나 단 5초 동안입니다.

자, 생각을 시작하십시오. 5초를 드리겠습니다. 1, 2, 3, 4, 5. 됐습니다.

이제 우리들 한 사람 한 사람에게 방금 무슨 일이 일어났는지 잠시 생각해 봅시다. 첫째, '도대체 무엇을 하려는 걸까, 시상식을 하다 말고 정말로 생각을 해야 하나' 라고 여러분이 궁금해 하면서 뇌의 활동이 급격히 증가합니다. 그리고 실제로 생각하는 동안 신경신호가 폭포처럼 쏟아지고 마침내 정상 휴식상태로 돌아갑니다. 이러한 모든 사고는 궁극적으로 여러분이 상상할 수 있는 가장 단순한 화합물 중 하나인 보통의 소금에 의존합니다. 즉 수많은 나트륨, 칼륨, 그리고 염화이온이 여러분의 신경세포막을 통해 들어오고 나가는데 이들의 흐름이 여러분의 사고를 활성화시키는 신호를 생산합니다. 많은 양의 소금이 필요하지도 않습니다. 대략 추산해서 우리들 각자가 5초 동안 생각하는 데 소비한 소금의 총량은 몇 그램 이하입니다. 단지 한 줌의 소금이 이 시상식장에 계신 모든 분들의 사고를 작동시킨 것입니다.

그리고 이러한 두뇌 활동이 우리의 마음을 차지하는 동안, 신장은 늘 그렇듯이 소변에서 물을 재흡수해서 피로 보내는 일을 조용히 계속하고 있습니다. 그러나 이 경우엔 피로 보낸 물의 양이 매우 많아서, 단 5초 동안임에도 불구하고 이 연단에서 시범을 보이기에 충분한 양이 됩니다.

올해 노벨 화학상은 소금물에 관한 모든 것, 그리고 우리 몸의 세포 안과 밖으로 이온과 물이 어디서, 언제, 얼마나 자주 드나드는지를 조절하는 생화학 메커니즘에 관한 것입니다. 바로 두 분의 수상자, 피터 에이그리 교수와 로더릭 매키넌 교수가 원자 수준까지 밝혀낸 메커니즘입니다.

에이그리 교수의 연구는 '기대하지 않았던 것을 뜻밖에 찾아낸 발견' 이었습니다. 그는 완전히 다른 문제에 관해 연구하는 동안 적혈구 세포에 있는 단백질을 우연히 발견했습니다. 그리고 곧 이것이 과학자들이 족히 한 세기 이상 찾으려 한 물 통로라는 것을 밝혔습니다. 그의 예기치 않은 발견은 완전히 새로운 연구 분야를 열었습니다.

매키넌 교수는 반면 그 시대에는 불가능하다고 생각되는 것을 하기로 일찌감치 작정했습니다. 원자 수준의 해상도로 이온 통로의 삼차원 구조를 결정하는 것이었습니다. 매키넌 교수는 이 목적에 자신의 연구 인생을 걸었고, 그 자신도 놀랄 정도까지 성공했습니다.

여기에 교훈이 있습니다. 과학에는 왕도가 없다는 것, 그리고 우리의 지원제도는 금전적으로 충분하고 또 다양해야 한다는 것입니다. 즉 예기치 않은 발견의 재능을 위한 지원과, 또 중심이 되는 과학적 목표에 집중적이거나 때로는 모험적으로 도전하더라도 연구 기반을 확립하기 위한 지원이 필요하다는 것입니다.

피터 에이그리 교수와 로더릭 매키넌 교수는 세포막 생화학에 결정적인 공헌을 했습니다. 그러나 이들의 발견은 또한 거의 실체적이고 미학적인 요소를 가지고 있습니다. 두 분은 그 단순성과 완벽성에서 숨막힐 정도인 물과 이온 통로의 원자구조에서 놀랄 만큼 '경제적인 디자인'을 발견했습니다. 이 분자기계를 보고 나서 여러분은 참으로 "그래, 이것이 그래서 이런 모양이어야 하는구나? 이것이 이렇게 작동하는구나!" 라고 생각하고 있는 자신을 발견할 것입니다. 더 이상 무슨 과학을 묻겠습니까?

에이그리 교수님, 매키넌 교수님.

물과 이온 통로에 관한 두 분의 근본적인 발견은 원자 수준에서 작동하는 이 절묘하게 디자인된 분자기계를 볼 수 있게 한 비범한 업적입니다. 생명을 이루는 가장 풍부하고 근원적인 물질인 물의 수송, 그리고 작고 평범하지만 생명체에 절대적으로 필요한 구성성분인 이온의 수송에 관한 생화학적 기초를 이제 전례 없이 자세하게 이해할 수 있게 되었습니다. 스웨덴 왕립과학원의 진심 어린 축하를 전해 드립니다. 앞으로 나와 주십시오. 이제 전하께서 노벨상을 수여하시겠습니다.

스웨덴 왕립과학원 군나르 폰 하예네

유비퀴틴에 의한 단백질 분해의 발견

2004

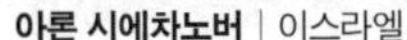

아론 시에차노버 | 이스라엘　**아브람 헤르슈코** | 이스라엘　**어윈 로즈** | 미국

:: 아론 시에차노버 Aaron Ciechanover (1947~)

이스라엘의 생화학자. 1981년에 이스라엘 기술연구소인 테크니온에서 약학 박사학위를 취득한 후, 미국 매사추세츠 공과대학 생화학부에서 박사후과정을 이수하였다. 1986년에 테크니온의 부교수로 임용되었으며, 1992년부터 생화학부 교수로 재직하였다. 공동 수상자 헤르슈코와 로즈와 함께 1970년대 말부터 1980년대 초까지 연구하였다.

:: 아브람 헤르슈코 Avram Hershko (1937~)

헝가리 태생 이스라엘의 생물학자. 1969년에 헤브루 대학교 하다샤 의과대학에서 박사학위를 취득한 후, 미국 캘리포니아 대학교 샌프란시스코 캠퍼스에서 박사후과정을 이수하였다. 1972년에 테크니온의 부교수로, 1980년부터는 래퍼포트 가족연구소 교수로 재직하였다.

:: 어윈 로즈 Irwin Rose (1926~2015)

미국의 생화학자. 1952년에 시카고 대학교에서 생화학 박사학위를 취득한 후, 케이스웨스턴 신학 대학 및 뉴욕 대학교에서 박사후과정을 이수하였다. 1954년부터 예일 대학교 메디컬스쿨 생화학부 교수와 필라델피아에 있는 폭스 체이스 암센터 연구원으로 활동하였다.

공동 수상자들과의 연구를 통하여 단백질의 소멸 과정을 발견하여 수많은 치료약 개발에 공헌하였다.

전하, 그리고 신사 숙녀 여러분.

올해의 노벨 화학상은 생명체의 소멸 시스템을 발견하여 과학의 미스터리를 해결한 화학자들에게 주어졌습니다.

우리 몸의 세포는 약 10만 개의 단백질로 되어 있습니다. 세포 내의 모든 일은 단백질이 담당하며, 세포의 모양과 기능은 전적으로 단백질에 달려 있습니다. 단백질은 우리의 근육을 구성하는 분자기계를 만들기도 하고, 생명유지에 필요한 다양한 화학반응을 촉진하거나 억제하는 효소를 만들기도 합니다.

그럼 어떻게 세포가 이 모든 단백질을 관장할 수 있을까요? 단백질 분자는 항상 빠르게 생성하고 소별합니다. 단백질의 생성에 관해서는 분자 수준에서 그 생성법칙을 잘 이해하고 있으며, 이 분야에 이미 몇 개의 노벨상이 수여되었습니다. 한편 세포 내 단백질의 소멸에 대해서는 관심이 소홀하여 이 분야를 연구하는 연구자가 그리 많지 않았습니다.

올해의 화학상 수상자인 아론 시에차노버, 아브람 헤르슈코, 그리고 어윈 로즈 교수는 이러한 시류에 반하는 사람들이었습니다. 그들은 단백질이 세포 내에서 어떻게 소멸되는지를 치밀하게 연구했습니다. 그들이 이 분야에 관심을 갖게 된 것은 살아 있는 세포 내에서 일어나는 단백질의 소멸에 에너지가 필요하다는 연구 결과들 때문이었습니다. 이것은 패러독스처럼 보였습니다. 왜냐하면 누구나 알다시피 장에서 일어나는, 즉 세포 밖에서 일어나는 단백질의 분해 과정에는 추가 에너지가 전혀 필요하지 않기 때문입니다. 유독 세포 내에서의 단백질 분해에만 에너지가 필요한 이유는 무엇일까요?

올해의 수상자들은 에너지가 필요한 세포 내의 단백질 소멸 메커니즘을 연구함으로써 1980년대 초반에 단백질 소멸에 대한 새로운 원리를 찾아냈습니다. 그들은 세 개의 다른 효소가 일종의 '죽음의 딱지'를 소멸될 단백질에 붙인다는 것을 알아냈습니다. 에너지는 이 딱지를 활성화시키는 데 소요되며, 이러한 과정을 통해 세포가 단백질의 소멸을 정확히 통제할 수 있게 해줍니다.

'죽음의 딱지' 자체도 유비퀴틴ubiquitin 이라고 부르는 작은 단백질입니다. 이 이름은 라틴어의 유비크ubique에서 나온 것으로 모든 곳을 뜻합니다. 즉 이 단백질은 모든 조직의 세포에서 발견된다는 것을 의미합니다. 효소시스템은 세포 내의 단백질 중에서 불필요한 단백질 분자들을 골라 내어 죽음의 딱지를 붙여 줍니다. 딱지가 붙은 단백질은 세포 내의 '쓰레기 처리장'인 프로테아좀으로 이동되는데, 거기서 딱지는 마치 쓰레기 처리장의 자물쇠를 여는 열쇠처럼 작용합니다. 쓰레기 처리장으로 빨려 들어가기 전에 그 딱지는 떨어져서 다른 단백질의 소멸과정에 다시 사용됩니다. 쓰레기 처리장에서 단백질은 잘게 쪼개져 종말을 맞게 됩니다. 쪼개진 조각들은 새로운 단백질을 생성할 때 다시 사용됩니다.

처음에는 이런 단백질 소멸 과정이 세포에 해를 끼칠 수 있는 잘못된 단백질을 파괴하는 데만 사용되는 것으로 생각되었습니다. 프리온이나 알츠하이머병은 잘못된 단백질이 제대로 소멸되지 못해 생기는 병입니다. 그러나 계속되는 연구를 통해 더 많은 것이 밝혀졌습니다. 즉 우리가 전기 스위치를 내리듯이 어떤 특정 기능을 가진 단백질을 제거함으로써 세포가 특정 생화학반응을 통제하는 것은 세포 내에서 매우 중요합니다.

우리는 이제 제어된 단백질이 소멸되면서 세포 내의 중요한 다른 과정들도 조절된다는 것을 알게 되었습니다. 예를 들면 세포 주기, DNA 손상 치료, 그리고 면역반응들이 그것입니다. 식물들도 자화수분을 막기 위해서는 이 과정이 필요합니다. 이 소멸과정의 오류는 곧 질병으로 이어집니다.

단백질의 소멸 과정을 발견함으로써 세포 활동에서 핵심적인 통제 시스템의 기능을 분자 수준에서 이해할 수 있게 되었습니다. 무엇보다도 이 지식은 수많은 질병의 치료약을 개발에 유용하게 활용될 것입니다.

시에차노버 교수님, 헤르슈코 교수님, 그리고 로즈 박사님.

여러분의 발견은 단백질의 소멸에 관한 우리의 생각에 근본적인 변화를 가져왔습니다. 이제 우리는 세포들이 그 핵심적인 생화학반응들을 어떻게 제어하는지 분자 수준에서 이해할 수 있게 되었습니다. 해가 거듭될수록 더 많은 반응들이 유비퀴틴을 통한 단백질 소멸에 의해 제어된다는 것이 밝혀지고 있습니다.

스웨덴 왕립과학원을 대표해서 깊은 축하의 뜻을 전해드립니다. 이제 나오셔서 전하로부터 노벨 화학상을 수상하시기 바랍니다.

스웨덴 왕립과학원 회원 라르스 텔란데르

유기합성에 있어서 복분해 방법 개발

2005

이브 쇼뱅 | 프랑스

로버트 그럽스 | 미국

리처드 슈록 | 미국

:: 이브 쇼뱅 Yves Chauvin (1930~2015)

프랑스의 화학자. 1954년에 리옹 화학 · 물리학 · 전자학 대학을 졸업하였으며, 1960년에 프랑스 국립 석유연구소에 들어갔다. 1995년에 퇴직한 뒤 명예 소장 및 프랑스 과학원 회원이 되었다. 1971년에 복분해 방법을 통하여 탄소 원자들 사이의 화학적 결합 및 붕괴의 메커니즘을 규명함으로써 신약 개발을 비롯하여 생명공학 등의 발전에 기여하였다.

:: 로버트 H. 그럽스 Robert H. Grubbs (1942~2021)

미국의 화학자. 플로리다 대학교에서 화학으로 학사 및 석사학위를, 1968년에 컬럼비아 대학교에서 로날드 브레슬로의 지도 아래 박사학위를 취득하였다. 스탠퍼드 대학교에서 박사후과정을 이수한 후, 미시건 대학교 교수로 임용되었다. 1978년부터는 캘리포니아 공과대학에서 화학과 교수로 재직하고 있다.

:: 리처드 로이스 슈록 Richard Royce Schrock (1945~)

미국의 화학자. 1971년에 하버드 대학교에서 J. A. 오스본의 지도 아래 박사학위를 취득한 후, 영국 케임브리지 대학교에서 박사후과정을 이수하였다. 1975년에 매사추세츠 공과대학 화학과에서 강의하기 시작하여 1980년에 정교수로 임용되었다. 쇼뱅의 성과를 바탕으로 활성이 높은 복분해 촉매군을 발견함으로써 유기합성 전반의 발전에 기여하였다.

전하, 그리고 신사 숙녀 여러분.

금년의 노벨 화학상 수상자들은 새로운 유기분자를 합성하기 위한 환상적인 기회를 창조했습니다. 이것이 왜 중요한지 알아보는 일은 쉽습니다. 이것은 우리가 발견하려고 하는 새로운 물질이나 새로운 약물과 같은 분자들 중 하나이며, 우리가 개발하려고 하는 옛것을 개선하는 방법 중의 하나이기 때문입니다.

유기화합물은 원소로서 탄소를 함유하고 있습니다. 탄소원자는 서로 결합해서 긴 사슬이나 고리를 만들 수 있지만, 수소와 산소, 그리고 질소와 같은 다른 원소들과 결합해서 매우 복잡한 화합물을 만들 수도 있습니다. 지구상의 모든 생명은 자연계의 탄소화합물에 근거하지만, 이러한 물질들과 다른 유기화합물들은 유기합성으로 인위적으로도 만들 수 있습니다. 유기분자는 매우 다양합니다. 지금까지 모든 가능한 유기분자의 단지 적은 분율만이 조사되었습니다. 그럼에도 우리는 한두 해 전까지만 해도 꿈도 꾸지 못했던 새로운 약물, 새로운 물질, 그리고 새롭게 표면이 코팅된 물질을 이미 얻었습니다.

금년 수상자들의 업적은 새로운 유기분자를 합성하기 위한 가장 중요한 방법 중의 하나인 복분해metathesis 방법을 제공한 것입니다. 복분해라는 말은 변화가 일어난다는 뜻입니다. 복분해반응에서 탄소원자들 사이의 이중결합이 끊어지고 이 부분은 새로운 방식으로 서로 쌍을 이룹니다. 이것은 혼자서 일어나지 않습니다. 이것은 특별한 분자기구, 즉 수상자들이 개발한 촉매분자의 도움으로 일어납니다. 복분해현상은 1950년대에 고분자 산업에서 발견되었으나 촉매가 어떻게 생겼는지, 또 어떻게 작용하는지 아무도 알지 못했습니다. 그러나 새로운 유기화합물을 합성하기 위해 복분해반응에 대한 인식이 진전되고 있었습니다.

많은 수의 과학자들이 복분해반응이 어떻게 일어나는지 의견을 내놓았습니다. 돌파구를 찾은 것은 1971년 이브 쇼뱅 교수가 새로운 실험을 제시하여 촉매가 탄소와 금속의 화합물이며 여기서 금속은 이중결합으로 탄소에 결합되어 있다는 것을 제안했을 때였습니다. 쇼뱅 교수는 또한 촉매가 복분해반응에서 어떻게 작용하는지에 관한 기발한 메커니즘을 제시했습니다.

그 메커니즘은 춤을 추는 것 같습니다. 촉매에서는 금속이 그 탄소 파트너의 두 손을 잡고서 탄소/탄소 쌍들 사이에서 '춤' 을 추는데, 탄소/탄소 쌍은 탄소-탄소 이중결합을 갖고 있는 분자들입니다. 촉매 쌍이 탄소/탄소 쌍을 만날 때, 춤을 추는 두 쌍은 합쳐져서 하나의 원을 만듭니다. 잠시 후에 그들은 상대방의 손을 놓아 주고 이전 파트너를 떠나 새로운 파트너와 함께 춤을 춥니다. 새로운 '촉매 쌍' 은 이제 새로운 둥근 원을 만들기 위해 또 다른 춤추는 탄소/탄소 쌍을 만날 준비가 되어 있습니다. 달리 말해서 그것은 복분해반응을 위한 촉매로서의 역할을 계속합니다.

이러한 방식으로 서로 다른 분자들의 일부분만을 결합해서 새로운 성질을 갖는 새로운 분자들이 창조됩니다. 이 한 예가 약물로 작용할 수 있는 생물학적으로 활성을 띠는 분자입니다.

쇼뱅 교수의 결과는 촉매의 디자인과 구성을 위한 길을 열었습니다. 이제 자세한 촉매 디자인에 관한 큰 문제는 복분해반응을 위한 효과적인 촉매를 얻는 것입니다. 이 과정은 리처드 슈록과 로버트 그럽스 교수가 결정적으로 발전시켰습니다.

1970년대 초에 기초 연구를 시작한 슈록 교수는 다른 금속들을 사용하여 연구했습니다. 점차 그는 어떤 금속이 가장 좋은지 촉매의 다른 부분은 어떻게 구성되어야 하는지를 발견했습니다. 돌파구를 찾은 것은 1990년 슈록 교수가 금속 몰리브데넘을 포함하는 활성이 매우 높은 촉매군을 제시했을 때입니다.

새로운 돌파구는 1992년 그럽스 교수가 금속 루테늄에 기초한 촉매의 발견을 발표했을 때 찾아왔습니다. 그럽스 교수의 촉매는 공기 중에서 안정하고 높은 선택성을 보이나 슈록의 촉매보다 활성이 낮았습니다. 그 촉매들은 일반 실험실에서 복분해반응에 처음으로 사용할 수 있게 잘 정의되었으며 유기합성의 새로운 전망이 이들의 사용으로부터 열렸습니다. 오늘날 복분해반응은 제약·식료품·화학·생물공학·고분자와 종이 산업에서 사용되고 있습니다. 복분해반응은 또한 에너지와 재료를 절약하며 환경친화적입니다. 그것은 '더 푸른' 미래를 향해 우리를 한 발짝 다가가게 합니다.

쇼뱅 박사님, 그럽스 박사님, 슈록 박사님.

여러분의 연구는 유기합성에서 일반적인 도구가 된 혁명적이고 효율적인 복분해 촉매를 찾아냈고, 분자를 어떻게 만드는가에 관한 우리의 생각을 바꾸었습니다. 여러분의 업적은 다음과 같은 질문에 쉽게 대답할 수 있게 합니다. "과학은 어떤 용도에 사용되는가?" 그 질문은 또한 알프레드 노벨 박사의 정신과 전적으로 일치합니다.

스웨덴 왕립과학원을 대신해서 진심어린 축하를 전해 드립니다. 이제 앞으로 나오셔서 전하로부터 노벨상을 받으시기 바랍니다.

스웨덴 왕립과학원 노벨 화학위원회 위원 페르 알베리

진핵전사의 분자적 기초 연구

2006

로저 콘버그 | 미국

:: 로저 데이비드 콘버그Roger David Kornberg (1947~)

미국의 생화학자. 하버드 대학교에서 화학을 전공한 뒤 1972년에 스탠퍼드 대학교에서 박사 학위를 받았다. 이후 영국 케임브리지 대학교에서 박사후과정을 밟았으며, 1976년에 하버드 대학교 의과대학 생화학과에 조교수로 임용되었다. 1978년에 스탠퍼드 대학교 구조생물학과 교수로 임용되어 지금까지 재직하고 있으며, 1984년부터 1992년까지는 학과장을 맡기도 했다. 또한 해마다 네 달씩 이스라엘의 헤브루 대학교에 방문교수로 가 강의와 연구를 지도하고 있다. 유전자 발현 경로의 첫 단계인 유전정보 전사를 분자 수준에서 규명하여 구조생물학 연구의 선구자로 꼽힌다.

전하, 그리고 신사 숙녀 여러분.

올해의 노벨 화학상은 유전자 내의 정보를 복사하며 세포 내에 존재하는 한 기관에 대한 분자 모델을 창안한 콘버그 박사에게 수여하겠습니다. 그의 모델은 세포 내에서 모든 기능을 수행하고 몸을 형성하는 단백질을 만들기 위한 설계도로 사용할 수 있습니다.

우리가 부모로부터 물려받은 유전자 정보는 DNA 형태로 세포의 핵 속에 저장되어 있습니다. 이 정보는 네 개의 철자로 구성된 알파벳으로 부호화되어 있으며, 최근 몇 년 사이에 인간 세포의 유전정보를 표시하는 30억 개의 문자 서열이 알려졌습니다. 세포의 핵은 금고에 비유할 수 있을 정도로 매우 안전한 저장소이긴 하지만, 그 안에 저장된 정보 자체는 잠복성인 데다 세포에 아무런 도움이 되지 못합니다. 그러므로 세포에서 일어나는 과정들을 조절하기 위해 DNA로부터 정보를 추출하고 활성화시켜야 하며, 이것은 선택된 부분이 RNA라고 부르는 분자의 새로운 형태로 복사되면서 일어납니다. 이렇게 해서, 세포에서 단백질을 합성하고 다른 중요한 반응을 조절하기 위해 핵으로부터 RNA로 정보가 전달됩니다.

DNA에서 RNA로 정보를 복사하는 것을 전사transcription라고 하는데, 이것은 살아 있는 세포에서 지속적으로 일어나는 과정인 동시에 생명을 유지하기 위해 반드시 필요한 과정입니다. 전사 과정은 두 가지 필요조건을 만족시켜야 하는데, 첫째 조건은 복사가 정확해야 한다는 것입니다. 세포가 제대로 기능을 발휘하려면 10,000개의 철자 중 한 개의 오류도 없어야 합니다. 두 번째는 전사를 조절하는 것이 가능해야 하는데, 이것으로 DNA내 유전정보의 어떤 요소를 특정 세포 내에서 일정한 시간에 활성화시키게 됩니다. 세포들이 같은 DNA를 포함하여도 왜 우리 몸 안에 있는 세포들이 완전히 다르게 보이고 다른 기능을 하는지를 설명하는 것이 바로 이와 같은 조절입니다. 전사의 조절은 수정된 난자가 어떤 경로를 거쳐 배아로 발달하는지와 어떻게 우리들의 세포가 외부 신호에 반응하여 환경 변화에 적응하는지를 결정합니다. 그리고 전사를 조절하는 과정에서 오류가 생겨 암, 심장질환, 그리고 여러 가지 염증과 같은 질병이 일어날 수 있습니다.

올해의 노벨 화학상 수상자인 로저 콘버그 교수는 전사기관이 진핵생물 내에서 어떻게 작용하는지를 연구하였는데, 진핵생물은 잘 정의된 핵이 있는 세포를 포함한 유기체를 말합니다. 즉 인간뿐만 아니라 모든 곰팡이, 그리고 식물과 포유류를 포함합니다. 그는 연구를 위한 모델 시스템으로 시대의 흐름을 거슬러 올라가 빵 굽는 데 사용하는 이스트를 선택했는데, 이것은 가장 단순한 진핵생물 중 하나입니다. 이스트 세포는 이전에 사용했던 포유류 세포에 비해 연구에 많은 장점을 제공하기 때문에 매우 탁월한 선택이었습니다. 예를 들면, 대량 배양이 가능하고 유전적으로 변형하는 것도 간단합니다. 또, 이스트 세포 내의 전사기관이 포유류 세포의 대응 시스템과 매우 유사하여 발달의 초기 단계까지 알 수 있습니다.

생화학 방법과 엑스선 결정학이라고 부르는 묘사 기술의 조합으로 로저 콘버그 교수는 이스트 세포 내에 있는 전사기관의 아주 상세한 분자 모델을 만들어 냈습니다. 이 모델은 아주 자세하게 만들어져서 각각의 원자도 구별할 수 있습니다. 이 연구 결과로 이제 우리는 전사기관이 DNA 가닥 중에서 출발점을 어떻게 선택하는지, 올바른 RNA 건축 블럭을 어떻게 선택하는지, 그리고 복사가 진행되는 동안 DNA 가닥을 따라 어떻게 움직이는지를 이해할 수 있게 되었습니다.

콘버그 교수의 전사기관에 관한 분자모델은 어떻게 전사가 조절되는지를 자세히 이해하려는 후속연구에 꼭 필요합니다. 그는 최근에 전사에 필요한 여러 분자들이 어떻게 전사기관에 결합하고 협력하는지를 서술한 매우 기대되는 결과를 발표하였습니다. 이와 같은 발견은 DNA 안에 있는 유전정보를 표현하고, 우리 주변에서 볼 수 있는 살아 있는 생물체의 식물군과 동물군을 만들어 내는 세포내 조절시스템을 분자 수준에서 이해할 수 있게 하였습니다.

콘버그 교수님,

진핵전사의 분자적 기초에 관한 당신의 연구가 전사기관에 관한 새롭고 상세한 원자모델을 제공하였습니다. 이제 우리는 전사 메커니즘과 조절 기능을 분자 수준에서 이해하기 시작했습니다. 더욱이 당신이 발견한 RNA 중합효소 II의 구조는 다음 세대가 전사 조절에 포함된 모든 전사 요소들의 정확한 역할을 결정하는 연구에 기초가 될 것입니다. 스웨덴 왕립과학원을 대신하여 당신께 뜨거운 축하를 전하며, 이제 나오셔서 전하로부터 노벨 화학상을 받으시기 바랍니다.

스웨덴 왕립과학원 라 테랜데르

고체 표면에서 일어나는 화학 반응 연구

2007

게르하르트 에르틀 | 독일

:: **게르하르트 에르틀Gerhard Ertl (1936~)**

독일의 화학자. 뮌헨 기술대학에서 박사학위를 받고 하노버 기술대학, 뮌헨의 루트비히 막스밀리안 대학과 베를린 자유대학 교수를 역임했다. 1960년대부터 표면 화학 분야를 개척하기 시작해 표면 현상들을 원자 수준에서 이론적으로 규명하고, 이를 바탕으로 다양한 응용 연구를 가능하게 하였다. 1998년 울프상을 수상했고, 현재 독일 막스플랑크 재단 산하 프리츠 하버 연구소의 명예교수로 있다.

전하, 그리고 신사 숙녀 여러분.

화학의 중심 주제는 화학 반응입니다. 즉 분자들이 어떻게 합성되고, 변형되고, 분해되는지에 관한 것입니다. 올해 노벨 화학상 수상자 게르하르트 에르틀은 기체 분자가 고체 표면과 부딪힐 때 화학 반응이 어떻게 일어나는지를 밝힌 공로로 이 자리에 서게 되었습니다. 고체 표면은 분자를 구성하는 원자들이 새로운 조합을 만들 수 있도록 도와줍니다. 우리 화학자들은 이것을 표면 촉매라 부르지요. 기체 분자와 고체 표면

이 만나 일으키는 반응은 또한 그 고체의 점진적인 분해에 이르게도 하는데, 화학자들은 이것을 부식이라 부릅니다.

에르틀 교수의 연구는 최근 우리가 직면하는 문제들을 다룰 수 있는 지적이고 명확한 도구를 제공했습니다. 우리 모두는 효율적인 에너지 사용이 아주 중요한 일임을 알고 있습니다. 자원 활용을 향상시키는 한 가지 방법은 연소 엔진을 연료전지기술에 기초한 엔진으로 바꾸는 것입니다. 여기서 핵심이 되는 문제는 표면반응을 제어하는 것이지요. 우리는 부식 때문에 발생하는 핵발전소의 생산 중단에 관해 알고 있습니다. 이러한 발전소들은 방사성 폐기물을 만들어 내는데, 우리는 이것들을 안전하게 보관할 방법을 찾고 있지요.

일상생활에서 우리는 주변의 사건들에 대해 피상적인 모습만을 보곤 합니다. 표면 아래로 침투해 들어가는 것은 매우 어렵지요. 화학에서는 그 반대입니다. 단지 미소한 분율의 분자들만 고체 표면에 올라앉습니다. 고체 표면에서 일어나는 화학반응을 연구할 때는 그곳에 있는 분자들에게만 선택적으로 민감한 물리적 효과를 이용하는 것이 필수적입니다. 이러한 효과는 거의 없기 때문에 신호는 약하고 정보는 분산되어 있습니다. 에르틀 교수는, 완벽한 이해를 위해서는 다수의 기술로부터 얻은 조각 정보들을 결합하는 것이 필요하다는 것을 실험을 통해 보여 주었습니다.

에르틀 교수는 표면촉매를 사용하여 공기 중의 질소가 수소와 반응해서 암모니아를 만드는 반응의 모든 단계를 체계적으로 밝힘으로써, 그 방법론이 얼마나 훌륭한지를 보였습니다. 하버와 보쉬가 제안했던 이 기술적 공정은 100년 동안 전 세계의 비료를 만드는 원료를 제공해 왔습니다. 반응 메커니즘에 관한 이 의문은 수십 년 동안 과학적인 불가사의였는데, 마침내 에르틀 교수가 분자수준에서 전체적인 연쇄반응을 자세하게 기술하는 데 성공한 것입니다.

그는 또 자동차 배기 시스템 내 촉매변환기에서 일어나는 난해한 피드백 메커니즘을 분명하게 밝힌 일련의 연구를 통해 자신의 연구 방법론의 범용성을 증명했습니다. 이 시스템에서는 독성을 가진 일산화탄소가 이산화탄소로 전환되는데, 여기서 고체 표면구조와 반응 기체 간의 상호작용이 발생합니다. 이 상호작용이 화학 반응에 의해 끊임없이 변하는 고체 표면에서 분자들의 패턴을 만들게 합니다. 실험에서 얻은 영상들은 도움이 되지만 또한 너무 이상적이어서 허무주의적 예술에 가깝습니다.

에르틀 교수는 고체 표면에서 일어나는 분자 수준의 과정을 어떻게 더 깊이 이해할 수 있는지를 과학계에 보였습니다. 그의 연구는 기초 과학과 실질적인 응용간에 존재하는 유익한 상호작용의 예를 제공합니다. 기술적 문제에 관한 그의 지식을 이용해서 그는 기초과학 영역을 확인했고, 기술적 현실성과 관련이 먼 시스템을 연구함으로써 일반적인 의문들을 해결하는 다수의 답을 제공했습니다. 이렇게 그와 연구자들은 근본적인 현상이 또한 복잡한 기술적 과정에서 저절로 드러난다는 것을 증명했습니다.

에르틀 교수님, 고체 표면에서 일어나는 화학 반응에 관한 교수님의 연구는 2007년도 노벨 화학상을 받았습니다. 지적으로 대단히 명료하고 체계적이며 인내심을 요하는 연구를 통해 교수님은 표면에서 분자들이 변해 가는 과정을 조사하는 방법을 제시했습니다. 교수님이 성취하신 업적의 진수는, 이름 그대로 표면반응 과정의 이해이며, 우리 시대의 과학기술적 도전을 해결하는 데 초석이 되고 있습니다.

스웨덴 왕립과학원을 대신해서 진심어린 축하를 전해드립니다. 앞으로 나오셔서 전하께서 직접 수여하시는 노벨상을 받으시기 바랍니다.

스웨덴 왕립과학원 노벨 화학위원회 해칸 베너스트룀

녹색형광단백질 GFP의 발견과 개발에 관한 업적

2008

시모무라 오사무 | 일본

마틴 챌피 | 미국

로저 첸 | 미국

:: 시모무라 오사무Shimomura Osamu (1928~2018)

일본의 생물학자이자 화학자. 1960년 나고야 대학에서 박사학위를 취득한 후 나고야 대학과 프린스턴 대학교, 보스턴 대학교, 우즈홀 해양생물학연구소에서 활동하였다. 해파리에서 녹색형광단백질(GFP)을 발견하였고, 이 연구 성과로 다른 단백질의 유전자에 융합시켜 세포 내에 주입하여 원하는 장소에 형광을 만들어낼 수 있게 되었다.

:: 마틴 챌피Martin Chalfie (1947~)

미국의 신경생물학자. 1977년 하버드 대학교에서 박사학위를 취득하였고, 컬럼비아 대학교 교수로 활동하였다. 2004년 미국 과학아카데미 회원으로 선정되었다. 1994년 녹색형광단백질(GFP)를 이용하여 이웃하는 유전자의 발현을 추적할 수 있다는 연구 결과를 발표하였다.

:: 로저 Y. 첸Roger Y. Tsien (1952~2016)

미국의 생화학자. 하버드 대학교에서 물리학과 화학을 전공하여 최우등(숨마 쿰 라우데)으로 졸업하였다. 1977년 케임브리지 대학교에서 박사학위를 취득한 뒤 현재 캘리포니아 대학교 샌디에이고 캠퍼스에서 교수이자 하워드 휴즈 의학연구소에서 활동하고 있다. 녹색형광단백질이 어떻게 해서 빛을 내는지를 일반적으로 이해할 수 있도록 기여하였다.

전하, 그리고 신사 숙녀 여러분.

분자생물학 연구는 처음부터 염색체의 DNA 서열에 새겨져 있는 유전정보에 초점을 맞추었습니다. DNA 연구에서 이룬 성공이 비록 감동적이기는 하나, 분자의 움직임에서부터 생태학적 패턴에 이르기까지 유기체의 거동을 규정짓는 다차원적이고 역동적인 과정 중에서 DNA 서열은 단지 일차원적 정보만을 제공할 뿐입니다. 녹색형광단백질의 발견과 개발은 이러한 과학계의 의제를 급격하게 변화시켰습니다. 녹색형광단백질과 유사단백질을 개선한 변형체들이 고분해능 전자현미경과 계산기술 및 막강한 이론적 접근 방법과 상승 작용을 일으켜 복잡한 생체시스템의 정량분석에 초점을 맞춘 과학적 변혁에 박차를 가하고 있습니다. 지금까지 볼 수 없었던 구조와 역동적인 원리의 세계가 점차 드러났고, 이제는 생물학, 의학, 약학 연구의 모든 면에 실질적인 영향을 주고 있습니다.

녹색형광단백질에 관한 이야기는 3막으로 나눌 수 있습니다. 녹색형광단백질의 발견, 핵심 모델 유기체 내에서 녹색형광단백질 유전자의 발현, 그리고 녹색형광단백질 유사물질들을 보편적 유전표지물질 세트로 개발한 것입니다.

제1막은 50년 전 일본에서 오사무 시모무라 교수가 자체 발광하는 작은 갑강강Crustacea 패충아강ostracod에 속하는 바다반디*Cypridina*를 연구할 때 시작되었습니다. 그는 이 연구의 성공에 힘입어 미국에 오게 되었고, 프랭크 존슨 교수와 함께 워싱턴 주의 프라이데이 항구 외곽에 있는 태평양의 바닷속에서 평화로이 헤엄치는 해파리 에쿠오리아 빅토리아*Aequorea victoria*의 녹색자체발광에 관한 연구를 하였습니다. 1961년 시모무라는 놀라운 발견을 하게 되는데, 에쿠오리아 빅토리아의 자체발광에 관여하는 단백질인 아쿠오린aequorin이 녹색이 아니라 청색광을 낸다는 것이었습니다. 운 좋게도 그는 지금 GFP라고 알려져 있는 녹색형광단백질도 발견했고, 해파리의 녹색광은 GFP 전자의 들뜸 현상 때문에 방출되는 것이며, 아쿠오린의 청색자체발광이 발광 현상 없이 해파리로 전이되어 GFP의 전자를 들뜨게 해서 녹색광이 방출되는 것이라고 궁극적으로 설명할 수 있었습니다. 시모무라 교수님의 발견 덕분에 놀라운 광학적 성질을 갖는 GFP는 태평양의 은밀한 곳에서 끌려 올라왔고, 과학적으로 정밀한 연구가 가능해졌습니다.

제2막이 시작될 때, 에쿠오리아 빅토리아가 아닌 유기체에 GFP 유전자를 발현시키면 형광단백질이 되리라는 것을 믿는 사람은 거의 없었습니다. 그 염색체가 형성되려면 에쿠오리아 빅토리아에 선택적인 효소가 필요하다는 것이 일반적인 추론이었으나 다른 견해를 가진 마틴 찰피라는 이름의 GFP 신봉자가 한 사람 있었습니다. 그의 연구는 작은 선형동물인 예쁜꼬마선충*Caenorhabditis elegans*의 신경시스템에 집중되어 있었고, 예쁜꼬마선충에 형광단백질 유전자를 발현시킬 수만 있다면 가능한 어떤 실험도 하려는 열의에 가득 차 있었습니다. 그는 연구원 더글러스 프라셔가 제공한 복제 GFP를 사용해서 밝게 형광을 내는 GFP가 대장균E. Coli과 예쁜꼬마선충 둘 다에서 발현된다는 것을 1993년과 1994년에 보여 주었습니다. 찰피 교수님의 연구 결과는 과학적 편견을 이겨 내는 실험의 힘을 보여 주었을 뿐만 아니라, GFP가 보편적인 유전표지가 된다는 것을 많은 사람들에게 분명하게 밝혔습니다.

제3막은 1994년에 시작되었는데, 이때 로저 챈은 GFP 염색체가 산소의 존재 아래서 어떻게 저절로 형성되며, 어떻게 청색 형광을 내는 GFP 변이체로 바뀌는가를 설명하였습니다. GFP의 1차 구조에서 점 돌연변이point mutation가 형광 방출 스펙트럼을 변화시킨다는 것을 보임으로써 가능했지요. 그 후로 챈은 많은 GFP 변형체를 만들어서 제공해 왔습니다. 이것들은 가시광선 전 영역에서 형광을 방출하며, 염색체의 단백질이 접힌 뒤에 형광 발광 상태로 성숙되는 데 필요한 시간을 매우 단축했고, 광 안정성과 휘도도 높아졌습니다. 챈 교수가 독창적으로 부단히 개선해 온 GFP와 그 유사 단백질 덕분에 생물 관련 과학은 변혁을 거듭해 왔습니다.

시모무라 교수님, 찰피 교수님, 첸 교수님.

녹색형광단백질을 발견하고 확인했으며, 주요 유기체 내에서 형광 형태의 GFP를 최초로 발현하였고, 또 GFP와 그 유사종을 모든 형태의 유기체 세포 내에서 단백질의 위치 추적과 이동 및 상호 작용 연구를 위한 보편적 유전표지 세트로 개발하신 교수님들의 공로가 인정되어 시상을 하게 되었습니다. 스웨덴 왕립과학원을 대신해서 진심으로 축하를 드리며, 이제 앞으로 나오시기 바랍니다. 전하께서 직접 노벨 화학상을 시상해 주시겠습니다.

스웨덴 왕립과학원 노벨 화학위원회 맨스 에렌버그

리보솜의 구조와 기능에 관한 연구

2009

벤카트라만 라마크리슈난 | 영국 **토머스 스타이츠** | 미국 **아다 요나스** | 이스라엘

:: 벤카트라만 라마크리슈난Venkatraman Ramakrishnan (1952~)

미국의 화학자. 인도 출신으로 1971년 인도 바로다 대학교를 졸업하고, 1976년 오하이오 대학교에서 박사학위를 취득하였다. 이후 브룩헤이븐국립연구소와 유타 대학교 교수를 거쳐 1999년부터 영국 케임브리지의 의학연구위원회(MRC) 분자생물학연구소에서 근무하고 있다. 1970년대부터 리보솜에 대한 연구를 계속하여 2000년 리보솜의 3차원 원자 지도를 제시하였다.

:: 토머스 A. 스타이츠Thomas A. Steitz (1940~2018)

미국의 화학자. 1966년 하버드 대학교에서 박사학위를 취득하였고, 1970년 예일 대학교 교수로 시작해 현재 석좌교수로 재직하고 있다. 1986년 이후 하워드휴스 의학연구소의 연구원을 겸임하고 있다. 리보솜의 구조와 기능을 규명하는 데 힘써 리보솜의 3차원 구조를 원자 수준의 정밀도로 밝혀내는 데 성공하였다.

:: 아다 E. 요나스Ada E. Yonath (1939~)

이스라엘의 화학자. 이스라엘 건국 이전 예루살렘의 빈민가에서 태어났다. 히브리 대학교를 졸업하고 1968년 바이츠만 연구소에서 박사학위를 취득하였다. 이후 카네기멜론 대학교와 MIT에서 박사후과정을 마치고 이스라엘로 돌아와 10년 가까이 단백질결정학연구소에서 연구하였다. 1979년부터 독일 막스플랑크 연구소와 바이츠만 연구소에서 연구를 병행하였다. '리보솜 연구의 선구자' 로 꼽힌다.

전하, 그리고 신사 숙녀 여러분.

올해의 노벨 화학상은 단원자의 위치를 확인할 정도의 고분해능으로 리보좀의 결정학적 구조를 밝혀내고, 이 결정학적 구조를 이용해서 리보솜이 유전정보 설계도에 따라 아미노산을 단백질로 만들어 내는 과정과 항생제가 박테리아 병원체에 있는 리보솜을 공격하는 작동원리를 원자 수준에서 밝혀낸 업적에 대해 수여됩니다.

지구상의 모든 생명체는 단백질의 존재와 관련이 있습니다. 단백질은 인체내 생명에 필수적인 화학반응을 촉진시키고, 보고 듣고 맛보고 냄새 맡고 느끼고 경험하고 생각하고 움직이는 모든 것을 가능하게 합니다. 단백질은 우리로 하여금 병원균의 공격에 덜 과민하게 하며, 또한 올해 수상자를 축하하기 위해 우리를 오늘 여기 모이도록 하였습니다. 리보솜에 있는 두 개의 큰 단위체 사이에서 어떻게 단백질이 만들어지는가는 긴 RNA 사슬과 약 50개의 단백질이 관련되는데, 이것은 우리 문명의 실존에 관한 이야기입니다.

잘 정돈된 혼돈이라 할 수 있는 우리의 유전체에는 인체내 모든 단백질 종류를 암호화하는 DNA에 근거한 수천 개의 유전자들이 있습니다. 유전체 내의 단백질 설계도들이 계속해서 각각의 단백질 제조를 위해 메신저 RNA에 복사됩니다. 메신저 RNA가 리보솜을 발견하면 리보솜의 단위체 사이에 정착하여 적당하게 접힌 아미노산 사슬로 번역되며 이것이 활성화된 단백질이 됩니다. 스무 개 아미노산 각각이 고유의 전이 RNA 분자에 연결된 리보솜에 들어갑니다. 리보솜에서 이 전이 RNA 분자는 각각의 아미노산에 대한 메신저 RNA 속에 있는 암호를 인식하고 리보솜 공장은 단백질 설계도를 따라 지시된 순서대로 아미노산을 연결합니다.

1980년대 아다 요나스 박사의 선구적 업적은 결정학 기술을 이용하여 높은 분해능으로 리보솜의 구조를 밝히는 일에 초석을 다졌습니다.

토머스 스타이츠 박사는 1998년에 큰 리보솜 단위체에 관한 상phase의 문제를 풀었으며, 그리하여 최초로 리보솜의 결정구조를 밝혀냈습니다.

2000년에는 세 명의 노벨상 수상자 모두가 리보솜 단위체의 고분해능 구조를 발표하였는데, 스타이츠 박사는 큰 단위체에 대해, 라마크리슈난 박사와 요나트 박사는 작은 리보솜 단위체의 구조를 결정하였습니다. 토머스 스타이츠 박사가 밝힌 기능성 복합체 내에 있는 큰 리보솜 단위체의 고분해능 구조는 리보솜에서 아미노산 간에 펩타이드 결합의 형성이 어떻게 촉진되는지에 관한 원자 수준의 이해를 이끌어 냈습니다.

기능성 복합체 내 작은 리보솜 단위체에 관한 벤카트라만 라마크리슈난 박사의 결정구조는 리보솜에 의한 유전정보의 해독이 유전자 설계도에 따라 모든 단백질이 한 치의 오차도 없이 어떻게 정확하게 만들어질 수 있는지에 관해 원자 수준에서 이해할 수 있도록 하였습니다.

라마크리슈난 박사, 스타이츠 박사, 요나스 박사는 어떻게 항생제가 리보솜 기능을 방해하는지, 어떻게 약 타겟 물질의 내성이 전개되는지에 관한 원자 수준의 이해를 돕는 항생제와 복합체를 이루는 리보솜 단위체의 고분해능 구조를 밝혀냈습니다. 이 핵심적인 지식은 박테리아 병원균에서 발견되는 약 내성에 대해 끊임없이 싸우는 의학계의 투쟁 속에서 새로운 항생제 개발을 위해 이미 사용되고 있습니다.

박사님들은 고분해능으로 리보솜의 결정 구조를 확인하였고, 리보솜 기능의 기초적이며 의학적으로 중요한 측면을 밝히기 위해 이와 같은 구조를 능숙하게 활용하여 노벨 화학상을 수상하게 되셨습니다. 스웨덴 왕립과학원을 대신하여 진심어린 축하를 전해드리며, 이제 앞으로 나오셔서 전하께서 수여하시는 노벨상을 받으시기 바랍니다.

노벨 화학위원회 만스 에렌베르그

유기합성을 위한 팔라듐 촉매 교차짝지움 반응

2010

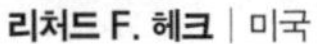
리처드 F. 헤크 | 미국　　**네기시 에이이치** | 일본　　**스즈키 아키라** | 일본

:: 리처드 F. 헤크 Richard F. Heck (1931~2015)

미국의 화학자. 1952년 UCLA를 졸업하였고, 1954년 같은 대학에서 박사학위를 받았다. 이후 스위스 취리히 공과대학(ETH) 박사후과정 연구원으로 활동하였다. 1957년에 화학제품 제조업체인 헤라클레스 사에 입사했지만 1971년에 델라웨어 대학교 화학과 · 생화학과 교수로 있다가 1989년 은퇴했다. 그의 연구 업적은 현대 화학자에게 가장 유용한 도구가 되었고, 산업적 생산은 물론 연구 분야에서도 널리 사용되고 있다.

:: 네기시 에이이치 根岸英一 (1935~2021)

일본의 화학자. 1958년 도쿄 대학 공학부 응용화학과를 졸업하고, 화학제품 제조사인 테이진에 입사하였다. 이후 1963년 미국 펜실베이니아 대학교에서 박사학위를 받은 뒤 1966년 퍼듀 대학교에서 박사후과정 연구원으로 있다가 1968년에 조교수가 되었다. 시러큐스 대학교를 거쳐 1979년 다시 퍼듀 대학교로 옮겼다. 그의 연구는 신약과 농업용 화합물, 플라스틱 · 반도체 · OLED 발광물질과 같은 소재를 개발하는 데 크게 기여하였다.

:: **스즈키 아키라 鈴木章(1930~)**

일본의 화학자. 홋카이도 대학을 졸업하고 박사학위를 받았으며, 조교수가 되었다. 이후 미국 퍼듀 대학교에서 박사후과정 연구원으로 있다가 1994년까지 홋카이도 대학 교수로 재임하였다. 이후 오카야마 이과대학, 구라시키 예술과학대학에서 일하였다. 리처드 헤크와 네기시 에이이치의 연구를 산업적으로 적용하는 데 성공하여 화합물 제조산업에 일대 혁신을 불러왔다는 평을 받는다.

전하 그리고 신사 숙녀 여러분.

올해 노벨 화학상은 탄소 원자를 서로 연결하는 방법에 수여되는데, 이 방법은 화학자들이 새로운 유기 분자를 만들어 내는 효율적인 수단으로 사용하고 있습니다. 수상자들은 온화한 조건에서 두 개의 탄소를 하나로 정교하게 결합시키기 위해 팔라듐 금속을 사용하였습니다.

유기 분자들은 탄소 원자를 포함하는데 이 탄소 원자들은 서로 결합하여 긴 사슬이나 고리구조를 형성합니다. 탄소-탄소 결합은 지구상 모든 생명의 전제조건이며 단백질, 탄수화물 그리고 지방에서 주로 발견됩니다. 식물과 동물은 탄소 원자들이 서로 결합되어 있는 유기 분자로 주로 구성되어 있으며, 오늘 여기 모인 우리들도 넓은 범위에서 탄소-탄소 결합으로 이루어져 있습니다. 살아 있는 유기체에서 탄소 원자 간의 결합은 여러 가지 효소 시스템을 이용하는 자연 고유의 경로를 통해 새롭게 만들어집니다.

약품, 플라스틱, 그 밖의 다른 물질들로 사용되는 새로운 유기 분자들을 인공적으로 만들기 위해 실험실에서는 탄소-탄소 결합을 만들 수 있는 효율적이고 새로운 방법이 필요합니다.

역사를 돌아보면 독일 화학자 콜베가 1845년에 처음으로 탄소-탄소 결합을 합성했다는 것을 알 수 있습니다. 그 이후로 탄소 원자의 결합을 합성하는 다양한 방법들이 개발되었고, 그중 몇 가지 방법에 노벨상이 수여되었습니다. 올해 노벨 화학상은 탄소-탄소 결합을 합성하는 방법에 다섯 번째 수여되는 노벨상입니다.

1968년부터 1972년 사이에 리처드 헤크는 팔라듐 촉매로 탄소-탄소 결합의 초석을 다지는 선구적인 업적을 이루었습니다. 팔라듐을 이용하여 전혀 반응성이 없는 분자를 다른 분자에 연결하였는데, 그중 하나는 브로모벤젠이고 다른 하나는 이중결합을 포함하고 있는 올레핀입니다. 1977년에 네기시 에이이치는 헤크가 사용한 무반응성 분자 중 하나를 팔라듐을 사용하여 아연에 붙어 있는 탄소와 결합시키는 온화한 방법을 보고하였습니다. 2년 후인 1979년에 스즈키 아키라는 팔라듐 촉매 아래서 브로모벤젠 같은 무반응성 분자가 보론에 결합된 탄소와 아주 온화한 조건에서 반응을 일으킨다는 것을 발견하였습니다.

탄소 원자는 상당히 안정적이어서 다른 탄소와 쉽게 반응하지 않습니다. 그래서 화학자들이 초기에 탄소 원자들을 결합시키기 위해 사용한 방법은 더 반응성이 강한 탄소로 만드는 여러 가지 기술에 기초를 두었습니다. 이와 같은 방법은 간단한 분자를 만들 때는 가능하지만 보다 복잡한 분자를 합성할 때는 시험관 안에 화학자들이 원하지 않는 많은 부산물이 함께 만들어지게 됩니다. 팔라듐 촉매 하의 교차짝지움cross coupling 반응은 이와 같은 문제를 해결하여 화학자들이 더욱 정확하고 효율적인 방식을 가지고 연구하게 하였습니다. 헤크 반응Heck reaction, 네기시 반응Negishi reaction, 스즈키 반응Suzuki reaction에서 탄소 원자들은 팔라듐 원자와 만나게 되는데, 이때에는 화학자들이 탄소 원자를 활성화시킬 필요가 없습니다. 이 방법은 아주 적은 부산물을 만들면서 더욱 효율적인 반응을 이끌어냅니다.

팔라듐 촉매 하의 교차짝지움 반응은 대용량의 산업적인 생산을 위해 사용되는데, 예를 들면 약품, 농화학품, 전자산업에 사용되는 유기화합물 등입니다.

헤크 교수님, 네기시 교수님, 스즈키 교수님.

여러분은 유기합성에서 팔라듐촉매 교차짝지움 반응을 개발하고 이전에 유기화학자들이 얻기 어려웠던 화합물을 합성하도록 효율적이고 유용한 방법을 제공한 업적으로 노벨 화학상을 수상하게 되었습니다. 스웨덴 왕립과학원을 대신하여 진심어린 축하를 전해드리며, 이제 앞으로 나오셔서 노벨상을 받으시기 바랍니다.

스웨덴 왕립과학원 얀-에를링 베크발

준결정을 발견한 공로

2011

다니엘 셰흐트만 | 이스라엘

:: **다니엘 셰흐트만 Daniel Shechtman (1941~)**

이스라엘의 테크니온 공과대학에서 기계공학을 전공하고 대학원에서 재료공학으로 1972년에 박사학위를 받았다. 존스홉킨스 대학교 객원 교수, 미국 국립표준기술연구소(NIST) 객원 연구원 등을 지낸 뒤 1975년부터 테크니온 공과대학에 돌아와 1984년 교수가 되었다. 결정 구조에 관한 그의 연구는 당시 학계에서 받아들여지지 않았고, 심지어 소속된 연구 단체에서 탈퇴하라는 요구까지 받았다. 현재 그가 발견한 준결정 구조는 결정질 물질처럼 단단하면서도 비결정질 물질처럼 열이나 전기를 잘 전달하지 않아 다양한 방면으로 연구되고 있다.

전하 그리고 신사 숙녀 여러분.

3000년 동안 사람들은 오중 대칭five-fold symmetry이 주기성periodicity과 맞지 않다고 알고 있었으며, 300여 년 동안 결정성crystallinity을 갖기 위한 선행 요건이 주기성이라고 믿었습니다. 1982년 4월 8일 다니엘 셰흐트만이 밝혀낸 전자회절 패턴은 이 중에서 적어도 하나는 결함이 있으며, 대칭성과 결정성이 같다고 보는 우리의 개념을 수정하게 했습니다. 그가 발견한 대상들은 주기성은 없지만 새로운 대칭성을 가진 질서order가 있는 구조물질들인데, 요즘에는 준결정이라고 알려져 있습니다. 그가 발견한 것과 그 자신에 대한 믿음이 있었기에 다니엘 셰흐트만은 질서에 관한 우리의 개념을 바꾸었으며, 가장 잘 성립되어 있는 패러다임일지라도 고수와 갱신 사이에서 균형을 유지하는 것이 중요함을 상기시켜 주었습니다. 과학이란 경험적 기초 위에 이론적인 건축물을 세우는 것이며, 관찰은 이론을 만들기도 하고 깨버리기도 합니다.

"우리는 거인의 어깨 위에 있는 난장이와도 같아서 그들 보다 더 잘 볼 수 있고, 또 더 멀리서도 볼 수 있다. 이것은 우리가 예리한 관찰력을 가져서가 아니라, 거인 덕에 높은 위치에서 볼 수 있기 때문이다." 이 은유는 12세기 프랑스의 수도사 사르트르의 베르나르가 처음 사용하였고 나중에 뉴턴 등 많은 사람들이 인용했습니다. 눈먼 거인 오리온이 눈을 뜰 수 있게 된다는 동쪽 끝의 태양을 찾아가기 위해 그의 하인 세달리온을 어깨 위에 올려놓고 갔다는 고대 신화로 거슬러 올라가는 이야기입니다. 이 신화는 과학의 발전 과정을 보여 줍니다. 각 세대는 선조들이 쌓아 놓은 지식 위에 그들의 지식을 좀더 축적합니다. 어깨 위의 난장이를 통해서 봐야 하는 눈 먼 거인이 축적한 지식의 이미지는 기껏해야 과학을 이상화하는 것입니다. 즉, 이동하는 사람과 이동된 사람, 눈 먼 사람과 보는 사람 사이의 상호 신뢰 관계이지요. 거인은 성립된 진실을 제공하고 난장이는 새로운 것을 보려고 노력합니다. 모든 훌륭한 은유처럼 이 은유도 성립된 지식의 혜택을 묘사할 뿐만 아니라, 위험성도 넌지시 비추고 있습니다.

난장이와 거인의 관계는 근본적으로 비대칭입니다. 난장이는 볼 수 있고, 거인은 두 사람이 가야 할 길을 결정합니다. 거인의 딜레마는 그가 난장이를 통해 사물을 보지만, 맹목적으로 난장이를 믿을 수는 없다는 것입니다. 과학 패러다임은 다소 견고한 기초 위에서 날마다 도전을 받는데, 언제 이 도전을 심각하게 받아들여야 할지 알기 어렵습니다. 난장이는 그 반대의 문제에 직면합니다. 난장이는 거인에게 의존해야 하며, 아주 잘 볼 수 있음에도 불구하고 거인 없이는 어디에도 갈 수 없습니다. 스스로 선택하기 위해서는 거인의 어깨 위에서 즐기던 혜택을 포기하고 땅으로 내려와 혼자서 걸어야만 합니다. 올해의 노벨상 수상자는 기존에 성립된 진실과 싸워야만 했습니다. 난장이는 거인을 추종하지 않고 독립을 택했습니다.

거인의 어깨에서 내려오는 것은 도전입니다. 특히 위에 남은 사람들이 땅에 있는 사람들을 멸시하기 쉽기 때문입니다. 다니엘 셰흐트만이 당한 불신은 적절하고 건전한 것이었습니다. 지식의 성장을 진전시키기 위한 의심은 상호적이어야 합니다. 그러나 그가 겪은 조롱은 공정하지 않았습니다. 우리가 틀렸다고 주장하는 바보를 높은 곳에 남아 멸시하면서 주시하기는 아주 쉽습니다. 땅 위에 내려서서 바보가 되는 것은 대단한 용기를 필요로 합니다. 그와 그가 옳다고 주장한 사람들 모두 대단한 존경을 받을 만합니다.

다니엘 셰흐트만 교수님.

당신은 준결정을 발견하여 과학의 새로운 학제간 분야를 탄생시켰고 화학, 물리, 그리고 수학을 풍성하게 했습니다. 이것은 그 자체로 최고로 중요한 것입니다. 또한 우리가 아는 것이 얼마나 보잘 것 없는지 상기시켜 주었고, 어쩌면 우리에게 일종의 부끄러움을 가르치기까지 하였습니다. 그것은 진정으로 위대한 성취입니다. 스웨덴 왕립과학원을 대신하여 진심어린 축하를 전해드리며 이제 앞으로 나오셔서 노벨상을 받으시기 바랍니다.

스웨덴 왕립과학원 노벨 화학상위원회 스벤 리딘

G-단백질 연결 수용체의 연구

2012

로버트 J. 레프코위츠 | 미국

브라이언 K. 코빌카 | 미국

:: 로버트 J. 레프코위츠 Robert J. Lefkowitz (1943~)

미국의 의학자. 뉴욕에서 태어나 1962년 컬럼비아칼리지를 졸업하고 1966년 컬럼비아 대학교 의과대학에서 박사학위를 취득하였다. 이후 미국 국립보건원 임상연구원을 거쳐 매사추세츠 종합병원에서 레지던트 과정과 심장혈관계 질병 임상실습을 마친 뒤 듀크 대학교 메디컬센터 의학과 부교수와 생화학 조교수로 임명되었다. 1977년 정교수가 되었고, 1982년 특별한 업적을 쌓은 교수에게 주어지는 제임스듀크교수 칭호를 받았다. 1976년부터 하워드휴스의학연구소 연구원을 겸하고 있다.

:: 브라이언 K. 코빌카 Brian K. Kobilka (1955~)

미국의 의학자. 미네소타 대학교에서 생물학과 화학을 공부하여 1977년 졸업하였다. 이후 1981년 예일대학교 의과대학에서 박사학위를 취득한 후 듀크 대학교에서 박사후과정 연구원을 거쳐 1988년 조교수가 되었다. 1989년 스탠퍼드 대학교 교수로 자리를 옮겨 2000년 이후 정교수로 재직하고 있다. 듀크 대학교에 있을 당시 레프코위츠의 연구팀에 합류하여 G 단백질의 작동 원리를 규명하였고, 이들의 연구는 단백질 연구의 신기원이 열렸다는 평가를 받는다.

전하 그리고 신사 숙녀 여러분.

G-단백질 수용체는 뛰어난 수신기처럼 세포에 감지 능력을 제공합니다. 수신기는 주변의 성분을 감지하는데, 처음 발견한 것을 기초로 다른 메시지를 세포내부에 전달합니다. 로버트 레프코위츠와 브라이언 코빌카는 환상적인 수용체가 어떻게 생겼는지, 어떻게 구성되었는지, 어떻게 작동하는지, 그리고 어떻게 분자 수준에서 미세하게 조절되는지를 보여주었습니다. 그들은 수용체 전체 그룹이 유사한 방식으로 형성되고 활동하는 것을 발견하였습니다. 이와 같은 수용체는 거의 1000개의 신호를 감지하고 구별하기 위해 진화하고 변화됩니다. 이 수용체는 우리가 놀랐을 때 혈관에서 나오는 아드레날린이나 이미 우리를 둘러싸고 있는 아름다운 창조물 혹은 스톡홀름 시청사의 블루홀에서 접하게 되는 황홀한 향수와 향기에 반응하게 합니다. 우리가 지금 느끼고 있는 기쁨은 사실 G-단백질에 결합된 수용체 덕분입니다. 우리들의 세포를 둘러싸고 있는 체액은 신호를 주는 물질로 가득 차 있는데 수용체들이 이 물질을 붙잡아 세포 내에서 도취감을 만들어 냅니다.

오늘날 리보솜을 세포의 단백질 공장으로 알고 있듯이 우리는 많은 생체분자 시스템의 성분과 기능을 알고 있습니다. 또한 우리는 분자를 정확한 시간과 공간에서 작동시킴으로써 복합체가 충분한 속도로 형성되고 지속적으로 유지될 수 있도록 하는 추진력에 대하여 어느 정도 알고 있습니다. 그러나 가능한 조합의 수는 거의 무한에 가깝습니다. 그럼에도 불구하고 혹은 그 덕분에, 우리는 진화 과정을 거치며 최선의 조합을 위한 현명한 해결책을 다양하게 제공받게 되었습니다. 또한 바로 이것 때문에 아직 관찰하지 못한 것을 예측하기가 어렵습니다. 우리는 꽤 잘 추측하고 있지만 여전히 많은 세부사항과 기발한 연결 관계를 놓치고 있습니다. 발견의 복잡성이 밝혀지고 단순화되어 우리 앞에 보여야 그때서야 알고 이해하게 됩니다. '물론 그렇지' '맞아' '이 방식이 틀림없어'라고 말하지만 이는 결코 우리가 예상했던 것이 아닙니다.

동화 속의 젊은 용사는 발견자가 되고 싶다고 그의 친구들에게 이야기합니다. "무엇을 발견하려고?" 한 친구가 물어봅니다. "물론 미리 알 수는 없어"가 가장 빠르고 명쾌한 답입니다. 현실세계에서 과학자들은 흔히 그들이 앞으로 무엇을 발견할지, 어떤 방법으로, 언제 발견할지를 질문 받습니다. 그래서 때때로 무엇이 동화이고 무엇이 현실인지 의아해한다는 것이 놀랍지 않습니까?

자연의 뛰어난 창조는 우리의 풍부한 환상과 상상을 훨씬 뛰어넘는데, 올해 노벨 화학상은 이것을 잘 보여 줍니다. 로버트 레프코위츠와 브라이언 코빌카가 베타-아드레날린성 수용체를 연구하기 위해 실험실에 들어섰을 때 그들은 앞으로 수십 년 동안 무엇을 발견해 낼지 아무런 단서도 갖지 못했습니다. 그들은 구조적으로나 기능적으로 관련된 수용체 그룹을 우연히 발견한 것에 대한 기쁨을 만끽했습니다. 아마도 우리가 수용체들이 또 다른 이름으로 불릴 수 있다는 것을 알게 된 만큼 그들도 놀랐을 것입니다.

위대한 발견은 흔히 뜻밖의 발견을 통해 이루어지지만, 사실은 자신의 생각을 끊임없이 의심할 정도로 충분히 세심하게 관찰하고 인식하는 사람들에 의해 이루어집니다. 그와 같은 인식은 과학적인 질문의 원리를 깊게 탐구하는 데 필요한 노력과 시간을 투자할 때 생기는 경험과 지식으로부터 기인합니다. 로버트 레프코위츠와 브라이언 코빌카는 위대한 헌신, 창조력, 인내심을 가지고 수용체를 점진적으로 통달해 나갔습니다. 그들은 쉼터로부터 수용체를 유인하여 확인하고, 거의 모든 가능한 방식으로 수용체를 연구하는 방법들을 개발하였습니다. 어떻게 수용체가 형성되는지, 어떻게 세포막으로 신호를 전달하는지, 어떻게 수용체가 조절되는지를 수십 년 동안 분자 수준의 세밀한 내용까지 알게 되었습니다. 이에 대한 보상은 광범위하고 풍요로웠는데, 그들의 발견은 여러 관점에서 분자 수준의 걸작입니다. 자연의 경이로움 중 하나가 지금 그 아름다움을 드러내고 있습니다. 그들은 인간에게 가장 중요한 수용체를 연구할 수 있는 강력한 방법론과 가장 우아한 전략의 형태로 훌륭한 걸작을 우리에게 제공하였습니다.

브라이언 코빌카 교수님, 그리고 로버트 레프코위츠 교수님. G-단백질이 결합된 수용체에 대한 두 분의 연구는 세포가 밖으로부터 정보를 받는 놀라운 신호 메커니즘을 분자 수준으로 세밀하게 밝혔습니다. 정말로 위대한 업적입니다. 스웨덴 왕립과학원을 대신하여 진심어린 축하를 전해드리며, 이제 앞으로 나오셔서 노벨상을 받으시기 바랍니다.

스웨덴 왕립과학원 노벨 화학상위원회 사라 스노게럽 린제

복잡한 화학 시스템을 예측하는 시뮬레이션 기법 개발

2013

마르틴 카르플루스 | 오스트리아 **마이클 레빗** | 미국 **아리엘 와르셸** | 미국

:: 마르틴 카르플루스 Martin Karplus (1930~)

오스트리아에서 유대인 명문가의 아들로 태어났으나 나치 독일을 피해 미국으로 이주했다. 1950년 하버드 대학교를 졸업하고 1953년 캘리포니아 공과대학에서 라이너스 폴링의 지도를 받아 화학 박사학위를 취득하였다. 일리노이 대학교, 컬럼비아 대학교를 거쳐 1966년 하버드 대학교 화학과 교수로 부임한 뒤 1979년 시어도어 리처즈좌 명예교수가 되었다. 1996년부터 프랑스 스트라스부르 대학교 교수를 겸하며 프랑스국립과학센터(CNRS)와 스트라스부르대학교가 공동 운영하는 생물물리화학 연구소장을 맡고 있다.

:: 마이클 레빗 Michael Levitt (1947~)

남아프리카공화국에서 태어나 고등학교를 마친 뒤 물리학 전공으로 1967년 영국 킹스칼리지런던을 졸업하고 1971년 케임브리지 대학교에서 생물물리학 박사학위를 취득하였다. 이후 바이츠만과학연구소에서 박사후 연구원 과정을 수료하고 영국 MRC분자생물학연구소, 미국 솔크연구소 등에서 연구 활동을 하였다. 1987년 스탠퍼드대학교 구조생물학과 교수로 부임하여 1993년부터 학과장을 맡았다.

:: 아리엘 와르셸 Arieh Warshel (1940~)

팔레스타인에서 태어나 대위로 군복무를 마친 뒤 1966년 테크니온 공과대학에서 최우등으로 화학 석사학위를 취득하였다. 1967년 이스라엘의 바이츠만 과학연구소에서 석사학위를, 1969년에는 화학물리학 박사학위를 취득하였다. 이후 하버드 대학교에서 마르틴 카르플루스 아래서 박사후연구 과정을 수료한 뒤 바이츠만 과학연구소와 영국 MRC분자생물학연구소를 거쳐 1976년부터 서던캘리포니아 대학교 화학과 교수로 재직하고 있다.

전하 그리고 신사 숙녀 여러분.

올해의 노벨 화학상 수상자인 마르틴 카르플루스, 마이클 레빗, 아리엘 와르셸은 컴퓨터의 도움을 받아 물리학적 모델을 기반으로 분자의 세계를 들여다보고 복잡한 화학 시스템의 기능과 행동을 이해할 수 있는 시뮬레이션 기법을 개발하였습니다. 이 기법의 탄생에 대하여 조금이나마 이해하기 위하여 50년 전의 시간으로 돌아가 보겠습니다.

그 시기 저는 처음으로 화학을 접했습니다. 란스크로나에 있는 중학교에 다닐 때였죠. 그곳에서 저는 교육학보다는 화학에 대한 경험이 풍부한 훌륭한 선생님을 만나는 행운을 얻었습니다. 그의 실험과 지식은 저를 비롯한 학생들을 매료시켰고, 그 선생님이 아니었다면 지금 제가 이 자리에 설 수 없었을 것입니다.

그러나 화학은 그 이후 완전히 변했습니다. 모든 분야가 엄청난 속도로 발전하였습니다. 많은 화학자는 다른 무엇보다 다음 세 가지가 이 변화를 대표한다는 것에 동의할 것입니다. 첫째, 화학과 생물학의 경계가 완전히 변했습니다. 우리는 종종 노벨상 시상식이 열리는 12월 10일에 이 사실을 상기하게 됩니다. 오늘날 화학은 생명과학science of life이며,

화학자, 생물학자, 의료 전문가가 생명 현상을 설명하는 데 화학적 언어가 사용되고 있습니다.

둘째, 화학이 이론적으로 정립되었습니다. 화학과 물리학의 경계가 거의 사라졌습니다. 오늘날 이론화학, 화학물리chemical physics, 나노과학 등과 같은 연구 분야가 스웨덴 및 외국의 대학교에 자리 잡고 있습니다.

세 번째는 화학뿐 아니라 우리 사회에서도 일어난 일입니다. 컴퓨터는 많은 면에서 이 세상을 완전히 바꾸었습니다. 오늘날 우리는 컴퓨터가 내장되지 않은 자동차나 세탁기, 분광 분석기나 다른 화학기기를 살 수 없습니다. 컴퓨터는 이렇게 일상의 모든 부분에서 사용되고 있습니다. 특히 컴퓨터는 종종 물리학에서 가져온 수식을 사용하여 화학 시스템과 반응을 모델링하는 데 사용됩니다. 이 모델링에는 용량이 큰 컴퓨터가 필요하고, 적절한 수식과 근사기법의 선택이 절대적으로 필요합니다. 올해 노벨 화학상 수상자들이 이런 일련의 연구·개발을 수행하였습니다. 초기에 이들은 컴퓨터 작업의 중요성을 깨달았고, 화학 시스템과 반응을 설명하기 적합한 이론을 물리학 분야에서 빌려 와서, 이를 바탕으로 효율적인 컴퓨터 모델을 개발하였습니다. 이 모델들은 모든 화학 분야에서 활용할 수 있는 것이지만 아마도 생화학과 분자생물학 분야에서 가장 중요하게 사용됩니다. 이들의 업적의 가장 중요한 면은 화학 시스템에 대한 이론적인 모델링을 통하여 왜 반응이 일어나거나 일어나지 않는지를 이해할 수 있도록 하고, 따라서 효소나 촉매의 성능을 향상시킬 수 있도록 한다는 것입니다.

마르틴 카르플루스 교수님, 마이클 레빗 교수님, 아리엘 와르셸 교수님. 여러분의 아이디어와 화학 시스템의 특성을 연구하도록 개발한 방법이 화학의 여러 분야에 큰 변혁을 가져왔으며, 화학 시스템에 대한 특성을 가장 정교한 수준으로 이해할 수 있도록 했습니다. 이것은 참으로 위대한 업적입니다. 스웨덴 왕립과학원을 대신하여 진심어린 축하를 전해드리며, 이제 앞으로 나오셔서 노벨상을 받으시기 바랍니다.

스웨덴 왕립과학원 노벨 화학상위원회 군나르 칼스트룀

초고분해능 형광현미경 개발

2014

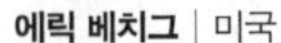

에릭 베치그 | 미국　　**슈테판 헬** | 루마니아 · 독일　　**윌리엄 머너** | 미국

:: 에릭 베치그 Eric Betzig (1960~)

미국의 응용물리학자. 캘리포니아 공과대학교에서 물리학을 공부했으며, 코넬 대학교에서 1988년에 응용 공학 물리학으로 박사 학위를 받았다. AT&T벨연구소 반도체 물리학 연구부서에서 일하다 1996년 학계를 떠나 아버지의 회사인 앤아버기계회사에서 일했다. 2002년 뉴밀레니엄연구소를 세워 현미경 연구로 학계에 복귀했으며, 2006년부터 하워드휴스의학연구소의 자넬리아 팜연구 캠퍼스 연구 책임자로 초고분해능 형광현미경 기술을 연구하고 있다.

:: 슈테판 헬 Stefan W. Hell (1963~)

루마니아 태생의 독일 물리화학자. 하이델베르크 대학교에서 물리학을 공부하고 1990년에 박사 학위를 받았다. 하이델베르크 유럽분자생물실험실 박사 후 연구원, 핀란드의 투르쿠 대학교 의학물리학부 연구 책임자, 영국 옥스퍼드 대학교 초빙 과학자를 거쳐 1996년부터 하이델베르크 대학교 물리학과 교수가 되었다. 또한 현재 막스 플랑크 생물물리화학연구소 소장, 하이델베르크 독일 암연구연구소 광학나노현미경 분과 책임자, 괴팅겐 대학교의 실험물리학과 명예 교수다.

:: **윌리엄 머너 William E. Moerner (1953~)**

미국의 생물물리학자. 워싱턴 대학교에서 물리학, 전기공학, 수학을 공부하고 1982년에 코넬 대학교에서 물리학으로 박사 학위를 받았다. IBM알마덴연구소 연구원, 스위스 취리히연방 공과대학교 물리학과 초빙 교수, 캘리포니아 대학교 화학생물화학부 석좌 교수, 하버드대학교 초빙 교수를 거쳐 현재 스탠퍼드 대학교 화학과 교수다. 단일분자현미경의 기초가 된 단일분자분광학을 개척한 선구자로 널리 알려져 있다.

전하, 그리고 신사 숙녀 여러분.

올해 노벨 화학상은 생명체 내 분자의 세밀한 형상과 움직임을 보게 만든 초고분해능 형광현미경 개발에 수여됩니다. 이 개발은 1873년 에른스트 아베가 빛 파장의 절반보다 작은 물체는 광학현미경으로 식별할 수 없다고 기술한 물리적 한계를 뛰어넘는 것입니다. 아베의 법칙은 강철같이 단단하고 확고하였으나 다른 견해를 가지고 있던 운명을 지배하는 자들은 한 가지가 아니라 두 가지 다른 방법으로 아베의 마술적인 한계를 극복하는 통로를 만들었습니다.

슈테판 헬이라는 젊은이는 아베가 정의한 성가신 한계를 언젠가는 극복하리라 생각했지만 어떻게 극복할지 명확하게 알지 못했습니다. 그의 비전을 펼치기 위해 박사 후 연구원에 지원을 했지만 시도한 곳마다 거절당했습니다. 그러나 그는 핀란드 투르쿠에서 숨 쉴 공간과 생각할 수 있는 가치 있는 시간을 찾았습니다. 그는 어떻게 아베의 회절 한계를 뛰어넘을 수 있는지에 대한 이론을 1994년에 발표하였습니다. 먼저 두 개의 레이저 광선을 형광현미경 앞에 놓인 흥미로운 구조에 발사합니다. 하나의 광선은 아베의 회절 한계에 의해 결정되는 크기의 형광 분자들을 들뜨게 합니다. 다른 광선은 크기를 임의적으로 작게 만들 수 있는 분자들을 제외한 모든 들뜬 분자를 광자를 방출하기 전에 바닥상태로 빠르게 돌려놓습니다. 두 개의 광선이 함께 구조에 주사될 때 아베의 회절 한계를 뛰어넘는 분해능을 가진 이미지가 나타납니다. 헬은 초고분해능 형광현미경이 작동하는 것을 2000년에 실험적으로 증명하였습니다. 그는 이것을 유도방출억제STimulated Emission Depletion, STED 현미경이라고 불렀습니다. 이것이 아베의 한계를 우회한 첫 번째 방법이며, 이제 두 번째 방법을 살펴보겠습니다.

1989년에 윌리엄 머너는 -269 °C에서 결정형태의 기질에 있는 형광분자가 빛을 흡수하는 연구를 하였습니다. 그때 그는 자신이 단일의 형광전자쌍극자를 세상에서 처음으로 관찰하였다는 것을 깨달았습니다. 이것이 단일분자현미경의 탄생입니다.

이제 빠르게 1995년으로 이어져 갑니다. 에릭 베치그는 대학 생활에 싫증이 났습니다. 무언가 다른 것을 원했지만 아베의 확고한 한계를 넘어서는 단일분자 측정과 형광현미경을 어떻게 사용할지에 대한 생각에서 벗어날 수 없었습니다. 생물학적 구조에 라벨로 붙인 일군의 형광분자들은 아베의 한계로 부터 멀리 벗어나 있어서 정확하게 위치를 찾아낼 수 있었습니다. 그러나 이렇게 엉성하게 라벨을 다는 방법은 구조에 대한 정보에 큰 공백을 발생시킵니다. 이 문제를 푸느라 베치그는 아베의 한계와 정보적 공백 사이에서 진퇴양난에 빠졌고 좌절하였습니다. 그는 1995년에 이 개념을 이론적으로 서술하였으나 실제적으로 구현할 수 있는 확실한 방법이 없었습니다. 베치그는 학계를 떠나 떠도는 신세가 되었으나 그의 개념을 구현할 수 있는 토대가 놀라운 녹색형광단백질Green Fluorescent Protein, GFP 변종에 대한 머너의 단일분자 분석으로부터 기인하였습니다.

머너는 1997년에 들뜬 광선 파장과는 아주 다른 파장의 광선을 사용하여 GFP의 새로운 변종이 무형광상태에서 형광상태로 활성화될 수 있다는 것을 발견하였습니다. 이 GFP분자는 광스위치에 의해 끄고 킬 수 있는 분자램프처럼 작동합니다.

베치그가 방황에서 돌아왔을 때 그의 문제에 대한 해결책은 이미 가까운 곳에 있었습니다. 그는 생물학적 구조를 광학적으로 활성화시킬 수 있는 GFP를 가지고 라벨을 붙이는 방법을 개발하였습니다. 약한 광펄스가 GFP분자의 작은 부분을 활성화시켜서 이 부분의 모든 분자를 아베의 한계로부터 벗어나서 초정밀도로 그 위치를 밝힐 수 있었습니다. 이어서 GFP의 또 다른 작은 부분이 활성화되고 그것을 또한 초편재화 할 수 있습니다. 이것은 많은 수의 이미지가 생성될 때까지 계속 반복됩니다. 마침내 모든 이미지가 완전한 구조정보를 갖는 하나의 초고분해능의 이미지로 만들어 집니다. 베치그는 그의 방법을 2006년에 발표하였고 광활성편재현미경Photo Activated Localization Microscopy, PALM이라 불렀습니다.

베치그 박사님, 헬 교수님, 머너 교수님, 여러분들은 초고분해능 형광현미경 개발로 노벨 화학상을 받게 되었습니다. 스웨덴 왕립과학원을 대신하여 진심어린 축하를 전해드리며 이제 앞으로 나오셔서 전하로부터 노벨상을 받으시기 바랍니다.

스웨덴 왕립과학원 노벨 화학상위원회 만스 에렌베리

손상된 DNA의 회복 메커니즘에 관한 연구

2015

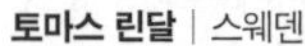

토마스 린달 | 스웨덴 **폴 모드리치** | 미국 **아지즈 산자르** | 터키

:: 토마스 린달 Tomas Lindahl (1938~)

스웨덴의 생화학자. 스톡홀름의 카롤린스카연구소 의과대학교에서 공부하였고 1970년에 의학 박사 학위를 받았다. 프린스턴 대학교와 록펠러 대학교에서 박사 후 연구원을 지내고 고센버그 대학교에서 1978년부터 1982년까지 의화학과 교수를 역임한 뒤 왕립암연구기금 연구원과 클레어홀 암연구소 소장을 거쳐 프랜시스크릭연구소와 영국암연소 명예 소장을 맡고 있다. 손상된 DNA의 회복 메커니즘을 분자 단위에서 밝혀내 세포가 어떻게 작동하고 암이 유발되는지에 대한 이해를 증진하는 데 공헌하였다.

:: 폴 모드리치 Paul Modrich (1946~)

미국의 생화학자. 매사추세츠 공과대학교에서 공부하고 1973년에 스탠포드 대학교에서 박사 학위를 받았다. 1988년부터 현재까지 듀크 대학교 생화학 교수 역임 중에 있고 하워드휴스의학연구소 연구원이다. DNA 복구 메커니즘 중 DNA의 짝짓기 오류 회복 과정을 밝혔다.

:: 아지즈 산자르 Aziz Sancar (1946~)

터키의 생화학자. 이스탄불 대학교에서 의학을 공부하고 1977년에 텍사스 대학교에서 빛에 반응하는 대장균의 효소에 대한 연구로 박사 학위를 받았다. 1982년 노스캐롤라이나 대학교 생화학과 부교수로 부임한 뒤 현재 교수로 재직하고 있다. DNA 복구 메커니즘 중 뉴클레오티드 절단 복구 과정을 규명했다.

전하, 그리고 신사 숙녀 여러분.

수정란은 한 인간의 탄생에 필요한 모든 정보를 담고 있으며, 이 정보는 유전물질인 DNA에 저장되어 있습니다. DNA의 발견은 프리드리히 미셰르의 업적인데, 그는 1869년에 백혈구로부터 새로운 물질을 분리해 냈습니다. 미셰르는 튀빙겐에 있는 한 성의 부엌에서 연구를 수행했는데, 지역병원에서 날마다 수거한 더러운 붕대를 연구 소재로 삼았습니다. 감염된 상처 주위에 생기는 고름에는 많은 양의 백혈구 세포가 들어 있었는데, 미셰르는 여기에서 오늘날 DNA라 불리는 핵소를 분리해 냈습니다. 60년 후에 피버스 레빈은 DNA가 4개의 염기를 갖는 뉴클레오티드로 구성되어 있다는 것을 보였고, 1930년에 2명의 스웨덴 과학자, 토비언 캐스퍼슨과 에이나르 함마르스텐은 이 뉴클레오티드가 매우 긴 DNA 사슬로 엮여 있다는 것을 밝혀냈습니다. 그러나 당시에는 DNA처럼 단순 반복되는 분자가 인간과 같이 복잡한 생명체의 탄생에 필요한 모든 정보를 암호화할 수 있다는 것이 납득되지 않았습니다. DNA에 실제로 유전정보가 담겨 있다는 최초의 실험적 증거는 1944년이 되어서야 발표되었는데, 오즈월드 에이버리가 폐렴쌍구균의 다른 가닥으로부터 전달된 DNA가 박테리아의 특징을 바꿀 수 있다는 것을 보였을 때입니다.

그 다음의 중요한 진전은 생화학자 에르빈 샤가프가 종이 크로마토그래피를 이용해서 DNA에 있는 4개 염기의 상대적인 숫자가 서로 연관되어 변한다는 것을 보였을 때입니다. 샤가프의 결론은 로절린드 플랭크린과 모리스 윌킨스가 밝혀낸 X선 결정 이미지와 함께 나중에 독창적 분자 모델링의 기초가 되었는데, 이 분자 모델링으로 인해 제임스 왓슨과 프랜시스 크릭이 DNA의 구조를 제안하여 1953년 네이처 논문에 발표하게 되었습니다. 마치 마술처럼 어떻게 해서 이렇게 단순해 보이는 DNA 분자가 세포의 다음 세대로 전해질 유전정보를 저장할 수 있는지 설명되었습니다. DNA 분자는 2개의 상보적인 가닥으로 이루어져 있으며, 이것들은 분리되어 새로운 DNA 합성에 주형으로 사용될 수 있습니다. 이것이 바로 세포가 분화할 때 마다 DNA가 복제되고, 수백만 년을 거쳐 유전물질이 끊임없이 새로운 세대로 전달되는 방식입니다.

유전정보가 DNA에 저장된다는 발견과 함께 20세기의 위대한 과학적 업적들을 통해 그에 대한 이해가 증진되었습니다. 그러나 DNA와 같은 화학적 분자가 그토록 오랜 세월 동안 어떻게 그리도 안정할 수 있는 것일까요? 모든 화학적 과정에는 무작위적인 실수가 발생하기 마련입니다. 게다가 우리 유전자는 DNA를 손상시키는 것으로 알려진 복사선과 활성분자들에 매일 노출됩니다.

우리의 DNA를 이토록 놀랍게 잘 보존하는 것은 손상된 분자를 회복하는 메커니즘들 때문입니다. 단백질 무리가 우리 유전자를 모니터 합니다. DNA가 손상되면 끊임없이 회복되고, DNA가 복제되는 동안 발생한 실수는 정정됩니다. 올해의 노벨 화학상은 이 근본적인 과정을 분자수준까지 자세히 밝혀낸 세 분의 과학자에게 수여됩니다. 토마스 린달의 연구는 자연발생적인 화학적 과정이 세포의 게놈을 유린할만한 손상을 매일 수천 번씩 야기한다는 것을 보여주었습니다. 그는 이 모든 자연발생적인 손상을 회복시키는 분자시스템이 틀림없이 존재한다고 결론지음으로써 완전히 새로운 연구 분야를 열었습니다. 그 연구를 통해서 린달은 오늘날 염기 절제에 의한 회복이라고 알려진 손상 회복 메커니즘을 확인하고 특징지을 수 있었습니다. 폴 모드리치는 DNA를 복제하는 동안 종종 발생하는 염기의 짝짓기 오류를 세포가 어떻게 정정할 수 있는지를 연구했습니다. 세심한 연구를 통해서 그는 이러한 정보가 다음 세대로 어떻게 전달되는지를 밝힐 수 있었으며, 이것은 소위 염기의 짝짓기 오류 회복mismatch repair이라고 알려져 있습니다. 오늘날 우리는 인간의 정보 물질이 복제되는 동안 발생하는 모든 실수의 99.9%를 이 시스템이 복구할 수 있다는 것을 알고 있습니다. DNA는 또한 자외선이나 흡연과 같은 외부의 요인에 의해서도 손상될 수 있습니다. 이렇게 발생되는 손상은 뉴클레오티드 절제에 의한 회복 메커니즘이 제거합니다. 세 번째 수상자, 아지즈 산자르는 이 시스템을 구성하는 요소들을 확인하고, 이 요소들이 DNA 손상을 정정하기 위해 어떻게 작동하는지를 분자 수준까지 자세히 설명했습니다.

토마스 린달, 폴 모드리치, 그리고 아지즈 산자르.

당신들은 손상된 DNA 회복에 관한 연구를 통해서 우리의 유전물질을 완전무결하게 보전하는 경이로운 회복 메커니즘 세트를 분자 수준까지 섬세하게 밝혀냈습니다. 정말로 위대한 업적입니다. 스웨덴 왕립과학원을 대신하여 진심 어린 축하를 전해드리며 이제 앞으로 나오셔서 전하께서 직접 수여해 주시는 노벨상을 받으시기 바랍니다.

스웨덴 왕립과학원 노벨 화학상위원회 클레즈 구스타프슨

분자기계의 디자인과 합성

2016

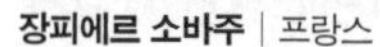

장피에르 소바주 | 프랑스 **프레이저 스토더트** | 영국 **베르나르트 페링하** | 네덜란드

:: 장피에르 소바주 Jean-Pierre Sauvage (1944~)

프랑스의 화학자. 루이파스퇴르 대학교에서 1987년 노벨 화학상 수상자인 장마리 렌의 지도를 받으며 박사 학위를 취득하였다. 옥스퍼드 대학교 박사 후 연구원과 프랑스 국립과학연구소(CNRS) 연구원을 거쳐 1981년 루이파스퇴르 대학교 교수와 CNRS 연구 소장을 역임했다. 현재 프랑스 스트라스부르 대학교 화학부 명예 교수며, CNRS 명예 연구 소장을 맡고 있다. 최초의 분자기계인 캐터네인을 개발하였다.

:: 프레이저 스토더트 Sir J. Fraser Stoddart (1942~)

영국의 화학자. 에든버러 대학교에서 1967년 아카시아군의 식물고무에 대한 연구로 박사 학위를 취득했다. 캐나다의 퀸스 대학교에서 박사 후 연구원을 거쳐 1980년에 에든버러 대학교에서 입체 화학에 대한 연구로 화학 박사 학위를 받았다. 버밍엄 대학교 유기화학 교수와 캘리포니아 대학교 화학교 교수, UCLA 나노시스템연구소 소장을 역임했다. 현재 노스웨스턴 대학교 화학과 교수와 UCLA 화학과 명예 교수, 노팅엄 대학교 명예 교수다. 장피에르 소바주에 이어 두 번째 분자기계인 로탁세인을 개발하였다.

:: 베르나르트 페링하 Bernard L. Feringa (1951~)

네덜란드의 화학자. 1978년 네덜란드 흐로닝언 대학교에서 한스 빈베르흐의 지도를 받으며 페놀류의 비대칭성 산화에 대한 연구로 박사 학위를 받았다. 네덜란드 쉘 연구소 화학 연구원과 흐로닝언 대학교 유기화학 강사를 거쳐 같은 대학에서 1988년에 정교수가 되어 지금까지 활동 중에 있다. 2008년 네덜란드 왕립학술원 교수와 2011년 독일 뮌헨 공과대학교 고등교육연구소 명예 연구원을 역임하였으며, 현재 미국 학술원 명예회원, 네덜란드 왕립학술원 회원이다. 한 방향으로 계속 회전할 수 있는 분자 모터를 최초로 개발하였다.

전하, 그리고 신사 숙녀 여러분.

기계는 우리의 능력을 훨씬 뛰어넘는 일들을 감당하면서 인간의 개발들을 모아 놓은 집합체입니다. 우리 사회는 삶의 질을 높이는 여러 가지 방법으로 다양한 목적을 가진 엄청나게 유용한 기계들을 수 천년동안 사용하여 왔습니다. 특히, 이와 같은 발전은 산업혁명 이후에 가속화 되었으며 중요한 발견들이 세상을 빠르게 발전시키고 크게 변화시켰습니다.

오늘날 우리는 또 다른 거대한 진보를 가져올 새로운 혁명의 아침을 맞이하고 있습니다. 인간은 늘 기계의 기능과 제조의 한계를 넓히려고 노력합니다. 예를 들면 기계들을 얼마나 작게 만들 수 있는지에 노력을 기울입니다. 노력의 극단적인 한계는 분자 크기의 기계, 즉 머리카락 두께 천분의 일보다 작은 구조체를 만드는 것입니다. 이와 같은 근본적인 도전은 분자기계의 합리적인 디자인과 합성이 실제로 가능하다는 것을 보여 준 올해의 수상자들에 의해 성공적으로 이루어졌습니다.

이 개발의 획기적인 단계는 1980년대 초에 이루어졌는데 장피에르 소바주와 그의 연구팀이 분자들을 기계적으로 서로 연결하는 효율적인 방법을 개발하였습니다. 이 연구팀은 소위 캐테네인catenane이라 불리는 부분에서 두 개의 분자고리를 연결하였는데, 고리들은 서로 떨어지지 않고 자유롭게 움직일 수 있습니다. 이것이 분자기계 장치를 향한 돌파구가 되었다. 소바주는 그와 같은 구조들이 어떻게 제어된 분자운동을 할 수 있는지 보여 주었습니다.

1990년대에 이르러 프레이저 스토더트와 그의 연구팀은 분자기계장치에 대한 또 다른 중요한 발전을 이뤘습니다. 예를 들면 이 그룹은 다른 형태의 기계결합을 사용하여 로탁세인rotaxanes이라 불리는 분자기계를 개발하였는데 고리모양의 분자가 축을 따라 세트포지션 사이에서 움직이도록 묶여 있는 형태입니다. 스토더트와 소바주, 둘 다 이와 같은 구조들에서 분자운동이 외부입력에 의해 어떻게 제어되는지 밝힐 수 있었고 연이어 분자근육, 액추에이터, 엘리베이터, 메모리, 모터, 펌프 등 다양한 기계적인 구조들을 개발하였습니다.

모터 구성요소들은 구조의 다른 부분들까지 결정짓는 기계제작에 있어 핵심부분입니다. 1990년대 말, 벤 페링하와 그의 연구팀은 분자회전모터를 증명하면서 중요한 돌파구를 만들었습니다. 빛과 열에 의해 제어되고 이성질체적 결합과 분자 비대칭에 기초한 구조체로 모터부분들이 서로 상대적으로 한 방향으로 회전할 수 있습니다. 그 후에 이 연구팀은 어느 쪽 방향이든 아주 빠르게 회전할 수 있도록 모터의 디자인을 향상시켰고 구성요소들이 어떻게 큰 물제의 회전에 영향을 줄 수 있는지 증명해 보였습니다. 더욱 흥미 있는 예로 페링하 연구팀은 표면 위를 움직일 수 있는 사륜구동 '나노자동차'를 개발하였습니다.

제어된 움직임과 기능의 이해 및 개발이 포함된 매우 도전적인 분자구조들의 디자인과 합성을 통하여 소바주, 스토더트, 그리고 페링하는 기능을 갖춘 분자기계를 창출하였습니다. 세 명의 수상자는 이 분야의 획기적인 선구자들이며 그 업적은 영감의 근원이 되고, 완전히 새로운 연구 분야의 기초를 형성하였습니다.

장피에르 소바주 교수님, 프레이저 스토더트 경, 그리고 벤 페링하 교수님.

당신들은 분자기계의 디자인과 합성에 대한 공로로 노벨 화학상을 받게 되었습니다. 스웨덴 왕립과학원을 대신하여 진심어린 축하를 전해드립니다. 이제 앞으로 나오셔서 폐하로부터 상을 받으시기 바랍니다.

스웨덴 왕립과학원 노벨 화학상위원회 올로프 람스트룀

용액 내 생체 분자의 고해상도 구조결정을 위한 극저온 전자현미경 개발에 관한 연구

2017

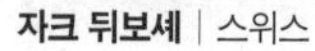
자크 뒤보셰 | 스위스

요아힘 프랑크 | 미국

리처드 헨더슨 | 영국

:: 자크 뒤보셰 Jacques Dubochet (1942~)

스위스의 생물학자. 로잔 대학교 에콜 폴리테크닉에서 물리학을 전공한 후 제네바 대학교에서 분자 생물학을 전공했다. 1973년 제네바 대학교와 바젤 대학교에서 생물물리학으로 박사 학위를 받았다. 물을 매우 빠르게 냉각시켜 얼음 결정이 형성되지 않고 분자 주위를 응고시키는 방법을 개발했다.

:: 요아힘 프랑크 Joachim Frank (1940~)

독일 태생 미국의 생물리학자. 컬럼비아 대학교 교수다. 프라이부르크와 뮌헨의 대학교에서 공부한 후 1970년 뮌헨 공과대학교에서 박사 학위를 받았다. 워즈워스 센터, 뉴욕주 보건부, 뉴욕주립대학교, 하워드 휴스 의학연구소, 컬럼비아 대학교 등에서 근무했다. 전자현미경의 흐릿한 2차원 이미지를 선명한 3차원 이미지로 분석하고 병합하는 방법을 개발했다.

:: 리처드 헨더슨 Richard Henderson (1945~)

영국의 생물학자. 예일 대학교 명예 교수다. 영국 에든버러 대학교에서 공부한 후 1969년 케임브리지 대학교 분자생물학연구소에서 박사 학위를 받은 뒤 미국 예일 대학교에서 박사 후 연구원을 지냈다. 1975년부터 세포막에 존재하는 막 단백질인 박테리오로돕신의 구조를 전자현미경으로 연구했다.

전하, 그리고 신사 숙녀 여러분.

우리는 성가대석에서 흘러나오는 너무나도 아름다운 음악을 들어왔습니다. 우리의 귀에서는 전기 신호가 만들어지고, 신경 세포가 활성화되고, 쾌락을 느끼게 하는 분자들이 방출되어 수용체에 결합합니다. 이러한 분자들은 세포 내부로 전달되는데, 우리의 감각이 닿을 수 없는 곳이지요. 그럼에도 불구하고 이 과정에 의해 우리는 음악을 듣게 됩니다.

우리가 세포 속으로 뛰어들어 그 분자들을 볼 수 있다면, 오랜 꿈이 이루어질 것입니다. 분자들의 세계는 우리가 생명이라고 부르는 것의 핵심입니다. 하지만 분자들은 아주 작습니다. 우리 귀의 감각기관을 이 홀hall의 크기로 확대해서 본다면, 수백 개의 단백질 분자들은 여러분이 손에 들고 있는 프로그램 설명서 속 쉼표에 들어갈 수 있을 것입니다.

전자현미경은 이 분자들을 그 성분인 원자들까지 볼 수 있게 합니다. 이 장비는 약 100년 전에 처음으로 발명되었습니다. 그러나 생체 분자들을 연구하는 데 사용되기까지는 수십 년이 걸렸습니다. 생체 분자들이 전자현미경의 진공 내에서 완전히 말라버리거나 시료를 시각화하기 위해 사용된 전자에 의해 타버렸기 때문이지요.

전자현미경으로 생체 시편을 조사하려면, 시편이 얼어 있어야 합니다. 그러나 우리 세포 내에 있는 분자들은 물로 둘러싸여 있어 시편이 얼 때 물이 얼음 결정을 형성합니다. 이 결정들은 보기에는 참 아름답지만,

이 결정의 미로에서 전자가 길을 잃고 이미지가 까맣게 나옵니다. 얼음 결정을 형성하지 않으면서 물을 얼게 하는 것이 불가능해 보였습니다. 자크 뒤보셰는 오로지 이 일을 하기 위해서 하이델베르크로 갔습니다. 그는 순수한 호기심만으로 불가능하다고 여겨졌던 일, 실용성조차 없는 일을 하고자 했습니다. 이런 형태의 프로젝트로 연구비를 받으려면 어떻게 제안서를 써야 할까요? 누가 그런 프로젝트에 연구비를 주려고 하겠습니까?

1980년대 초에 뒤보셰는 섭씨 영하 200도의 차가운 에탄 속에서 물을 순간적으로 얼리면서 그 불가능이라 생각했던 것을 목격했습니다. 그 물은 액체이면서 동시에 고체이기도 했습니다. 우리는 이 상태를 유리glass라고 부르지요. 뒤보셰는 이렇게 분자들의 세계를 들여다볼 수 있는 창window을 만들어냈습니다.

비슷한 시기에 리처드 헨더슨은 사막의 소금 호수에 살고 있는 미생물을 연구하고 있었습니다. 이 생물은 몸 표면에 단백질 분자들로 이루어진 작고 잘 조직된 태양광 집광기를 가지고 있습니다. 1990년에 세계 최고의 전자현미경이 개발된 후죠, 헨더슨은 이 태양광 집광기의 구조를 처음으로 원자 수준까지 밝혀냈습니다. 이로써 헨더슨은 전자현미경이 이론상, 우리 세포 내에서 발견되는 수천 가지 분자들의 자세한 구조를 제공할 수 있다는 것을 보여주었습니다. 그러나 전자현미경의 이미지 속에서 이러한 분자들을 찾아내는 것은 희미한 달빛 속에서 새의 그림자를 찾아내는 것에 비유할 수 있습니다. 요아힘 프랑크는 이렇게 희미한 분자들의 그림자를 찾아내는 방법을 개발하는 데 성공했습니다. 도전은 이제 어떻게 이 분자들이 서로서로 자리하고 있는지를 알아내는 것이었습니다. 프랑크는 10년 이상을 노력한 끝에 마침내 수천 개의 희미한 분자의 그림자에서 만들어낸 선명한 3차원 모델을 제시할 수 있었습니다.

최근 몇 년간은 진보가 빠르게 이루어졌습니다. 과학 문헌은 그 진보를 진행 중인 혁명이라고 표현하고 있습니다. 앞에 계신 여러분들은 걱정할 필요가 없습니다. 과학이라는 영역에서의 혁명이란 그 성격이 국제적이고 개인들 사이의 협력을 통해 실현되며, 그 결과가 인류에게 혜택을 주기 때문입니다. 혹자는 수상자들의 공헌 덕분에 이제 우리는 우리 자신을 들여다볼 수 있게 되었고, 그리하여 우리의 오감을 연구할 수 있게 된 것이 기적이라고 말합니다. 유명한 화학자의 말을 인용하고 마무리하겠습니다. "기적은 때로 일어나지만, 누군가는 그 기적을 위해서 극한으로 열심히 일해야 합니다."

자크 뒤보셰 박사님, 요아힘 프랑크 교수님, 그리고 리처드 헨더슨 교수님. 당신들의 연구는 극저온-전자현미경을 개발해 용액 내에서 생체분자의 고해상도 구조결정을 가능하게 했습니다. 참으로 위대한 업적입니다. 스웨덴 왕립과학원을 대신하여 진심 어린 축하를 전해드리며, 이제 앞으로 나오셔서 전하께서 직접 수여해 주시는 노벨상을 받으시기 바랍니다.

스웨덴 왕립과학원 노벨 화학상위원회 P. 브르체친스키

효소 단백질의 유도 진화 연구 | 아널드
펩타이드와 항체의 파지 디스플레이 연구 | 스미스, 윈터

2018

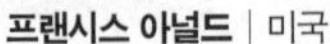

프랜시스 아널드 | 미국

조지 스미스 | 미국

그레고리 윈터 경 | 영국

:: 프랜시스 아널드 Frances H. Arnold (1956~)

미국의 화학공학자. 프린스턴 대학교에서 기계 및 항공 우주 공학을 공부하고 1985년 캘리포니아 대학교에서 화학공학으로 박사 학위를 취득했다. 2005년에 재생 연료를 생산하는 회사를 설립했다. 유전적 변화와 선택이라는 동일한 원리를 사용하여 인류의 화학적 문제를 해결하는 단백질을 개발했다.

:: 조지 스미스 George P. Smith (1941~)

미국의 화학자. 펜실베이니아의 하버포드 대학교에서 공부한 후 1970년 하버드 대학교에서 세균학 및 면역학으로 박사 학위를 취득했다. 그 후 듀크 대학교에서 효소의 유도 진화 연구를 시작했다. 유전적 변화와 선택이라는 동일한 원리를 사용하여 인류의 화학적 문제를 해결하는 단백질을 개발했다.

:: 그레고리 윈터 경 Sir Gregory P. Winter (1951~)

영국의 생화학자. 케임브리지 대학교에서 공부하고 1977년 분자생물학연구소에서 박사 학위를 취득했다. 암과 면역 질환 치료에 적합한 항체 의약품의 항체 설계를 주도했다. 제약에 사용되는 항체 개발에 중점을 둔 회사인 Cambridge Antibody Technology Ltd, Domantis Ltd와 펩타이드를 기반으로 한 스타트업 회사인 Bicycle Therapeutics Ltd의 창립자 겸 이사를 역임했다.

전하, 그리고 신사 숙녀 여러분.

우리 인간은 모든 것을 알고 있다고 믿습니다만, 때로는 우리의 무능력을 인정하고 자연의 뛰어난 활동을 신뢰하는 것이 더 유익하기도 합니다. 실험실에서도 우연한 기회가 놀라운 결과를 가져옵니다. 일상생활에서처럼 사람들이 행운이라는 사치를 받아들인다면 성공의 수준은 더 높아질 수 있습니다.

진화는 수십억 년에 걸쳐 생명의 화학 작용을 적응시키고 개선해 왔습니다. 이를 통해 다양한 유기체가 불가능해 보이는 모든 환경에서도 공존하고 번창하도록 합니다.

본질적으로 진화는 계획 없이 진행됩니다. 유기체가 환경에 더 잘 적응하도록 이끄는 변화는 생존할 가능성을 높이고 미래의 세대에도 발전할 수 있습니다. 프랜시스 아널드는 실험실에서 유도 진화를 준비했을 때 명확한 계획이 있었습니다. 그녀는 더 청정한 화학 산업을 만들고 지속 가능한 방법으로 바이오 연료를 생산하고자 했습니다.

프랜시스 아널드는 진화의 힘을 이용하여 자연적 촉매인 효소를 향상시키는 다용도의 도구를 만들었습니다. 그녀는 자연에서 관찰되지 않았던 반응을 가속할 수 있는 새로운 바이오 촉매를 만들었습니다. 지식과 기회를 현명하게 조합하고, 이를 반복해 인류에게 위대한 혜택을 주는 효소를 개발하였습니다.

자연에 존재하는 단백질은 서로 상호작용하고 흥미를 유발하여 경이로움을 만들어냅니다. 조지 스미스 교수는 유사한 단백질들의 거대한 집합체를 만들어 분자 미끼를 이용하여 집합체 중 미끼에 가장 강하게 끌리는 단백질 구성원을 낚아챌 수 있는 방법을 개발했습니다. 모든 단백질이 자체 생산을 위한 제조법으로 진행되도록 그 방법을 구축했습니다. 이와 같은 기능들은 최고의 단백질을 새롭게 복제하는 것을 용이하게 만들었고 미끼를 두고 더 치열하게 경쟁하도록 만들었습니다.

그레고리 윈터 경은 의약품을 개발하기 위해 단백질을 낚아채는 도구를 개선했습니다. 항체는 매우 크고 복잡한 분자이지만 윈터 교수는 자연 항체에서 볼 수 있는 모든 변이를 지닌 작은 토막으로 연구를 진행했습니다. 그 결과 진단과 치료를 위한 새로운 항체를 유도하는 강력한 방법을 발견했습니다. 이 방법으로 항체들은 높은 정확도를 가지고 촉진하거나 방해하는 역할을 수행하기 위해 다른 분자들이나 세포 표면에 지속적으로 강력하게 부착했습니다.

프랜시스 아널드 교수님, 조지 스미스 교수님, 그리고 그레고리 윈터 경.

당신들의 업적은 보다 청정한 화학을 위한 효소 개발과 생명을 살리는 항체의 개발을 이끌었습니다. 이것은 매우 위대한 업적입니다. 스웨덴 왕립과학원을 대신하여 여러분께 진심 어린 축하를 전하는 바입니다. 이제 앞으로 나오셔서 폐하로부터 노벨상을 받으시기 바랍니다.

스웨덴 왕립과학원 노벨 화학상위원회 사라 스노게럽 린스

리튬 이온 전지 개발에 관한 연구

2019

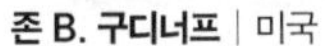

존 B. 구디너프 | 미국 **스탠리 휘팅엄** | 미국 **요시노 아키라** | 일본

:: 존 B. 구디너프 John B. Goodenough (1922~2023)

미국의 고체물리학자. 텍사스 대학교 교수다. 예일 대학교에서 수학을 공부한 후 2차 세계 대전 중 미 육군 기상학자로 복무했다. 그 후 1952년 시카고 대학교에서 물리학으로 박사 학위를 받았다. 매사추세츠 공과대학교와 영국 옥스퍼드 대학교 교수로 재직했다.

:: 스탠리 휘팅엄 Stanley Whittingham (1941~)

영국 태생 미국의 화학자. 옥스퍼드 대학교에서 공부한 뒤 1968년 박사 학위를 취득했다. 미국 스탠퍼드 대학교에서 박사 후 과정을 마친 후 엑손과 슐룸베르거 석유 회사에서 근무했다. 1988년 빙힘튼에 있는 뉴욕주립대학교 교수로 부임했다. 뉴욕주립대학교 재료 연구소의 창립 이사였으며, 2018년까지 연구소를 이끌었다. 20년 동안 《고체 이온학(Solid State Ionics)》의 편집장을 역임했다.

:: 요시노 아키라 吉野彰 (1948~)

일본의 화학자. 메이지 대학교 교수다. 교토 대학교에서 기술을 공부한 후 2005년 오사카 대학교에서 박사 학위를 받았다. 2005년부터 자신의 연구소를 이끌고 있다. 아사히 카세이 명예 연구원이며 A&T배터리 기술개발담당부장, 리튬이온전지 재료평가연구센터 이사장을 역임했다.

전하, 그리고 신사 숙녀 여러분.

저장된 전기 에너지를 어느 곳에서든 장소에 제한 없이 사용할 수 있는 세상을 상상해 보십시오. 그 전기는 풍력이나 태양광처럼 변동성이 큰 재생 에너지원에서 얻게 될 것이므로 전력 공급이 시간에 따라 일정하지 않을 수 있습니다. 얼마 전까지만 해도 이것은 거의 꿈 같은 일이었으며, 많은 양의 전기가 필요할 때 사용할 수 있도록 반복적으로 저장하는 일은 중대한 도전이었습니다. 그러나 오늘날 우리는 이 목표를 달성하기 위해 먼 길을 걸어왔고, 리튬 이온 전지는 더욱 성장할 수 있는 해법이 되었습니다.

알레산드로 볼타의 업적 이래로, 전지가 화학 에너지를 저장해서 전기 에너지로 전환할 수 있다는 것을 알게 되었습니다. 그러나 여전히 효율적이고 재충전할 수 있는 전지 개발이 지극히 어려운 일로 남아 있습니다. 고용량 리튬 이온 전지의 경우에 더욱 개발이 어렵고 그 개발을 위해서는 세상을 떠들썩하게 할 정도의 많은 혁신적 발견이 필요했습니다.

그 이름이 의미하듯이, 리튬 이온 전지는 이온 상태의 리튬 원소에 기초하고 있습니다. 약 200년 전에 이 원소는 스톡홀름 군도에 있는 우토 섬의 미네랄을 분석하는 과정에서 아르프베드손과 베르셀리우스에 의해 발견되었습니다. 그들 또한 이 원소를 '돌'을 의미하는 그리스어인 리토스에서 따와 리튬이라 명명했습니다. 비록 리튬이 가장 가벼운 금속이기는 하지만요. 곧, 리튬이 몇 가지 놀라운 성질을 갖고 있다는 것이 밝혀졌습니다. 리튬 원자는 가장 작은 원자 군에 속하며, 전자를 쉽게 내놓는 경향이 있어 반응성이 높지만, 전기 화학에 활용하기에는 적당합니다. 과학자들은 점차 이 중요한 성질이 고용량 전지에 유용하리라는 것을 깨닫게 되었습니다.

우리 수상자들은 이러한 도전에 매진했고, 리튬이 최종적으로 리튬 이온 전지가 되도록 하는 데 일생을 바쳤습니다. 스탠리 휘팅엄은 이온 전달과 초전도 관련 연구를 수행했고, 효율적으로 리튬 이온을 잡았다가 놔줄 수 있는 티타늄을 포함한 물질을 발견했습니다. 이 비밀의 발견이 약 2V 전위를 갖는 리튬에 기초한 전지를 개발하게 했습니다. 존 구디너프는 산화물과 인산염에 기반한 새롭고 안정된 리튬 이온 결합 전극 물질을 규명했고, 4V가 넘는 전위를 갖는 전지를 시연할 수 있었습니다. 요시노 아키라는 안정된 탄소에 기반한 물질을 개발했는데, 이 물질은 리튬 이온을 받아들여 고반응성 리튬 금속으로 바꾸어주었습니다. 산화물 전극과 조합해서, 높은 전압을 갖는 리튬 이온 전지를 시연할 수 있었습니다. 이러한 발견들은 현대의 리튬 이온 전지의 기초가 되었습니다.

우리 수상자들의 발견은 우리 사회에 극적인 변화를 가져왔습니다. 그들은 소위 '모바일 혁명'에 기여하였고, 모바일 혁명은 강력한 휴대용 전자 기기를 만들어냈습니다. 그들은 전기 자동차의 사용 증가와 함께 운송 분야에서 우리가 목격하고 있는 변화를 가능하게 했습니다. 그들은 재생 에너지원을 사용하는 방식을 단순화해서, 전기 에너지를 임시 저장했다가 필요할 때 사용할 수 있게 했습니다. 이 상은 또한 우리 일상을 변화시키는 기술들의 발전이 화학에서 유래한다는 사실을 보여주는 명백한 예입니다. 금속과 금속이온의 특성 및 전기 화학, 그리고 다른 물체와 물질 간의 상호작용에 관한 깊은 이해만이 이러한 진보를 가능하게 할 수 있습니다. 그러므로 이러한 화학적 발견들은 일상생활을 편리하게 하고 환경을 개선하는 데 매우 주도적인 역할을 해왔습니다.

존 구디너프 교수님, 스탠리 휘팅엄 교수님, 그리고 요시노 아키라 교수님. 교수님들은 화학 분야에서 리튬 이온 전지의 개발에 이르게 한 획기적인 발견을 했습니다. 인류에게 혜택을 주는 정말로 위대한 업적입니다. 스웨덴 왕립과학원을 대신하여 진심 어린 축하를 전해드리며 이제 앞으로 나오셔서 전하께서 직접 수여해주시는 노벨상을 받으시기 바랍니다.

스웨덴 왕립과학원 노벨 화학상위원회 올로프 람스트룀

유전체(게놈) 편집을 위한 방법 개발

2020

에마뉘엘 샤르팡티에 | 프랑스

제니퍼 다우드나 | 미국

:: 에마뉘엘 샤르팡티에 Emmanuelle Charpentier (1968~)

프랑스의 생물학자. 스웨덴 우메오 대학교 교수다. 프랑스 피에르 마리 퀴리 대학교(현 소르본 대학교)에서 생화학, 미생물학, 유전학을 공부하고 1995년에 파스퇴르연구소에서 박사 학위를 취득했다. 독일 베를린에 있는 막스 플랑크 감염생물학연구소 소장을 역임하고 있으며, 막스 플랑크 병원체 과학유닛을 설립해 소장을 역임하고 있다.

:: 제니퍼 다우드나 Jennifer A. Doudna (1964~)

미국의 생화학자. 캘리포니아 대학교 교수다. 1985년 미국 퍼모나 대학을 졸업하고 1989년 하버드 의과대학에서 박사 학위를 취득했다. 버클리에서 교수직을 맡고 있으며, 1997년부터 하워드 휴스 의학연구소에서 연구 활동을 하고 있다. 혁신 유전체학연구소의 회장 겸 이사회 의장, 로렌스 버클리 국립연구소의 교수 과학자다.

전하, 그리고 신사 숙녀 여러분.

수정란 세포는 인간을 만드는 데 필요한 모든 정보를 포함하는데, 이 정보는 우리의 유전 물질인 DNA에 저장되어 있습니다. 1953년에 제임스 왓슨과 프랜시스 크릭은 DNA에 대한 단순한 구조 모델을 보고하였는데, 이것으로 DNA 분자가 어떻게 새로운 세대의 세포에 전달하는 유전 정보를 저장할 수 있는지를 제시하였습니다.

DNA 구조로 설명하지 못했던 것은 유전 정보가 어떻게 인간 조직의 주요 구성 요소인 단백질을 만드는 데 사용되는가였습니다. 이것은 1950년대에 수많은 유명한 과학자들이 집착했던 풀리지 않는 과학적 난제였습니다. 이에 대한 돌파구는 1960년 성금요일, 케임브리지 대학교의 킹스칼리지에서 비공식 회의를 위해 모인 세계 과학자 그룹이 찾아냈습니다. 이 그룹에는 훗날 모두 노벨상 수상자가 된 시드니 브레너, 프랜시스 크릭 그리고 프랑수아 자코브가 포함됩니다. 회의 중에 자코브는 파리의 파스퇴르연구소에서 그의 동료와 함께 수행한 최근 연구 결과를 설명하였습니다. 제공된 정보는 브레너와 크릭에게 엄청난 영향을 끼쳤는데, 두 사람은 자신들의 연구에 프랑스 과학자들이 발견한 결과의 중요성을 순간적으로 깨달았습니다. 바로 그때 그들은 DNA가 RNA 속으로 복사되어 단백질 합성을 위한 템플릿 역할을 하는 것을 이해했습니다. 이전과 이후에도 그랬듯이 세계 과학자들 간의 아이디어와 정보의 자유로운 교류가 중요한 돌파구를 이끌어냈습니다.

오늘 우리는 스웨덴 북쪽 지역에서 일하는 프랑스 과학자와 햇볕이 좋은 캘리포니아에 거주하는 미국 과학자 사이의 국제 협력으로 만들어진 또 다른 과학적 돌파구를 축하하고자 합니다. 초기 선구자들이 유전 물질의 특성을 설명한 이래로 과학자들은 세포와 유기체의 DNA 염기

서열을 조작할 수 있는 기술을 개발하고자 노력했습니다. CRISPR/Cas9 유전자 가위의 발견으로 에마뉘엘 샤르팡티에와 제니퍼 다우드나는 동물, 식물 그리고 미생물의 유전 정보를 매우 정확하게 바꿀 수 있는 도구를 우리에게 제공했습니다.

과학에서 자주 그렇듯이 유전자 가위의 발견도 예기치 않은 것이었습니다. 해로운 박테리아인 스트렙토코쿠스 파이오제네스에 대한 샤르팡티에의 연구에서 이전에 알려지지 않은 tracrRNA라 불리는 분자를 발견했습니다. 그녀의 연구에서 tracrRNA가 고대 박테리아 면역시스템인 CRISPR/Cas의 일부라는 것을 밝혔는데, 이것은 DNA를 쪼개어 공격하는 바이러스로부터 박테리아를 보호하는 것입니다. 어떻게 분열이 일어나는지는 일 년 후에 증명해 보였는데, 샤르팡티에와 다우드나 교수가 함께 시험관 내에서 박테리아의 유전자 가위를 재현시키는 데 성공했을 때입니다.

연속적인 중요한 실험에서 두 과학자는 유전자 가위를 단순화하고 재프로그래밍하는 작업을 했습니다. 자연적인 상태에서 (유전자) 가위는 바이러스로부터 나오는 DNA를 인식하는데, 샤르팡티에와 다우드나는 가위로 미리 정해진 위치에서 어떤 DNA 분자도 자를 수 있게 조절할 수 있다는 것을 증명해 보였습니다. DNA를 자른 부위에 새로운 유전 정보를 주입하고 생명의 코드를 새롭게 작성할 수 있습니다.

샤르팡티에와 다우드나가 2012년에 CRISPR/Cas9 유전자 가위를 발견한 이후로 이것의 사용은 기하급수적으로 증가하였습니다. 이 도구는 기초 연구의 많은 중요한 발견들에 공헌하였습니다. 식물학자들은 새롭고 원하는 특성을 가진 농산물을 개발할 수 있었습니다. 의학에서는 새로운 암 치료를 위한 임상시험이 진행 중이며 유전병을 치료할 수 있는 희망이 현실화되려고 합니다.

에마뉘엘 샤르팡티에 박사님과 제니퍼 다우드나 교수님. CRISPR/Cas9 유전자 가위에 대한 당신들의 연구가 분자생명과학을 새로운 시대로 이끌었으며 여러 가지 방법으로 인류에 엄청난 혜택을 가져오고 있습니다. 정말 위대한 업적입니다. 스웨덴 왕립과학원을 대신하여 당신들께 진심 어린 축하의 말씀을 전하게 되어 큰 영광입니다. 이제 앞으로 나오셔서 전하께서 직접 수여해 주시는 노벨상을 받으시기 바랍니다.

스웨덴 왕립과학원 노벨 화학상위원회 클라스 구스타프손

비대칭적 유기 촉매 개발에 관한 연구

2021

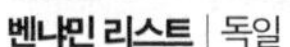

벤냐민 리스트 | 독일　　　**데이비드 W.C. 맥밀런** | 미국

:: 벤냐민 리스트 Benjamin List (1968~)

독일의 유기화학자. 쾰른 대학교 명예 교수다. 1993년 베를린 자유대학교에서 화학으로 학사 학위를, 1997년 프랑크푸르트 괴테 대학교에서 박사 학위를 취득했다. 그 후 미국 라호이아의 스크립스 연구소 분자생물학과에서 박사 후 연구원으로 일했다. 막스 플랑크 석탄연구소의 그룹 리더를 역임했고 홋카이도 대학교 화학 반응 설계 및 탐색 연구소의 수석 연구원이다.

:: 데이비드 W.C. 맥밀런 David W.C. MacMillan (1968~)

영국 태생 미국의 유기화학자. 글래스고 대학교에서 화학으로 학사 학위를 받았으며 캘리포니아 대학교에서 박사 학위를 받았다. 그 후 하버드 대학교 교수를 역임했으며, 2006년에는 프린스턴 대학교의 석좌교수가 되었다.

전하, 그리고 신사 숙녀 여러분.

우리는 '분자들'과 지극히 밀접한 관계에 있지만, 분자를 거의 느끼지 못하고 지냅니다. 이 분자들은 약물이나 농약일 수도 있고, 정보를 저장하고 전달하는 분자이거나 햇빛을 전기로 바꾸는 분자일 수도 있습니다. 이러한 분자들을 효과적이고 지속가능한 방식으로 디자인하는가에 관한 지식은 이 사회의 발전 과정과도 밀접하게 연결되어 있습니다.

많은 유기물 분자는 서로 동일하지 않은 거울상 이미지로 존재할 수 있습니다. 마치 우리의 양손과 마찬가지로 동일하지만 서로의 거울상 이미지로 존재할 수 있습니다. 이렇게 거울상 이미지 관계에 있는 분자들은 서로 다른 성질을 가질 수 있습니다. 예를 들면 특정한 약의 한 거울상 이미지는 원하는 효과를 내지만, 다른 하나는 원치 않는 효과를 내거나 아예 효과가 없을 수도 있습니다. 따라서 원하는 효과를 내는 분자의 거울상 이미지만을 선택적으로 생산할 수 있어야 합니다. 요즘에는 이러한 일을 효소나 비대칭적 금속 촉매를 사용해서 할 수 있습니다. 촉매란 화학 반응 속도를 빠르게 하는 물질인데, 이 물질은 화학 반응 내내 소모되거나 변하지 않고 그대로 남아 있게 됩니다. 화학의 중심이 되는 대단히 아름다운 개념이지요. 우리가 일상생활에서 만들고 사용하는 거의 모든 분자의 합성 과정에 촉매가 관여하고 있습니다.

효소는 수백 개의 아미노산으로 구성되어 있지만, 이 아미노산 중에서 단지 몇 개만이 촉매 활성에 관여합니다. 벤냐민 리스트는 효소의 복잡성과 활성을 단 한 개의 아미노산인 1-프롤린만으로 구현할 수 있다는 것을 보여주었습니다. 이 아미노산은 하나의 작은 유기물 분자인데, 효소가 하는 것처럼 같은 반응에 촉매 작용을 해서 한 가지 거울상 이미지만을 선택적으로 만들어냅니다.

비대칭적 금속 촉매의 경우에는 금속 원자가 반응의 출발 물질을 활성화시키는 방식으로 촉매 활성을 나타냅니다. 이런 촉매들은 매우 예민할 뿐만 아니라, 금속은 환경에 해로울 수 있습니다. 데이비드 맥밀런은 작은 유기물 분자인 이미다졸리디논을 고안하였고, 이것이 그 유명한 딜스-알더 반응에서 금속 촉매와 비슷한 활성 및 효율을 달성한다는 것을 증명하였습니다. 즉, 한 가지 거울상 이미지 물질만을 선택적으로 만들어낸 것이지요. 결국 그는 금속 원자에 의한 활성화를 거치지 않고서도 그러한 촉매 작용을 달성할 수 있다는 것을 보여주었습니다.

벤냐민 리스트와 데이비드 맥밀런이 2000년도에 달성한 업적은 하나의 분기점이 되었습니다. 전무후무하지요. 그들은 유기 촉매라는 영역을 새로 열었고, 유기물 분자의 두 거울상 이미지 중에서 오직 한 가지만을 선택적으로 합성하는 강력한 도구를 유기화학에 제공했습니다. 그 후로 이 연구 분야가 크게 성장했고 그 결과의 하나로, 오늘 우리는 다양한 반응들을 촉매하는 수많은 작은 유기 분자들을 보유하게 되었습니다. 이러한 촉매들은 우리 사회를 위한 분자들을 생산하는 데 사용될 수 있습니다. 유기 촉매는 또한 지속 가능한 기술로, 매우 유망합니다.

벤냐민 리스트 교수님 그리고 데이비드 맥밀런 교수님. 비대칭적 유기 촉매에 관한 당신들의 연구 업적은 이 분야에의 선구적 공헌이며, 유기화학이라는 학문에 새롭고 강력한 도구, 즉 촉매 작용의 세 번째 기둥을 제공했습니다. 정말로 위대한 업적입니다. 스웨덴 왕립과학원을 대신하여 진심으로 축하를 드립니다. 이제 앞으로 나오셔서 전하께서 직접 수여해 주시는 노벨상을 받으시기 바랍니다.

스웨덴 왕립과학원 노벨화학상위원회 피터 솜파이

클릭화학과 생물직교화학의 개발

2022

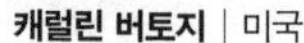

캐럴린 버토지 | 미국　**모르텐 멜달** | 덴마크　**배리 샤플리스** | 미국

:: 캐럴린 버토지 Carolyn R. Bertozzi (1966~)

미국의 화학생물학자. 스탠퍼드 대학교 교수로 하버드 대학교에서 화학으로 학사 학위를 받았으며, 버클리에 있는 캘리포니아 대학교에서 박사 학위를 받았다. 로렌스 버클리 국립연구소의 나노과학연구센터 소장을 역임했다. 현재 로렌스 버클리 국립연구소의 연구원이며, 하워드 휴스 의학연구소 연구원이다. 33세에 맥아더 '천재' 상을 수상했다.

:: 모르텐 멜달 Morten Meldal (1954~)

덴마크의 화학자. 덴마크 공과대학교에서 화학공학으로 학사 학위와 박사 학위를 받았다. 1983년부터 1988년까지 덴마크 공과대학교, 케임브리지 대학교 의학연구위원회 분자생물학연구소에서 박사 후 연구원으로 재직했으며, 1996년 덴마크 공과대학교의 조교수를 역임했다. 1998년부터 칼스버그 연구소 화학과에서 합성 그룹을 이끌고 있다.

:: 배리 샤플리스 Karl Barry Sharpless (1941~)

미국의 화학자. 1963년 다트머스 대학교에서 학사 학위를, 1968년에 스탠퍼드 대학교에서 박사 학위를 취득한 후 하버드 대학교에서 박사 후 과정을 이수하였다. 매사추세츠 공과대학교와 스탠퍼드 대학교에서 교수로 재직했다. 산화반응의 키랄 촉매를 개발함으로써 궤양과 고혈압 약의 생산에 기여하였다.

전하, 그리고 신사 숙녀 여러분.

화학은 어려울 수 있습니다. 때로는 정말 어렵습니다. 그 이유 중 하나는 원자와 분자들의 다소 자유분방한 움직임과 분자들이 처한 환경이 복잡하기 때문입니다. 화합물은 그것들을 제한시키거나, 연구하거나 혹은 다양한 목적을 위해 사용하려는 많은 시도에 종종 저항합니다. 그러나 수상자들 덕분에 이제 우리는 어려운 작업을 수월하게 만드는 도구를 가지게 되었습니다.

많은 화학자들이 잘하는, 분자들을 개량하거나 의도적인 연결을 위해 열심히 시도하는 것 대신에 다른 길을 택하는 것은 어떨까요? 모든 특정 연결을 완벽하게 맞추기보다는 연결을 형성하는 매우 확실한 방법으로 단순하고 직접적인 접근 방식을 사용할 수 있습니다. 이와 같은 화학은 아주 효율적이고 선택적이어서 아무런 어려움 없이 거의 모든 곳에 활용할 수 있습니다. 이 연결화학은 쉽지 않았지만 새천년이 시작될 즈음에 모르텐 멜달과 배리 샤플리스가 아주 간단한 방식으로 만들어진 강력한 화학 반응을 발견하였습니다. 구리의 존재하에 아자이드가 알칸인과 반응을 하여 소위 트리아졸이라고 불리는 새로운 분자가 매우 효율적으로 생성되었습니다. 두 개의 파트너 분자들이 완벽한 결합을 이루는데, 서로를 찾기 위해 약간의 도움이 필요한 것과 같습니다. 구리 이온은 중매쟁이 역할을 하여 두 개를 한쌍으로 결합시켰습니다.

어떤 의미에서는 "찰칵" 하는 소리에 두 분자가 하나가 된 것입니다!

배리 샤플리스는 이와 같은 형태의 강력한 화학을 “클릭화학”이라고 불렀고 이 반응을 주로 클릭 반응으로 불렀습니다. 그는 심지어 아주 복잡한 구조들도 이 반응을 사용하여 합성되리라고 예상하였습니다.

거의 비슷한 시기에 캐럴린 버토지가 세포 표면에 흔히 존재하는 당 구조물인 글리칸의 매우 복잡한 세계를 연구하고 있었습니다. 이를 달성하기 위해 그녀는 강력하고 효율적인 클릭 형태의 화학을 개발하였는데 이것은 생물 시스템에 직접 작동할 수 있는 아자이드에 기초한 것입니다. 이 반응은 매우 선택적이어야 하며 그와 같은 시스템에서 발생하는 다수의 화합물이나 반응들과 서로 간섭하지 말아야 합니다. 그녀는 이것을 “생물직교화학”이라고 불렀으며 이 반응은 글리칸의 운명을 쫓아가며 복잡한 생물학적 과정을 파헤치는 데 사용할 수 있었습니다.

수상자들의 업적은 우리 사회에 거대한 영향을 끼칩니다. 영감을 주는 새로운 개념과 매우 효율적인 방법의 개발을 통해서 수상자들은 우리들의 역량을 강화시키고 우리들의 지식과 이해를 상당히 심오하게 확장시킵니다. 이들의 놀라운 화학이 여러 다양한 분야에 강력한 반향을 불러일으키고 이로 인해 새롭고 매우 중요한 성과들을 만들고 있습니다.

캐럴린 버토지 교수님, 모르텐 멜달 교수님, 그리고 배리 샤플리스 교수님. 당신들은 클릭화학과 생물직교화학의 개발을 이끌어 화학 분야에서 획기적인 발견을 이룩하였습니다. 이것은 인류의 유익을 위한 매우 위대한 업적입니다. 스웨덴 왕립과학원을 대신하여 당신들에게 진심 어린 축하를 전해드립니다. 이제 앞으로 나오셔서 폐하로부터 노벨상을 받으시기 바랍니다.

스웨덴 왕립과학원 노벨 화학상위원회 올로프 람스트룀

양자점의 발견 및 합성에 관한 연구

2023

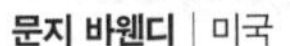
문지 바웬디 | 미국　**루이스 브루스** | 미국　**알렉세이 예키모프** | 미국

:: 문지 바웬디 Moungi G. Bawendi (1961~)

프랑스 태생 미국의 화학자. 튀니지 태생 미국의 수학자인 모하메드 살라 바웬디의 아들이다. 매사추세츠 공과대학교 교수로 하버드 대학교에서 학사 학위와 석사 학위를 받은 후 1988년 시카고 대학교에서 화학으로 박사 학위를 취득했다. 그 후 벨 연구소에서 박사 후 연구원으로 재직했다.

:: 루이스 브루스 Louis E. Brus (1943~)

미국의 화학자. 컬럼비아 대학교 교수다. 1965년 라이스 대학교에서 물리화학으로 학사 학위를 받았고 1969년 컬럼비아 대학교에서 박사 학위를 취득했다. 1973년부터 AT&T의 벨 연구소에 재직했다. 미국 물리학회, 미국 예술과학 아카데미, 과학 아카데미 회원이다.

:: 알렉세이 예키모프 Aleksey Yekimov (1945~)

러시아 태생 미국의 고체물리학자. 1967년에 상트페테르부르크 대학교에서 물리학으로 학사 학위를 받은 후 1974년 상트페테르부르크 요페 물리기술연구소에서 박사 학위를 취득했다. 1981년 바빌로프 광학연구소에서 재직했으며, 현재는 미국 나노크리스탈 테크놀로지

(Nanocrystals Technology)의 수석 과학자다.

전하, 그리고 신사 숙녀 여러분.

물질은 현저하게 다른 특성들을 가질 수 있습니다. 예를 들면, 딱딱하거나 부드럽거나 부서질 수 있습니다. 투명하거나, 빛을 반사하거나 색을 띨 수도 있습니다. 전기나 열을 통할 수도 있고, 좋은 절연체일 수도 있습니다. 화학적으로 반응을 할 수도 있고 안정적일 수도 있으며, 자성을 가질 수도 있고 자성이 없을 수도 있으며, 고온 또는 저온에서 녹을 수도 있습니다.

인류가 새로운 물질을 발견하면, 그 물질은 이따금 우리 사회를 근본적으로 변화시켰습니다. 초창기의 예로 청동, 철, 강철의 발견을 들 수 있습니다. 반도체와 배터리 물질의 발견은 디지털로의 전환과 에너지 충전을 지속할 수 있게 했습니다.

전통적으로 새로운 물질을 개발하기 위해서, 우리는 새로운 화학적, 구조적 조성을 선택합니다. 이는 원자들을 새로운 배열로 결합하는 것입니다.

그러나 양자이론이 개발된 직후인 20세기 전반에 놀라운 예측이 발표되었습니다. 양자역학에 의하면 물질의 크기를 대각선 길이 내에 몇 개의 원자만 있을 정도로 작게 만들면, 물질의 성질이 완전히 달라질 수 있다는 예측입니다. 달리 표현하면 조성을 바꾸지 않고 단지 크기를 조절하는 것만으로도 물질의 성질을 바꿀 수 있다는 것입니다.

예를 들어 입자를 전자들의 양자역학적 파동이 압축될 정도로 극히 작게 만들면, 그 전자들은 더 많은 에너지를 저장할 수 있게 되고 그 에너지를 밝은 광자로 방출할 수 있다는 것을 계산으로 알게 되었습니다. 결과적으로 큰 입자들은 적색광을 방출하고 작은 입자들은 청색광을 그리고 중간 크기의 입자들은 둘 사이 모든 색을 방출하게 됩니다.

몇십 년 동안 이것은 온전히 이론적 예측으로만 남아 있었습니다. 특정 개수의 원자로 이루어지고 완벽한 결정 구조와 원래의 온전한 표면을 갖는 입자를 만드는 것은 거의 불가능해 보였습니다.

알렉세이 예키모프는 유리를 제조하는 방법을 이용해 이 문제를 해결했습니다. 그는 용융 유리를 냉각하는 과정에서 양자역학이 예측한 대로 크기에 따라 색이 변하는 염화 구리 결정을 만들 수 있었습니다. 알렉세이 예키모프는 이를 통해 양자점 합성이 가능하다는 것을 발견했습니다.

루이스 브루스는 표준 화학적 방법을 이용해서 용액 속에 자유로이 떠 있는 양자점을 합성할 수 있는 길을 열었습니다. 그의 발견은 이 새로운 나노소재들을 합성하는 법을 배워서 어떻게 응용 분야에 놀랍게 사용할 것인지에 대한 관심을 촉발시켰습니다.

그러나 처음에는 충분히 고품질의 양자점을, 그것도 대량으로 합성하는 것이 무척 어려웠습니다. 문지 바웬디는 아주 고품질의 양자점을 합성할 수 있는 독창적인 화학적 방법을 개발했습니다. 이것은 좀 더 복잡한 구조를 합성하기 위해서 변형되었고 산업 생산으로 확대되었습니다.

올해 수상자들의 발견은 학제 간 나노과학 분야에 결정적 공헌을 했습니다. 나노기술은 이제 머리카락 굵기보다 천 배나 작은 구조물을 만들어 더 좋은, 더 안전한, 더 강력한 소자와 기술을 위해 사용될 것입니다. 양자점은 생체 세포 내부의 생명현상을 탐구하고, 스크린과 에너지 절약형 LED조명의 품질을 향상시키며, 외과 수술에서 암 조직을 특정하기 위해 사용되고 있습니다. 또한 태양전지, 유연 전자소자, 양자통신 기술을 개선하기 위해 양자점을 사용려는 연구가 집중되고 있습니다.

문지 바웬디 교수님, 루이스 브루스 교수님, 알렉세이 에키모프 박사님, 당신들이 발견한 양자점과 그 합성 방법은 물질을 설계하는 새로운 길을 활짝 열었고 나노과학 분야의 발전을 촉진했습니다. 이것은 정말로 인류에게 혜택을 주는 위대한 업적입니다.

스웨덴 왕립과학원을 대신해 진심으로 축하를 드립니다. 이제 앞으로 나오셔서 전하께서 직접 수여해 주시는 노벨상을 받으시기 바랍니다.

스웨덴 왕립과학원 노벨 화학상위원회 하이너 링커

• 알프레드 노벨의 생애와 사상

• 노벨상의 역사

• 노벨상 수상자 선정 과정

알프레드 노벨의 생애와 사상

알프레드 노벨은 1833년 10월 21일 스톡홀름에서 태어났다. 그는 어려서부터 아버지 이마누엘 노벨로부터 공학을 배웠으며, 아버지를 닮아 손재주가 뛰어난 편이었다. 1842년 러시아의 상트페테르부르크에서 지뢰 공장을 차려 성공한 아버지를 따라 스톡홀름을 떠난 뒤 그는 주로 가정교사에게 교육을 받았는데, 이미 열여섯 살 때부터 화학에 뛰어난 소질을 보였고, 모국어인 스웨덴어를 비롯해 영어, 프랑스어, 독일어, 러시아어 등을 능숙하게 구사했다.

열일곱 살이 된 1850년에는 파리에서 1년 동안 화학을 공부했고, 그 뒤 미국으로 건너가 스웨덴 출신의 발명가이자 조선기사인 존 에릭손 아래서 4년 동안 일하며 기계공학을 배웠다. 그러나 폭약 등 군수물자를 생산하며 번창하던 아버지의 사업이 크림전쟁이 끝나면서 몰락하기 시작하자 미국에서 돌아와 아버지의 사업을 도왔으나 결국 1859년에 파산하고 말았다.

이후 스웨덴으로 돌아온 알프레드 노벨은 1860년경에 큰 위험을 무릅쓰고 실험을 반복한 끝에 니트로글리세린을 만드는 데 성공했다. 그런 다음 니트로글리세린을 흑색화약과 섞은 혼합물로 1863년 10월에 정식으로 특허를 받았다. 이후 지속적으로 발명과 생산활동을 계속하다가 이듬해에는 니트로글리세린의 제조법으로 특허를 받았고, 움푹한 나무 마개에 흑색화약을 채운 뇌관에 관한 특허도 얻었다. 이러한 성공은 그를 확고한 결단력과 자신감으로 가득 찬 사업가로 변모시켰다.

1864년 9월 스톡홀름에 있는 공장에서 폭발 사고가 일어나 동생을 비롯하여 다섯 명이 사망했음에도 노벨은 한 달 후 단호하게 첫 합자회사를 차리는 추진력을 발휘했다. 하지만 사람들에에 "미치광이 과학자"로 낙인찍힌 데다가 스웨덴 정부도 위험을 이유로 공장의 재건을 허락하지 않자, 노벨은 배 위에서 니트로글리세린 취급에 따른 위험을 극소화시킬 수 있는 방법을 찾는 실험을 시작했다. 그는 니트로글리세린을 규산질 충전물질인 규조토 스며들게 한 뒤 건조시켜 안전한 고형 폭약 다이너마이트를 만들었다. 이후 1867년과 1868년에 각각 영국과 미국에서 다이너마이트 관련 특허를 따낸 그는 더 강력한 폭약을 만드는 실험을 거듭한 끝에 폭발성 젤라틴을 개발하여 1876년에 또 특허를 취득하였다.

약 10년 뒤 알프레도 노벨은 최초의 니트로글리세린 무연화약이자 코르다이트 폭약의 전신인 발리스타이트를 만들었는데, 특허권과 관련하여 1894년에는 영국 정부와 소송을 벌이기도 했다. 그는 화약제조뿐 아니라 발사만으로는 폭발하지 않는 화약에 쓸 뇌관을 만들고 이를 완벽한 수준까지 끌어올렸다.

노벨의 공장은 스웨덴, 독일, 영국 등에서 연이어 건설되어, 1886년에 세계 최초의 국제적인 회사 '노벨다이너마이트트러스트사'를 세우기도 하였고, 그동안 그의 형인 로베르트와 루트비히는 카스피해 서안에 있는 바쿠 유전지대의 개발에 성공하여 대규모의 정유소를 건설하고 세계 최초의 유조선 조로아스타호를 사용하여 세계 최초의 파이프라인(1876)을 채용함으로써 노벨 가문은 유럽 최대의 부호가 되었다.

이렇게 전 세계를 돌아다니며 바쁘게 평생을 살아왔지만, 노벨은 은퇴 후에는 가급적 조용히 지내려 애썼으며, 결혼도 하지 않았다. 동시대인들 사이에서는 자유주의자, 심지어는 사회주의자로 알려져 있었으나, 사실 그는 민주주의를 불신했을 뿐만 아니라 여성의 참정권을 반대했으며 부하 직원들에게도 너그럽긴 했지만 가부장적 태도를 견지했다. 또한 남의 말을 들어주는 능력이 뛰어났을 뿐만 아니라 기지가 번득이는 사람이기도 했다.

자신의 발명품과는 달리 타고난 평화주의자였던 그는 자신이 발명한 무기로 세상이 평화로워지길 기대했으나 허사에 그치고 말았다. 또한 문학에도 관심이 많아 젊은 시절에는 스웨덴어가 아니라 영어로 시를 쓰기도 했으며, 유품으로 남은 그의 서류뭉치에서는 그가 쓴 소설의 초고들이 발견되기도 했다.

알프레드 노벨은 1895년까지 협심증으로 고생하다 이듬해인 1896년 12월 10일 이탈리아 산레모에 있는 별장에서 뇌출혈로 사망했다. 사망 당시, 그의 사업체는 폭탄 제조공장과 탄약 제조공장을 합해 전 세계에 걸쳐 90여 곳이 넘게 있었다. 그가 1895년 11월 27일 파리에서 작성해 스톡홀름의 한 은행에 보관해 두었던 유언장이 공개되자, 가족과 친지는 물론 일반인들까지 깜짝 놀랐다. 노벨은 인도주의와 과학의 정신을 표방하는 자선사업에 늘 아낌없이 지원했으며, 재산의 대부분을 기금으로 남겨 세계적으로 가장 권위있는 상으로 인정받고 있는 노벨상을 제정했다.

노벨상의 역사

노벨상은 알프레드 노벨의 유언에 따라 설립한 기금으로 물리학, 화학, 생리의학, 문학, 평화, 경제학 여섯 분야에서 "인류에 가장 큰 공헌을 한 사람들"에게 수여하는 상이다. 노벨이 이 상을 제정한 이유는 확실히 밝혀지지 않았는데, 가장 그럴듯한 설명은 1888년에 노벨의 형이 사망했을 때 프랑스의 신문들이 그를 형과 혼동하면서 내보낸 "죽음의 상인, 사망하다"라는 제목의 기사를 본 뒤 충격을 받아 죽은 뒤의 오명을 피하기 위해 제정했다는 것이다. 어쨌든 분명한 사실은 노벨이 설립한 상이 물리학, 화학, 생리의학, 문학 분야에 대한 평생에 걸친 그의 관심을 반영하고 있다는 점이다. 평화상의 설립과 관련해서는 오스트리아 출신의 평화주의자 베르타 폰 주트너와의 교분이 강력한 동기로 작용했다는 설이 우세하다.

노벨의 사망 5주기인 1901년 12월 10일부터 상을 주기 시작했으며, 경제학상은 1968년 스웨덴 은행에 의해 추가 제정된 것으로 1969년부터 수여되었다. 알프레드 노벨은 유언장에서 스톡홀름에 있는 스웨덴 왕립과학원(물리학과 화학), 왕립 카롤린스카 연구소(생리의학), 스웨덴 아카데미(문학), 그리고 노르웨이 국회가 선임하는 오슬로의 노르웨이 노벨위원회(평화)를 노벨상 수여 기관으로 지목했다. 노벨 평화상만 노르웨이에서 수여하는 이유는 노벨이 사망할 당시는 아직 노르웨이와 스웨덴이 분리되지 않았었기 때문이다.

노벨 경제학상은 1968년에 스웨덴 중앙은행이 설립 300주년을 맞아 노벨 재단에 거액의 기부금을 내면서 재정되어 1969년부터 시상해 왔다. 스웨덴 중앙은행은 경제학상 수상자 선정에 전혀 관여하지 않으며 수상자 선정과 수상은 다른 상들과 마찬가지로 스웨덴 왕립과학원이 주관하고 있다. 그 직후 노벨 재단은 더 이상 새로운 상을 만들지 않기로 결정했다.

노벨의 유언에 따라 설립된 노벨 재단은 기금의 법적 소유자이자 실무담당 기관으로 상을 주는 기구들의 공동 집행기관이다. 그러나 재단은 후보 심사나 수상자 결정에는 전혀 관여하지 않으며, 그 업무는 4개 기구가 전담한다. 각 수상자는 금메달과 상장, 상금을 받게 되는데, 상금은 재단의 수입에 따라 액수가 달라진다.

노벨상은 마땅한 후보자가 없거나 세계대전 같은 비상사태로 인해 정상적인 수상 결정을 내릴 수 없을 때는 보류되기도 했다. 국적, 인종, 종교, 이념에 관계없이 누구나 받을 수 있으며, 공동 수상뿐 아니라 한 사람이 여러 차례 수상하는 중복 수상도 가능하다. 두 차례 이상 노벨상을 받은 사람은 마리 퀴리(1903년 물리학상, 1911년 화학상)를 비롯하여 존 바딘(1956년과 1972년 물리학상), 프레더릭 생어(1958년과 1980년 화학상), 그리고 라이너스 폴링(1954년 화학상, 1962년 평화상)이 있으며, 단체로는 국제연합 난민고등판무관이 1954년과 1981년 두 차례 노벨 평화상을 받았고, 국제 적십자위원회는 1917년과 1943년, 1966년 세 차례 노벨상을 수상했다.

노벨상을 거부한 경우도 있는데, 그 이유는 개인의 자발적인 경우와 정부의 압력으로 크게 나눌 수 있다. 1937년 아돌프 히틀러는 1935년 당시 독일의 정치범이었던 반나치 저술가 카를 폰 오시에츠키에게 평화상을 수여한 데 격분해 향후 독일인들의 노벨상 수상을 금지하는 포고령을 내린 바 있다. 이에 따라 리하르트 쿤(1938년 화학상)과 아돌프 부테난트(1939년 화학상), 게르하르트 도마크(1939년 생리의학상)는 강제로 수상을 거부하였다. 그 외에도 『닥터 지바고』로 1958년 노벨 문학상을 수상한 보리스 파스테르나크는 그 소설에 대한 당시 구소련 대중의 부정적인 정서를 이유로 수상을 거부했으며, 1964년 문학상 수상자 장폴 사르트르와 1973년 평화상 수상자인 북베트남의 르둑토는 개인의 신념 및 정치적 상황을 이유로 스스로 노벨상을 거부했다. 노벨상은 지금까지 6개 분야에서 113년 동안 561회 수여되었으며 개인은 847명, 단체는 22곳에 수여되었다. 하지만 여성 개인 수상자는 847명 중에서 단 45명뿐이다.

노벨상 수상자 선정 과정

노벨상의 권위는 엄격한 심사를 통한 수상자 선정 과정에 기인한다. 노벨상 수상자는 매년 10월 첫째 주와 둘째 주에 발표되는데, 수상자 선정 작업은 그 전해 초가을에 시작된다. 이 시기에 노벨상 수여 기관들은 한 부문당 약 1,000명씩 총 6,000여 명에게 후보자 추천을 요청하는 안내장을 보낸다. 안내장을 받은 사람은 전해의 노벨상 수상자들과 상 수여 기관을 비롯해 물리학, 화학, 생리·의학 분야에서 활동 중인 학자들과 대학교 및 학술단체 직원들이다. 이들은 해당 후보를 추천하는 이유를 서면으로 제출해야 하며 자기 자신을 추천하는 사람은 자동적으로 자격을 상실하게 된다.

후보자 명단은 이듬해 1월 31일까지 노벨위원회에 도착해야 한다. 후보자는 부문별로 보통 100명에서 250명가량 되는데, 노벨 위원회는 2월 1일부터 접수된 후보자들을 대상으로 선정 작업에 들어간다. 이 기간 동안 각 위원회는 수천 명의 인원을 동원해 후보자들의 연구 성과를 검토하며, 필요한 경우에는 외부 인사에게 검토 작업을 요청하기도 한다.

이후 각 위원회는 9월에서 10월초 사이에 스웨덴 왕립과학원과 기타

기관에 추천장을 제출하게 된다. 대개는 위원회의 추천대로 수상자가 결정되지만, 수여 기관들이 반드시 여기에 따르는 것은 아니다. 수여 기관에서 행해지는 심사 및 표결 과정은 철저히 비밀에 부쳐지며 토의 내용은 절대로 문서로 남기지 않는다. 상은 단체에도 수여할 수 있는 평화상을 제외하고는 개인에게만 주도록 되어 있다. 죽은 사람은 수상 후보자로 지명하지 않는 게 원칙이지만, 다그 함마르시욀드(1961년 평화상 수상자)와 에리크 A. 카를펠트(1931년 문학상 수상자)처럼 생전에 수상자로 지명된 경우에는 사후에도 상을 받을 수 있다. 일단 수상자가 결정되고 나면 번복할 수 없다.

노벨 화학상 수상 후보자를 추천할 수 있는 사람은 수상 기관에 따라 다르며 세부 사항은 다음과 같다.

1. 스웨덴 왕립과학원 회원(외국인 포함)
2. 물리학과 화학 분야 노벨 위원회 위원
3. 노벨 물리학상 또는 화학상 수상자
4. 스웨덴, 덴마크, 핀란드, 아이슬란드, 노르웨이의 대학교와 연구소, 그리고 카롤린스카 연구소의 물리학 또는 화학 정교수와 부교수
5. 여러 나라를 적절히 대표하도록 스웨덴 왕립과학원이 선정한 최소한 여섯 군데의 대학에서 이에 상응하는 지위를 가진 사람
6. 스웨덴 왕립과학원이 판단하여 추천할 만한 자격이 있다고 생각되는 그 밖의 과학자들

인명 찾아보기

ㅈ

ㅊ

ㅋ

ㅌ

ㅍ

ㅎ

옮긴이 소개

우경자 | 한국과학기술연구원(KIST) 나노포토닉스연구센터 책임연구원. 고려대학교 화학과를 졸업하고, 1995년에 미국 브라운 대학교에서 박사 학위를 받았다. 이후 1996년 12월까지 샌타바버라에 있는 캘리포니아 대학교에서 박사 후 과정을 거쳤으며, 1997년부터 KIST에서 근무하면서 나노재료연구센터 센터장을 역임했다. 2004년 국무총리상을 수상하였으며, 양자점을 비롯하여 자성 나노입자와 금속 나노입자 등 다양한 나노소재를 개발하고 활용하는 연구에 매진하고 있다.

이연희 | 한국과학기술연구원(KIST) 특성분석 · 데이터센터 책임연구원. 고려대학교 화학과를 졸업하고 1993년에 미국 피츠버그 대학교에서 박사 학위를 받았다. 이후 1995년까지 미국 아르곤 국립연구소에서 박사 후 과정을 거쳤으며, 1995년부터 KIST에서 근무하면서 특성분석센터 센터장을 역임했다. 2006년 국무총리상을 수상하였으며, 다양한 소재의 유기물과 고분자를 포함한 시료의 표면분석 기술을 향상시키는 연구에 매진하고 있다.

당신에게 노벨상을 수여합니다 노벨 화학상

초판 1쇄 발행 2007년 10월 15일
2024 신판 발행 2024년 1월 10일

지은이 | 노벨 재단
옮긴이 | 우경자·이연희
책임편집 | 정일웅·나현영·김정하
펴낸곳 | (주)바다출판사
주소 | 서울시 마포구 성지1길 30 3층
전화 | 322-3885(편집), 322-3575(마케팅)
팩스 | 322-3858
페이지 | www.badabooks.co.kr
| badabooks@daum.net

689-211-0 04400
209-7 (전 3권)